LES

PLANTES ALIMENTAIRES

PARIS. — IMP. SIMON RAÇON ET COMP., RUE D'ERFURTH, 1.

LES

PLANTES ALIMENTAIRES

PAR

GUSTAVE HEUZÉ

Membre de la Société centrale d'agriculture de France
Inspecteur général adjoint de l'agriculture

OUVRAGE ACCOMPAGNÉ

D'UN ATLAS CONTENANT 102 ÉPIS DE CÉRÉALES DE GRANDEUR NATURELLE

Dessinés par M. L. ROUYER et gravés sur acier par M. DAVESNE

TOME PREMIER

PARIS

LIBRAIRIE AGRICOLE DE LA MAISON RUSTIQUE

26, RUE JACOB, 26

A

LA MÉMOIRE

DE

Philippe-Victoire VILMORIN

décédé le 6 mars 1804;

Philippe-André VILMORIN

décédé le 22 mars 1862:

Louis VILMORIN

décédé le 22 mars 1860;

MEMBRES DE LA SOCIÉTÉ CENTRALE D'AGRICULTURE DE FRANCE, PROPAGATEURS
D'UN GRAND NOMBRE DE PLANTES UTILES.

> Il suffit à un homme de propager une
> plante, de multiplier un arbre, pour devenir
> le bienfaiteur de son pays !
> (Bernardin de Saint-Pierre.)

SOUVENIR DE L'AUTEUR.

PRÉLIMINAIRES

———

L'homme est de tous les êtres organisés celui qui demande la nourriture la plus variée ou la plus complexe. Ainsi, il exige pour vivre dans de bonnes conditions des aliments appartenant au règne animal et au règne végétal.

Les animaux lui fournissent de la chair, du sang, du lait, du beurre, de la graisse et des œufs. Il demande aux végétaux de la farine, de la fécule, des graines farineuses, des racines charnues ou féculifères, des légumes herbacés, des fruits pulpeux ou amylacés, du sucre, du café, des condiments et des boissons.

Si la viande est l'aliment plastique le plus réparateur, les farineux ou substances amylacées, qu'on regarde à bon droit comme les vrais éléments respiratoires, fournissent la chaleur nécessaire à l'entretien de la vie.

En Europe, les principales plantes alimentaires sont : le blé, le seigle, l'orge, le maïs, le millet, le sarrasin, le haricot, la lentille et le pois.

Dans les contrées intertropicales, les peuples se nourrissent principalement de blé, de maïs, de riz, de sorgho ou doura, de gesse blanche et de dolic.

Si l'Europe cultive de nos jours sur de grandes surfaces la pomme de terre, le topinambour, le navet, etc., les contrées chaudes trouvent des aliments ayant une importante valeur nutritive dans la batate, l'igname ou dioscorée, le manioc, le taro, etc.

D'un autre côté, si l'Europe utilise avec avantage les fruits du châtaignier, du prunier, du figuier, du noyer, du pommier, de l'amandier, etc., les pays intertropicaux ont à leur disposition les fruits d'arbres spéciaux. Ainsi, dans l'Océanie et dans les Indes, on utilise avec succès les fruits de l'arbre à pain (*Artocarpus incisa*) ; dans l'Amérique méridionale, on mange les fruits du châtaignier des Antilles (*Cupania tomentosa*) ; à la Jamaïque et à Saint-Domingue, on recherche les fruits pulpeux du papayer (*Carica vulgaris*) ; les habitants du Malabar et du Brésil mangent les fruits du jamboisier (*Eugenia jambosa*) ; dans l'Asie et l'Amérique tropicale, on utilise les fruits du goyavier ; dans les Indes, on utilise le fruit du carolinier (*Carolinea insignis*), qu'on nomme *cacao sauvage des créoles;* dans l'Afrique centrale, les nègres recherchent les fruits roses du Kolat (*Sterculia acuminata*), etc.. Ailleurs, on utilise les fruits de l'oranger, la moelle féculifère des sagoutiers, la séve nutritive ou *lait végétal* du brosine (*Galactodendron utile*), etc.

Les plantes alimentaires sont au nombre de plus de 1,000. Les unes sont cultivées pour leurs graines farineuses, les autres pour leurs tubercules ou rhizomes féculifères, celles-ci pour leurs racines charnues, plus ou moins saccharifères, celles-là pour leurs parties herbacées, enfin, les autres pour leurs fruits nutritifs ou condimentaires.

Les Grecs ont cultivé le froment, l'orge, l'avoine, le mil, l'orobe, le lupin et le sésame. Les Hébreux et les Grecs n'ont pas connu le seigle, le sarrasin, le maïs, la pomme de terre et le haricot.

Au temps de Théophraste, on cultivait dans les jardins l'asperge, l'ail, la betterave, le chou, le concombre, le cresson, l'échalote, l'ers, la fève, la laitue, la lentille, le melon, l'oignon, le poireau, le raifort et le sésame.

Les bulbes alliacées étaient alors l'objet d'un commerce important. Hérodote rapporte qu'on acheta pendant la construction de la grande pyramide d'Égypte pour 1,600 talents d'or d'aulx et d'oignons. Les Grecs mangeaient le chou cru, cuit ou après l'avoir conservé dans une saumure. Le cresson a été vanté par Aristophane et Plutarque. Enfin, au temps de Théophraste, les graines de sésame servaient à préparer le gâteau nuptial, et pendant l'existence de Théocrite, on faisait griller des semences de fèves, comme on le fait encore en Égypte et dans la Provence et le bas Languedoc.

Les plantes alimentaires cultivées par les Romains étaient plus nombreuses. Pline cite le froment, le seigle, l'orge, le riz, l'avoine, le millet, le panis, la fève, la lentille, le pois, le pois chiche, le navet, le panais, la betterave, l'asperge, le concombre, le potiron, la courge, la chicorée, le cresson, l'ail, l'oignon, le poireau, etc.

A cette époque, le blé occupait annuellement de grandes surfaces dans la Campanie, la Mauritaine et la Gaule. Les plaines d'Orléans, de Bourges et de Beauvais étaient déjà renommées pour la qualité des grains qu'on y récoltait. En outre, les raves étaient très-cultivées par les Arvéniens et l'ail et l'oignon par les Séquaniens.

Charlemagne, dans ses Capitulaires [1], recommande à ses intendants de cultiver, outre les céréales, les haricots, les grosses fèves, les pois chiches, la betterave, le cardon, la carotte, la chicorée, le chou pommé, le chou-rave, la citrouille, le concombre, le panais, le poireau, l'ail, l'oignon, la ciboule, l'échalote, le cresson de fontaine, le cresson alénois et la laitue.

---

[1] Les capitulaires (*de Villis fesci*, 800) sont précédés par les lignes suivantes : « Nous voulons que les terres que nous avons acquises pour notre usage soient absolument à notre disposition et non à celle d'aucun de nos sujets, afin que notre famille soit indépendante et que personne ne puisse la réduire à la pauvreté. »

Les légumineuses à cosses avaient à cette époque une grande importance. Un article de la loi salique, renouvelée par Charlemagne, condamne à l'amende quiconque entre dans un champ pour y voler des pois, des fèves et des lentilles.

L'agriculture nabathéenne, si prospère en Espagne au douzième siècle, cultivait un grand nombre d'espèces et de variétés alimentaires. Voici, d'après Ibn-al-Awan, celles qui occupaient annuellement les terres arables et les jardins du royaume de Valence : froment, orge, épeautre, riz, haricot, gesse, lentille, panis, millet, sorgho ou doura, colocase, bananier, fève, pois chiche, souchet comestible, chou pommé, chou-fleur, laitue, chicorée, oseille, betterave, navet, carotte, radis, courge, concombre, melon, oignon, ail, poireau, pastèque, cresson alénois et aubergine.

Ibn-al-Awan décrit trois variétés de chou-fleur, de poireau et d'ail, et quatre variétés d'aubergine. L'épinard que la Bruyère-Champier traita avec dédain deux siècles plus tard, est regardé par Ibn-al-Awan comme *le prince des légumes* (Raïs el bougoul).

Au treizième siècle, les *aulx*, *ongnons* et *eschalognes* étaient vendus en grande quantité à la foire qui se tenait à Paris dans la rue du Parvis-Notre-Dame, pendant le mois de septembre. Les plus estimés étaient les *aulx de Grandeluz*, les *ongnons de Corbueil* et les *eschalognes d'Estampes*.

A cette époque, on désignait les légumes comme il suit :

Carotte	*garotte.*
Ail	*aulx.*
Epinard	*espic.*
Échalote	*eschalonge.*
Melon	*pompon.*
Oseille	*ozeille.*
Panais	*panoil.*
Persil	*perrecin.*
Poireau	*porée.*
Radis noir	*rafle.*

Si la culture des gros légumes avait déjà en France, au quinsième siècle, une grande importance, par contre elle avait fait peu de progrès en Angleterre. Aussi, s'est-on trouvé dans la nécessité, d'après les faits rapportés par Alstrom, d'en importer à Londres et dans divers comtés dès le commencement du seizième siècle.

L'artichaut, qui parut comme une nouveauté à Venise en 1543, était encore peu cultivé en France, mais on en servait dans les repas somptueux de Henri III. On le désignait alors sous le nom de *chardon*. A cette époque, on cultivait aussi la *laitue romaine* que Rabelais avait importée de Rome en 1537 et le *chou rouge*, et on possédait quatre variétés d'oseille.

Olivier de Serres, auquel nous devons de bonnes instructions sur les jardins du dix-septième siècle, a donné la liste des plantes qu'on cultivait dans les jardins légumiers. Cette nomenclature est complète : oignons, pourreaux, aulx, raiforts, raves, naveaux, pastenade, carotte, chervi, laictues, poirée, espinar, persil, artichaut, cardon, melon, concombre, courge, pois, fève, chous cabus, pois hyvernaux, raiponce, cauli fiori (chou-fleur), choux verts, oseille, pimprenelle, pourpier, persil, cerfeuil, asperge, chicorée, targon (estragon), ache (petit céleri à couper), piment, aubergine, tomate, roquette, sariette, mâche ou doucette.

Olivier ne parle pas du salsifis, de la scorsonère et du céleri à côte.

Enfin, il ajoute que le froment, le blé de mars, le seigle, l'épeautre, l'orge, l'avoine, le millet, le blé de Turquie ou maïs, le bucail ou sarrasin, la fève, le pois, le faseole ou haricot, la gesse, le pois chiche, la vesce et le lupin, appartiennent à la grande culture.

Le *blé de trois mois*, ou blé de printemps, était cultivé en 1638 dans la Beauce, la Touraine, le Lyonnais, la Provence. On le semait en mars. Par contre, l'*épeautre* occupait chaque année d'importantes étendues dans les contrées sablonneuses.

La nourriture de nos jours est meilleure qu'autrefois. Grâce à l'extension donnée à la culture de la pomme de terre, du maïs, des légumineuses à cosses, etc., nous n'avons plus à craindre les disettes qui désolèrent autrefois l'Europe, famines pendant lesquelles les populations furent obligées de faire du pain avec des racines de fougères réduites en poudre, des pepins de raisin broyés et un peu de farine de seigle ou d'orge, ou de se nourrir de diverses herbes.

Ces famines étaient de véritables calamités. En 1033, rapporte Glaber, le muid de blé se vendit jusqu'à soixante sous d'or. La tourmente de la faim fut si terrible qu'on arrachait de la craie à la terre pour la mêler à la farine et en faire du pain. Les famines de 1033 à 1059 ont été si persistantes et si terribles qu'elles furent comparées aux sept plaies désastreuses de l'Égypte. Mais les disettes des dixième, onzième et douzième siècles ne furent pas aussi calamiteuses que les famines de 1420 et 1482 qui affligèrent Paris, l'Auvergne et la Bourgogne; celles de 1651, 1661 et 1662 furent aussi affreuses dans la Sologne, le Berri, le Maine, la Beauce, l'Anjou, le Blaisois et la Champagne. Pendant la disette de 1709, les habitants du palais de Versailles furent réduits à manger du pain bis, mais Louis XIV montra pour le peuple la plus vive sollicitude; il prit toutes les mesures voulues pour mettre fin aux calamités publiques, décréta la peine de mort contre les accapareurs de grains et accorda des primes à ceux qui importaient des grains alimentaires en France.

La France ne fut pas le seul pays qui se trouva exposé aux disettes. Les famines furent si effrayantes en Angleterre en 1314, 1315 et 1316, que le parlement taxa les subsistances. Pendant les famines de 1601, 1602 et 1603, 120,000 personnes moururent de faim dans la seule ville de Moscou.

Les famines qui s'appesantirent sur toute l'Europe du huitième au douzième siècle, époques où l'agriculture avait encore fait peu de progrès, obligèrent les populations à utiliser la faîne et le gland dans leur alimentation. Après avoir décortiqué ces fruits, on les réduisait en farine et celle-ci était mêlée à de la farine d'orge ou d'avoine. Cette coutume se perpétua dans plu-

sieurs parties de la France jusqu'au dix-septième siècle[1], époque
où le sarrasin ou blé noir fut accepté avec empressement dans un
grand nombre de localités en France, en Angleterre, en Suède
et en Russie.

Pendant les temps de disette, on a aussi utilisé les bulbes de
safran ; les racines de la bistorte (*Polygonum bistorta*) et de la
glycérie flottante (*Glyceria fluitans*) ; les graines de la larme de
Jacob (*Coïx lacryma*), plante des Indes orientales qui fructifie
bien dans le midi de l'Europe, etc. Les racines de deux fougères
le *Pteris esculenta* et l'*Aspidium furcatum*, sont aussi utilisées
par les insulaires de l'Océanie pendant les temps de disette ; les
racines de la première espèce sont moins substantielles que
celles de la seconde. Les anciens Égyptiens employaient avec
avantage, dans les mêmes circonstances, les graines du *Nymphea
otus* ; ces dernières semences sont aussi mangées dans l'Afrique
australe après avoir été grillées ; elles ont le goût de la châtaigne.

Je ne poursuivrai pas cette nomenclature, parce que rien ne fait
prévoir dans l'avenir de nouvelles famines. Ces disettes sont
d'autant plus improbables que la culture des céréales et des
autres plantes alimentaires fait chaque année d'importants progrès dans toutes les parties du globe.

Le froment, fait remarquable à signaler, se cultive partout de la
même manière. Dans toutes les contrées, on le sème avant l'hiver pour le récolter au printemps ou pendant l'été. Le maïs
présente la même particularité ; dans le midi de l'Europe comme
dans l'Afrique centrale, la Sénégambie et l'Amérique australe, il
mûrit son grain durant l'été.

La culture du froment, suivie dans le nord de la France, en
Belgique et en Angleterre, est aujourd'hui très-bien comprise.
Dans un très-grand nombre d'exploitations, les semis se font à
l'aide du semoir en lignes équidistantes et bien parallèles, et les
plantes sont binées mécaniquement ou à bras pendant le mois

---

[1] Le 30 mai 1631, le duc d'Orléans écrivait à Louis XIII : « Une partie de vos
sujets meurt de faim, l'autre ne subsiste que de glands, d'herbes et autres
choses semblables, comme les bêtes. »

de mars ou d'avril. Ce mode de semis et les engrais spéciaux dont on fait usage ont permis d'augmenter la production de cette céréale dans une proportion notable.

L'emploi des engrais alcalins et minéraux dans la culture des céréales est plus ancien qu'on ne le croit généralement. Dans l'Afrique centrale, les esclaves de la contrée d'Ahïr, armés de grands râteaux, arrachent les tiges des plantes qui ont été récoltées, les incinèrent à feu lent et en recueillent les cendres pour les utiliser sur les terres qui doivent être prochainement ensemencées de froment.

La culture de la pomme de terre, compromise en Europe pendant vingt ans, à dater de 1845, époque où ses tubercules s'altérèrent et se conservèrent très-difficilement, a, de nos jours, l'importance qu'elle doit avoir. En réfléchissant à ses avantages, à la qualité alimentaire de ses tubercules, au rôle qu'elle joue dans l'alimentation des peuples de l'Europe septentrionale, on ne peut oublier le nom de l'illustre Parmentier, l'un de ses plus zélés défenseurs et propagateurs !

Ayant étudié cette précieuse solanée dans *les Plantes fourragères*, page 132 à 179, je n'ai pas jugé utile de signaler sa culture dans cet ouvrage.

Après avoir accordé au froment, au seigle, à l'orge et à l'avoine toute l'importance que méritent ces céréales, j'ai étudié la culture du maïs, du riz, du sarrasin, du millet, du sorgho, etc.; puis, j'ai décrit la culture des plantes légumineuses à graines alimentaires : le haricot, la lentille, la fève et la féverole, le pois, le dolic, la gesse cultivée, le pois chiche, etc.

Ces études terminées, j'ai consacré plusieurs chapitres à la culture des plantes alimentaires qui appartiennent aux contrées équatoriales ; enfin, j'ai terminé mon ouvrage en décrivant la culture des gros légumes, c'est-à-dire des plantes potagères que cultivent la petite et la moyenne propriété en dehors des jardins potagers et des jardins maraîchers.

J'ai regardé comme utile de faire précéder l'étude du froment et de l'orge par des clefs analytiques des caractères distinctifs qne présentent les espèces et les variétés qui appartiennent à l'agriculture. Ces tableaux, imités des données générales qui précèdent aujourd'hui toutes les flores, rendront plus facile l'examen des innombrables variétés de froment.

Voici le plan général de mon travail :

PREMIER VOLUME.

1° *Céréales alimentaires.*

Froment, seigle, orge et avoine.

DEUXIÈME VOLUME.

Suite des céréales alimentaires.

Maïs, riz, millet, panis, mil à chandelles, sorgho, éleusine, poa d'Abyssinie, paspale alimentaire, zizanie, sarrasin ou blé noir.

2° *Légumineuses à cosses.*

Haricot, dolic, fève, fèverole, lentille, gesse cultivée, pois, pois chiche.

3° *Plantes des régions intertropicales.*

Batate ou patate douce, dioscorée ou igname, arracacha, manioc, maranta, balisier à fécule, colocase, tacca, oxalide, souchet comestible, sagoutier, bananier, ananas, gombo, chayotte, figuier de barbarie.

4° *Gros légumes.*

Carotte, betterave, navet, salsifis, scorsonère, panais, oignon, ail, échalote, artichaut, asperge, cresson de fontaine, barbe-de-capucin, rhubarbe, chou, crambé, oseille, melon, concombre, courge, tomate, aubergine, piment.

Pendant ce long et dificile travail, j'ai, autant que possible, diminué le nombre des variétés en mentionnant, toutefois, leur synonymie. L'étude des variétés froment et d'orge a exigé plusieurs années. J'aurais désiré pouvoir comparer les variétés de riz que j'avais reçues de l'Inde, de la Cochinchine, etc.; mais toutes mes collections, qui étaient importantes, ont été détruites quand ma maison a été saccagée pendant la guerre de 1870.

L'atlas qui accompagne cet ouvrage comprend cent deux dessins faits d'après nature, par M. L. Rouyer. Ces dessins, en grandeur naturelle, ont été gravés sur acier par M. Davesne. Je me dois à moi-même d'adresser à ces deux habiles artistes mes sincères félicitations. Les dessins de M. Rouyer sont remarquables par leur exactitude.

Cet ouvrage est le complément des *Plantes fourragères* et des *Plantes industrielles*. Les nombreux détails qu'il renferme sur les plantes alimentaires, leur historique, leur culture et la valeur nutritive des produits qu'elles fournissent, me permettent d'espérer qu'il sera aussi utile à l'homme de science qu'à l'homme des champs.

Afin qu'il soit digne de l'impatience avec laquelle on attend depuis longtemps sa publication, je me suis imposé un pénible labeur et de nombreux voyages, et je n'ai pas hésité à consulter les livres poudreux des bibliothèques.

Il me reste à publier, pour accomplir la tâche que je me suis imposée, *les Pâturages et les Prairies naturelles* et *les Arbres à fruits alimentaires* appartenant à la grande et à la moyenne culture, c'est-à-dire l'oranger, le citronnier, l'olivier, l'amandier, le jujubier, la vigne, le noyer, le châtaignier, le prunier, etc. Je ne parlerai pas de *la pratique de l'agriculture*; elle est en ce moment publiée par le *Journal d'agriculture pratique*, mais elle sera réimprimée dans le format des autres livres.

En terminant, je ne puis oublier de remercier très-vivement les amis de l'agriculture, qui ont bien voulu me seconder en m'adressant soit des départements, soit de l'étranger, des épis de céréales et des cosses de légumineuses. Ces échantillons m'ont été très-utiles.

Versailles, le 12 décembre 1872.

LES
PLANTES ALIMENTAIRES

PREMIÈRE PARTIE

LES PLANTES CÉRÉALES

LIVRE PREMIER

FROMENT OU BLÉ

Triticum

(De *tritus*, broyé; allusion à la semence réduite en farine,

Plante monocotylédone de la famille des graminées

Anglais. — Wheat.
Allemand. — Weizen.
Hollandais. — Tarw.
Danois. — Hvede.
Suédois. — Hvete.
Russe. — Psienitsa.
Polonais. — Pszenica.

Slave. — Sloze.
Italien. — Frumento.
Espagnol. — Trigo.
Grec. — Puros.
Persan. — Gundoom.
Indien. — Kunuk.
Égyptien. — Kamick.

Le blé ou froment est de toutes les céréales la plante la plus utile à l'homme. Il lui fournit la farine avec laquell il fabrique le pain dont il a besoin pour exister et les di-

verses pâtes alimentaires qui le remplacent accidentellement. La paille qu'il produit a aussi une grande importance. Elle est utilisée dans l'alimentation des animaux ;
elle sert à fabriquer le fumier et à divers usages domestiques ou industriels.

Toutefois, on remplace le blé par le seigle ou par l'orge
dans les contrées froides ou lorsque l'ingratitude du sol
ne permet pas à l'une de ses espèces alimentaires d'accomplir librement toutes ses phases d'existence, soit comme
céréale d'hiver, soit comme céréale de printemps.

Les variétés de froment sont très-nombreuses ; Adanson
en a cultivé 300. De nos jours le nombre des variétés
mentionnées dans les ouvrages qui ont parlé du froment
s'élève à un chiffre qui est deux fois plus considérable,
parce que tout le monde veut avoir obtenu un *blé hybride*
ou une nouvelle variété. Nous réduirons toutes celles
que nous connaissons à 115 en mentionnant leurs syno-
nymes dont le nombre s'élève à plus de 800.

Autrefois on écrivait *bled* d'hiver ou *bled* de mars.

Le mot *bled* est dérivé de l'italien *biada*, mot qui vient
du latin corrompu *bladum*.

Les froments ont été divisés depuis fort longtemps en
deux grandes classes :

1° Froments d'hiver.
2° Froments de printemps.

Cette classification n'a point égard aux espèces auxquelles ces plantes alimentaires appartiennent. Quelques
botanistes ont désigné les premiers sous le nom de *triticum hybernum*, et ils ont nommé les seconds *triticum æstivum*.

Les FROMENTS D'HIVER ou *blés bisannuels* sont connus en France sous les dénominations suivantes :

Froment d'automne.   Blés hivernaux.
Gros blés.   Blés de saison.

Les BLÉS DE PRINTEMPS ou *blés annuels* sont désignés sous les noms ci-après :

Froment.de Mars.   Blé trémois.
Blé printanier.   Blé trimestre.
Blé d'été.   Blés marsais.
Petit blé.   Blé de 120 jours.

Les blés trémois ou *blés de trois mois* étaient cultivés en 1658 dans la Beauce, la Touraine, l'Auvergne, la Savoie et la Provence.

Les blés de printemps occupent annuellement une surface peu considérable dans les contrées ayant un climat très-tempéré.

Le froment est aujourd'hui cultivé dans toutes les parties du monde : en Europe, en Égypte, en Perse, dans l'Inde, au Chili, à Buenos-Ayres, etc., etc. Il a été introduit en Amérique au seizième siècle, par les Espagnols.

Voici quelle était, en 1840, l'étendue de la culture du froment dans les principaux États de l'Europe :

Suède	3 ares 3	par habitant.
Prusse	3 5	—
Belgique	4 0	—
Angleterre	9 0	—
France	17 0	—
Espagne	20 0	—

Ces étendues sont en raison directe de la fertilité des terres et des progrès de l'agriculture.

CHAPITRE PREMIER

HISTORIQUE DU FROMENT

Étymologie du mot froment. — Ancienneté de la culture de cette plante. — Opinions émises sur l'origine du blé. — Les blés cultivés par les Grecs et les Romains. — Ancienneté de la culture du blé amidonnier et de l'épeautre. — Rendement du blé au temps des Romains. — Culture du blé en Europe et en France.

Le mot *céréales* adopté de nos jours pour désigner les plantes ayant des graines amylacées ou des semences farineuses servant aux préparations panaires, vient de Cérès, déesse des moissons, et en l'honneur de laquelle la religion païenne célébrait annuellement des fêtes importantes à l'époque des ides d'avril[1].

Au temps des Romains, les céréales comprenaient les plantes alimentaires suivantes :

1° Le frumentum.
2° L'arinca.
3° L'olyra.
4° Le far.
5° Le zea.

Suivant Columelle on divisait le *frumentum* en deux classes, savoir :

1° Le triticum.
2° L'adoreum.

Le *triticum* avec ses variétés barbues ou sans barbes comprenait :

1° Le robus ou blé rouge.
2° Le siligo ou blé blanc.

C'est le mot *frumentum* qui a permis aux Italiens de désigner le blé sous le nom de *fourmento*, dénomination

---

[1] Les *ides d'avril* correspondaient au treizième jour d'avril du calendrier des Romains.

qui, d'après les anciens glossaires, s'est successivement changée en France, en *furment, fourment, froument* et *froment*.

Mais d'où le blé est-il sorti? et qui l'a formé?

Ces deux questions posées dans tous les âges n'ont pas été jusqu'à ce jour résolues. En effet, les origines diverses que les peuples les plus anciens de l'Orient ont attribuées au froment attestent cette complète obscurité qui enveloppe sa patrie primitive.

Les annales de ces nations antiques nous révèlent que les Égyptiens l'attribuaient à la déesse Isis; les Phéniciens à Dagon, divinité des Philistins; les Indiens au dieu Brahma, et les Grecs à la déesse des moissons.

Les peuples de l'Occident ayant accepté la religion chrétienne, ont abandonné depuis longtemps ces versions mythologiques et ils ont admis que le blé avait été créé par Dieu, origine qui rappelle que, suivant les Arabes, il a été apporté à l'homme par l'ange Mikaïl, et que selon les Chinois il est tombé du ciel!

Dans ces derniers temps, plusieurs écrivains, se rappelant très-probablement deux vers de l'*Odyssée* que Delille a traduits ainsi :

> Là, sans l'aide du fer, sans le travail des mains,
> De lui-même le blé croît et s'offre aux humains,

ont conclu avec Diodore que le froment végétait naturellement en Sicile, contrée où la déesse Cérès était adorée avec enthousiasme.

D'autres, regardant comme exacts les faits rapportés, il y a plus de 2000 ans, par Bérose, historien chaldéen, ont avancé que cette céréale croissait sauvage dans la Babylonie.

Plusieurs, partageant les idées émises par Strabon dans ses *Rerum geographicarum libri*, soutiennent que le blé se reproduit de lui-même en Perse, dans l'ancienne province de l'Hycarnie, et qu'il végète aussi spontanément dans le Musican, pays situé au nord de l'Inde.

Enfin, suivant les Éleusiniens, d'après Pausanias, ce fut dans les plaines de Pharos (Égypte) que l'on sema et que l'on récolta le blé pour la première fois.

Quelques savants ont soutenu, il n'y a pas très-long-temps, avoir observé dans leur exploration des faits entièrement semblables. Ainsi, Dureau de la Malle regarde le blé comme originaire des environs de Nyssa, ville située dans la vallée du Jourdain et désignée par plusieurs historiens sous les noms de Scythopolis[1] ou Bethsané. Ainsi encore d'après Michaux, le froment aurait pris naissance en Perse dans l'Amadam ; suivant Olivier, il croîtrait spontanément en Mésopotamie, près d'Anah, sur l'Euphrate, et au dire de Heinzelmann, cette céréale serait indigène dans les campagnes des Baschirs, entre le Volga et l'Oural.

Ces diverses conjectures sont tellement contradictoires et si peu plausibles qu'il est permis de n'en admettre aucune. Du reste la similitude qu'on observe entre les noms que les Hébreux, les Égyptiens et les Indiens ont donnés au blé permet de dire que cette céréale n'a pu avoir qu'une seule et même origine et qu'elle s'est répandue en Égypte, en Perse, dans l'Inde, etc., sous l'influence des relations qui s'étaient établies entre les peuples de l'anti-quité.

Pline a assigné au blé une tout autre origine ; il le fait dériver de l'*ivraie*. Théophraste avait admis qu'il était le

---

[1] Scythopolis est située sur les confins de la Galilée et de la Samarie.

résultat des transformations subies par l'*ægilops sauvage*,
(ÆGILOPS OVATA, fig. 1), graminée très-commune dans la région méditerranéenne. Ces suppositions ne sont pas plus
vraies que la théorie soutenue d'abord par M. Latapie et
ensuite par M. Esprit
Fabre dans le but de
prouver que l'ægilops
peut devenir par sa cul-
ture une sorte de blé.

Si l'origine du fro-
ment se perd dans l'ob-
scurité des siècles anté-
diluviens, si, comme
l'a dit Buffon, le blé
n'existe nulle part à
l'état indigène, on est
autorisé à admettre que
sa culture est aussi an-

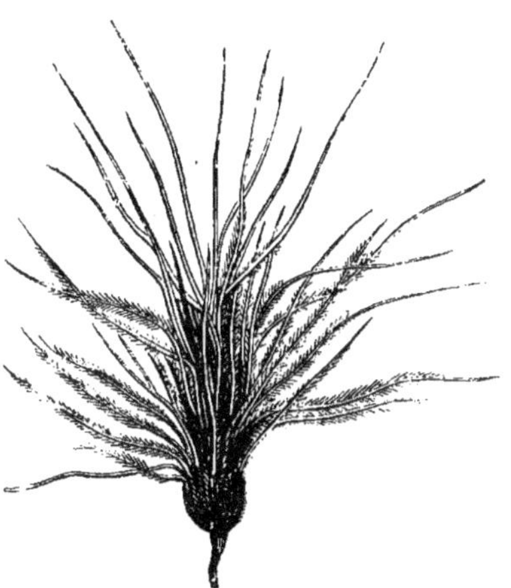

Fig. 1. — Ægilops ovata.

cienne que le monde. La preuve de cette conjecture nous
est fournie par les textes sacrés. Ainsi, la *Genèse* mentionne plusieurs fois la culture de cette céréale, lorsque,
après le déluge, elle parle des semailles et des moissons, et
lorsqu'elle rapporte l'histoire de Joseph ou mentionne la
famine qui affligea le pays de Chanaan. Ainsi encore l'*Exode*
en fait mention quand elle signale les dix plaies qui ont
pesé sur l'ancienne Égypte, quinze siècles avant l'ère
vulgaire.

Les annales de la Chine confirment cette haute antiquité
du blé. Elles indiquent que 2838 ans avant Jésus-Christ,
l'empereur Yen-ti ou Chin-Nong apprit aux populations
chinoises qui ne savaient encore ni labourer, ni semer,
la culture du blé.

Enfin, l'histoire des peuples orientaux nous apprend que les Assyriens, les Perses et les Athéniens ont aussi, dans les temps primitifs, cultivé cette céréale sur de grandes étendues.

L'Italie ancienne s'est beaucoup occupée de la culture du blé, mais ses moissons annuelles étaient loin de suffire aux besoins de sa population. C'est pourquoi, suivant Tacite, elle se trouva forcée de confier sa propre existence aux hasards d'une navigation aventureuse.

A cette époque la Numidie et la Mauritanie étaient ses plus importants greniers.

Les céréales que les Romains importèrent des rives de l'Afrique et des bords du Nil ont, sans doute, beaucoup contribué à accroître leur puissance et elles leur ont permis d'exercer une grande influence sur les peuples d'Occident, mais elles ont fait oublier à Rome qu'une nation est esclave quand, pour assurer sa subsistance, elle se met dans la dépendance des peuples étrangers.

Si les quantités considérables de grains que l'Italie fit venir de l'Afrique et de la basse Égypte, permirent, au temps des Césars, de faire d'abondantes distributions de froment et si ces importations furent la cause que Septime Sévère laissa en mourant dans les magasins de Rome une quantité de blé suffisante pour sept ans, elles éteignirent l'activité chez tous les Romains et hâtèrent la chute de l'Empire et la ruine de l'Italie. Ainsi, lorsque les moissons des contrées lointaines n'arrivèrent plus dans le port d'Ostie, la population se trouva en proie à une disette. Cette famine se renouvela sous les règnes d'Antonin le Pieux, de Marc Aurèle et de Commode.

Les libéralités des empereurs, les prodigalités des Césars, les sommes immenses qui s'engloutissaient chaque année dans l'abime de la dissipation et le luxe, l'abandon du travail de la terre par les vieux soldats et les famines successives, ne furent pas les seules causes de la décadence de l'agriculture romaine ; l'erreur de ceux qui préféraient l'empire de la force à celle de l'agriculture et qui croyaient que les sueurs qui découlent du front des esclaves fécondent la terre, en précipita malheureusement le mouvement.

Si l'Angleterre au temps de Jules César s'occupait à peine de la culture du froment, par contre à la même époque la Gaule cultivait cette plante sur de grandes surfaces. On se rappelle qu'au siége d'Alise, la Thèbes des Gaules, César et Vercingétorix firent enlever tous les blés qu'ils trouvèrent dans les environs de Bourges et de Reims. On sait encore que les Volsques et les Allobroges envoyèrent des secours en grains à Annibal lorsqu'il franchit les Alpes. Enfin, on ne peut oublier que Pompée, maître de la Sardaigne, de la Corse et de la Sicile, n'eut besoin pour faire naître la famine dans l'Italie, que d'arrêter les expéditions de blé qu'elle attendait.

J'ai rappelé que les Romains cultivaient cinq sortes de *frumentum*. Les Grecs possédaient des blés particuliers qu'ils appelaient, selon Galien :

1° Blés sitaniques ou annuels.
2° Blés semidaliques ou bisannuels.

Les *blés sitaniques*, d'après Athénée, fournissaient des grains blancs, tendres et riches en amidon.

Au dire de Columelle, la farine provenant de ces blés, qui appartenaient très-certainement au *triticum sativum*, était très-blanche et servait à fabriquer le pain le plus léger.

Selon Hippocrate et Celse, les *blés semidaliques*, qu'il faut regarder comme se ralliant au *triticum durum*, étaient durs et glacés ; mais on fabriquait avec leur farine un pain très-nourrissant.

Le *triticum* des Romains, d'après Varron, se séparait de ses enveloppes par le battage ou il sortait nu de l'épi. Il exigeait des sols sains, secs ou perméables. Au dire de Columelle le *triticum robur* était le plus lourd. Le plus beau provenait de la Campanie, contrée qui produit de nos jours des blés durs ou *triticum durum* d'une qualité très-remarquable. C'est donc à bon droit que Sophocle vante la blancheur des blés d'Italie.

C'est parmi les *triticum* qu'on rangeait le *triticum ramosum* ou *triticum compositum* des auteurs modernes et le blé *trimestre* (Columelle) ou *trimestri* (Pline), et qu'on appelait *tramis* ou *blé de trois mois*. Ce dernier froment a été signalé par Dioscoride, et suivant Théophraste on le cultivait à Négrepont. Les Grecs appelaient ce blé précoce *trimenon*, nom qui a donné lieu très-certainement au mot *trémois* adopté depuis longtemps en France pour désigner le *blé de printemps*.

Le *tramis* était aussi cultivé dans les parties montagneuses de la Sicile et aux environs de Caryste, en Béotie. Il fournissait un excellent amidon (*amylum*).

L'*adoreum* a été aussi signalé par Columelle comme un blé ayant le pouvoir de bien végéter sur les sols humides. On vantait surtout alors le *frumentum adoreum far clusinum* qui était blanc nacré.

Le mot *ador* était souvent employé comme synonyme de triticum. C'est de ce mot qu'est dérivé celui d'*adorea* ou distribution de blé, prodigalités si souvent renouvelées par Auguste et Aurélien.

Quel froment les Romains désignaient-ils sous le nom de *siligo*? Pline, après avoir constaté que le *siligo* est bien un *triticum*, ajoute que ce blé est remarquable par sa blancheur, mais qu'il laisse beaucoup à désirer quant à son poids. Caton observe qu'on en extrait de l'amidon, et Columelle constate qu'on fabrique avec sa farine le pain le plus léger.

Selon ces auteurs, l'épi du *siligo* n'avait pas de barbes, sauf celui de Laconie ; mais il était sujet à s'égrener et ne pouvait être cultivé avantageusement que dans les contrées riches et fraîches de l'Italie et de la Gaule méridionale, mais au delà des Alpes il ne réussissait bien que dans le territoire des Allobroges et des Méminiens. Dans les autres parties, il dégénérait après deux années de culture.

Enfin, on battait le *siligo* sur les aires et ses grains sortaient nus des épis qui étaient droits.

Ces détails sont suffisants pour dire que le *siligo* était un blé imberbe à grain blanc ou à cassure amylacée et qu'il appartenait au genre *triticum sativum* et à la catégorie des blés tendres. Le froment que l'on nomme aujourd'hui en Italie *siligo*, *siligine*, a aussi un grain tendre (*grano tenero*).

Toutes choses égales d'ailleurs, on distinguait alors le siligo de Campanie, celui de Pise, de Clusium et d'Arétia, parce qu'ils n'avaient pas les mêmes qualités. Le grain du siligo de Pise était blanc jaunâtre et celui du siligo de Campanie avait une nuance rousse. Lorsqu'on voulait avoir un pain excellent on mélangeait les semences de ces deux variétés.

L'*arinca*, le second *frumentum*, des Romains et des Gaulois, était, suivant Pline, l'*olyra* des Grecs. Son épi était plus grand, plus pesant que l'épi du *far* et du *triticum*. On le cultivait en Égypte, en Syrie, en Cilicie et en Grèce. Son grain qui était plus ramassé et qui *sortait nu de l'épi*, était facile à battre en Égypte, mais en Grèce on l'égrenait moins aisément. Pline observe que le grain de l'*arinca* est malaisé à moudre (très-probablement à cause de sa dureté), mais que sa farine permet de fabriquer un pain très-savoureux.

D'après ces observations, l'*arinca* devait être le *triticum turgidum*. Dodonée pense que ce blé n'était autre que le *triticum amyleum*. La gravure à l'aide de laquelle il représente l'*arinca* rappelle bien, en effet, le blé que l'on désigne sous le nom de *blé amidonnier barbu*. Certes, si Dudon s'était rappelé que le grain de l'*arinca* sortait nu et facilement de l'épi, il ne l'aurait pas représenté par un épi appartenant aux espèces ayant des épillets insérés sur des axes fragiles. Fée a commis la même erreur quand il a dit que l'arinca était le *triticum spelta*.

L'*olyra* des Romains était-il le blé épeautre? Selon Dioscoride, l'*olyra* des Grecs était une espèce de *zea*, et il fournissait la farine qu'on désignait en Grèce sous le nom de *crimmon*.

D'après Pline, l'*olyra* était cultivé en Égypte, en Syrie, en Cilicie, en Asie et en Grèce, et il n'avait aucun rapport avec le seigle. Xénophon rapporte qu'à la retraite des dix mille, les Grecs trouvèrent près du Pont-Euxin, du côté de Trébizonde et de Cérasonte, des grains dont une grande partie était de l'*olyra*.

Ruel s'est évidemment trompé quand il a soutenu que l'*olyra* des Grecs était bien le siligo des Romains.

Se'on Dioscoride le grain de l'*olyra* était difficile à réduire en farine. Enfin l'*olyra* qu'on cultivait en Thrace était enveloppé de plusieurs rangées de balles. Cette disposition lui permettait de résister dans cette contrée froide à toutes les vicissitudes de température.

Les anciens Allemands ont donc eu raison d'appeler l'*olyra* des Grecs *amelkorn*, nom par lequel ils désignent le *triticum amyleum* ou blé ayant un grain qui reste dans les balles ou les épillets.

Le *far* est très-ancien et l'*Exode*, chapitre ix, verset 32, ne le confond pas avec le *triticum*. Ce blé est bien l'épeautre ou *triticum spelta*. Symmaque et Aquila traduisent le mot *far* par *spelta*. Crescentius confirme la véracité de cette traduction quand il dit que *far* est synonyme d'épeautre (*far est similis speltæ*).

Au dire de Cornélius, le *far* était une espèce particulière de blé dont le grain est enveloppé (*thecis etiam includitur*). Columelle constate que ce blé convient bien aux sols calcaires et argileux, froids et humides.

D'un autre côté, Pline observe que de tous les blés le *far* est le plus rustique, celui qui résiste le mieux aux hivers et qui végète le plus aisément dans les localités froides, sur les terres les moins bien préparées et les sols les plus secs. Puis il ajoute que le *far* est surtout cultivé en Campanie et qu'il fut le premier aliment des habitants du Latium. De nos jours, la culture de l'épeautre n'existe en Europe que dans les parties montagneuses ou les contrées pauvres, froides et humides.

Le *far* se semait avec ses enveloppes, mais il en fallait deux fois plus que de *triticum*. On faisait moudre son grain par des esclaves avant de le réduire en farine.

Tous les *triticum durum* sont barbus. D'après Pline, le *far* n'avait pas de barbes (*far sine aristata est*). Delachamps a donc commis une erreur lorsqu'il a écrit que toutes les variétés de *far* étaient barbues. Selon Dureau de la Malle, le grain de cette céréale était dur ou glacé.

On connaissait à Rome plusieurs variétés de *far*. Columelle cite :

1° Le *far venunculum rutilum* qui était rougeâtre et plus pesant que les autres ;

2° Le *far venunculum candidum* qui se distinguait par sa belle nuance blanchâtre ;

3° Le *far clusinum*, très-apprécié à cause de sa couleur blanche nacrée ;

4° Le *far alicastrum* qui l'emportait sur toutes les autres variétés pour le poids et la qualité de son grain; cette variété se semait au printemps.

Mais *far* était-il synonyme de *zea*? La réponse n'est pas douteuse. Pline parle indistinctement du *far* ou du *semen zea*, et Gallien reconnaît que le *zea* est bien un *spelta*. De nos jours, l'épeautre est cultivé en Italie sous les noms de *semen* ou *spelta*.

Dioscoride a mentionné deux sortes de *zea* :

1° Le *zea* qui renferme deux grains dans chaque épillet et que les Italiens appellent *grano farro* :

2° Le *zea* qui n'a qu'un seul grain dans chaque maille et que l'on désigne en Italie sous le nom *piccolo farro*.

Le premier est l'épeautre ordinaire ou à double grain que les Grecs ont appelé *dicoccos*. C'est cette variété qu'on désignait en France, à la fin du moyen âge, sous le nom de *dicoccum* et que M. Al. Müller sépare bien à tort du genre *triticum spelta*, croyant que la glumelle est, comme dans le riz, adhérente au grain.

Le second est l'engrain ou *triticum monococcum* que le texte sacré appelle *kussemeth* et qui était cultivé en Syrie et dans l'Arabie.

Le *zea* dont le grain (*granum*) était plus beau que celui du *triticum*, avait encore pour synonyme le mot *briza*. Ruel a représenté le *briza* par le *locar*.

L'épeautre mondé était appelé *alica*. Ainsi, quand les enveloppes du *zea* ou *semen* avaient été détruites et le grain mis à nu, on triturait ce dernier pour en obtenir trois sortes d'*alica* ou farine : la fine, la moyenne et la grosse.

Suivant Denis d'Halycarnasse, le *far* qu'on préparait pour les mariées ne pouvait être fait qu'avec de l'épeautre. Enfin, suivant Pline, la *scandella* des Romains et la *bracen* des Gaulois était une pâte et non un grain. De nos jours on fait de la *fromentée* dans le Frioul (Illyrie) comme on faisait autrefois du *far* dans la Terre de Labour (États napolitains).

On préparait aussi du *far* en Égypte et dans l'Inde.

Enfin, on récoltait en Afrique un *zea* à épi plus large et plus noir, dont le grain servait à préparer la *fausse alica* (*alica adulterina*).

C'est par erreur qu'on a confondu l'*olyra* avec le *typhé*. Cette dernière plante était originaire d'Égypte, son grain se distinguait par son volume (*amplum granum*) ; on en faisait une semence mondée semblable au riz. D'après Théophraste, le *typhé* serait un *sorgho à épi*.

L'*alica* était aussi une sorte de pâte salubre et très-alimentaire que l'on préparait dans plusieurs localités et principalement dans les environs de Pise et de Vérone. La plus estimée était faite dans la Campanie. Suivant Pline l'*alica* qui était à l'Italie et à l'Égypte ce que le *chondros*, sorte de gruau, était à la Grèce, se fabriquait aussi avec de l'orge à demi mûre (*hordeum semimaturum*).

Le mot *far* usité dans l'économie domestique servait aussi à désigner un gruau ou une semoule. Ainsi les auteurs latins écrivent souvent *far triticum* s'ils parlent d'une préparation farineuse faite avec le froment, et *far hordeum* s'ils mentionnent celle faite avec l'orge. Verrius Flaccus rapporte que le peuple romain n'a usé pendant trois siècles que du far fait avec du *triticum*.

Le *similigo* était une sorte de semoule et non pas une plante. On le fabriquait avec le *tritico* et on en faisait usage dans la fabrication du papyrus.

J'ai dit que Sophocle avait signalé les froments blancs de l'Italie. Les blés qui venaient en seconde ligne provenaient de la Béotie, de la Sicile et de l'Afrique. Ceux de Thrace, de Syrie et d'Égypte occupaient le dernier rang. Enfin, les blés les plus légers qu'on importait à Rome étaient récoltés dans la Gaule et la Chersonèse (Asie).

Le plus mauvais de tous venait de Chypre ; il était brun et donnait un pain noir (*panem nigrum*).

Ainsi, pendant de nombreux siècles, les provinces asiatiques, ont cultivé le *triticum sativum*, le *triticum turgidum*, ou le *triticum durum*, le *triticum amyleum* et le *triticum spelta*.

Toutes ces espèces ont assuré l'existence des peuples des premiers âges pendant une longue période. Toutefois, si le blé trouvé de nos jours dans les hypogées des anciens rois de Thèbes atteste que cette céréale était connue des Pharaons et qu'on cultivait autrefois en Égypte le *triticum turgidum* et le *triticum durum*, celui qu'on a découvert dans les ruines de Pompéi et d'Herculanum a prouvé que le froment en arrivant jusqu'à nous n'avait pas éprouvé de changements, qu'il n'avait perdu aucun de ses caractères, aucune de ses qualités. Aussi M. Decaisne a-t-il eu raison de dire que nos céréales ne se sont pas éloignées de leurs types originaires.

Si, aujourd'hui, dans la contrée de Gérara, on ne peut

plus obtenir ces récoltes merveilleuses citées par la Bible,
si la Babylonie a perdu son ancienne fécondité, si la Bysa-
cène (Afrique) cherche en vain à revenir à sa splendeur
agricole première, si les champs du Léontium en Sicile ne
fournissent plus les récoltes extraordinaires qu'ils donnaient il y a dix-huit siècles, si, enfin, le froment ne produit plus comme au temps d'Hérodote, de Pline, de Varron,
100, 150 et 200 pour 1, la France associant de plus en
plus le capital, la science et le travail, perfectionne ou
améliore chaque année la culture de cette plante et cherche à posséder les variétés les plus productives et les mieux
appropriées à son sol et à son climat.

Le froment est cultivé dans toutes les anciennes provinces françaises. Cependant, dans les contrées pauvres :
la Sologne, le Quercy, etc., on lui consacre annuellement
une étendue moins grande que celle qu'on accorde au seigle dans les mêmes localités.

Les contrées les plus renommées pour l'abondance et les
qualités des blés qu'elles produisent sont la Flandre, la
Lorraine, la Beauce, la Brie, la Normandie, la Picardie,
l'Anjou, le Poitou, l'Auvergne, l'Angoumois et le Languedoc.
En 1626 ces anciennes provinces jouissaient de la même
renommée !

Non-seulement la France a substitué depuis un siècle,
sur des milliers d'hectares, la culture du froment à celle
du seigle ou de l'orge, mais ayant augmenté et la qualité et
la quantité de ses engrais, elle a pu rendre cette culture
plus productive et plus économique. En 1700, d'après
Vauban, les 20 ares de blé que l'on cultivait par chaque
habitant produisaient 150 litres de froment ; de nos jours,
la même surface en fournit plus de 200 litres.

Cette augmentation correspond aux progrès faits par

l'agriculture française depuis un siècle et elle explique les changements que l'on est heureux de constater dans la nourriture de la population, changements qui ont eu leur influence sur les progrès de la civilisation. En 1700 chaque habitant en France ne consommait que 118 litres de blé sur les 478 litres de grains de toutes sortes qui lui sont nécessaires annuellement ; aujourd'hui la quantité sur laquelle chaque individu peut compter s'élève à 180 litres.

Cette production moyenne et individuelle s'accroîtra encore, parce que la France est une terre libérale et féconde, parce que l'agriculture y fleurit de plus en plus, étant de nos jours mieux encouragée et plus honorée.

Rome dans sa rustique enfance ne consommait pour ainsi dire que de l'orge ; une fois maîtresse du monde, le blé fut son seul aliment !

CHAPITRE II

CONDITIONS CLIMATÉRIQUES

Rusticité du froment. — Influence favorable ou nuisible des hivers rigou-
reux, secs et humides. — La neige protége le blé contre les fortes gelées.
— Les printemps secs et pluvieux. — Les étés froids, secs et pluvieux. —
Les vents violents égrènent les épis arrivés à maturité. — Les brouillards.
— Les grandes sécheresses. — L'altitude du sol. — Somme de chaleur
nécessaire pour que les grains puissent mûrir.

Le blé est la céréale la plus utile à l'homme parce qu'il
lui fournit la nourriture la plus salubre, la plus nutritive
et la plus agréable. Il est rustique et accomplit très-aisément toutes ses phases d'existence depuis la Chine jusqu'en
Norwége, c'est-à-dire depuis le 39° jusqu'au 65° de latitude.
C'est par exception que le blé de mars mûrit encore son
grain à Bode sous le 67°17', après 120 jours de végétation.

Toutefois, pour que le froment puisse bien mûrir ses
grains dans les localités situées entre ces deux points extrêmes, il est indispensable que les espèces et surtout les
variétés soient cultivées selon leurs exigences sur des terrains déterminés et situés à une altitude donnée et sous
le climat qu'elles exigent. Telle variété qui végète très-bien
sous un climat tempéré et brumeux réussit difficilement
dans les contrées où le sol et l'atmosphère sont secs et
brûlants depuis la fin de l'hiver jusqu'au milieu de l'été;
telle autre qui exige une grande somme de chaleur jointe
à une fraîcheur bienfaisante fournie par le sol, ne peut
mûrir ses épis dans une contrée appartenant à la région
septentrionale. Voilà pourquoi il a été impossible, jusqu'à
ce jour, d'importer dans le midi de l'Europe les remarquables variétés à grain tendre que possède depuis longtemps

l'agriculture anglaise et pourquoi aussi il faut renoncer à propager dans le centre et le nord de la France les belles variétés à grains translucides qu'on cultive avec succès en Algérie, en Sicile, en Espagne et en Égypte.

J'ai dit que le froment était doué d'une grande rusticité; il ne faut pas conclure de ce fait que cette céréale ait partout, même lorsque les variétés s'harmonisent avec le climat sous lequel elles végètent depuis longtemps, le pouvoir de supporter sans périr des froids intenses de —12° à —14°. Pour que les variétés les plus anciennes et les moins délicates puissent résister à des hivers très-rigoureux, il est nécessaire qu'elles se soient développées après les semailles d'automne sur des terrains perméables ou de bonne qualité et par conséquent privés d'humidité surabondante. Quand elles occupent des terres ayant le grave défaut de se saturer d'eau avant l'apparition des grands froids, elles sont souvent *déchaussées* à la fin de l'hiver par suite des alternatives de gels et de dégels, et elles périssent en partie ou en totalité avant le moment où elles commencent de nouveau à végéter. Il est vrai que, dans des conditions aussi mauvaises, la rusticité dont elles sont douées leur permet de résister aux premiers froids, mais très-souvent les gelées intenses qui apparaissent subitement avant la fin des dégels, compromettent gravement son avenir, parce que la plupart des pieds de froment ont leur collet situé entre deux couches de glace. C'est ce qui est malheureusement arrivé en France en 1573, 1684, 1709 et 1829.

De ces remarques, il faut conclure qu'il est très-important de bien harmoniser les espèces et les variétés avec le climat sous lequel on cultive, et la nature du sol qu'on exploite. Dans la région septentrionale de l'Europe, les froments imberbes et à grains tendres résistent toujours moins heureusement que les variétés barbues et à grains glacés ou demi-durs, aux alternatives rapides de fortes gelées nocturnes, d'un soleil brûlant et de gelées diurnes ayant une certaine intensité.

La neige en séjournant sur la terre pendant plusieurs semaines, protége les blés contre les froids les plus rigoureux parce qu'elle forme un véritable écran à la surface du sol et qu'elle empêche tout rayonnement nocturne vers le ciel. C'est sa persistance sur la terre depuis le mois de novembre ou de décembre jusqu'en février ou mars et quelquefois en avril, qui permet au froment, dans les montagnes des Alpes, du Jura, de la Savoie, etc., à 800 et parfois à 1,000 mètres au-dessus du niveau de la mer, de supporter sans périr des froids prolongés de — 14°, — 16° et même — 18°.

L'influence très-heureuse qu'une couche abondante de neige exerce sur l'existence végétative du blé, est connue depuis les temps les plus anciens. Pendant l'hiver de 1709, des cultivateurs ont transporté de la neige sur des terres occupées par des blés d'automne et l'ont piétinée avec soin. Cette opération eut les plus heureux résultats. Elle a justifié une fois encore ce vieux dicton populaire : *La neige est au blé ce qu'une bonne pelisse est pour le vieillard*. Les blés ainsi protégés contre des froids ayant une intensité extraordinaire eurent au printemps suivant une très-belle végétation; ceux qui ne furent pas garantis périrent sur beaucoup de points en presque totalité. Cotte a constaté, en 1789, que les blés qui avaient été protégés par une épaisse couche de neige, apparurent très-verts au printemps, tallèrent plus qu'à l'ordinaire, et furent, pour ainsi dire, exempts de mauvaises herbes. La vertu préservatrice de la neige a été aussi constatée la même année par Tessier.

Ainsi, pendant l'hiver de 1789, la terre gela jusqu'à 0^m,50 sur les parties qui étaient restées couvertes de neige, mais sur les terrains d'où le vent l'emporta, la gelée descendit 0^m,32 plus bas. Enfin, en 1799, il tomba bien de la neige dans la région nord-ouest, mais les blés périrent presque tous sur les points élevés où les vents de bise et de galerne (nord et ouest) l'enlevèrent pour l'accumuler dans les dépressions ou les vallées.

En résumé, les années où il tombe peu ou pas de neige, sont pour les contrées septentrionales de l'Europe, des années calamiteuses[1].

Les hivers longs et rigoureux ont toujours été favorables aux blés d'automne sous toutes les latitudes. On se rappelle encore en France les récoltes abondantes de 1608, année du grand hiver ; de 1729, où le thermomètre descendit jusqu'à 25° au-dessous de zéro dans la Lorraine et en Alsace, et de 1829. Dans ces diverses années, la végétation printanière du blé fut précédée par des froids intenses, mais secs et accompagnés de neiges persistantes.

On doit conclure des faits qui précèdent qu'il est très-important, aussitôt que les semailles d'automne sont terminées, de bien assainir les terrains qui ont le défaut d'être très-humides pendant l'hiver ou sur lesquels les eaux pluviales et celles provenant de la fonte des neiges, disparaissent avec une très-grande lenteur.

Les *hivers très-tempérés* sont toujours nuisibles aux blés d'automne. L'hiver de 1204 qui a été très-doux et sec, fut suivi d'une grande famine. En 1822, l'hiver en Russie ne dura qu'un mois ; la récolte suivante fut très-mauvaise.

---

[1] En général, la neige persiste sur la terre chaque année pendant 30 jours dans la région du Nord-Est, 12 jours dans la région des plaines du Nord et 2 jours seulement dans la région du Sud.

Les *années les plus favorables* au blé sont celles dans lesquelles il survient des pluies douces pendant le printemps et des sécheresses moyennes durant l'été. Les récoltes de 1762 et 1818 ont été très-bonnes, parce que, pendant ces années, la température, au printemps et pendant l'été, a été à la fois tempérée, humide et sèche.

Les *printemps secs* retardent la végétation des blés d'hiver et des froments de printemps, et ils nuisent beaucoup au *tallage* de ces céréales. En 988 et 1750, années où la sécheresse du printemps a été excessive, la récolte du blé fut très-mauvaise.

Lorsque les printemps sont *froids et pluvieux*, comme cela a eu lieu en 1749, 1758 et 1764, ils favorisent le développement des feuilles et des tiges au détriment des grains et permettent aux plantes indigènes nuisibles de végéter avec une grande vigueur. Dans les contrées septentrionales, les pluies qui tombent abondamment pendant le mois de juin retardent l'épiaison, nuisent à la fécondation et occasionnent la verse. Les récoltes de 1748, 1756, 1781, 1856, ont été mauvaises parce que les pluies n'ont pas cessé, pour ainsi dire, de tomber à la fin du printemps.

Les *étés* peuvent être chauds et secs, froids et pluvieux, ou bien, à la fois, chauds et légèrement humides.

Les *grandes chaleurs de l'été* sont plutôt utiles que nuisibles aux récoltes des localités septentrionales ainsi qu'on l'a constaté en 1777. Les sécheresses extrêmes qui apparaissent en juillet ne sont jamais nuisibles au blé cultivé dans la région du Sud, puisque la moisson, dans cette partie de la France, se fait ordinairement en juin. Ainsi, la grande sécheresse de 1793, n'a exercé aucune influence sur la récolte des céréales dans le Midi, car elle n'a pris naissance qu'en juillet.

Les sécheresses ne sont réellement nuisibles aux céréales que quand elles sont persistantes et non accompagnées, de temps à autre, de pluies et d'orages. Si les étés secs de 1177, 1650, 1717 et 1811, ont beaucoup nui au rendement des céréales, ceux de 1078, 1517, 1763, 1818, 1825 et 1847, ont permis, sinon d'obtenir des récoltes très-abondantes, du moins des grains de bonne qualité, parce qu'il est survenu, pendant le mois de juillet, des alternatives heureuses, de pluies bienfaisantes de peu de durée et de grandes chaleurs.

Les *sécheresses prolongées* et les *grandes chaleurs* ne nuisent pas au rendement des blés et à la qualité de leurs grains quand elles surviennent très-tardivement, ou lorsque les pailles prennent une teinte jaunâtre et que les grains ont déjà une certaine consistance. Quand elles succèdent subitement à une température moyenne et un peu humide, alors que les blés ont encore une verdeur très-apparente, souvent elles *blanchissent*, *échaudent*, *brûlent* ou *dessèchent* rapidement les tiges, ou bien elles suspendent la végétation du blé et forcent les grains à rester petits, *ridés* ou chétifs. De tels grains sont de qualité très-secondaire, parce qu'ils ont pris extérieurement du *retrait* par suite de la dessiccation immédiate de la partie centrale encore à l'état laiteux.

Les *pluies abondantes pendant l'été* ont toujours été nuisibles aux céréales. Celles de 1783, 1816 et 1843 ont été très-persistantes ; elles ont eu pour résultats de faire rouiller les pailles et d'altérer par conséquent leur qualité, de faire verser les récoltes et de retarder leur maturité, et d'occasionner la germination des grains dans les épis des tiges coupées ou encore sur pied.

Les étés ne sont pas toujours chauds ou tempérés. Parfois durant cette saison, l'air devient froid et il est accompagné de pluies fréquentes. Alors, comme en 1725, la récolte devient mauvaise. En 1740, année où la température pendant l'été s'abaissa d'une manière extraordinaire, les blés sous le climat de Paris n'étaient pas épiés à la fin de juillet. L'année 1816, où la récolte fut très-mauvaise, eut un été froid et pluvieux.

Les *vents* exercent aussi sur les blés une influence souvent très-nuisible. Lorsqu'ils sont secs et persistants pendant les mois d'avril et de mai, ils suspendent la végétation en desséchant la terre, empêchent le tallement des plantes et forcent celles-ci à rester basses. De tels vents sont toujours froids.

Quand les vents soufflent avec violence à l'approche de la moisson, ils agitent les tiges et égrènent les épis. Aussi est-on forcé dans les localités où ils règnent habituellement à l'époque de la maturité du blé, de cultiver de préférence des variétés barbues, parce que les barbes des épis s'opposent à ce que ces derniers soient violemment agités les uns contre les autres.

Les *brouillards* ne sont jamais nuisibles quand ils ont peu de durée, mais lorsqu'ils deviennent fréquents et persistants, ils obligent à cultiver de préférence des variétés rustiques et peu sujettes à la rouille. Le blé bleu (22) qui réussit très-bien dans les climats tempérés, végète souvent fort mal dans les régions du Nord-Ouest et des plaines du Nord, lorsqu'il est exposé pendant les mois de juin et de juillet à une humidité atmosphérique abondante.

Les *brouillards secs* sont aussi très-nuisibles au froment.

En résumé, la végétation du blé n'est jamais régulière et uniforme. Elle dépend d'une foule de circonstances et elle est plus ou moins favorisée par le climat et les agents atmosphériques.

Il est facile de comprendre dès lors combien il est utile de bien choisir les espèces et les variétés qu'on veut cultiver, de bien connaître quelles influences l'humidité, la sécheresse de l'air et du sol, la température froide ou élevée de l'hiver, du printemps et de l'été peuvent exercer sur la réussite du froment. Telle contrée peut et doit cultiver des variétés appartenant au *triticum sativum*, telle autre, au contraire, doit choisir de préférence des *blés renflés* ou *poulards* ; enfin, il existe des localités dans lesquelles la culture de l'*épeautre* est la seule possible économiquement.

L'*altitude du sol* est aussi à étudier. En général, la culture du blé cesse en France dans les contrées accidentées entre 800 et 1,000 mètres au-dessus du niveau de la mer, suivant la nature et l'exposition du sol. Ainsi, diverses localités en Europe peuvent encore cultiver le froment avec succès à une altitude de 900 mètres, parce que leurs terres sont exposées au midi et protégées des vents du nord par des montagnes plus élevées, alors que d'autres situées à la même élévation, mais ayant des terres labourables exposées aux vents du nord et de l'est, sont forcées de lui substituer le seigle. En Écosse le froment ne quitte jamais les basses terres et le seigle occupe toujours les hautes terres.

Voici les dernières altitudes auxquelles le blé peut mûrir son grain :

Sous l'Équateur	3,200 mètres.
En France	1,050 —
En Écosse	200 —
En Norwége	50 —

C'est très-accidentellement que cette céréale est cultivée dans les Alpes, les Pyrénées ou l'Auvergne à plus de 1,000 mètres au-dessus du niveau de la mer.

Le plus ordinairement le froment réussit sous toutes les latitudes quand la somme de chaleur s'élève de 2050 à 2150 degrés depuis l'époque où il végète de nouveau au printemps jusqu'au moment où la température moyenne journalière descend à + 15°. Dans la région du Sud où il entre pour la seconde fois en végétation pendant la première quinzaine de février, il talle peu à cause de la sécheresse et de la dureté du sol, mais il mûrit ordinairement ses grains avant la fin de juin, c'est-à-dire avant la complète dessiccation de la couche arable. Dans la région septentrionale où il végète de nouveau seulement au commencement de mars, il n'arrive à maturité parfaite que vers la fin de juillet. En définitive, le blé a toujours une végétation plus rapide et moins prolongée dans la région de l'olivier que dans les pays septentrionaux. Quand la somme de chaleur précitée lui fait défaut, il continue à végéter, mais il ne montre pas d'épis.

CHAPITRE III

ESPÈCES ET VARIÉTÉS DE FROMENT

SECTION PREMIÈRE

Classifications.

Division admise par Linné et Willdenow. — Classifications proposées par Host, Mazzucato et Lagasca. — Division adoptée par Metzger. — Genres admis par Devaux et Seringe. — Nomenclature de Philippar. — Classification adoptée par Vilmorin.

Le genre froment comprend plusieurs espèces très-distinctes les unes des autres.

Linné en a décrit six dans la seconde édition de son *Species plantarum*, publiée en 1764 :

1. Triticum hibernum.	4. Triticum polonicum.
2. — æstivum.	5. — spelta.
3. — turgidum.	6. — monococcum.

Cette division a été adoptée en 1797 par Willdenow, professeur à Berlin, après y avoir ajouté une septième espèce, le *triticum compositum*.

Host, botaniste viennois, a décrit en 1805, dans son *Icones graminum austriacorum*, les onze espèces suivantes :

1. Triticum hibernum.	7. Triticum villosum.
2. — æstivum.	8. — hordeiforme.
3. — compactum.	9. — spelta.
4. — turgidum.	10. — zea.
5. — compositum.	11. — atratum.
6. — polonicum.	

Mazzucato, botaniste espagnol, a augmenté les six espèces

admises par Linné de douze nouvelles. Voici les divisions qu'il a adoptées, en 1812, dans son *Triticorum definitiones* :

1.	Triticum	æstivum.	10. Triticum	hirsutum.
2.	—	candidissimum.	11. —	hybernum.
3.	—	cæruleum.	12. —	Persoonium.
4.	—	Barelle.	13. —	Willedenovium.
5.	—	Lamarkeum.	14. —	Manetti.
6.	—	Hallerianum.	15. —	farrum.
7.	—	compositum.	16. —	spelta.
8.	—	Trevesium.	17. —	monococcum.
9.	—	turgidum.	18. —	Duhamelium.

Les espèces de 1 à 10 comprennent toutes les variétés aristées, celles portant les numéros 11 à 14 les variétés sans barbes, celles désignées par les numéros 15 à 18 les variétés à grains vêtus.

Les genres *T. candissimum* et *T. farrum* ont été créés en 1809 par Barelle dans sa *Monographia agronomica dei cereali*. C'est Mazzucato qui a créé les genres *T. cæruleum, Barelle, Lamarkeum, Hallerianum, Trevesium, hirsutum, Persoonium, Willedenovium, Manetti* et *Duhamelium*. Enfin, le *T. hirsutum* a été admis en 1807 par Arduini de Padoue.

Lagasca, le collaborateur de Mazzucato, a publié en 1816 son *Genera et species plantarum*, dans lequel il décrit huit nouvelles espèces, savoir :

1.	Triticum	Linneanum.	5. Triticum	cochleare.
2.	—	fastuosum.	6. —	cevallos.
3.	—	Gærtnerianum.	7. —	cienfugos.
4.	—	polystachium.	8. —	Bauhini.

En 1824, Metzger, de Heidelberg, a adopté la division suivante, dans son ouvrage intitulé : *Europæische Cerealien*.

1.	Triticum	sativum.	5. Triticum	spelta.
2.	—	turgidum.	6. —	amyleum.
3.	—	durum.	7. —	monococcum.
4.	—	polonicum.	8. —	venulosum.

Cette division est celle que Seringe avait suivie en 1818 dans sa *Monographie des céréales de la Suisse.*

M. Desvaux, dans son *Mémoire sur les froments*, publié en 1834, n'admet que trois espèces, tout en observant qu'elles ont dû provenir d'un seul et même type :

> 1. Triticum sativum.
> 2. — monococcum.
> 3. — spelta.

Il divise les variétés qu'il a étudiées en trois classes :

A. *Froment à grains restant renfermés dans les balles :*
Engrain, faux engrain, épeautre et amidonnier.

B. *Froment à glumes non persistantes sur le grain, mais très-libres et très-longues :*
Blé de Pologne.

C. *Froment à glumes non persistantes sur le grain, mais s'y appliquant exactement :*
Blé d'Afrique, froment plat, blé renflé, froment barbu, blé sans barbes.

M. Seringe a modifié la division qu'il avait admise en 1818. Voici celle qu'il a adoptée dans ses *Céréales européennes* publiées en 1841 :

Premier genre. — FROMENT. — TRITICUM.
> 1. Triticum vulgare ou *touzelle.*
> 2. — turgidum ou *pétanielle.*
> 3. — durum ou *durelle.*
> 4. — polonicum ou *polonielle.*

Deuxième genre. — ÉPEAUTRE. — SPELTA.
> 1. Spelta vulgaris ou *épeautre.*
> 2. — amylea ou *amydonelle.*

Troisième genre. — NIVIÈRIE.   NIVIERA.
> 1. Niviera monococcum ou *monocoque.*
> 2. — venulosa ou *nivièrie veinée.*

Ainsi, au lieu d'un seul genre, M. Seringe en admet trois.

Le premier comprend tous les blés dont les grains tombent nus sous le fléau ; le second, ceux dont les grains restent enveloppés dans les épillets ; le troisième, ceux dont les épillets ne renferment qu'un seul grain.

Philippar avait adopté, en 1841, une nomenclature bien différente de celles que je viens de faire connaître. Cette nomenclature comprend 15 espèces :

1. Triticum spelta.		9. Triticum sativum aristatum.	
2. — monococcum.		10. — compactum aristatum.	
3. — amyleum.		11. — — muticum.	
4. — compressum.		12. — semicompact. villosum.	
5. — hordeiforme.		13. — — — glabrum.	
6. — complanatum		14. — sativum muticum.	
7. — turgidum.		15. — — secaliforme.	
8. — sativum.			

Enfin Vilmorin a adopté, en 1857, la division suivante :

1. Triticum sativum.		4. Triticum polonicum.	
2. — turgidum.		5. — amyleum.	
3. — durum.		6. — spelta.	

Cette nomenclature est celle adoptée par Metzger, sauf le genre *T. venulosum.* C'est aussi celle que je regarde comme la plus vraie et que j'ai acceptée.

SECTION II

Caractères du genre froment.

Racine. — Tige ou chaume. — Feuille, Ligule. — Axe, Épi, Épillet. — Glume, Glumelle. — Fleurs mâles et femelles. — Balles ou menue paille. — Grain. — Ovaire. — Embryon ou germe. — Albumen farineux. — Pellicule ou son. — Paille.

Le froment a une *racine* fibreuse plus ou moins rameuse; il présente une ou plusieurs *tiges*, selon qu'il a plus ou moins tallé. Chaque tige s'appelle *chaume*, *tuyau* ou *chalumeau* (fig. 2); elle est droite, lisse et s'amincit graduellement de la base au sommet; elle est *creuse* ou *fistuleuse* dans les blés ordinaires et *pleine* ou remplie de moelle dans les blés poulards et les blés durelles. Toutes les tiges présentent des *articulations* ou *nœuds* A, A, dont le nombre varie suivant les variétés et la vigueur de la végétation. La partie comprise entre deux nœuds B et C se nomme *entre-nœuds* ou *mérithalle*.

Les *feuilles* naissent des nœuds; elles sont *alternes, embrassantes, étroites* ou *larges, dressées* ou *étalées* et à pétiole en gaine; chaque *gaîne* est fendue jusqu'à sa base. Le *limbe* ou partie libre est rubanné, *aigu, lisse, vert* ou *glauque*; il présente des *nervures parallèles, convergentes* vers son *sommet.* A la limite de la gaîne et du limbe on observe une membrane mince ordinairement courte ou tronquée B à laquelle on a donné les noms de *ligule* ou *languette* (fig. 5).

L'inflorescence a lieu en *épi simple* (fig. 4) ou *composé* (fig. 5). Chaque épi se compose d'un *axe* ou *rachis*, et de fleurons appelés *épillets* ou *épiets* ou *mailles.*

L'axe (fig. 6) est *persistant* ou *tenace* quand il ne se divise pas, à la maturité, en autant d'articles qu'il y a de

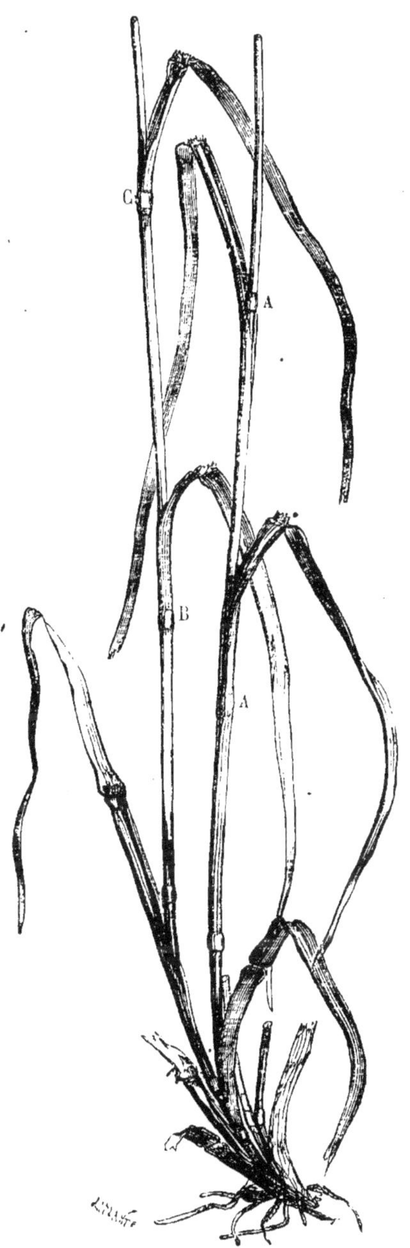

Fig. 2. — Tiges et feuilles du froment.

3

dents d'insertion. Il est *fragile* lorsque cette division a lieu.

L'épi est *glabre* lorsqu'il est dépourvu de toute espèce de poil ; *lisse*, quand il est uni et doux au toucher ; *velu* ou *pubescent*, quand il est couvert de poils courts et mous ; *blanchâtre*, quand il est jaune paille ; *rougeâtre*, quand sa couleur est légèrement rouge cuivré ; *noirâtre*, lorsque sa teinte est brun très-foncé ou brun violacé.

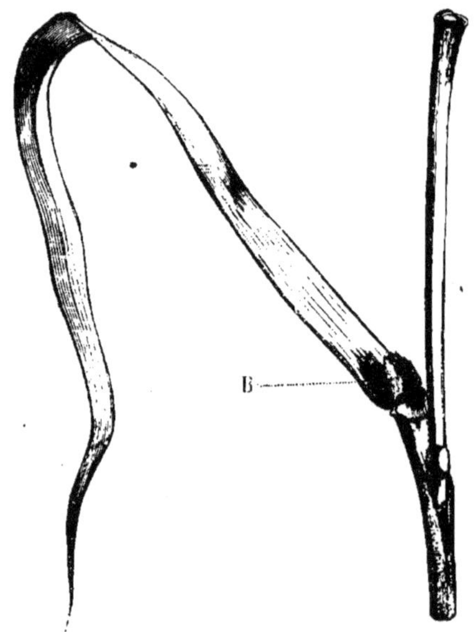

Fig. 5. — Feuille ligulée.

L'épi est *régulier* si les épillets sont disposés sur l'axe symétriquement ; *cylindrique* (fig. 7) lorsqu'il est allongé et rond ; *carré*, s'il présente quatre faces régulières et autant d'angles ; *pyramidal*, s'il s'amincit graduellement de la base au sommet ; *comprimé* (fig. 8), quand il est fortement aplati.

Tous les épis ont deux faces bien distinctes : le *profil* et

Fig. 4. — Épi simple.

Fig. 5. — Épi composé.

Fig. 6.
Axe d'un épi.

Fig. 7.
Épi cylindrique.

Fig. 8.
Épi aplati ou comprimé.

Fig. 9. — Épis vus de profil.

Fig. 10. — Épis vus de face.

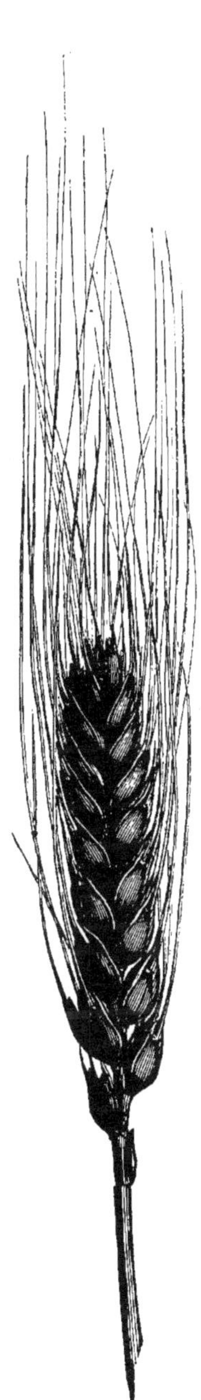

Fig. 11. — Épi sans barbes.   Fig. 12. — Épi barbu.

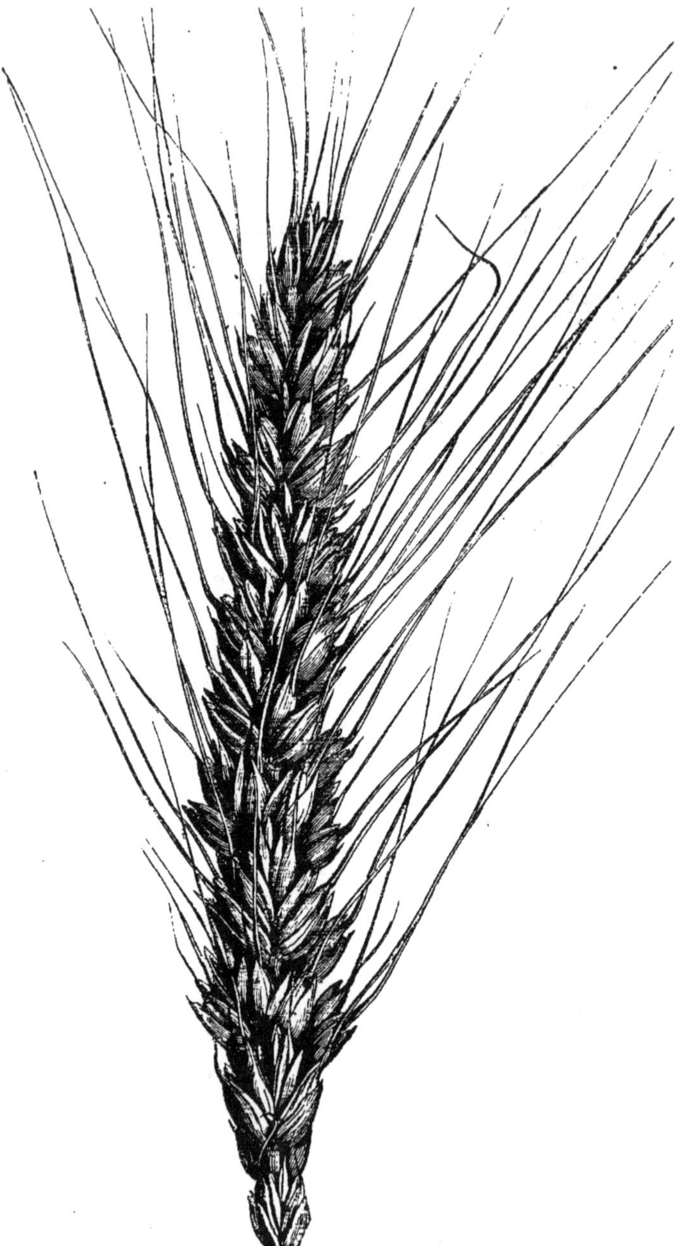

Fig. 15. — Épi à barbes divergentes.

Fig. 14.
Épi lâche.

Fig. 15.
Épi demi-serré.

Fig. 16.
Épi compacte.

la *face*. Le *profil* est le côté de l'épi qui permet d'apercevoir les dents d'insertion de l'axe ; il est plus ou moins rigolé, sillonné ou *canaliculé* (fig. 9, A). La *face* est le côté qui permet de savoir si les épillets sont ou non élargis (fig. 10 et 13). Tous les épis ont deux profils et deux faces.

Fig. 17.
Épillet d'un épi
imberbe.

L'épi est *mutique* ou *ras* ou *raz*, lorsqu'il n'a pas de barbes ou d'arêtes (fig. 11); *barbu* ou *aristé* quand les épillets portent des arêtes plus ou moins allongées *persistantes* ou *caduques* (fig. 12). Les barbes sont *dressées* (fig. 8) ou *divergentes* (fig. 13).

L'épi est *lâche* (fig. 14), *demi-lâche* ou *demi-serré* (fig. 15) et *compacte* (fig. 16), selon que les épillets sont plus ou moins serrés les uns contre les autres.

L'*épillet* ou *locuste* ou *spicule* (fig. 17 et 18) est une fleur composée renfermant de une à cinq *fleurs simples* ou *fleurons*. L'enveloppe de l'épillet est latéral à l'axe ; on l'appelle *glume* (fig. 19); elle est formée de deux *valves* ou *bractées écailleuses opposées*, ovales, courtes ou *lancéolées*, très-allongées, *aiguës* ou *tronquées*, *échancrées* ou *mucronées;* dans quelques espèces et variétés, la glume est munie d'une petite arête dorsale qu'on appelle *carène* (fig. 20).

Chaque épi contient sur chaque côté de 10 à 16 épillets ; les épillets du bas et du haut sont ordinairement neutres, c'est-à-dire ne renferment pas de fleurs.

Les *fleurs simples* ou *fleurons solitaires* se composent de trois *étamines libres* ou *organes mâles* (fig. 21), d'un *pistil* ou *organe* femelle (fig. 22) et d'une enveloppe appelée *glumelle*. La glumelle est formée de deux bractées ou *paléoles aristées* ou *mutiques*. Les *barbes* ou *arêtes* sont insérées

sur la partie médiane et dorsale de la glumelle (fig. 23).
Les bractées opposées qui composent les glumes et les

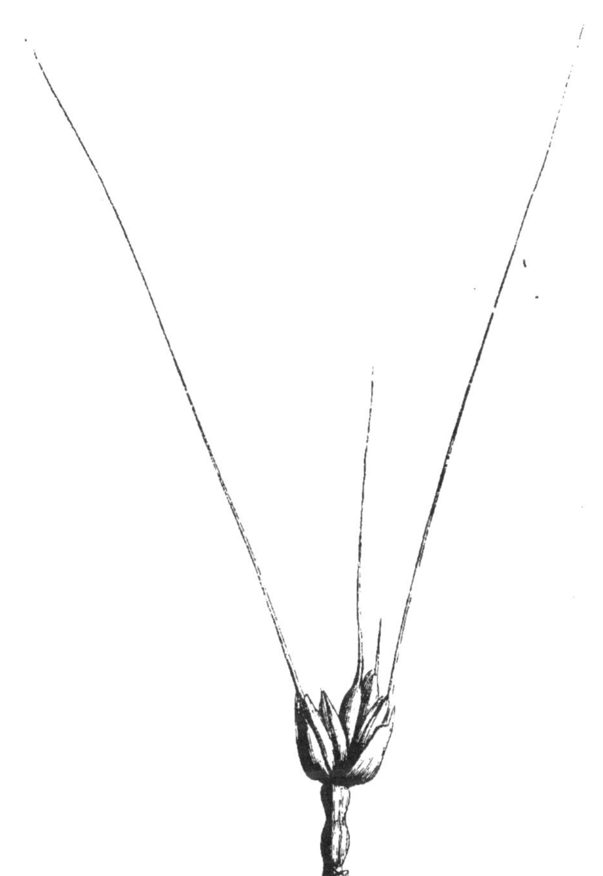

Fig. 18. — Épillet d'un épi barbu.

glumelles forment après le battage ou égrenage ce qu'on
appelle la *menue paille* ou *balles*.

La *fécondation* a lieu un peu avant l'épanouissement des
fleurons ; elle dure de deux à trois jours et s'opère du bas

au sommet de l'épi par la chute du pollen sur le stigmate. Si le pollen, qui est blanchâtre ou grisâtre et opaque, est

Fig. 19. — Glumes.

Fig. 20. — Glumes carénées.

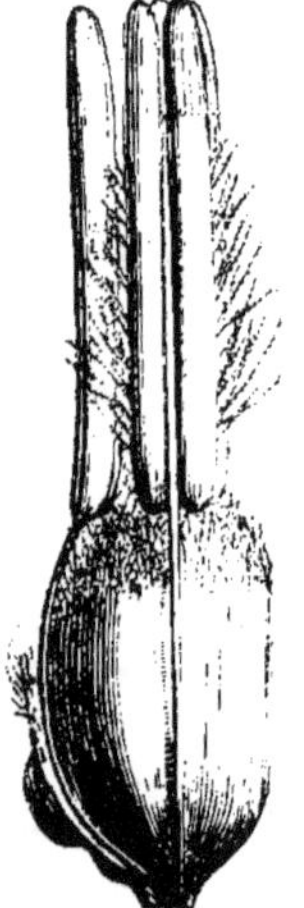

Fig. 21. — Étamines du blé
vues au microscope.

Fig. 22. — Pistil du blé
vu au microscope.

altéré par l'humidité, la fécondation n'a pas lieu ; souvent aussi il y a avortement des fleurs situées au centre des épillets et des fleurs des épillets situés à la base et au sommet des épis.

Fig. 25. — Glumelle avec barbes.   Fig. 24. — Épi de blé en fleur.

Quand la fécondation est terminée, les étamines apparaissent en dehors des glumelles soutenues par des filets très-déliés (fig. 24); elles se fanent et tombent à terre.

Le *grain* ou *ovaire* est *ovoïde, allongé, libre* ou *étroitement renfermé* entre les glumelles; il présente sur l'une

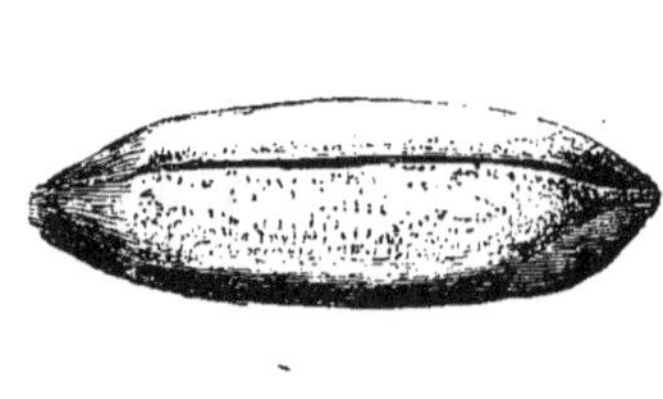
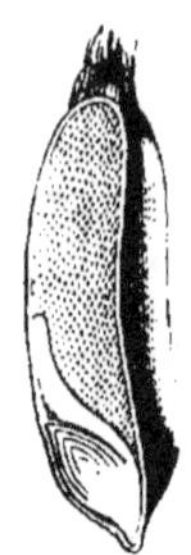

Fig. 25. — Grains de blé grossis.

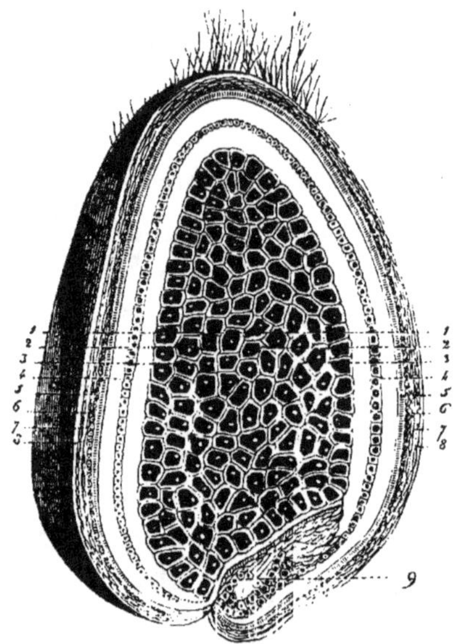

Fig. 26. — Grain de froment vu au microscope.

1, 2, 3. Masse farineuse ou amylacée. — 4. Membrane embryonnaire. — 5. Teste. —
6. Endocarpe. — 7. Épicarpe. — 8. Épiderme. — 9. Embryon ou germe.

de ses faces et longitudinalement un *sillon étroit* plus ou
moins profond (fig. 25); il est fixé à la glumelle par son

gros bout qui est sa base, et sa face plane ou sillonnée est située à l'intérieur de l'épillet ; le *petit bout*, qui est son extrémité supérieure, est surmonté d'une *houppe de poils* appelée vulgairement *brosse* (fig. 25). C'est entre ces poils que se logent la poussière, les moisissures et les sporules du champignon appelé *carie*.

Le centre du grain (fig. 26) est composé de cellules de *gluten* dans lesquelles sont situés les granules d'*amidon*.

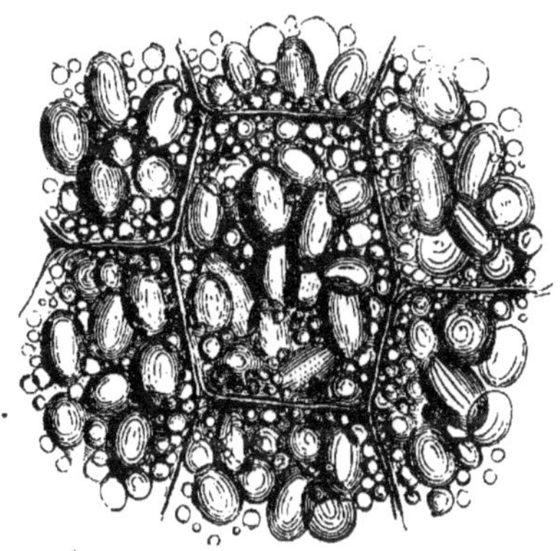

Fig. 27. — Granules d'amidon du blé.

L'amidon ou fécule (fig. 27) prédomine dans le centre du grain, et le gluten ou matière azotée abonde d'autant plus que les cellules se rapprochent de l'enveloppe. Celle-ci est formée d'une série de couches superposées qui renferme du gluten et des matières mucilagineuses. L'enveloppe extérieure est l'*épiderme* ou le *son* proprement dit. Elle est *blanchâtre*, *jaune rougeâtre* ou *grisâtre* selon la couleur du grain.

La membrane embryonnaire contient une farine spéciale à laquelle on a donné le nom de *céréaline*.

Les plus gros granules amylacés ont de 40 à 50 mil-
lièmes de millimètres.

Le gluten est blanc grisâtre, élastique et d'une odeur
fade. Il est composé de glutine, fibrine, albumine et caséine
végétales ; il contient, en outre, des matières grasses et des
phosphates. A l'état pur, il renferme 0,16 d'azote.

Les blés les plus tendres sont ceux qui renferment le
plus d'amidon ; les blés les plus durs sont les plus riches
en gluten.

L'*albumen farineux* est d'abord *aqueux*, puis *laiteux* et c'est
seulement à l'approche de la maturité qu'il prend de la
consistance, qu'il se solidifie. Alors, il est *tendre, dur* ou
corné, et sa cassure est *farineuse* ou *amylacée, vitreuse*
ou *glacée, blanche* ou *grisâtre*.

La *paille*, à la maturité du grain, est plus ou moins élevée,
grosse ou *mince, creuse, demi-pleine* ou *pleine, blanchâtre*
ou *rougeâtre*. En général sa nuance est plus belle dans le
midi de l'Europe, que dans les contrées qui appartiennent
à la région septentrionale.

SECTION III

Espèces et variétés

Clefs analytiques des espèces, des divisions et des sections. — Variétés du triticum sativum, — du triticum turgidum, — du triticum durum, — du triticum Polonicum, — du triticum amyleum, — du triticum spelta, — du triticum monococcum.

Clef analytique des espèces

1. Paille lisse, creuse 2
   Paille striée, pleine surtout à la partie supérieure. 5

2. Grain libre ou nu, axe résistant. . . . **Triticum sativum**, page 50
   Grain vêtu ou enveloppé, axe fragile 3

3. Epillets ne renfermant qu'un seul grain. **T. monococcum**. page 133
   Epillets contenant deux grains ou plus. 4

4. Épi compacte, épillets serrés sur l'axe et régulièrement imbriqués sur deux rangs. . . . . **T. amyleum**. page 125
   Épi lâche, épillets laissant apercevoir l'axe. . . **T. spelta**. page 129

5. Grains gros, bossus, ventrus, épillets courts renflés. 6
   Grains longs et réguliers ; épillets étroits, allongés. 7

6. Épi simple, carré ou aplati, glume à carène
   saillante . . . . **T. turgidum**. page 91
   Épi composé ou rameux, glume à peine caré-
   née. . . . . **T. compositum**. page 107

7. Glumes de moyenne grandeur n'enveloppant pas les glumelles, terminées par une dent aiguë ; grain oblong, un peu
   pointu. . . . . **T. durum**. page 109

8. Glumes très-longues, carénées, enveloppant les glumelles et sans
   arêtes terminales ; grain très-allongé. . . **T. Polonicum**. page 123

Ces sept espèces peuvent être réunies en deux grandes séries. La première comprenant tous les *blés à grains nus :*

Triticum sativum.	Triticum durum.
— turgidum.	— polonicum.
— compositum.	

La seconde renfermant tous les *blés à grains vêtus :*

Triticum amyleum.	Triticum monococcum.
— spelta.	

De nos jours, le *T. compositum* est une variété du *T. tur-gidum* et le *T. polonicum* appartient au *T. durum.*

I

TRITICUM SATIVUM, LAM.

Triticum vulgare, Willd.   Triticum hybernum, Lin.
— æstivum, Lin.   — Barelle, Maz.

Froment ordinaire

Anglais. — Common wheat.
Italien. — Grano tenero.
Allemand. — Gemeiner Weizen.

Chaumes plus ou moins nombreux, fistuleux, dressés, lisses ; feuilles larges, linéaires aiguës, un peu auriculeuses, scabreuses, à gaine lisse, à ligule courte, tronquée ; épi droit, subtétragone, axe tenace, un peu large, à bords poilus ; épillets ovoïdes à 3 ou 5 fleurs rarement toutes fertiles ; glumes ovales, ventrues, tronquées, mucronées, à peine carénées supérieurement ; glumes aristées ou mucronées ; grain libre dans les glumelles, opaque, obrond ou allongé, tendre ou demi-glacé.

Les variétés qui appartiennent à cette espèce sont très-nombreuses ; on les cultive de préférence à beaucoup d'autres blés dans la région septentrionale de l'Europe. Quelques variétés seulement appartiennent exclusivement à l'agriculture de la région méridionale.

Clef analytique des divisions

1. Épi mutique ou sans barbes. . . . PREMIÈRE DIVISION. page 50
   Épi barbu ou muni d'arêtes . . . . DEUXIÈME DIVISION. page 82

PREMIÈRE DIVISION

VARIÉTÉS SANS BARBES

Synonymie : Blé imberbe.   Blé sans arêtes.
            Blé mutique.   Blé non barbu.
            Blé submutique.   Blé mullet.
            Blé bladette.   Blé ras.

Épi dépourvu de barbes (fig. 28), généralement long,
présentant sa plus grande largeur sur la face des épillets qui
sont planes et disposés en éventail ; glumes légèrement
échancrées au dessous de leur sommet et portant une
pointe courte ; carène ou pli dorsal de la glume saillante
dans la moitié supérieure seulement et s'élargissant vers
la base ; balles dépassant le grain, distinctes et un peu
écartées au sommet ; grain oblong, ovale, ordinairement
tendre.

Les froments sans barbes (*triticum muticum* Sch.) sont généralement plus délicats, moins rustiques que les froments
barbus.

Clef analytique des groupes et des classes

PREMIER GROUPE

Épi blanc jaunâtre, lisse, compacte, demi-serré ou lâche.

Fig. 28. — Épi sans barbes.   Fig. 29. — Épi barbu du *triticum sativum*.

PREMIÈRE CLASSE

Épi régulier, compacte, très-court, moitié plus large sur la face que sur le profil.

1. — Blé du Chili

Synonymie . Blé du Thibet.

Épi dense, épais, comprimé et très-rigolé sur le profil, droit, dressé, blanc jaunâtre ; épillets larges, courts, serrés, formant avec l'axe un angle presque droit ; glumes et glumelles à pointes courtes, obtuses; grain petit, allongé, blond pâle, tendre ; paille grosse, dressée, finement cannelée et un peu contournée près de l'épi.

Cette variété est aujourd'hui peu cultivée à cause de la petitesse de son grain et parce qu'elle est sensible aux gelées. Elle est précoce. On l'a appelée *petit blé de mars du Chili*.

DEUXIÈME CLASSE

Épi jaunâtre, carré, court, feuilles très-dressées.

2. — Blé de l'Inde

Synonymie : Blé de la Chine.

Épi court, à pointe obtuse; glumes tronquées; glumelles terminées par un crochet un peu court et fortement recourbé, sauf dans la partie supérieure de l'épi, où il s'allonge un peu.

Cette variété est originaire de l'Inde orientale; ses feuilles sont d'un vert foncé. Elle ne présente aucun intérêt agricole.

3. — Blé chinois

Synonymie : Blé Man-zi.

Epi un peu court, presque carré, très-effilé ; glumes courtes acuminées couvrant incomplétement le grain ; paille fine.

Cette variété a des feuilles d'un vert blond. On ne la cultive pas comme plante agricole. En France, son épi s'allonge beaucoup.

TROISIÈME CLASSE

Epi compacte, tronqué et souvent renflé du haut, profondément canaliculé sur les profils, à faces presque égales.

4. — Blé de Hongrie

Synonymie : Blé blanc de Hongrie.   Blé de Flandre à épi court.
Blé chevalier.   Blé anglais du Blaisois.
Blé compacte de Le Couteur.   Blé album densum.
Blé de Calcutta.   Blé Taunton Dean.

Épi blanc jaunâtre, court, serré, à faces sensiblement égales, tronqué et souvent renflé du haut ; épillets élargis ; glumes courtes, ventrues, appliquées sur le grain ; grain un peu court, petit, arrondi, blanc jaunâtre légèrement corné ; paille de moyenne hauteur, ferme et droite.

Ce beau blé d'automne a été introduit d'Angleterre en France en 1810, par Vilmorin père. Il est originaire de Hongrie. On le connait dans le centre de la France depuis longtemps sous le nom de *blé anglais.* On le cultive avec succès dans plusieurs contrées de la région septentrionale, mais il convient mieux aux contrées du Midi. Son grain est de très-belle qualité.

Il a produit une sous-variété qui se distingue par des épis plus allongés, plus larges et à laquelle on a donné les noms suivants :

Blé de Hongrie à épi long.
Blé free trade.
Blé club.

Cette sous-variété est très-peu cultivée, parce qu'elle conserve difficilement les caractères qui la différencient du blé de Hongrie ordinaire et que les fortes chaleurs font souvent rider son grain.

Quoi qu'il en soit, le blé de Hongrie est précoce, peu sujet à dégénérer et à verser. Toutes les terres à froment lui conviennent, mais il est moins productif que beaucoup d'autres variétés sans barbes à grains blancs.

QUATRIÈME CLASSE

Épi compacte, obtus et toujours renflé du haut, à faces très-inégales.

5. — Blé Hickling.

Synonymie : Blé Hickling blanc.
Blé Bazin.
Blé du Mesnil.
Blé de Saint-Firmin.
Blé du Mesnil Saint-Firmin.
Blé de Valcour.
Blé égyptien.
Blé massue.
Blé maréchal.
Blé de momie.
Blé Drouillard.
Blé Pharaon.
Blé saumon.
Blé with Grace.
Blé anglais de Briquebec.
Blé histin.
Blé blanc égyptien.
Blé doré.
Blé Hickling à grain blanc.
Blé d'Écosse à épi court.
Blé de Pologne à quatre côtes.
Blé Thickset.
Blé blanc Prince Albert.
Blé roseau.

Épi très-compacte, renflé vers l'extrémité ou en massue allongée, de moyenne longueur, blanc jaunâtre, plus large et souvent un peu courbé sur le profil, très-sillonné sur l'un des profils ; épil'ets très-élargis et bien appliqués les uns sur les autres ; grain moyen, un peu renflé ou obvoïde, tendre et d'une belle couleur blanc jaunâtre ; paille grosse, très-sillonnée, rigide, creuse, de hauteur moyenne.

Cette belle et curieuse variété est originaire du comté de Norfolk, en Angleterre. Elle est un peu tardive, rustique, peu exposée à verser, et très-productive dans les bonnes terres, mais elle est sujette à dégénérer. Son grain est très beau et de bonne qualité.

Ce blé d'automne ne réussit pas très-bien dans le midi de la France, parce que les grandes chaleurs *échaudent* ou brûlent assez souvent ses épis.

Le *blé du Mesnil Saint-Firmin* est le blé Hickling dégénéré. Son épi est un peu plus allongé, plus lâche et moins renflé du haut. On doit le semer de bonne heure. Il mûrit huit jours plus tôt environ que la variété type.

En général, le blé Hickling est très-sujet à jouer, à dégénérer, à perdre ses principaux caractères, c'est-à-dire à produire des épis qui sont plus allongés, moins élargis, moins compactes vers le haut, et par conséquent plus pyramidés. Il est plus productif que le blé blanc de Flandre, verse moins et donne plus de paille. Toutefois, la boulangerie ne recherche pas sa farine, parce que celle-ci contient trop d'amidon et pas assez de gluten.

Le *blé Thickset* est cultivé en Écosse; son épi est plus court, plus carré, plus serré et moins renflé du haut; il est sujet à verser. Sa paille est longue et fine. En dégénérant, il produit des épis rougeâtres.

CINQUIÈME CLASSE

Épi de moyenne longueur, serré, droit, carré, pyramidé, balles courtes.

6. — Blé de Saumur

Synonymie :

Blé de Saint-Laud.	Blé blanc d'Alsace.
Blé gris de Saint-Laud.	Blé Brown Chevalier.
Blé d'Anjou.	Blé Camus.
Blé de Saint-Nazaire.	Blé de Saumur d'automne.
Gros blé de Saumur.	Blé de Saumur de mars.
Blé Chevalier prolific.	Blé Chevalier Ten-Rowed.

Épi blanc jaunâtre ou blanc grisâtre, de moyenne longueur, un peu plus large sur le profil, un peu incliné, ayant le bord des glumes sur les profils teintés de jaune cuivré; épillets courts, offrant quelques petites barbes au sommet de l'épi; grain gros, oblong, tendre, jaunâtre ou un peu rougeâtre et quelquefois un peu glacé; paille assez élevée et souple.

Cette ancienne variété est originaire des vallées de l'Anjou. On la cultive aussi dans l'Orléanais, le Maine, la Beauce et les environs de Paris. Elle demande des terres saines de bonne qualité; elle redoute les lieux bas, les sols froids et humides, et supporte moins bien les froids rigoureux que le blé d'hiver ordinaire (9) et le blé bleu de Noé (22). C'est pourquoi on ne la sème souvent qu'au printemps dans le centre et le nord de la France.

Nonobstant, le blé de Saumur est rustique dans l'Anjou, précoce et productif; le grain qu'il produit est estimé pour sa qualité.

Le *blé Brown chevalier* a un épi plus rougeâtre, plus cuivré. Il représente le blé de Saumur modifié ou dégénéré.

Le blé de Saumur produit dans l'Anjou des épis qui sont plus allongés, plus développés que les épis qu'il possède quand on le cultive dans les environs de Paris.

7. — Blé chiddam

Synonymie :

Blé chiddam.	Blé archer's prolific.
Blé de Rham.	Blé red straw white.
Blé blanc de Foak.	Blé saumon.
Blé suisse de Sainville.	Blé Gorrie's prolific.
Blé duc William.	Blé somon.
Blé Salmon.	Blé duck Bill yellow.
Blé golden Swan.	Blé blanc à paille rouge.
Blé cluster Tall.	Blé Brodie à grain rouge.
Blé Dudney.	Blé Berkshire improved.
Blé cluster Dwarf.	Blé rouge d'Essex à balles blanches.

Épi blanc jaunâtre, presque carré, assez serré, un peu long, presque droit, portant quelques barbes courtes, à sa partie supérieure ; glumes courtes, ventrues; balles terminées par une pointe presque droite et bien appliquées sur le grain ; grain gros, oblong, court ou presque rond, blanc jaunâtre, tendre et fin ; paille souple et ferme, haute et blanche.

Cette belle et bonne variété est connue dans le sud de l'Angleterre depuis 1835 ; elle a été importée en France en 1840, par M. de Gourcy. Elle est aujourd'hui très-répandue dans la Brie et en Écosse sur les exploitations où la terre est de bonne fertilité et bien cultivée. Son grain est de très-belle qualité.

Les années pluvieuses nuisent à la qualité de son grain et les froids rigoureux la font souvent périr dans la région du nord où elle est sujette à dégénérer. Par contre, son grain est presque toujours glacé dans les contrées méridionales.

Le blé chiddam est souvent cultivé en Angleterre sur des terres d'excellente qualité comme *blé de printemps*. Le *blé chiddam de mars* qu'on cultive dans la Brie a un épi blanc qui est plus petit, mais néanmoins son grain est blanc jaunâtre, fin et très-beau. On le sème un peu plus dru que le *blé chiddam d'automne*.

Le *blé rouge d'Essex* est quelquefois jaune rougeâtre sur les profils. Quant au *blé Brodie à grain rouge*, il est un peu tardif et plus difficile à battre. Le *blé saumon* a un épi un peu plus compacte.

Quoi qu'il en soit, le blé chiddam végète très-bien sur des sols un peu légers, sur des terres calcaires riches. Sur ces derniers terrains, ses grains sont presque ronds et pesants.

SIXIÈME CLASSE

Épi demi-lâche, courbé sur le plat des épillets et atténué vers la pointe.

8. — Blé d'hiver ordinaire

Synonymie :

Blé de saison.	Blé roux d'Armentières.
Blé commun à épi jaunâtre.	Blé blanc commun d'hiver.
Blé de Crépi.	Blé blanc indigène.
Blé bladette sans barbes.	Blé commun d'hiver à épi jaunâtre.
Blé de Nérac.	Blé rouge d'Armentières.
Blé du Cayran.	Blé de Poméranie.
Blé grisard de Douai.	Blé blanc des coteaux.

Épi allongé, sensiblement pyramidé, jaunâtre avec une légère nuance rougeâtre et des barbes très-courtes au sommet ; épillets un peu écartés ; glumes et glumelles de moyenne longueur ; grains gros, oblongs, dorés, jaune rougeâtre, ou jaunâtres suivant le terrain où il a été cultivé , un peu glacés ou demi-durs ; paille flexible, souple, quoique forte.

Cette variété est répandue dans les plaines du nord et du centre de la France ; son produit est moyen.

Le *blé de Crépi* était autrefois très-cultivé dans les environs de Paris, parce qu'il est rustique et que son grain est d'excellente qualité. Le rendement plus considérable des blés anglais et du blé de Noé (22) a forcé les agriculteurs à abandonner cette ancienne et classique variété.

Le *blé bladette sans barbes* de la plaine de Toulouse est plus sujet aux brouillards que le *blé bladette barbu* (42) qui a l'avantage de bien résister au vent d'autan. Son grain est riche en gluten ; mais quoique son poids ne soit pas très-élevé, il est néanmoins recherché par la meunerie de Montauban, Nérac et Albi; sa farine est très-belle.

9. — Blé du Gatinais

Synonymie : Blé fin de Rével.   Blé chicot blanc.
Blé fin de Toulouse.   Froment jaune.
Blé de Carôme.   Blé blanc de Belgique.
Blé de pays du Gâtinais.   Blé Langley's red.
Blé rouge d'Anvers.   Blé sans barbes de Normandie.

Épi blanc jaunâtre, long, demi-serré, courbé sur le plat des épillets, portant quelques barbes au sommet ; grain gros, un peu renflé.

Cette variété a beaucoup d'analogie avec le blé d'hiver ordinaire ; elle est productive quand elle est cultivée sur des terres qui ne sont pas trop légères. Son grain est estimé dans le centre de la France et le pays toulousain.

SEPTIÈME CLASSE

Épi demi-lâche, prismatique, axe prononcé, glumes étroites et glumelles un peu allongées.

10. — Blé Hunter

Synonymie : Blé Uxbridge.   Blé Fenton.
Blé Piory.   Blé du duc de Portland.
Blé Mungoswells.   Blé snow drop.
Blé de la Nouvelle-Zélande.   Blé red chaff pearl.
Blé silver drop.   Blé impérial de Pawlett.
Blé Standard blanc.   Blé blanc de Trump.
Blé blanc écossais.   Blé de Hardcastle.

Épi assez long, quelquefois incliné sur la face des épillets qui sont écartés et laissent apercevoir une partie de l'axe, plus large sur la face que sur le profil ; glumes et glumelles un peu allongées et terminées par une pointe aiguë qui passe à l'état de barbe très-courte sur les glumelles de la partie supérieure de l'épi ; grain uniforme un peu aminci vers son extrémité, moyen, large, blanc jaunâtre ou blanc rougeâtre ; paille moyenne, ayant une belle nuance et consistante.

Cette variété a été découverte en Angleterre dans le Berwickshire au commencement du siècle actuel par M. Hunter:

elle rappelle exactement l'ancien *blé blanc de standard* qu'on cultive depuis fort longtemps en Écosse sur des terrains de bonne qualité. Ce beau blé est très-productif dans les années chaudes et sèches ; il talle facilement quand il est cultivé sur de bons sols ; il est peu sujet à la verse et à la rouille. Son grain est de belle qualité et très-estimé par la meunerie anglaise, mais il dégénère facilement. Dans les sols secs et peu fertiles, son épi est plus court et plus serré.

Le blé Hunter est regardé en Écosse comme une excellente variété de printemps. Il est plus ou moins précoce selon la nature du sol où il est cultivé.

Le *blé Mungoswells*, que M. Patrick Shireff aurait découvert en Écosse dans les Lothians, n'a pas la fixité du blé Hunter, mais il est un peu plus hâtif. On le cultive peu en Angleterre.

Le *blé Uxbridge* est très-cultivé dans le comté de Middlesex.

11. — Blé Jersey-Dantzick

Synonymie : Blé chiddam prize.	Blé chittum.
Blé blanc écossais.	Blé Trump.
Blé Wilson.	Blé blanc de Dantzick.
Blé Le Couteur-Dantzick.	Blé de Suffolk.

Épi un peu plus serré que le précédent, un peu aminci à son extrémité et quelquefois incliné sur le profil à l'époque de la maturité ; épillets un peu écartés laissant l'axe en partie découvert ; glumes moins acuminées que celles du blé Hunter ; grain un peu court, oblong, tendre ou légèrement glacé ; paille mince, blanche et élevée.

Cette variété a été trouvée à Jersey par le colonel Le Couteur, parmi des blés provenant de grains importés de Dantzick. Elle est un peu sensible aux froids dans le nord de la France, mais elle talle très-bien. On la cultive avec succès en Angleterre sur des sols légers et de bonne qualité. On doit la semer de bonne heure parce qu'elle est un peu tardive ; sa paille est longue sur les sols riches, mais à cause de sa faiblesse, elle est sujette à verser; son grain est très-beau et productif.

L'épi du *blé chiddam prize* est un peu plus carré que l'épi du blé Jersey-Dantzick. A la première vue, il ressemble au blé Hunter (11).

Le blé Jersey-Dantzick peut être cultivé dans le nord de la France comme *blé de printemps*, à la condition qu'on le sèmera de bonne heure.

HUITIÈME CLASSE.

Épi demi-serré, pyramidé et canaliculé sur le profil.

12. — Blé blanc de Flandre

Synonymie :

Blé blanc zée.	Blé Pearl.
Blé blanzé.	Blé silver drop.
Blé blazé.	Blé d'automne de Lille.
Blé de Bergues.	Blé Hopetoun.
Blé de Tiflis.	Blé white Kent.
Blé de Calcutta.	Blé Pearl white.
Blé de Zélande.	Blé Chittem.
Blé blanc Charlet.	Blé blanc du Nord.
Blé blanc de Loudun.	Blé de Russie à paille blanche.
Blé blanc d'Armentières.	Blé Schireff's.
Blé Victoria d'hiver.	

Épi blanc jaunâtre, légèrement incliné et arrondi sur la face des épillets, un peu aminci, long, à quatre côtés presque égaux, mais toujours un peu plus large sur la face ; épillets un peu serrés à trois ou quatre fleurs ; glumes sans carènes, terminées par une pointe très-courte disposée en crochet ; balles moyennes, minces, plus longues que le grain, terminées par quelques rudiments de barbes dans la partie supérieure de l'épi ; grain blanc jaunâtre, de moyenne grosseur, oblong, tendre, à écorce mince, et bien nourri ; paille forte, élevée, mais souple.

Cette remarquable variété est répandue dans le département du Nord et celui du Pas-de-Calais, où elle est connue sous le nom de *blanc blé* ; elle est productive et exige des terres profondes, saines, fertiles et bien exposées, mais elle ne résiste pas toujours très-bien aux froids rigoureux quand elle végète sur des sols humides. Elle est vigoureuse et productive sur les terres argilo-siliceuses chaulées et fécondes ou sur les sols silico-calcaires bien fumés à sous-sol perméable. Son seul défaut sur de tels terrains, est d'être un peu tardive.

Ce magnifique blé, l'un des plus productifs, est assez sujet à dégénérer, c'est-à-dire à produire des épis qui sont munis de barbes courtes et qui contiennent des grains qui passent à la couleur rougeâtre tout en restant tendres. On lui reproche aussi avec raison de toujours verser dans les terres riches en humus.

Les blés anglais inscrits dans la synonymie ont une très-grande analogie avec le blé blanc de Flandre. Les quelques caractères qui les distinguent n'ont aucune fixité ; ils sont dus à la douceur du climat de l'Angleterre.

Le *blé Hopetoun* a un épi qui est peut-être moins large sur le plat des épillets. Son grain est aussi plus court, plus arrondi. Ce blé est très-estimé sur les marchés ; on le cultive en Angleterre depuis 1835, époque où M. Douglas l'a trouvé dans l'East Lothian (Écosse), comme blé d'hiver et comme blé de printemps. Il redoute les terres très-fraîches sur lesquelles sa paille prend un grand développement au détriment de son grain. De nos jours, il a perdu un peu de la faveur dont il jouissait il y a vingt ans, parce que son rendement est très-variable, surtout dans les années humides.

Le *blé silver drop* a un grain plus petit, mais plus arrondi que le blé blanc de Flandre et qui rappelle beaucoup le grain du blé Hunter (11).

Toutes choses égales d'ailleurs, le grain du blé blanc zéc est très-estimé par la meunerie française. La farine qu'il fournit est très-belle, mais le remarquable pain blanc qu'elle permet de fabriquer a l'inconvénient de sécher promptement. Sur les sols riches les épis de cette variété prennent un grand développement et ils deviennent plus lâches. En dégénérant ces épis prennent une teinte rougeâtre assez apparente.

Le blé blanc de Flandre à beaucoup de rapport avec le blé blanc d'Essex.

NEUVIÈME CLASSE

Épi demi-serré, pyramidé, légèrement tronqué, sans rigole apparente, presque toujours un peu courbé dans le sens de l'axe.

13. — Blé blanc d'Essex

Synonymie : Blé white Essex.
Blé blanc de Briquebec.
Blé de la Caroline du Nord.
Blé lord Western.
Blé Oxford Prize.
Blé de Malaga.
Blé Brodie.
Blé archer Prolific.
Blé Hartswood.
Blé blanc de Maryland.
Blé blanc anglais.
Blé sulfur coloured.
Blé suisse.
Blé Berkshire improved.
Blé Brittany.
Blé Breedon.
Blé blanc d'Anvers.
Blé Le Couteur round.
Blé de Bessarabie.
Blé lord Ducie.
Blé blanc d'Anvers.
Blé Gregorian white.
Blé Batterwell Suffolk.
Blé Siné.
Blé hardy white.

Épi blanc jaunâtre, gros, demi-serré, long, presque droit ; glumes un peu moins allongées que celles du blé blanc de Flandre, terminées par une pointe courte et droite : glumelles prolongées par une pointe apparente et recourbée ; faces des épillets presque égales en largeur à la largeur des profils ; grain oblong, tendre, jaune, légèrement rougeâtre et aminci à son extrémité, à écorce mince.

Cette variété est ancienne ; elle était cultivée à Brou en 1826. Elle a beaucoup de rapport avec le beau blé blanc de Flandre (15), mais elle lui est inférieure sous tous les rapports. Sa paille est élevée, un peu fine, mais ferme. Quand son épi s'allonge ses épillets sont moins serrés. Ses feuilles sont larges et vigoureuses, surtout sur les sols riches ; on lui reproche d'être très-épuisante.

Le *blé Oxford Prize* auquel la Société royale d'agriculture de l'Angleterre a accordé un premier prix en 1839, végète avec vigueur sur les sols riches. Le *blé Hardy White* paraît plus rustique. Le *blé Brodie* a été recommandé en Angleterre depuis 1821. On le cultive dans le Berwickshire et les Lothians.

DIXIÈME CLASSE

Épi demi-serré, prismatique, canaliculé irrégulièrement, plus large sur la face des épillets que sur le profil.

14. — Blé Whittington

Synonymie : Blé Eclipse.
Blé Victoria d'automne
Blé blanc d'Amérique.
Blé géant d'Eley.
Blé de Crimée.
Blé Pedigree.
Blé du major Quentin.
Blé du Bengale.
Blé Haigh's prolific.

Blé Babraham.
Blé géant.
Blé de la Tréhonnais.
Blé Wellington.
Blé white Swan.
Blé généalogique.
Blé Hallett.
Blé de Whittingham.
Blé Kessingland blanc.

Épi blanc jaunâtre. souvent très-long, presque carré, large, droit, bien fait, quelquefois légèrement incliné à la maturité sur le plat des épillets ; épillets écartés ou élargis sur la face de l'épi ; balles longues ; glumelles terminées par une pointe courte et dans la partie supérieure de l'épi par une très-petite barbe ; grain gros, un peu allongé ou oblong, tendre, jaunâtre ou jaune rougeâtre, à écorce quelquefois un peu épaisse ; paille souple quoique forte, abondante et élevée.

Cette belle variété a été reçue en 1830 de Suisse par M. Whittington. Elle a été introduite en France par M. Darblay aîné en 1840. Elle dégénère facilement et doit être cultivée sur des terres saines et d'excellente qualité. Sur les sols riches, sa paille devient forte et élevée et ses épis prennent un développement remarquable. Elle est cultivée avec succès en Angleterre comme *blé de mars*, parce qu'elle est hâtive, mais on l'a presque complétement abandonnée en Écosse comme *blé d'automne*, parce qu'elle réussit mal sur des terres de qualité secondaire ou médiocre.

Le *blé géant d'Eley* découvert en 1852 par M. Eley, est le plus vigoureux de tous les *triticum sativum*. Il est très-peu cultivé ; il en est de même du *blé géant de Whittingham*. Le blé géant de la Tréhonnais et le *blé généalogique* de Hallett ont, dans ces derniers temps, excité l'attention générale et fait naître des espérances exagérées. Les épis de ces blés sont très-beaux et ils sont très-productifs quand ils proviennent de cultures faites sur des terres très-riches ou de jardin ; mais ils dégénèrent très-rapidement, à moins qu'on procède chaque année à une sélection très-sévère. On a appelé ces sous-variétés *blés à épis monstrueux.*

Le *blé victoria d'automne* est un très-beau blé, quand on le cultive dans les Nouvelles-Galles du Sud, mais il perd très-facilement en France et en Angleterre les qualités qui le font rechercher dans l'Amérique du Sud.

ONZIÈME CLASSE

Épi lâche, très-pyramidé ; épillets élargis, portant quelques barbes dans le haut de l'épi.

PREMIÈRE CATÉGORIE

Épi à grains glacés

15. — Blé de mars blanc sans barbes

Synonymie : Blé de mars de Douai.   Blé sans barbes de Toscane.
Blé de mars de Toscane.   Blé de trois mois.
Blé Treson.   Blé de mai.
Blé de mars sans barbes.   Blé de mars nain.
Blé de mars Bazin.   Blé des sables.

Épi un peu allongé, jaunâtre ou jaune légèrement rougeâtre, dressé, de moyenne longueur ; épillets élargis, un peu allongés, à deux ou trois grains avec quelques barbes courtes dans la partie supérieure de l'épi ; grain court, petit, rougeâtre, presque complétement glacé.

Ce blé a été introduit en France du nord de l'Allemagne. On le cultive dans la région septentrionale comme blé de printemps ; il est aussi répandu dans la région du centre. Il est assez productif et son grain est de bonne qualité si on le sème de bonne heure.

Le *blé de mars sans barbes des environs de Paris* sous-variété plus délicate et moins productive, a un épi un peu plus court et plus serré. Elle a été introduite en France en 1709 par Valmont de Bomare. Son principal mérite est d'être très-précoce.

5

16. — Blé Fellemberg

Synonymie : Blé touzelle blanche.   Blé de Russie.
           Blé Pictet.   Blé Gagarin.
           Blé à courtes barbes de Gorie.   Blé touzelle sans barbes.

Épi allongé, gros, blanc jaunâtre, plus large sur la face que sur le profil; épillets plus serrés que ceux du blé de mars blanc sans barbes; quelques barbes courtes au sommet de l'épi ; grain petit, légèrement allongé, rouge clair, glacé et tenant bien dans la balle, qui est allongée ; paille élevée, assez forte et blanche.

Cette variété est rustique, vigoureuse et productive, mais elle est peu cultivée à cause de la petitesse de son grain et parce qu'elle a le défaut de s'égrener assez facilement à l'époque de la moisson.

Le *blé Pictet* a un grain plus gros et un peu moins glacé, mais on ne peut le cultiver que comme *blé de mars* dans la région septentrionale. On doit aussi le récolter avant sa complète maturité parce qu'il est sujet à s'égrener. Les épillets de cette sous-variété sont développés et un peu écartés les uns des autres. Ce blé est maintenant peu cultivé.

DEUXIÈME CATÉGORIE

Épi à grains tendres très-blancs.

17. — Blé de Talavera

Synonymie : Blé de Varsovie.   Blé du Devonshire.
           Blé de Syra.   Blé Dantzic yellow.
           Blé grand blanc anglais.   Blé de la Nouvelle-Zélande.
           Blé Mummy.   Blé nankin.
           Blé de Verceil.   Blé carré d'Irlande.
           Blé rouge pâle du Cap.   Blé de Burrel.

Épi très-lâche, jaunâtre, aminci ou très-pyramidé, très-long, presque carré, droit et quelquefois courbé sur la face ; épillets écartés, laissant apercevoir une partie de l'axe et munis quelquefois de barbes courtes dans le haut de l'épi ; glumes et glumelles allongées ; les glumes sont mucronées et les balles sont très-acuminées ; grain blanc jaunâtre, assez gros, mais inégal, tendre ; paille de hauteur moyenne, un peu flexible.

Ce blé est originaire d'Espagne; il a été introduit au commencement du siècle actuel en Angleterre et de là en France. Son grain est très-estimé sur les marchés quand il est de

bonne qualité. On le cultive encore en Angleterre sur les sols
un peu légers et riches. Mais en France la plupart des cultivateurs l'ont abandonné comme *blé d'automne*, parce qu'il
n'est pas assez rustique, végète mal quand il survient au
printemps des pluies prolongées et qu'il dégénère facilement. Il est aussi sujet à verser. Sa précocité permet de le
cultiver comme *blé de mars* dans le nord de la France et
en Écosse.

DOUZIÈME CLASSE

Épi lâche, prismatique, à glumes tronquées.

18. — Blé talavera de Bellevue

Synonymie : Blé d'Espagne.
   Blé d'Espagne de mars.
   Blé Malakoff.
   Blé blanc de New-York.
   Blé gigantesque.
   Blé golden drap blanc.
   Blé du Cap sans barbes.
   Blé du Cap à larges feuilles.
Blé Talavera de printemps.
Blé de Nankin.
Blé Adélaïde blanc.
Blé du Holstein.
Blé blanc de Kœnigsberg.
Blé grand doré.
Blé doré.

Épi blanc jaunâtre, très-long, prismatique, lâche, presque carré: axe gros,
apparent ; épillets très-distants, peu évasés: glumes longues, tronquées,
terminées par une dent obtuse ; grain moyen, oblong, très-blanc, à écorce
mince ; paille forte, résistante, mais souvent cassante à la maturité.

Ce beau blé a été trouvé à Bellevue (île de Jersey),
en 1838, dans un champ de *blé de Talavera* par le colonel
Le Couteur. Il est hâtif, mais il ne réussit pas très-bien
comme blé d'hiver dans la région septentrionale. C'est
pourquoi on le cultive plutôt comme *blé de mars* dans le
nord de la France et en Angleterre. Son épi rappelle par sa
disposition les épis de la touzelle blanche (20). Il est sujet
à dégénérer, surtout si on le cultive dans un sol pauvre ;
dans ce cas, son épi est moins long, plus serré. On doit le
semer le plus tôt possible, en février par exemple. Sa paille
est très-belle.

Le *blé golden drop blanc* a été trouvé en 1854 par
M. Gorrie. Son grain est de moyenne qualité. Le *blé du Cap*

à larges feuilles est remarquable par sa vigueur végétative quand on le sème sur un sol riche.

TREIZIÈME CLASSE

Épi très-lâche, droit, glumes et glumelles allongées et aiguës, épillets très-écartés.

19. — Blé touzelle blanche

Synonymie :

Blé touzelle de Nice.	Blé touzelle anone.
Blé touzelle de Provence.	Blé blanc de Norwége.
Blé touzelle blanche de mars.	Blé touzelle.
Blé touzelle blanche.	Blé blanc opos Toscan.
Blé blanc de Mareuil.	Blé américain.
Blé suisse.	Blé red straw wheat.

Épi blanc jaunâtre, un peu effilé, très-allongé ; axe gros, saillant ; glumes et glumelles allongées ; épillets très-écartés ; grain oblong, blanc jaunâtre, un peu transparent, à écorce fine ; paille fragile ou très-cassante.

Cette variété, connue dans le Languedoc depuis 1785, est remarquable par la régularité de son épi et la beauté de son grain ; mais elle est trop délicate pour qu'on puisse la cultiver avantageusement comme blé d'automne dans les provinces du nord de la France. Dans ces localités, son grain, lorsqu'il y mûrit, devient souvent roux et glacé.

L'épi du *blé touzelle blanche* est un peu moins lâche que l'épi du *blé touzelle de Nice* ; il s'égrène aussi moins facilement. Le *blé suisse* a un épi moins allongé et plus serré. On le cultive avec succès dans quelques localités de la région des plaines du centre, comme blé de printemps.

Le pain fabriqué dans la Provence avec la farine du blé touzelle qu'on appelait autrefois *tuzello* est très-blanc et d'excellent goût.

Dans le Languedoc le grain du blé touzelle blanche a moins de valeur commerciale que le grain du *blé touzelle rouge* dit blé du Roussillon (42).

Le mot de touzelle vient de *touzé*, ancien mot français qui signifiait *tondu* ou *razé*.

Épi lâche, allongé, glumelles à pointes courtes très-recourbées en dedans.

20. — Blé richelle de Naples

Synonymie : Blé blanc de Naples.   Blé grano bianco.
Blé richelle blanche de Provence.   Blé blanc de Rome.
Blé du Lado.   Blé d'Australie.
Blé espagnol sans barbes.

Épi blanc jaunâtre, très-long, un peu effilé, presque carré, axe apparent en partie, presque toujours fléchi sur le sens de la face ; épillets un peu écartés sur le sens de la face de l'épi et les terminaux souvent munis de barbes courtes ; glumes et glumelles s'appliquant exactement sur le grain ; grain gros, allongé, blanc jaunâtre, très-tendre.

Ce beau froment réussit difficilement dans le nord de la France. Quand il y végète bien son épi est plus compacte, moins allongé, et son grain y devient un peu dur et rougeâtre. Il a été introduit en France par M. Darblay aîné et doit être regardé comme l'un des plus remarquables parmi ceux cultivés dans le midi de l'Europe. Son grain est très-beau. Son feuillage est vert glauque.

Le *blé d'Australie* a un très-bel épi sans barbes au sommet, plus allongé, moins lâche, plus droit que l'épi du blé richelle de Naples. Son grain est oblong et presque blanc ; enfin sa paille est plus fine et plus souple. Il doit les remarquables qualités qui le distinguent au climat et au sol des contrées australes. Il réussit mal dans la région septentrionale et y perd promptement toutes ses belles qualités.

21. — Blé bleu de Noé

Synonymie : Blé bleu.   Blé bleu de mars.
Blé de Noé.   Blé de l'île de Noé.
Blé bleu sans barbes.   Blé l'inversable.

Épi blanc jaunâtre sur la face, jaune fauve sur le profil, long, presque carré, un peu atténué et très-souvent infléchi sur la face ; épillets écartés, terminés souvent par une petite barbe dans la partie supérieure de l'épi ; grain gros, un peu allongé ou ovoïde, blanc rougeâtre, tendre, à cassure amylacée ; paille ferme, un peu courte, peu sujette à la verse.

Cette variété est ancienne et c'est à tort qu'on la croit

originaire de l'île de Noé, près Mirande (Gers). Elle a été décrite en 1855 par Desvaux sous le nom de *blé bleu sans barbe*[1]. Desvaux lui a conservé ce nom parce que toutes ses parties vertes, dit-il, sont très-bleuâtres par une pluie abondante. Cette variété avait alors un épi allongé blanc, à épillets un peu écartés et des grains un peu allongés et gros. Nonobstant, cette belle variété est aujourd'hui très-répandue. Elle est vigoureuse, très-précoce, productive et verse rarement. On doit regretter qu'elle s'égrène facilement à la maturité, qu'elle dégénère aisément, qu'elle soit sujette à la rouille dans les années froides et pluvieuses et qu'elle n'ait pas la rusticité du blé de Crépi (9).

Son épi est toujours un peu moins lâche dans le Nord que dans les régions du sud et du sud-ouest.

On sème le blé bleu en automne comme blé d'hiver, ou en janvier et février comme blé de printemps. On doit le récolter un peu prématurément et le mettre en moyettes. Sa précocité permet de l'associer au seigle.

DEUXIÈME GROUPE

Épi blanc, roux ou brun, velouté ou velu.

QUINZIÈME CLASSE

22. — Blé de haie

Synonymie :	
Blé velouté d'Australie.	Blé velu.
Blé anglais pubescent.	Blé blanc velouté.
Blé velu de Norwége.	Blé de Bergues velu.
Blé velu de Dantzic.	Blé blanchard.
Blé velouté de haie.	Blé de Bohême.
Blé d'Australie velu.	Blé velouté d'Alsace.
Blé Klerh.	Blé à épi laineux.
Blé trincot blanc.	Blé velouté du nord.
Blé velu imberbe.	Blé velours.
Blé de la Nouvelle-Hollande.	Blé touzelle velouté.
Blé Baxters.	Blé hedge wheat.
Blé velouté Le Conteur.	Blé de l'Inde velu.
Blé blanc à duvet.	Blé Tunstall.

[1] *Triticum imberbe cœruleum.*

Blé earl Spencer.	Blé velu de Talavéra.
Blé velouté sans barbes.	Blé Hoary.
Blé Downy.	

Épi prismatique, presque droit et carré, allongé, atténué au sommet demi-serré, gros ; épillets veloutés, blanchâtres, les supérieurs portant quelquefois une petite barbe ; grain régulier, oblong, moyen, à pellicule mince, blanc jaunâtre ou demi-transparent, à cassure farineuse ; paille moyenne, assez rigide.

Cette belle et curieuse variété est cultivée en France dans la région nord-ouest depuis plus d'un siècle. Elle est aussi très-répandue en Angleterre dans les comtés de Sussex et de Kent qui sont voisins de la mer, en Allemagne et en Bohême. En France, on la cultive principalement dans le Boulonnais, la Flandre et la Normandie. On la croit originaire de la Suède. C'est aussi dans les contrées maritimes qu'on la cultive en Écosse.

Le blé de haie convient spécialement aux localités peu éloignées de la mer, ou aux contrées découvertes, parce qu'il verse rarement et qu'il s'égrène difficilement sous l'action des vents violents. Il est très-productif dans les années sèches, mais ses épis à cause de leur duvet ont le défaut, dans les années pluvieuses, de rester longtemps humides, de prendre une teinte un peu rousse ou ferrugineuse et de donner des grains de moins bonne qualité et plus difficiles à battre.

Quoi qu'il en soit, cette variété est rustique, un peu tardive et vigoureuse ; elle produit des feuilles nombreuses, larges et très-vertes. Son grain est très-estimé ; il fournit de la *farine fine-fleur* à la boulangerie de Londres.

Ce blé qui est très-productif dans les sols riches, a produit une sous-variété à épi légèrement rougeâtre à laquelle on a donné les noms suivants :

Blé de haie rouge.	Blé velouté de Saint-Lô.
Blé brun velouté.	Blé gris velouté.
Blé de haie brun.	Blé velu de Kent.

Celle variété peut être semée au printemps. Son grain est moyen et un peu rougeâtre. Dans les années pluvieuses son épi prend souvent une teinte rouge brun ou brun noirâtre sur le profil.

Les races désignées sous les noms de *blé de haie hâtif* et *blé de haie tardif* ont tous les caractères qui distinguent le blé de haie ordinaire.

TROISIÈME GROUPE

Épi demi-lâche, dressé, fauve clair.

15. Épi presque carré, terminé par une pointe.. . . Section 16 page 72

SEIZIÈME CLASSE

23. — Blé d'Odessa sans barbes

Synonymie : Blé de Grignon.
Blé du Comtat.
Blé richelle de mars.
Blé richelle de Grignon.
Blé d'Alger.
Blé de la Bessarabie.
Blé Meunier.
Blé richelle de Provence.
Blé touzelle rousse de Provence.
Blé Murton.
Blé bigarreau.
Blé de la Tauride.

Épi dressé, assez long, fauve clair ou rouge pâle jaunâtre, un peu courbé et irrégulier, presque carré ou un peu plus large sur la face que sur le profil et terminé en pointe : épillets inégaux, formant avec l'axe un angle aigu ; glumes moyennes terminées par une pointe obtuse, incurvée ; glumelles terminées dans le bas de l'épi par un crochet court, dans le haut par une petite barbe contournée ; grain long, de moyenne grosseur, blanc jaunâtre ; paille fine assez élevée, mais souvent coudée dans sa partie inférieure.

Cette variété est-elle originaire d'Odessa ? Cela n'est pas probable, puisque tous les blés qui nous viennent de cette partie de la Russie sont barbus. Elle a été introduite en France par M. Bonfils et elle s'est répandue rapidement commé *blé d'automne* et comme *blé de printemps*. C'est elle qui fournit en Algérie les blés tendres les plus remarquables.

On la cultive peu dans la région du nord comme blé d'automne, parce qu'elle craint les grands froids et une humidité abondante. Elle talle beaucoup dans les terres riches, mais elle est sujette à la verse, surtout quand le printemps est pluvieux. Son produit lorsqu'elle végète bien dépasse quelquefois 35 hectolitres par hectare. Lorsqu'elle perd ses caractères typiques, elle produit des épis qui passent au grisâtre ou au cuivré et qui renferment des grains un peu glacés ou rougeâtres.

Le grain de blé d'Odessa est très-beau et presque blanc. Il est très-estimé par la meunerie. Les terres riches, perméables, de consistance moyenne, et celles qui contiennent du calcaire sont celles qui lui conviennent le mieux. On doit le semer de bonne heure quand on le cultive comme variété de printemps.

Le *blé meunier* fournit dans l'arrondissement d'Apt (Vaucluse) des grains tendres, blancs, très-remarquables.

QUATRIÈME GROUPE
Épis lisses, rougeâtres ou cuivrés.

DIX-SEPTIÈME CLASSE
Épi très-court, serré ou compacte, obtus du sommet.

24. — Blé carré de Sicile

Synonymie : Blé carré de Chine.   Blé de Phalsbourg.
            Blé de mars carré de Sicile.   Blé carré du Canada.
            Blé carré de mars à épi rouge. Blé rouge de Candie.

Épi rouge brun ou rouge cuivré, très court, serré, carré , obtus du sommet, très-canaliculé sur le profil ; glumes obtuses ; glumelles terminées par une barbe très-courte : grain rougeâtre presque dur ou glacé ; paille assez élevée, droite, ferme, un peu grosse dans sa partie supérieure.

Cette variété est cultivée en Alsace, en Suisse et dans le Wurtemberg. Elle est très-hâtive, appartient à la classe des céréales de mars et résiste assez bien aux orages. Son grain d'assez bonne qualité devient tendre quand on la cultive sur de bonnes terres calcaires perméables. Ses épis sont très-glauques jusqu'à la fécondation des fleurs.

DIX-HUITIÈME CLASSE

Épi compacte, très-serré et pyramidé.

25. — Blé rouge de l'Aigle

Synonymie : Blé Paquet.
Blé de Hongrie rouge.
Blé rouge d'Angers.
Blé rouge de Saint-Laud.
Blé gris de Brissac.
Blé rouge de Beaufort.
Grand blé rouge d'Angers.
Blé de Saumur d'automne.

Blé prolific red.
Blé Tickset rouge.
Blé glorifié roux.
Blé Standard rouge.
Blé Smoothy's red.
Blé Essex à épi rouge.
Blé beardless red.
Blé rouge à épi carré.

Épi rouge clair ou rouge brun, court, compacte, très-serré, pyramidé, droit, très-canaliculé sur le profil, offrant plus de largeur sur l'un des profils que sur l'autre, surtout au sommet ; épillets très-fortement appliqués sur l'axe ; glumes et glumelles courtes exactement appliquées sur le grain ; grain rouge tendre ou jaune rougeâtre , un peu oblong, de moyenne grosseur, à cassure amylacée ; paille très-grosse, creuse, résistante, mais cassante près des épis quand les tiges sont complétement mûres.

Cette ancienne et belle variété réussit très-bien dans l'Anjou sur les terres argilo-siliceuses ou schisteuses froides. Elle est aussi cultivée avec succès sur divers points de la Normandie, de l'Orléanais et de l'Ile-de-France. Son grain est rarement glacé, d'excellente qualité et très-apprécié sur les marchés. Sa paille est forte, résistante et peu sujette à verser.

C'est avec juste raison qu'on regarde le blé rouge de l'Aigle comme précoce, rustique et productif. Il dégénère assez difficilement et verse rarement.

Un grand nombre d'épis portent quelques barbes à leur partie supérieure. Le feuillage de ce blé est très-beau.

DIX-NEUVIÈME CLASSE
Épi compacte, très-serré, élargi du sommet.

26. — Blé Hickling rouge

Synonymie : Blé rouge de Cambridge.   Blé king William.
Blé Hickling's prolific.   Blé Thickset red.

Épi élargi au sommet, carré, serré, canaliculé sur le profil ; grain oblong, jaune foncé ou rougeâtre ; paille blanc jaunâtre.

Cette variété a beaucoup d'analogie avec le blé Hickling blanc (6), mais son épi est moins obtus au sommet ; elle a été découverte en 1830 dans le comté de Norfolk par Samuel Hickling. Pendant plusieurs années on l'a beaucoup cultivée en Angleterre, mais on l'a abandonnée de nos jours à cause de la qualité de son grain qui laisse beaucoup à désirer.

VINGTIÈME CLASSE
Épi presque carré, épillets élargis et écartés.

27. — Blé du Caucase sans barbes

Synonymie : Blé rouge du Languedoc.   Blé rouge de Toscane.
Blé touzelle rouge sans barbes.   Blé opos Toscan.
Blé touzelle rouge de Provence.

Épi rouge brûlé ou rouge obscur, lâche, long, un peu arqué droit ; épillets élargis ou écartés du rachis ; axe gros ; glumes tronquées et mucronées, glumelles allongées très-roides ; grain allongé, rouge clair, glacé ou semi-transparent, de moyenne grosseur, à cassure amylacée ; paille demi-pleine, roide, mais mince du pied et sujette à verser.

Cette variété d'hiver appartient à l'agriculture méridionale. C'est en vain qu'on a voulu la cultiver comme *blé de mars* dans la région septentrionale. Semée en automne dans le midi, sur de bonnes terres, elle fournit un grain qui est assez estimé.

Ce blé d'hiver est peut-être le plus tardif. Il verse facilement quand il végète sur des terres riches ou abondamment fumées. Quelques-uns de ses épis présentent des barbes très-courtes dans leur partie supérieure.

VINGT-ET-UNIÈME CLASSE

Épi effilé, droit, demi-serré, épillets peu ouverts.

28. — Blé lammas

Synonymie :

Blé rouge anglais.	Blé joanet de Châtellerault.
Blé anglais de Caen.	Blé Jark yellow.
Blé grand rouge.	Blé Nursery.
Blé Rattling Jark.	Blé Mouse-tail.
Blé chicot rouge.	Blé de Florence d'hiver.
Blé Lammas rouge.	Blé Saint-Pierre.
Blé des Ardennes.	Blé carré rouge.
Blé à épi doré.	Blé des Ardennes.
Blé de Roscoff.	Blé touzelle rouge.

Épi rouge clair doré, long, presque carré, aminci, presque droit ; épillets rouge cuivré près de leur insertion sur l'axe, rouge clair à leur partie supérieure ; grain gros, assez allongé, rougeâtre ; paille longue, de force moyenne.

Cette bonne variété est originaire d'Angleterre. Elle a été introduite dans le département du Calvados en 1797, par M. Weat Chroff, mais elle a perdu de nos jours beaucoup de son importance. On lui reproche à bon droit de ne pas supporter les fortes gelées, d'être sujet à dégénérer et de s'égrener facilement, parce que son grain tient mal dans la balle.

Nonobstant, le blé Lammas est précoce et réussit très-bien dans les sols froids et humides, sur les terrains calcaires de médiocre qualité, et dans les localités où le climat est tempéré et les hivers doux. Son rendement est satisfaisant. Son écorce est plus fine que celle du *blé chicot de Caen* (35), mais sa farine n'est pas aussi liante que celle du *franc blé*. On reproche à sa paille d'être un peu dure. On doit le moissonner quelques jours avant sa maturité. On le bat aisément.

Le blé Lammas a des rapports avec le *blé rouge de Kent*. On croit même qu'ils ont la même origine. Ce dernier blé est estimé en Écosse.

29. — Blé rouge ordinaire sans barbes

Synonymie : Blé Rampillon.
Blé rouge des Vosges.
Blé rouge sans barbes d'Alsace.
Blé rouge de Sainville.
Blé touzelle de Bergerac.
Blé rouge des environs de Paris.

Épi rougeâtre ou jaune cuivré, un peu grêle, souple, très-effilé, de grandeur moyenne, droit ; épillets peu ouverts ; glumes et glumelles allongées ; glumes terminées par une pointe courte très-courbée ; grain rougeâtre un peu allongé, tendre ou demi-glacé, de moyenne grosseur ; paille jaunâtre, assez forte.

Ce blé est cultivé depuis longtemps sur les sols argileux dans le nord de la France ; on l'a importé d'Allemagne. Il est rustique et graine bien, mais il est inférieur sous tous les rapports au *blé rouge d'Écosse*. Il végète toujours avec vigueur.

Souvent ses épis portent de petites barbes dans leur partie supérieure.

VINGT-DEUXIÈME CLASSE
Épi demi-serré, axe apparent.

30. — Blé rouge d'Écosse

Synonymie : Blé blood red.
Blé rouge anglais.
Blé rouge de Toscane.
Blé Chevalier.
Blé rouge de Bergues.
Blé Bristol red.
Blé spalding red.
Blé Tibbold.
Blé king William.
Blé Syer's red.
Blé Suffolk red.
Blé prolific red.
Blé spalding.
Blé spalding's prolific.
Blé Fanton red.
Blé Kessingland.
Blé Oxford red.
Blé de Nottingham.
Blé archer's prolific.
Blé common old red.
Blé Chiddam red.
Blé Browick red.
Blé striped chaff.
Blé white chaff Brown.
Blé à balles panachées.
Blé red chaff Dantzic.
Blé Pearl red chaff.
Blé Norfolk red.
Blé Brown chaff red.
Blé new Norfolk.
Blé Copdock.
Blé rouge blanc.
Blé clover red.
Blé free trade.

Épi rouge cuivré ou rouge brun brillant, souvent très-long, diminuant un peu vers la pointe, plus large sur la face que sur le profil, un peu lâche et infléchi ; épillets écartés, très-élargis, fermes ; glumes en partie tronquées et mucronées ; glumelles à arêtes allongées ; grain moyen, légèrement triangulaire, gros, jaunâtre, un peu cuivré et corné sur les côtés ; paille forte, abondante, ne versant pas, d'une belle couleur jaunâtre.

Cette belle variété d'automne est très-ancienne et très-estimée par les cultivateurs anglais. On la recherche partout sur les marchés, quoiqu'elle soit inférieure aux blés à grains blancs. Elle est rustique, vigoureuse, et talle facilement. On doit la semer de bonne heure. Elle est tardive.

Ses épis sont souvent très-longs et très-développés, mais généralement, la face des épillets est moins rouge sombre que le profil de l'épi.

Le *blé spalding* dont l'épi est un peu plus serré et le *blé clower* sont un peu délicats pour le nord de la France. Ce dernier blé a été trouvé dans le Cambridgeshire, par M. Clower, dans un champ de *blé Suffolk red*. Ces races ne sont pas assez caractérisées pour les séparer du blé rouge d'Écosse. Il en est de même du *blé Kessingland*, du *blé Browick* et du *blé Chiddam red*.

On rencontre souvent dans le blé rouge d'Écosse des épis ayant des épillets offrant diverses teintes rouges, rougeâtres, jaunâtres et rouge brun. Ce sont ces épis qui ont servi à former ces races que l'on a désignées sous le nom de *blés à balles panachées*, mais qui ne diffèrent pas par leur disposition et la manière de leurs épillets du blé rouge d'Écosse.

En général, les blés qui appartiennent à cette section redoutent les temps très-froids et très-humides et ils sont sujets à perdre les caractères qui les distinguent. Ils ne sont réellement vigoureux et productifs que sur des sols riches, des terres fertiles et saines. Ainsi, le *blé blood red* a perdu en Écosse la belle nuance rouge qu'il avait autrefois. C'est pourquoi on ne le cultive aujourd'hui qu'en Angleterre. Le *blé Spalding* est très-répandu dans le Lincolnshire où on le cultive comme blé d'hiver et blé de printemps. Le *blé Browick red* produit beaucoup plus en Angleterre qu'en Écosse où on l'abandonne de plus en plus chaque année. Le *blé clower red* n'est cultivé qu'en Angleterre. Enfin le *blé Kessingland* a de beaux épis de couleur foncée et il est productif, mais son grain est grossier et de seconde qualité ; sa paille est forte et longue.

En résumé, toutes les races qui dérivent du blé rouge d'Écosse n'en diffèrent que parce qu'elles ont des épis plus effilés ou plus serrés, des grains plus arrondis ou plus allongés, caractères passagers dus à l'influence que la nature et la richesse du sol et la manière d'être du climat exercent d'une manière incessante sur les plantes annuelles. Ces blés ne méritent pas d'être signalés à l'attention des agriculteurs comme étant supérieurs au blé rouge d'hiver (29).

31. — Blé rouge de Kent

Synonymie :

Blé de Saint-Brieuc.	Blé Harvey's prolific.
Blé golden drop.	Blé Burwell red.
Blé red Marigold.	Blé de Suède.
Blé golden red.	Blé red nursery.
Blé red Essex.	Blé red Thickset.
Blé red Kent.	Blé red cluster.
Blé d'Amérique rouge.	Blé Jacquin.
Blé Oxford.	Blé rouge prince Albert.

Épi très-long, un peu effilé, très-cuivré ou rouge sombre, souvent infléchi sur le sens de la face des épillets qui sont élargis, plus larges sur la face que sur le profil ; glumes et glumelles allongées à arêtes très-pointues ; grain jaune ou rougeâtre, plutôt allongé que rond, très-beau, tendre ; paille forte, dressée.

Ce blé anglais est aussi très-ancien. Il est rustique et productif. Toutefois, son grain n'est pas celui que recherche le plus la meunerie anglaise qui fabrique des farines de premier choix.

Le blé appelé en Angleterre *golden red* (rouge doré), est très-estimé ; il est plus précoce que l'ancienne variété connue sous le nom de *blé rouge ancien de Kent* (old Kent red). Le *blé Burwell* jouit des mêmes avantages ; sa paille

est légèrement rougeâtre comme celle du *blé golden drop*,
race semblable au *blé golden red*.

VINGT-TROISIÈME CLASSE

Épi long, lâche et effilé, balles peu allongées.

32. — Blé marselage

Synonymie :

Blé rouge de Bretagne.	Blé roux de Bretagne.
Blé rouge de la Manche.	Blé rouge de Saumur.
Blé rouge chicot de Caen.	Blé rouge d'Angers.
Blé Monterosier.	Blé seigle.
Blé d'Akermack.	Blé marselage grisâtre.
Blé rouge fin de Beauce.	Blé Waterloo.
Blé petit rouge.	Blé rouge Touzard.
Blé red Britannia.	Blé de la Nouvelle-Zélande.
Blé raton.	Blé de Belgique.

Épi rouge clair ou jaune rougeâtre long, effilé, lâche, un peu aplati sur la
face des épillets qui est plus large que le profil; balles peu allongées, souvent
terminées par une petite arête ordinairement recourbée; grain clair, tendre
ou glacé, suivant les localités; paille jaunâtre, assez ferme et élevée.

Cette variété est répandue dans la région de l'ouest et du
nord-ouest. Elle dégénère quelquefois; alors ses épis prennent une teinte blanc rougeâtre tout en conservant ses
principaux caractères distinctifs. Lorsqu'elle est franche,
elle est productive sur les sols de bonne qualité et qui ont
été bien préparés. On doit la semer de bonne heure.

Le *blé chicot de Caen* est un bon blé d'automne.

Le *blé rouge de Saumur* a un épi plus court et un peu
moins lâche.

VINGT-QUATRIÈME CLASSE

Épi lâche, allongé, glumes et glumelles allongées.

33. — Blé de Marianopoli

Synonymie : Blé Tagamrock tendre.   Blé de mars rouge sans barbes.

Épi rouge sombre ou rougeâtre, allongé, lâche, effilé, grêle, étroit, souple;
axe apparent; glumes et glumelles allongées et terminées souvent en demi-
barbes dans le haut de l'épi; épillets écartés; grain oblong, de grosseur
moyenne, rouge clair, glacé; paille droite, ferme.

Cette variété est hâtive. On la cultive comme *blé d'hiver*
dans les provinces du Midi et comme *blé de mars* dans la

région septentrionale. M. Vilmorin père l'a reçue, en 1829, du département de Vaucluse. Elle est inférieure aux blés rouges anglais, mais son grain est de bonne qualité quand on le cultive sur un excellent terrain.

L'épi du *blé de mars rouge sans barbes* est plus petit et plus foncé sur les profils.

CINQUIÈME GROUPE

Épi rouge velu un peu lâche.

VINGT-CINQUIÈME CLASSE

34. — Blé de Crète

Synonymie.	Blé de Crète rouge.	Blé velu de Crète.
	Blé de Bohème.	Blé duveteux.
	Blé rouge velu de Crète.	Froment rouge velouté.
	Blé lammas velouté.	Blé sans barbes de Crète rouge.
	Blé rouge velu.	Blé rouge velu de la Manche.
	Blé de Phalsbourg.	Froment de Candie.
	Blé d'Alsace à épi court.	Blé Kœller.

Épi quadrangulaire ou carré, pyramidé, demi-lâche, un peu aplati sur la face des épillets, velu, cuivré, rouge foncé ou cuivré pâle; épillets étoilés ou élargis; glumes et glumelles velues; quelques barbes courtes souvent au sommet de l'épi; grain ovoïde, court, légèrement anguleux, de grosseur moyenne, tendre ou jaunâtre; paille roide, assez élevée.

Cette variété est cultivée en Alsace et en Suisse. On la sème de bonne heure à la fin de l'hiver. Elle est trop délicate pour être semée en automne dans les provinces du nord. Dans tous les cas, elle est peu sujette à la verse. Son principal mérite est de bien taller, d'être précoce, de produire de beaux épis moyens, et de donner des grains qui, quoique un peu petits, sont riches en parties amylacées.

Les épis du blé de Crète prennent une teinte plus ou moins brune quand ils subissent, au moment de leur maturité, l'action de pluies prolongées.

DEUXIÈME DIVISION

VARIÉTÉS BARBUES

Synonymie : Blé aristé.   Blé avec barbes.
         Blé barbu.   Blé saisette.

Épi aristé, ayant sa plus grande largeur sur la face des épillets et généralement incliné dans le même sens ; barbes divergentes dans le plan des épillets ; paille creuse, quelquefois demi-pleine dans la partie supérieure et ordinairement plus fine et moins sujette à verser que les pailles des variétés sans barbes.

Les blés barbus (TRITICUM ARISTATUM SCHUB) (fig. 50), sont plus rustiques, moins délicats et ils s'égrènent moins aisément que les blés non barbus.

Clef analytique des classes et des sections

SIXIÈME GROUPE

Épi blanc jaunâtre, lisse.

VINGT-SIXIÈME CLASSE

Épi compacte, presque carré, barbes courtes divergentes.

35. — Blé hérisson

Synonymie : Blé barbu compacte.   Blé à quatre côtes.
         Blé de Taganrock compacte.   Blé de Flandres à épi court.
         Blé salonique.   Blé comprimé barbu.

Épi compacte, prismatique, carré, dense, court, quelquefois cendré bleuâtre au moment de la floraison ; barbes fines, nombreuses, courtes, tortueuses, très-divergentes, laissant à nu le profil de l'épi ; glumes et glumelles variant du blanc jaunâtre au fauve légèrement rougeâtre ; grain rougeâtre ou jaune fauve, petit, dur, un peu transparent, renflé ou arrondi, à cassure amylacée ; paille peu élevée, de grosseur moyenne, creuse, luisante, un peu rigide.

Cette variété est cultivée en Syrie et dans les îles de l'Archipel. Elle est répandue dans les environs d'Avignon comme *blé d'hiver*, et dans le Centre et dans le Nord comme *blé de mars.* Elle n'exige pas des sols fertiles, et supporte très-bien la sécheresse ; elle est peu sujette à dégénérer et à être attaquée par la carie ; elle est productive. On doit la semer de bonne heure dans les contrées du Centre et de l'Ouest parce qu'elle craint les grands froids pendant l'hiver. Il faut aussi la semer un peu dru car elle talle moins que les autres blés d'automne et de printemps. Son grain, quoique petit, est de bonne qualité.

Le blé hérisson a produit une sous-variété qu'on a appelée *blé hérisson brun*, et qu'on désigne sous les noms suivants :

Blé hérisson rouge.	Blé hérisson roux.
Blé de Tiflis.	Blé d'Odessa barbu à épi court.

Cette sous-variété a un épi plus foncé ou rouge brunâtre, plus court et plus compacte. Ses barbes sont aussi divergentes ou divariquées, mais elles sont moins longues. Elle est peu cultivée.

36. — Blé carré barbu de Sicile

Synonymie : Blé Pictet de mars.   Blé carré de Sicile de mars barbu.
Blé de Grèce.   Blé barbu de Sicile.
Blé hérisson compacte.   Blé salonique à épi court.
Blé d'Ismaal compacte.   Blé carré d'Afrique.

Épi très-court, presque carré, compacte et serré ; barbes fines, courtes, dressées et légèrement divergentes au sommet de l'épi qui est blanc jaunâtre, lisse, très-canaliculé sur le profil ; grain court, rouge, glacé ou presque dur.

Cette variété est précieuse comme blé de printemps dans les contrées froides et pauvres à cause de sa grande précocité. On peut la semer jusqu'au 15 avril dans le nord de la France. Sa paille est assez haute dans les sols riches. Son grain est de qualité ordinaire mais il est moyennement productif; on doit le ménager au battage au fléau.

Les barbes étant dirigées le long de la face des épis laissent complétement à nu les profils.

VINGT-SEPTIÈME CLASSE

Épi demi-serré, un peu comprimé sur la face des épillets.

37. — Blé de mars barbu ordinaire

Synonymie : Blé de Toscane.
Blé de Sibérie.
Blé trémois du Nord.
Blé barbu de Tartarie.
Franc blé de mars.
Blé de Chine de mars.
Blé trémois d'Anjou.
Blé de mars barbu de Toscane.
Blé barbu de Barbarie.
Blé blanc barbu de Toscane.

Épi allongé, très-pyramidé, petit, demi-serré, un peu plus large sur la face que sur le profil; glumes et glumelles assez allongées, ne couvrant pas complétement le grain; glumes à pointe allongée et droite; barbes fines et très-divergentes; grain moyen ou petit, oblong, fauve ou rouge clair ou grisâtre, ordinairement demi-glacé; paille fine très-souple, creuse, mais dont la qualité laisse un peu à désirer.

Le blé de mars barbu ordinaire est répandu en France; il a été importé de la Toscane où il est connu sous les noms de *grano marzuolo* et *grano gentile bianco dei Toscani*. Il végète mal dans les contrées du nord quand les étés sont pluvieux. Sous l'action des pluies prolongées, sa paille prend une teinte jaune brun. Il est précoce et peut être semé jusque dans la première quinzaine d'avril dans les régions du nord-ouest et du centre.

Le blé de Toscane fournit dans le val de l'Arno la paille avec laquelle on fabrique les chapeaux d'Italie. Cette paille est très-courte, très-fine, quand la semence a été répandue à la dose de 8 à 10 hectolitres par hectare; elle est de grosseur moyenne et plus élevée quand la graine a été employée dans une faible proportion (Voy. chapitre dernier).

38. — Blé Touzelle blanche barbue

Synonymie : Blé de mars de la Manche. Blé barbu d'Hubernac.

Épi plus allongé que l'épi de la variété précédente, grain de moyenne grosseur; paille élevée et moyenne.

Cette belle variété a été recommandée par Olivier de Serres pour les contrées méridionales de la France. Elle végète très-bien dans les sols de bonne qualité sous un climat à la fois sec et chaud. Son grain est pesant et donne une très-belle farine.

Le blé touzelle blanche barbue est répandue en Espagne et en Italie.

39. — Blé de Victoria

Synonymie : Blé de soixante-dix jours. Blé des îles Barbades.
Blé de la Trinité. Blé Victoria de mars.
Blé de Caracas. Blé Victoria red spring.
Blé de la Colombie.

Épi légèrement carré, plus serré et plus court que l'épi du blé touzelle blanche barbue, jaune ou rougeâtre, s'il se développe dans le nord de la France pendant une année pluvieuse; barbes fortes, roides, très-divergentes; glumes à pointes très-allongées ; grain long, rougeâtre moyen ou petit, presque dur; paille peu élevée, mais ferme.

Cette variété est originaire de Victoria, province de Caracas, où il mûrit en soixante-dix jours, suivant M. de Humbolt. Elle a été introduite en Angleterre en 1833. On doit la regarder comme ayant une valeur secondaire. Son principal mérite, le seul à signaler, est d'être hâtive et de bien végéter sur des terres de qualité très-ordinaire. Nonobstant, elle est très-peu productive et sujette à dégénérer. Son grain quoique petit est de bonne qualité.

Quelquefois les glumes de ce blé sont rouge brun et les glumelles jaunâtres, nuances qui rendent les épis panachés.

VINGT—HUITIÈME CLASSE

Épi lâche, très-aplati sur la face des épillets.

40. — Blé barbu d'hiver ordinaire

Synonymie : Blé de pays.
Blé fin de Nérac.
Blé barbu de Caen.
Franc blé à barbes.
Franc blé de la Seine-Inférieure.
Franc blé Olivier.
Blé de Saint-Nectaire.
Blé doré barbu de l'Aveyron.
Blé de la Bresse.

Blé barbu du Canada.
Blé d'Aitkinson.
Blé barbu de l'Ardèche.
Blé barbu de la Champagne.
Blé barbu d'Hubersac.
Blé Pringle's beared.
Blé Shirreff's red.
Blé Shirreff's beared.

Épi long, lâche, jaunâtre ou jaune rougeâtre, comprimé sur la face des épillets ; glumes et glumelles allongées ; axe gros, très-apparent ; épillet à quatre grains, un peu écartés et cunéiformes : barbes longues, divergentes, un peu flexueuses ; grain ovoïde ou un peu oblong, roussâtre ou rouge brunâtre, à cassure farineuse ; paille moyenne, creuse, assez souple.

Cette variété est cultivée dans la Brie, la Beauce, la Normandie, le Centre, le Nord, et les départements de la Vienne, Ardèche, Puy-de-Dôme, Aveyron, Lot-et-Garonne, etc. Elle est rustique et fournit un grain qui est très-estimé des minotiers, parce qu'il est riche en gluten. Elle est aussi cultivée avec succès en Angleterre.

Dans les années sèches et sur les sols secs, ses épis sont moins allongés et plus serrés.

VINGT—NEUVIÈME CLASSE

Épi lâche, épillets un peu écartés de l'axe, ceux du bas de l'épi sont allongés.

41. — Blé du Roussillon

Synonymie : Blé barbu du Roussillon.
Blé saisette de Provence.
Blé saisette de Tarascon.
Blé saisette d'Arles.
Blé touzelle rouge barbue.
Blé siaisse de Béziers.
Blé siaisse d'Adge.
Blé siaisse rouge.
Blé siaisse blanche.
Blé blanc de Razès.
Blé razé.
Blé de Marygold.
Blé de Narbonne rouge.

Blé de Cérès.
Blé de Narbonne blanc.
Blé bladette barbue.
Blé bladette de Castelnaudary.
Blé bladette du haut Languedoc.
Blé bladette de Toulouse.
Blé bladette blanche de Nérac.
Blé bladette barbue de Toulouse.
Blé d'Ancône.
Blé de Padoue.
Blé des Romagnes.
Blé tendre d'Afrique.

Épi blanc jaunâtre, effilé, allongé, lâche, presque carré ou un peu plus large sur la face que sur le profil des épillets qui sont éloignés les uns des autres ; glumes allongées et accidentellement tronquées ; glumelles terminées par une pointe un peu courbée qui devient quelquefois très-longue dans la partie supérieure de l'épi ; barbes fines, longues, divergentes, prenant une teinte un peu rougeâtre dans les contrées septentrionales ; grain allongé, gros, jaune rougeâtre, fin, corné, à cassure amylacée ; paille généralement pleine dans sa partie supérieure.

Cette ancienne variété est rustique ; tous les sols lui conviennent, sauf ceux qui sont humides, mais on ne peut la cultiver dans le nord comme *blé d'hiver*. Elle mûrit huit jours plus tôt dans le département de l'Aude que le *blé bla-dette sans barbes* (9) et elle verse moins et résiste mieux aux vents violents que le *blé touzelle* (20).

La plupart des épis ont une teinte plus foncée sur le profil et plus claire sur le milieu de la face.

Cette bonne variété est répandue dans la Provence, le Languedoc et le midi de l'Europe, localités où son grain est très-beau. On ne la cultive pas dans la région septen-trionale. Les Italiens l'appellent *grano rosso*.

TRENTIÈME CLASSE

Épi lâche, épillets appliqués sur l'axe, ceux du bas de l'épi très-élargis.

42. — Blé du Caucase barbu

Synonymie : Blé richelle de Naples.   Blé barbu tendre d'Espagne.
Blé richelle barbue.   Blé richelle rouge.
B'é barbu de Naples.   Blé de Burrel.

Épi allongé, un peu plus large sur la face que sur le profil ; épillets cunéi-formes appliqués sur l'axe : glumes et glumelles allongées ; barbes longues, roides et divergentes ; grain gros, oblong, jaunâtre, à écorce mince ; paille demi-pleine, longue et dure.

Cette variété a été introduite du Caucase en France, vers 1820. Dans la région du Nord, où elle gèle souvent quand on la cultive comme *blé d'hiver*, elle y est assez estimée comme *blé de mars* quoiqu'elle ne soit pas très-productive. Dans la région du Midi où elle est toujours cultivée comme blé d'automne, elle fournit des grains presque durs qui donnent une farine excellente et riche en gluten.

Vilmorin père a perfectionné ce blé barbu. La race qu'il a obtenue s'est propagée dans les contrées du centre et du midi de la France sous le nom de *blé du Caucase amélioré*. L'épi de cette belle race est très allongé, plus large et plus nourri ; son grain est plus court, blanc jaunâtre et très-beau.

Le *blé richelle de Naples* a un épi très-allongé et plus lâche ; ses barbes sont aussi plus fines et moins divergentes ; enfin son grain est plus allongé et moins tendre ou plus grisâtre. Il est plus délicat que le *blé du Caucase amélioré* et ne peut être cultivé que dans le midi de l'Europe.

43. — Blé du Cap

Synonymie : Blé barbu Pictet.

Épi très-allongé, pyramidé et lourd; épillets élargis; barbes longues, fortes et roides ; grain allongé, rempli, jaune rougeâtre et tendre.

Cette belle variété appartient à l'agriculture méridionale ; ses feuilles à l'état vert ont une teinte glauque. Elle est un peu tardive et sujette à dégénérer. On ne peut la cultiver dans le nord de la France que comme *blé de mars*.

SEPTIÈME GROUPE

Épi blanc jaunâtre velouté ou velu.

31. Épi un peu aplati sur la face des épillets . . . . . CLASSE 31 page 88

TRENTE-ET-UNIÈME CLASSE

44. — Blé velu d'Australie

Synonymie : Blé blanc barbu velouté.	Blé barbu de Crète.
Blé blanc velu de Naples.	Blé Shanry.
Blé velouté d'Odessa.	Blé irish beared.

Épi demi-serré, un peu atténué vers son extrémité et légèrement aplati sur la face des épillets qui sont élargis, de moyenne longueur ; axe gros; glumes et glumelles velues blanc jaunâtre ou blanc légèrement rougeâtre ; barbes moyennes fines, un peu roides, très-divergentes ; grain rougeâtre , oblong, gros, demi-tendre ; paille assz grosse, creuse et très-souple.

Cette belle variété est peu cultivée en France. Son épi prend une teinte grisâtre quand à la récolte les pluies sont abondantes et prolongées. A part ce fait, ce blé velouté fournit des grains très-beaux. Il est vigoureux sur les terrains de bonne qualité. Le blé velu d'Australie est le *triticum sativum, aristatum, album, villosum*, de Desvaux.

HUITIÈME GROUPE

Épi rougeâtre ou rouge lisse.

52. Épi à axe apparent, épillets un peu renflés du bas. Classe 52 page 89

TRENTE—DEUXIÈME CLASSE

45. — Blé d'automne rouge barbu

Synonymie :

Blé barbu du Finistère.	Blé d'automne rouge.
Blé Mourret.	Blé barbu de la Romagne.
Blé rouge de Russie.	Blé rouge du Roussillon.
Blé barbu roussâtre.	Blé rouge barbu de la Manche.
Blé rouge du Cap.	Blé rouge barbu du Gâtinais.
Blé du Finistère.	Blé brun d'Heidelberg.
Blé roux d'Hubernac.	Blé romain fin barbu.
Blé rouge d'Armentières.	Blé roux d'Heidelberg.
Blé Napoléon.	Blé Shirreff's red.
Blé rouge tendre d'Italie.	Blé rouge tendre de Pologne.

Épi rougeâtre plus foncé sur le profil, lâche ; axe apparent, droit, plus large sur la face que sur le profil, souvent très-long ; épillets écartés, un peu renflés du bas ; glumes et glumelles allongées ; barbes fines de même couleur que l'épi, grain rougeâtre, demi-glacé, riche en gluten ; paille creuse et très-souple.

Cette variété est très-ancienne et très-rustique. Elle verse peu, mais elle est moins productive que les blés rouges anglais sans barbes. C'est pourquoi elle est de nos jours moins cultivée qu'autrefois, quoique son grain soit supérieur en qualité.

Dans quelques localités cette variété produit des épis qui sont demi-serrés et un peu grêles.

46. -- Blé de mars rouge barbu

Synonymie : Blé barbu d'Odessa.   Blé tendre d'Ibraïla.
Blé tendre d'Odessa.   Blé rouge de cent jours.
Blé de la Chine barbu.   Blé rouge barbu trémois.
Blé touzelle rouge.   Blé Mendoza.
Blé de mai.   Blé Fern.
Blé d'Alger.   Blé common april.

Épi rouge clair, nuancé de jaune ou de rouge brun, dressé, allongé, effilé, plus large sur la face que sur le profil, laissant apercevoir une partie de l'axe qui est gros ; épillets étalés ; glumes assez allongées, terminées par une pointe aiguë ; barbes courtes divergentes ou divariquées et cassantes à la maturité ; grain blond foncé ou rouge clair, demi-dur ou glacé ; cassure blanchâtre.

Cette variété n'est pas difficile sur le sol. Elle peut remplacer les blés d'hiver dans les terres sèches et pierreuses, les sols froids et sablonneux. Elle est précoce et facile à battre.

Sa farine est légèrement jaunâtre. On doit la mêler à d'autres, parce que, seule, elle fait une pâte courte.

Cette excellente variété de printemps est répandue en France. Elle a été introduite en Angleterre, en 1829, par M. Fern. Depuis cette époque, elle remplace les blés d'automne qui ont péri pendant l'hiver. Elle y a été propagée sous les noms de *Fern april wheat* (blé Fern d'avril), de *Early spring red wheat* (blé rouge hâtif de printemps). Le grain qu'elle produit dans les localités où les terres ne sont pas très-fertiles, est allongé et rarement glacé.

NEUVIÈME GROUPE

Épi rouge barbu et velu.

TRENTE-TROISIÈME CLASSE

47. — Blé barbu velu de la Manche

Synonymie : Blé barbu de la Manche.   Blé touzelle velouté barbu.
Blé roussâtre velu.   Blé du Cap velouté.
Blé rouge velu.   Blé du Nord barbu velouté.
Blé brun velu barbu.   Blé woolly beared.

Épi lâche, effilé, long, jaune rougeâtre et rouge sombre, velu, souvent courbé sur le plat des épillets; glumes et glumelles allongées; barbes un peu divergentes; paille creuse; grain gros, très-beau.

Cette variété est hâtive, rustique et productive. Toutefois, elle est très-peu cultivée et encore ne la rencontre-t-on que dans les contrées où l'air est ordinairement peu humide.

II

TRITICUM TURGIDUM, L.

Triticum maximum, Willd.   Triticum sativum turgidum. Lam,

Blé poulard ou Blé renflé

Anglais. — Turgid wheat.   *Italien.* — Grano grosso.
Allemand. — Englischer Weizen.   *Espagnol.* — Redondillo.

Épi carré ou aplati, compacte ou demi-serré; lorsque les quatre côtés ne sont pas égaux, les deux côtés étroits sont ordinairement ceux sur lesquels les épillets sont attachés au rachis; épillets fermés, généralement étendus, courts, renflés, plus larges que hauts; glumes à folioles ventrues, tronquées brusquement au sommet avec une pointe courte arquée, comprimée, triangulaire, aiguë, formant une carène saillante ou tranchante sur toute la longueur, lisses, glabres ou velues; balles renflées, courtes, appliquées sur le grain, l'inférieure munie d'une barbe longue, quelquefois caduque à la maturité; barbes généralement disposées sur quatre lignes parallèles; grain gros, ventru, bossu ou voûté, irrégulier, déprimé à cause de la pression des épis, tombant nu au battage.

Les blés poulards (fig. 30 et 31) qu'on appelait autrefois *blés d'Angleterre*, dénomination conservée de nos jours en Allemagne, sont généralement rustiques, vigoureux, hâtifs et productifs. Ils exigent des sols argileux, argilo-calcaires riches. On les cultive depuis longtemps de préférence sous les climats très-tempérés, dans le centre de l'Europe, en Italie, en Espagne et dans le Portugal. Ils sont répandus en France dans le Gâtinais, l'Auvergne,

Fig. 50. — Blé poulard à barbes persistantes.

Fig. 51. — Blé poulard à barbes caduques.

l'Anjou, le Languedoc, la Flandre, etc. Ils sont peu cultivés en Angleterre.

Les tiges des blés renflés sont fortes et presque toujours élevées ; elles versent peu malgré le grand poids de leurs épis. Les feuilles sont larges et rudes au toucher ; les nœuds des tiges forment des articulations saillantes.

Clef analytique des divisions

PREMIÈRE DIVISION

VARIÉTÉS A ÉPIS GLABRES OU LISSES

Clef analytique des classes et des sections

PREMIER GROUPE

Épi blanc jaunâtre, aplati ou carré.

PREMIÈRE CLASSE

Épi un peu comprimé, serré, glumes et glumelles de couleurs différentes.

48. — Blé poulard blanc lisse

Synonymie : Poulard blanc du Gâtinais.
       Épaule blanche.
       Poulard barbu de Russie.
       Poulard blanc lisse de Touraine.
       Poulard blanc de la Seine-Inférieure.
       Blé blanc de Châtellerault.

Poulard blanc comprimé.
Blé blanc Locar.
Poulard blanc du Blaisois.
Blé blanc de la Vienne.
Blé poule.
Gros blé blanc.
Blé buisson.

Épi long, un peu incliné, luisant, blanc jaunâtre, plus large sur le profil
que sur la face, serré ; épillets glabres, non fermés, à trois grains et à deux
teintes, les glumes étant plus claires que les glumelles ; barbes blanc jaunâtre ; grain de moyenne grosseur, un peu allongé, blond et corné ; paille
pleine, assez souple.

Le grain de ce beau blé est le plus estimé de tous les
poulards, quoique sa farine soit de qualité un peu secondaire. Il végète sur tous les terrains bien préparés. Ses
tiges sont vigoureuses et courbées à leur sommet à l'époque
de la maturité.

Ce blé renflé est regardé très-exactement comme le poulard le plus rustique et le plus productif. On le cultive
dans le Gâtinais, l'Anjou, le comtat d'Avignon, en Savoie,
en Suisse, etc.

Le *blé poulard blanc lisse de Touraine* a un épi plus aplati,
plus allongé et plus lâche. Le *blé poulard de la Seine-inférieure* a un épi plus gros et aussi plus lâche et plus allongé ; ses épillets, qui sont plus développés, portent des
barbes longues qui sont quelquefois caduques.

DEUXIÈME CLASSE

*Épi serré, plus large sur la face que sur le profil, glumes et balles de la
même couleur.*

49. — Blé poulard du Nord

Synonymie : Blé géant de Lille.   Poulard l'Hubernac.
Blé de Sibérie.   Poulard des Hautes-Alpes.
Blé de la Mecque.   Poulard touzelle des Alpes.
Blé de la Providence.   Blé à six cares.
Aubanie blanche.   Blé grossan blanc.

Épi blanc jaunâtre, gros, pyramidé, assez serré, plus large sur la face que
sur le profil ; glumes et glumelles de la même couleur, les glumes étant
terminées par une pointe aiguë apparente ; barbes longues, dressées le long
de l'épi et un peu divergentes à leur sommet ; grain gros, court, assez renflé,
rougeâtre, glacé et accidentellement tendre ; paille pleine et grosse.

Ce beau blé poulard blanc est cultivé dans le nord et le
midi de la France ; il est très-productif et ses tiges et ses
feuilles prennent difficilement la rouille.

Quelques-unes de ses barbes tombent souvent à la maturité du grain, mais la plupart persistent sur les épis.

Son grain est très-beau ; on fabrique avec la farine qu'il fournit un pain légèrement gris, mais d'excellente qualité.

TROISIÈME CLASSE

Épi lisse jaune rougeâtre, demi-serré, plus large sur le profil.

50. — Poulard blanc à barbes caduques

Synonymie : Poulard blanc anglais. — Froment tendre d'Afrique.
Blé Galand. — Froment lisse d'Odessa.
Blé hybride de Galand. — Froment de Lille sans barbes.
Poulard de Saint-Laud. — Poulard à barbes caduques.
Poulard géant de Lille. — Blé sans barbes de Russie.
Blé white Rivet. — Blé prince Albert.
Poulard blanc sans barbes. — Blé géant d'Alger.
Poulard doré de Russie. — Blé Aubron blanc.
Poulard blanc d'Australie. — Blé renflé sans barbes.

Épi pyramidé, allongé, demi-serré ou demi-compacte, pesant, courbé, sur le sens du profil presque carré, mais parfois assez aplati sur le profil ; épillets souvent irréguliers, plus blanchâtres sur la face que sur le profil, assez élargis du bas ; barbes dressées le long de l'épi et tombant presque toutes à la maturité ; carènes des glumes terminées par une pointe très-courte ; grain jaune blanchâtre, moins glacé que les grains des autres poulards appartenant à la région septentrionale ; paille forte et élevée.

Cette variété (fig. 51) est répandue en France ; elle perd très-facilement la presque totalité de ses barbes à la maturité des épis quand elle végète dans les contrées sèches ou lorsque les étés sont à la fois secs et chauds. Son grain est très-beau et presque blanc quand elle est cultivée sur des terres de bonne qualité, calcaires ou chaulées. Dans l'Anjou on l'appelle *blé obron* ou *aubron blanc* à cause de la forme obronde de ses grains qui quittent très-aisément les balles. La paille se brise facilement pendant le battage.

Ce beau poulard est aussi cultivé en Italie et en Espagne. Dans ces contrées, ses épis sont encore plus serrés et plus compactes.

Les épis, qui se développent sur les sols secs, sont assez serrés.

Épi presque carré, demi-lâche, balles de la même nuance.

51. — Blé pétanielle blanche

Synonymie : Blé de Constantine.
Blé renflé à barbes blanches.
Blé renflé du Dauphiné.

Blé pétanielle d'Orient.
Poulard blanc de Montauban.
Blé blanc de Montpellier.

Épi blanc jaunâtre, un peu aplati sur le profil, allongé, mais ordinairement plus court, moins régulier et moins serré que le blé poulard du Nord ; épillets souvent irréguliers ; barbes longues, dressées, fines, peu divergentes ; glumes et glumelles allongées un peu résistantes ; grain jaunâtre, tendre, un peu allongé, à écorce mince ; paille pleine et dure.

Cette variété est peu délicate sur la nature du sol. Dans les provinces du Midi où elle est assez répandue, elle réussit très-bien sur les terres un peu sableuses. Elle n'est pas assez rustique pour être adoptée par les agriculteurs du Nord de la France. Elle redoute les sols humides. Son grain d'une belle grosseur donne peu de son, mais sa paille est de mauvaise qualité pour le bétail.

52. — Blé pétanielle de Nice

Synonymie : Blé de la Mongolie chinoise.   Blé pétanielle d'Orient.

Épi très-lâche, pyramidé, plus régulier que le précédent, un peu aplati sur le sens du profil ; barbes très-allongées, peu divergentes ; *carène quelquefois noirâtre ou brune ;* grain gros, tendre.

Cette variété méridionale produit des grains durs ou glacés lorsqu'elle végète sur des sols sablonneux.

53. — Blé garagnon blanc

Synonymie : Blé garagnon blanc.
Blé garagnon de la Lozère

Blé garagnon du Languedoc.
Poulard géant à épi blanc.

Épi carré, peu serré, un peu aplati sur le profil, pyramidé, allongé, assez régulier ; épillets très-gros, souvent étalés dans le sens du profil ; barbes longues ; glumes très-carénées ; grain blond ou jaune, tendre, de moyenne grosseur.

Ce blé est productif ; son grain est très-beau. Quelquefois ses épis portent des barbes un peu grisâtres à leur base. Il est cultivé dans les régions méridionales.

Épi lisse, blanc jaunâtre, à barbes noires.

54. — Blé poulard blanc à barbes noires

Synonymie : Blé garagnon à barbes noires.　　Froment renflé à barbes noires.
　　　　　　Blé garagnon de Grignon.　　　　　Blé garagnon à barbes grises.
　　　　　　Blé de la Lozère à barbes noires.　　Blé garagnon du Languedoc.
　　　　　　Blé touzelle de Sardaigne.　　　　　Blé blanc à barbes noires.

Épi carré, allongé, pyramidé, gros, demi-serré, un peu moins large sur la face que sur le profil ; épillets très-gros et quelquefois divergents, fortement carénés ; barbes noires, noirâtres ou grisâtres, peu écartées, dressées, longues ; grain oblong irrégulier, ayant une belle couleur ; paille longue, forte, solide.

On cultive ce poulard principalement dans les régions du Sud et du Sud-Ouest. Ses balles blanches, lisses, forment un curieux constraste avec la couleur de ses barbes qui tombent en partie à la maturité. Les balles externes sur quelques épis sont marquées à leur sommet de brun ou de noirâtre.

On confond souvent cette belle variété avec le *Taganrock à barbes noires* (80) qui appartient au *triticum durum* et qui produit des grains allongés triangulaires et glacés.

Épi rougeâtre lisse, aplati ou carré.

Épi rougeâtre, glabre, aplati, plus large sur le profil.

55. — Poulard rouge lisse

Synonymie : Blé épaule rouge.　　　　　　　　Poulard rouge lisse du Gâtinais.
　　　　　　Gros blé rouge.　　　　　　　　　　Poulard rouge lisse d'Auvergne.
　　　　　　Gros blé gris de Caen.　　　　　　　Poulard rouge lisse du Mont-d'Or.
　　　　　　Poulard roux d'Heidelberg.　　　　　Froment rouge de Montpellier.
　　　　　　Poulard roux glabre.　　　　　　　　Blé plat géant.
　　　　　　Blé roux locar.　　　　　　　　　　Blé cochon.
　　　　　　Blé roux plat d'Heidelberg.　　　　　Poulard blond lisse.
　　　　　　Poulard d'Anjou à barbes caduques.　Blé rouge de Thuré.
　　　　　　Blé de la Nouvelle-Zélande.　　　　　Gros blé gris de Caen.

7

Épi dressé, demi-serré, pyramidé, aplati ou comprimé sur le profil, rougeâtre, rouge brun ou rouge clair ; épillets à trois grains ; glumes très-unies brillantes, ordinairement plus foncées en couleur que les glumelles ; barbes rousses un peu divergentes ; grain gros rougeâtre ou jaunâtre, anguleux ou comprimé sur les côtés, demi-tendre, mais souvent dur et roux.

Ce poulard est très-rustique et résiste bien à un excès d'humidité, mais il demande un climat doux et tempéré. Il est répandu dans les départements de l'Yonne, du Loiret, de la Nièvre et dans diverses localités de l'ouest. On peut le semer un peu tardivement en automne; son grain est de bonne qualité, mais il est moins productif que le blé *poulard gros rouge* (59).

56. — Poulard rouge d'Anjou

Synonymie : Blé rouge de Thuré.   Poulard rouge à barbes caduques.
Poulard blond lisse.

Épi rouge, rouge clair, jaune un peu cuivré, aplati sur le profil ; barbes moyennes, tombant souvent à la maturité ; grain gros, demi-tendre.

Cette variété convient mieux que la précédente à la région du Centre ou à celle de l'Ouest. Le *blé poulard blond lisse* en diffère uniquement par la couleur de ses épis qui est plus claire ou moins rouge brun.

Ce poulard a produit une *race à barbes noirâtres* qui est plus curieuse qu'utile.

57. — Poulard plat géant

Synonymie : Blé roux locar.   Poulard rouge comprimé.
Froment poulard aplati.   Poulard plat rouge.
Poulard rouge gigantesque.

Épi allongé, régulier, rougeâtre ou roussâtre, serré, sillonné fortement sur le profil, aplati ; glumes à pointes aiguës ; barbes dressées ; grain gros court, grisâtre.

L'épi de cette variété a un très-bel aspect, mais il ne séduit pas les agriculteurs parce que ses grains sont très-glacés et qu'on les vend moins aisément que les semences du blé poulard rouge d'Anjou (57).

Épi carré, un peu plus large sur la face, barbes souvent caduques.

58. — Poulard gros rouge

Synonymie : Blé pétanielle rouge.
Poulard rouge brun.
Poulard d'Auvergne à épillets
élargis.
Gros blé de Grenoble.
Gros blé rouge.

Blé rouge de Montpellier.
Poulard rouge de la Limagne.
Poulard rouge lisse de Beauce.
Poulard doré de Bourgeois.
Poulard rouge doré.
Blé Pole Rivet.

Épi long, demi-serré, très-gros, à faces presque égales, rouge brunâtre ou rouge un peu foncé ; barbes longues divergentes, mais convergentes aux sommets des profils, ayant quelquefois leur base rouge noirâtre ; épillets très-gros, courts ; glumes terminées par une pointe aiguë ; barbes de même couleur de l'épi qui est toujours à deux teintes ; grain gibbeux, assez gros, anguleux, glacé ; paille forte, très-développée.

Ce blé poulard est très-productif, lorsqu'on le cultive sur des terres à froment de bonne qualité et convenablement fumées. Ses épis sont très-allongés ; ses tiges sont fortes, vigoureuses, élevées et infléchies au sommet ; son grain est de bonne qualité dans les bons terrains, mais sa paille qui est très-résistante sert uniquement comme litière.

On possède en Italie une très-belle race de ce blé poulard. Cette sous-variété a un épi carré un peu lâche et des barbes très-brunes. Ce blé poulard y est connu sous le nom de blé *Andriolo rosso.*

Le *blé poulard rouge lisse de Beauce* a un épi un peu plus compacte et plus court et moins foncé en couleur.

59. — Poulard blond à barbes caduques

Synonymie : Blé poulard d'Anjou à barbes caduques.

Blé opos rond Toscan.
Poulard comprimé de Desvaux.

Épi allongé, pyramidé, carré, serré, quelquefois très-compacte, lourd, à deux teintes rouge clair et rouge brun ; les glumes offrent souvent quelques raies noirâtres sur leurs bords et sur leurs carènes ; barbes dressées et allongées et très-souvent caduques : grain gros court et jaunâtre ou tendre ; paille fine et élevée.

Cette variété est souvent très-belle et productive. En Italie, où elle végète avec vigueur, elle offre des épis serrés, très-réguliers, sillonnés sur les profils et d'un rouge très-clair panaché de rouge brun sur les profils. Ses barbes sont noirâtres et caduques. Ce magnifique blé poulard y est connu sous le nom de blé *Andriolo nero*.

TROISIÈME GROUPE
Épi lisse, presque carré et noir.

6. Épi un peu aplati sur le profil . . . . Classe 8 page 100

HUITIÈME CLASSE

60. — Blé Garagnon noir

Synonymie : Blé poulard noir.

Épi gros, allongé, presque carré ou un peu aplati sur le profil ; glumes et glumelles noirâtres ou bleu noirâtre ; barbes noires à leur base, rousses à leur sommet, dressées, un peu divergentes ; épillets écartés ou irréguliers ; grain court, gros et oblong ; paille élevée et forte.

Cette belle variété est cultivée dans le midi de l'Europe et en Algérie ; on la rencontre çà et là en France dans la région de l'olivier.

DEUXIÈME DIVISION
VARIÉTÉS A ÉPIS VELUS OU VELOUTÉS

Clef analytique des classes et des sections

7. Épi blanc jaunâtre ou blanc velouté . . . Premier groupe. page 100
   Épi roux, grisâtre ou noirâtre. 8
8. Épi roussâtre ou grisâtre. . . . . Deuxième groupe. page 102
   Épi noirâtre ou panaché de jaune et noir . Troisième groupe. page 105

PREMIER GROUPE
Épi aplati ou carré, blanc velu.

9. Épi aplati. . . . . Classe 9 page 100
   Épi carré ou presque carré. . . . . Classe 10 page 101

NEUVIÈME CLASSE
Épi aplati, blanc velouté.

61. — Blé poulard aplati blanc velu

Synonymie : Poulard plat blanc velu.   Froment géant velouté.
           Blé poulard pubescent.

Épi élargi sur le profil, lâche, allongé, blanc jaunâtre, aussi régulier que les épis du poulard blanc lisse ; barbes dressées le long de l'épi sur la face des épillets ; glumes et glumelles veloutées, mais moins velues que celles des épis carrés ; grain gros, allongé, jaune doré tendre ; paille tendre, demi-pleine.

Les barbes de cette variété sont souvent caduques à la maturité, qu'elles soient blanchâtres ou un peu noirâtres.

DIXIÈME CLASSE

Épi carré ou presque carré, blanc velouté.

62. — Poulard blanc velu de Touraine

Synonymie : Aubaine blanche.   Blé Rivet beared.
           Blé blanc de Decaze.   Poulard velu de Taganrock.
           Blé antifly.   Poulard blanc velu du Gâtinais.

Épi dressé, à demi-serré, très-régulier, allongé, carré ou légèrement aplati sur le profil, diminuant en pointe ; glumes et glumelles couvertes de poils blancs ; glumes à pointe longue et courbée ; épillets à trois ou quatre fleurs, dont deux seulement au sommet ; barbes longues, divergentes, situées sur les quatre angles de l'épi, ce qui permet d'observer deux rangées de barbes courtes sur la partie médiane ; grain blond foncé, glacé, mais à cassure un peu farineuse ; paille pleine, mais souple.

Cette ancienne variété est tardive, mais elle est recherchée dans le centre et le midi de la France et en Espagne, par les agriculteurs qui exploitent des sols plutôt légers que compactes. Elle est vigoureuse et productive sur les sols fertiles. Son grain a toutes les qualités du grain du *blé poulard blanc lisse* (49). On peut la cultiver dans la région du Nord comme blé de printemps.

Quelques-unes des barbes tombent souvent à la maturité, surtout si le vent est violent et s'il agite les épis qui sont alors ordinairement inclinés.

Le *blé aubaine blanche* a un épi plus lâche et des épillets plus développés et divergents. Cette belle sous-race porte des barbes qui ont assez souvent une teinte grisâtre ou noirâtre à leur base.

Le blé poulard blanc velu a produit une sous-variété

à épi court et serré que l'on a appelée *blé poulard blanc velu à épi compacte*. Elle n'a aucun mérite agricole.

DEUXIÈME GROUPE

Épi aplati ou carré, roussâtre ou grisâtre.

ONZIÈME CLASSE

Épi aplati, assez serré, roux velouté.

63. — Blé poulard du Mont-d'Or

Synonymie : Poulard roux velu à barbes caduques.
Blé poulard de la Poméranie.
Froment trincot rouge.
Blé poulard d'Australie sans barbes.
Blé de Sacramento.

Épi allongé, serré ou demi-serré, pypamidé, aplati et courbé sur le profil, roux foncé; glumes et balles velues à carène peu saillante et presque mucronée ; barbes dressées, rousses, noirâtres à leur partie supérieure et tombant souvent à leur maturité; grain gros bossu, glacé, très-beau ; paille forte.

Cette belle variété produit quelquefois des épis un peu rameux, disposition qui rend leur partie inférieure beaucoup plus large.

La sous-race, à laquelle on a donné le nom de *blé poulard roux velu à barbes caduques* présente des épis qui ont une teinte plus foncée sur le profil que sur la face. Ce blé n'est pas supérieur au blé poulard du Mont-d'Or qui est productif.

DOUZIÈME CLASSE

Épi carré, serré, compacte et très-velu.

64. — Blé poulard d'Égypte

Synonymie : Blé poulard d'Australie.
Blé d'Abyssinie.
Blé poulard carré compacte.
Blé poulard à six rangs.
Poulard carré de la Somme.
Gros poulard carré du Puy-de-Dôme.
Blé espagnol barbu.
Blé mummy.
Poulard carré d'Auvergne.

Épi carré, à faces presque égales , compacte , très-canaliculé sur le profil, velouté, roux clair ou roux jaunâtre; barbes peu divergentes, peu nombreuses et quelquefois en partie caduques; balles courtes, glumes terminées par une pointe aiguë ; grain assez court, demi-dur , à cassure amylacée ; paille élevée, assez souple.

Cette variété est rustique et produit de beaux épis. Elle a été introduite dans le nord de la France par M. Pierron. On la cultive avec succès en France dans diverses localités. Jusqu'à ce jour ce blé a mal réussi en Angleterre.

L'épi du *blé poulard carré d'Auvergne* est toujours plus foncé en couleur.

65. — Blé poulard espagnol

Synonymie : Blé de Lubernac.   Blé souris.
            Blé carré du Canada.   Gros blé cendré.

Épi pyramidé, régulier, carré, très-compacte, un peu long et très-canaliculé sur le profil, velouté rougeâtre ou jaune rougeâtre; barbes peu nombreuses et presque toujours caduques à la maturité ; glumes à carène très-pointue ; grain demi-tendre très-beau ; paille pleine de moyenne grosseur.

Cette magnifique variété est remarquable par la régularité des épillets qui composent ses épis ; ces derniers sont les plus veloutés de tous les blés poulards. Elle est répandue dans l'Estramadure, mais elle est trop délicate pour être cultivée dans le centre et le nord de la France. C'est en vain qu'on a cherché à la propager à la fin du siècle dernier dans les fertiles vallées de l'Anjou.

Quelques épis portent des barbes ayant une teinte brune à leur partie inférieure.

TREIZIÈME CLASSE

Épi carré, demi-serré, prismatique, plus large sur le profil.

66. — Blé poulard roux velu

Synonymie : Poulard roux d'Australie.   Poulard du Milanais.
          Poulard velu d'Auvergne.   Poulard roux de la Limagne.
          Froment de Silistrie.   Poulard roux pubescent.
          Blé prolific conc.   Blé mitadin.
          Blé poulard Prince Albert.   Blé des gouttières.
          Petanielle rousse veloutée.   Poulard velu de la Beauce.
          Blé souris.   Poulage rouge du Mont-d'Or.
          Poulard d'Auvergne à épi long.   Gros blé roux.

Épi long, carré, mais plus large sur le profil des épillets ; glumes à carène saillante, un peu moins velues que les glumelles ; barbes rousses, dressées, longues, quelquefois en partie caduques à la maturité ; grain gros, ordinairement glacé ; paille pleine, assez forte.

Ce blé poulard est tardif, mais il est rustique et productif ; il réussit bien sur les sols médiocres. La farine que fournit son grain est de qualité secondaire. En général, ses épis offrent deux teintes plus ou moins foncées.

67. — Blé Nonette

Synonymie : Blé Nonette de Lausanne. Froment velouté.
     Blé géant de Saint-Hélène. Blé de la Mecque.
     Blé renflé gris.   Blé de Dantzick.

Épi gros, dressé, serré, presque carré ou un peu irrégulier ; épillets roux clair veloutés, à quatre ou cinq grains, élargis, un peu divergents, les inférieurs plus développés et plus écartés que les supérieurs ; barbes longues, dressées, ne couvrant pas la partie inférieure des profils ; grain court, très-gros, corné, de qualité secondaire ; paille demi-pleine, dure, grosse, cassante, très-élevée.

Cette variété a été d'abord reçue de Genève par Tessier et ensuite de Sainte-Hélène par Noisette. On l'a propagée en premier lieu sous le nom de *blé de Dantzick*, et plus tard sous celui de *blé géant de Sainte-Hélène*. Elle est assez précoce, mais elle demande des terres riches ou de bonne qualité. Elle réussit bien dans le centre et le midi de la France. On la cultive depuis longtemps en Suisse, dans les cantons de Berne et de Vaud dans le nord de la Prusse, et en Finlande, contrées dans lesquelles elle s'est toujours montrée rustique.

Le blé Nonette est le plus élevé des blés poulards, et il est plus productif que le *blé gros turquet* (69). Les Italiens l'ont appelé : *Andriolo rosso peloso*.

QUATORZIÈME CLASSE

Épi carré, demi-serré, pyramidé, plus large sur la face des épillets.

68. — Blé gros turquet

Synonymie : Blé poulard carré velu. Gros blé de l'Ardèche.

Blé pétanielle rousse.   Blé grossaille de la Gironde.
Blé turquet à six rangs.   Blé brousse.
Blé roux de Montpellier.

Épi large, gros, épais plus serré et plus rougeâtre que le précédent, peu allongé; glumes plus brunes que les glumelles et à pointe courte; barbes divergentes, rousses ou roussâtres; grain glacé, bien nourri; paille pleine et dure.

Ce blé poulard est vigoureux et très-productif. On le cultive dans les régions du sud-ouest et du sud. Il est aussi répandu en Espagne. Son grain est de bonne qualité.

Dans les provinces du Centre et du Nord, il ne résiste pas toujours très-bien aux hivers.

69. — Gros blé de Montauban

Synonymie : Blé grossagne de Nérac.   Blé pétanielle de Lavaur.
Blé grossagne des Basses-Pyré-   Blé gouape de l'Anjou.
nées.   Blé à six carres.

Épi carré, très-velu, roux ou gris rougeâtre, toujours un peu penché à la maturité; glumes à pointe courte et presque droite; grain plein, long, dur, rougeâtre; paille moyenne, demi-pleine.

Cette variété est très-appréciée dans les régions du sud-ouest et de l'ouest de la France, où elle est très-productive sur les sols fertiles. Son grain est d'excellente qualité, et sa paille peut être donnée au bétail.

TROISIÈME GROUPE

Épi velouté, bleuâtre, noirâtre ou panaché noir et jaune.

13. Épi carré ou presque carré. 14
    Épi aplati, panaché noir et jaune. . . . . CLASSE 17 page 107
14. Épi carré, bleu noirâtre ou noirâtre . . . . . CLASSE 16 page 106
    Épi presque carré, gris ou bleu. . . . . CLASSE 15 page 105

QUINZIÈME CLASSE

Épi carré, gris bleuâtre ou bleu roussâtre.

70. — Blé poulard velu d'Australie

Synonymie : Blé de Poméranie.   Blé gris de Russie.
Blé bleuâtre d'Égypte.   Blé Prince Albert.
Blé common Rivet.

Épi pyramidé, presque carré, allongé, courbé sur le plat des épillets à l'époque de la maturité, un peu lâche ; glumes et glumelles velues de couleur grise ou rousse nuancée de bleu ; barbes rousses divergentes, longues, fortes, en partie caduques à la maturité ; carène munie d'une pointe courte et droite ; grain moyen, assez long, jaune grisâtre, de bonne qualité ; paille roide, fine, demi-pleine.

Cette variété a été importée d'Angleterre en France ; elle est rustique, tardive, et doit être cultivée sur des terres fortes et argileuses ou de consistance moyenne, mais fertiles. Elle souffre des fortes chaleurs sur les sols secs et calcaires ; son grain est alors ridé, et sa qualité laisse beaucoup à désirer. Quand elle réussit, son grain a une nuance un peu dorée et il est de bonne qualité.

SEIZIÈME CLASSE

Épi carré, velouté bleu noirâtre.

71. — Blé poulard bleu

Synonymie : Blé bleu de Rivet.
Blé bleu d'Égypte.
Blé bleu conique.
Blé brun d'Heidelberg
Blé locar de la Picardie.
Blé à balles et balles violettes.
Blé bleu d'Australie.
Blé Prince Albert.

Épi carré, dressé, demi-serré, un peu plus large sur la face que sur le profil, très-velouté, noirâtre ou gris bleuâtre ou bleu cendré ; glumes souvent bordées de raies noires qui rendent les épis panachés ; barbes longues, dressées, noirâtres, divergentes et en partie caduques à la maturité ; grain gros, blond ou demi-glacé ; paille moyenne.

Cette variété est rustique et productive. On la cultive en Angleterre, mais elle est peu répandue en France. Elle réussit très-bien sur les terres un peu fortes et riches, mais elle végète mal sur les sols légers. Lorsqu'elle dégénère, elle produit des épis qui s'élargissent sur le profil. Son grain est de bonne qualité, mais sa farine n'est pas très-blanche.

72. — Blé pétanielle noire

Synonymie : Blé poulard noir.
Pétanielle noire de Nice.
Blé grano moro.
Blé taganrock noir.
Poulard brun de la Vienne.
Blé bleuâtre de l'Aveyron.
Blé renflé noir.
Blé noir de Russie.
Gros blé noir.
Gros blé à épi noir.
Blé d'Afrique noirâtre.
Poulard noir de Russie.
Blé noir de Montpellier.
Blé touzelle noir velouté.

Épi carré, gros, allongé. demi-serré, moyennement velu, un peu courbé sur le plat des épillets ; épi brun noir, noirâtre ou gris très-brun ; barbes noirâtres à leur base et roussâtres à leur sommet ; grain gros, bombé et dur ; paille forte, pleine et très-élevée.

Ce blé poulard est déjà ancien. On l'a beaucoup cultivé, il y a un demi-siècle, dans les environs de Paris. Il convient mieux pour le Midi où il est très-productif, que pour les provinces du Nord. Dans ces dernières contrées, on lui reproche d'être tardif, et de donner des grains grossiers et de qualité secondaire. Sa paille est abondante quand on la cultive dans des sols riches. Sa farine est un peu grisâtre.

En Italie, où il a été introduit au commencement du siècle actuel, son épi est plus beau, plus serré et plus noir. On l'appelle aussi *Andriolo nero*.

DIX–SEPTIÈME CLASSE

Épi aplati, velouté, panaché de jaune et de noir.

73. — Blé panaché d'Heidelberg

Épi demi-serré, moyen, très-aplati sur le profil, un peu étroit ; balles nuancées de jaune et de violet noir ; barbes peu divergentes, mais moins foncées en couleur que les épillets.

Cette curieuse variété n'est pas cultivée. On l'a appelée *ble à écailles jaunes et violettes.*

TROISIÈME DIVISION

VARIÉTÉS A ÉPIS COMPOSÉS OU RAMEUX

15. Épi aplati, composé ou rameux. . . . . CLASSE 18 page 107

DIX–HUITIÈME CLASSE

Épi aplati et rameux.

74. — Blé de miracle

Synonymie :

Blé de Smyrne.	Blé rameux.
Blé branchu.	Blé plat rameux.
Blé monstre.	Blé égyptien.
Blé d'abondance.	Blé qui truche.
Blé de la Providence.	Froment d'Arabie.
Blé de Barbarie.	Blé à épi multiple.
Blé composé.	Blé à mailloches.
Blé ramifié.	Blé blanc à épis rameux.
Blé d'Abyssinie.	Blé de momie.

Épi jaune un peu grisâtre, composé, c'est-à-dire portant à sa base des épis latéraux, courts, serrés, munis d'épillets fertiles ; glumes et glumelles glabres ou légèrement veloutées ; barbes fines, nombreuses ; grain assez gros, arrondi, tendre, blanc-jaunâtre, s'égrenant facilement ; paille pleine roide, ondulée au-dessous de l'épi, de moyenne hauteur et très-peu alimentaire.

Le blé de miracle est très-ancien. Pline l'a connu ; il l'appelle *triticum racemosum*. Olivier de Serres l'a aussi signalé dans son immortel ouvrage. Il a été désigné par Tournefort sous le nom de *triticum spica multiplici*, et Linné l'a décrit sous le nom de *triticum compositum*. Autrefois, en France, on l'appelait *blé à cent grains* ou *triticum centigranum*.

Ce blé est tardif, sujet à dégénérer, et difficile à battre, parce que ses épis se séparent aisément des tiges sous l'action des battes des fléaux ou des machines à battre. Il demande des terres riches et saines et résiste mal aux fortes gelées. S'il ne réussit pas très-bien en France, on le cultive avec succès en Égypte et dans l'Asie. Il n'est pas inutile de faire remarquer que le poids de ses épis n'est pas en rapport avec leur développement.

Le blé de miracle séduit toujours par la beauté exceptionnelle de ses épis. Ce sont ses défauts précités qui n'ont pas permis à l'agriculture française, depuis Olivier de Serres, de le regarder comme une bonne variété. Sa farine est de seconde qualité.

Dans les contrées chaudes, il est très-productif sur les sols riches et bien fumés. Il verse peu.

Lorsqu'on examine un épi bien développé et portant des épis secondaires, on reconnaît que son sommet ne diffère pas des épis des autres poulards.

On a signalé en Allemagne une sous-race particulière qu'on a appelée *blé de miracle à épi velu*.

75. — Blé de miracle sans barbes

Synonymie : Blé rameux mutique.

Cette variété est peu utile. Ses épis sont moins larges, moins rameux que les épis du blé de miracle barbu ; ils portent presque toujours des rudiments de barbes.

76. — Blé rameux à écailles noirâtres

Synonymie : Blé de miracle noirâtre.　　　Blé rameux à barbes noires.
Blé de miracle à épi noir.

Cette variété est très-singulière. Elle a été importée d'Égypte il y a un demi-siècle. Les barbes inférieures de ses épis qui sont plus allongés et moins ramifiés, sont souvent tortillées. Ce blé rameux a très-peu de fixité.

III

TRITICUM DURUM, DESF.

Triticum gallicum, Ardui.　　　　Triticum maximum, Tourn.
　　— 　Barelle, Mazzu.　　　　　— 　fastuosum, Lag.
　　... tomentosum, Barel.　　　　— 　hordeiforme, Host.

Blé dur d'Afrique. — Blé durelle.

Anglais. — Horny Wheat.　　　　*Allemand.* — Bartweizen.
Italien. — Grano duro.

Épi large, presque carré ou cylindrique ou aplati sur le profil, pyramidé ou prismatique ; épillets allongés étroits, imbriqués et à trois grains ; glumes velues ou presque glabres, coriaces, dures, très-peu renflées et terminées par une pointe aiguë ; carène très-saillante dans toute la longueur de la glume, faiblement proéminente ou régulièrement courbée ; barbes droites ; très-longues, persistantes, fortes, divergentes dans les épis cylindriques, axe ayant des articulations poilues ; grain allongé, dur, glacé ou corné, très-anguleux, grisâtre et riche en gluten.

Les blés durs d'Afrique (fig. 32 et 33) sont très-cultivés dans l'Italie méridionale, en Espagne, en Afrique, en

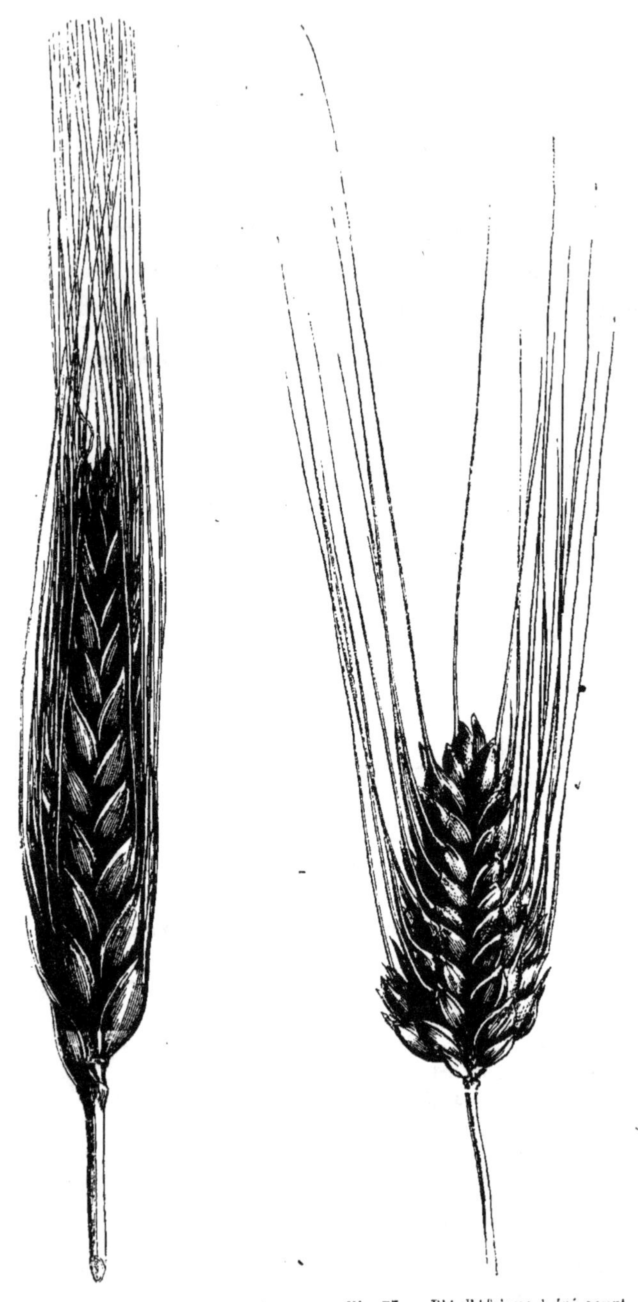

Fig. 52. — Blé d'Afrique à épi allongé.   Fig. 53. — Blé d'Afrique à épi court.

Égypte, en Perse, le long des côtes du Levant, en Arabie
et dans quelques parties de l'Inde. Ils sont connus depuis
longtemps et résistent très-bien aux grandes chaleurs dans
le midi de l'Europe. Ils demandent un climat chaud, des
terres profondes et de bonne qualité. Leurs grains ne sont
pas toujours complétement glacés ; dans les contrées tempérées, leur cassure est en partie farineuse. A cause de
leur dureté, ils sont difficiles à moudre ; mais leur farine
qui est toujours jaunâtre, sert à faire du vermicelle, des
semoules, des pâtes d'Italie et d'excellent pain.

On importe des blés durelles sur les marchés de Londres,
mais ils sont peu recherchés des meuniers, parce qu'ils
sont plus difficiles à moudre que les autres blés.

En général, ces blés sont hâtifs et peuvent être cultivés
comme blés de printemps dans les parties très-tempérées
de la France.

Clef analytique des divisions

PREMIÈRE DIVISION
VARIÉTÉS A ÉPIS LISSES ET GLABRES

Clef analytique des classes et des sections

PREMIER GROUPE
Épi blanc-jaunâtre ou blanc-rougeâtre.

Épi court, oblong, aplati, très-sillonné sur le profil.

77. — Blé gros Taganrock

Synonymie : Blé plat étalé. Blé dur d'Afrique.
Gros blé d'Afrique. Blé de Constantine.

Épi très-serré ou compacte, gros, court, très-sillonné et aplati sur le profil ; jaunâtre ou jaune légèrement rougeâtre, un peu duveteux ; barbes jaunâtres, longues, un peu étalées ou dressées ; glumes très-carénées, oblique, à pointe longue et un peu courbée ; grain assez allongé, gros, glacé ou demi-dur, jaunâtre, très-beau.

Cette variété est cultivée en Espagne, en Afrique, dans le royaume de Tunis, et dans le Portugal ; elle produit quelquefois des épis qui ont quelques barbes noirâtres. On utilise sa farine avec succès dans la fabrication des pâtes alimentaires.

78. — Blé Taganrock à barbes noires

Synonymie : Blé d'Afrique à barbes noires. Blé dur du Népaul.
Blé plat à barbes noires. Blé dur d'Algérie.
Blé d'Assiout à barbes noires. Blé du Bengale.
Blé étalé à barbes noires. Blé plat d'Égypte à barbes noires.
Blé d'Alexandrie à barbes noires.

Épi gros ou un peu épais, assez serré ou dense, un peu court, aplati et très-sillonné sur le profil, jaunâtre, recouvert d'une poussière blanchâtre qui permet de croire qu'il est velouté ; barbes d'un beau noir, longues, dressées, mais divergentes à leur sommet ; épillets très-larges, souvent un peu irréguliers avec carène à pointe noire ; grain transparent, bien nourri, allongé, d'excellente qualité ; paille abondante, pleine et un peu dure.

Cette belle variété que l'on confond souvent avec le *blé garagnon à barbes noires* (55) est très-répandue en Afrique et dans le midi de l'Europe. Les gelées la font souvent périr dans les contrées septentrionales.

Elle produit presque toujours des épis sur lesquels les extrémités des glumes sont brunes ou noirâtres. Les Italiens l'appellent *grano duro bianco nero.*

DEUXIÈME CLASSE

Épi allongé, régulier, pyramidé, carré et dressé.

79. — Blé trimenia

Synonymie : Blé dur de Desfontaines. Blé de Géorgie.
Blé dur d'Alger. Blé de Salerne.
Blé dur d'Afrique. Blé sicilien.
Blé dur de Sicile. Blé triménia de Sicile.
Blé pétanielle d'Afrique. Blé triménia barbu de Sicile.
Blé de mars de l'Ardèche. Blé dur de Vendôme.

Épi jaunâtre ou légèrement rougeâtre, s'il a été cultivé dans le nord ou le centre de la France, demi-lâche, pyramidé, dressé, un peu étroit ou un peu grêle, allongé, carré, régulier, à pointe un peu arquée et de grosseur moyenne ; épillets distants, quelquefois un peu irréguliers sur le profil, lisses et à trois grains ; glumes allongées ; barbes droites, blanches, fines, peu écartées ; grain jaune rougeâtre, assez long, bien nourri ; paille fine, raide, un peu dure, mais assez bonne.

Cette variété a été mentionnée par Théophraste sous le nom de *Puros Trimenaios* (blé de trois mois). Elle a été introduite en France au commencement du siècle actuel par François de Neufchâteau. On la cultive avec succès en Italie dans la province de Salerne, la Basilicate, la Calabre et la Sicile. Les Napolitains l'appellent parfois *tuminia* ; mais le plus ordinairement ils la nomment *grano marzatico;* les Toscans la désignent sous le nom de *grano marzuolo.* On la cultive aussi en Espagne, dans le Portugal et en Afrique ; elle végète sur des terrains de qualité très-ordinaire et de moyenne profondeur.

Dans les contrées très-méridionales de l'Europe le blé triménia fournit des épis très-longs et très-productifs. La farine qu'on extrait de son grain est très-propre à la fabrication des pâtes alimentaires.

On peut cultiver le blé triménia comme blé de printemps dans le centre de la France.

80. — Blé manfredonia

Synonymie : Blé de Mogador. Blé de Constantine.

Épi jaunâtre, lisse, demi-lâche, un peu élargi sur le profil, bien plus gros que l'épi du blé triménia, mais moins long ; barbes de la couleur des glumes, longues, moyennement dressées ou un peu divergentes : glumes très-carénées, terminées par une pointe très-apparente et arquées, plus ventrues et plus fortes que celles de la variété précédente ; grain oblong, transparent et d'une belle couleur.

Cette variété est très-voisine du blé triménia ; sa farine est recherchée en Italie par les fabricants de macaroni.

81. — Blé adhméra

Épi blanc jaunâtre, légèrement duveteux, allongé, assez lâche ; épillets distants et réguliers sur le profil ; barbes dressées, fines et longues ; glumes peu allongées, à carène très-saillante, à pointe droite très-courte ; grain allongé et glacé, paille de grosseur moyenne.

Cette variété est cultivée en Égypte dans le Saïdi. Ses épis sont très-beaux.

TROISIÈME CLASSE

Épi allongé, irrégulier, prismatique et souvent infléchi.

82. — Blé durelle fastueuse

Synonymie : Froment de Taganrock.   Blé fastuosum.
Froment d'Espagne.   Blé Taganrock smouth.

Épi jaunâtre, prismatique, très-gros, mais plus large sur la face que sur le profil, souvent infléchi ; épillets allongés, un peu irréguliers sur le profil de l'épi ; glumes un peu violacées ou à carène bordée de noir ; barbes jaunâtres, longues, un peu écartées ; grain rougeâtre, plein, triangulaire, glacé ou translucide ; paille grosse, peu sujette à verser, retombant au sommet.

Ce blé est une des plus belles variétés cultivées dans le midi de l'Europe et en Afrique. Son épi est plus développé que l'épi du blé de Xérès (85). Il est répandu en Algérie. Sa farine sert à fabriquer d'excellentes pâtes alimentaires. En Italie on l'appelle *frumento mazzocchio*.

Il produit peu quand on le cultive comme blé de printemps. .

83. — Blé de Xérès

Synonymie : Blé de Géorgie.   Blé égyptien.
Blé plat de Xérès.   Blé dacca Youssfi.
Blé d'Andalousie.

Épi jaunâtre, gros, presque carré ou légèrement aplati, lisse, assez serré;

un peu plus court que les épis du blé durelle fastueuse; épillets larges,
allongés, un peu irréguliers; glumes très-carénées à pointes saillantes;
barbes longues, divergentes, couvrant les quatre faces de l'épi; grain gros,
allongé, dur, triangulaire, blond; paille forte, pleine, prenant difficilement la
rouille.

Cette variété remarquable est répandue dans le midi de
l'Europe et en Égypte; son grain est estimé pour sa qualité. Les Espagnols l'appellent *chapado*.

QUATRIÈME CLASSE

Épi allongé, lâche, presque carré, à barbes noires.

84. — Blé d'Alexandrie

Synonymie : Blé de la Calédonie.   Blé d'Égypte à barbes noires.
          Blé d'Ismaël à barbes noires.   Blé de Tunis.

Épi jaunâtre ou jaune rougeâtre, demi-lâche, presque carré, un peu aplati
sur le profil, long, lisse; épillets ordinairement irréguliers; barbes roides,
grises ou noirâtres; glumes et carènes très-pointues; grain gros, allongé,
glacé ou demi-glacé; paille élevée et forte.

Cette vigoureuse variété produit en Égypte de très-beaux
épis; on ne la cultive pas en Europe quoiqu'elle soit déjà
ancienne.

DEUXIÈME GROUPE

Épi rouge ou rougeâtre et à barbes rougeâtres.

4. Épi assez serré, pyramidé, carré allongé.. . . . . .   Section 5   page 115

CINQUIÈME CLASSE

85. — Blé aubaine

Synonymie : Blé rouge de Toscane.   Blé Taganrock rouge.
          Blé rouge de Sicile.   Blé rouge de Mostaganem.
          Blé rouge d'Égypte.   Blé aubaine rouge.
          Blé rouge d'Anatolie.   Blé aubaine du Languedoc.
          Blé rouge d'Afrique.   Blé rouge de Marianopoli.
          Blé d'Anatolie.

Épi allongé, pyramidé, rougeâtre ou rouge clair, assez serré, presque
carré; épillets irréguliers sur le profil; carène saillante à pointe droite;
barbes rougeâtres, dressées, un peu divergentes; grain petit, dur, glacé,
allongé; paille fine, dure, peu sujette à la rouille.

Ce blé est le seul *triticum durum* cultivé en France, dans
le Languedoc et la Provence, où il est répandu. Son grain

assez grossier, est riche en gluten. Ses glumes à l'état vert sont très-glauques.

Cette belle variété n'est pas assez rustique pour qu'on puisse la cultiver dans la région du nord. Toutefois, elle supporte assez bien les hivers ordinaires sous le climat de Paris, quand elle occupe des terres saines et de consistance moyenne. En général, elle redoute les sols humides et doit être cultivée sous un climat très-tempéré.

La sous-variété appelée *blé rouge d'Afrique* a un épi un peu plus serré, plus rouge brun, avec des barbes fines, longues et un peu écartées à leur sommet. Cette race ne conserve ses caractères que sous un climat à la fois sec et très-chaud.

88. — Blé de Toalé

Synonymie : Blé rose d'Afrique.   Blé de Mostaganem.

Épi lisse, rougeâtre ou rose rougeâtre, très-allongé, demi-lâche, presque carré, régulier sur le profil ; épillets bien appliqués les uns sur les autres ; barbes fines, dressées ou un peu divergentes, jaune rougeâtre ; glumes et glumelles allongées et un peu ventrues ; carène saillante, uniformément recourbée à pointe très-apparente ; grain allongé, très-beau, glacé, mais un peu petit ; paille demi-pleine.

Cette variété égyptienne (fig. 54) est plus belle que le *blé rouge* d'Afrique (86). Elle produit un grain tendre dans le midi de l'Europe.

TROISIÈME GROUPE

Épi noirâtre ou bleu noirâtre à barbes noires.

5. Épi noirâtre, allongé et carré . . . . CLASSE 6   page 116

SIXIÈME CLASSE

89. — Blé noir d'Afrique

Synonymie : Blé Taganrock noir.   Blé noir de Sicile.
            Froment d'Afrique noir.   Blé dur noir.
            Froment dur violet.   Blé duro nero.

Épi pyramidé, allongé, un peu aplati sur le profil, assez serré ; barbes longues, dressées, noires, serrées le long de l'épi ; glumes noires, noir

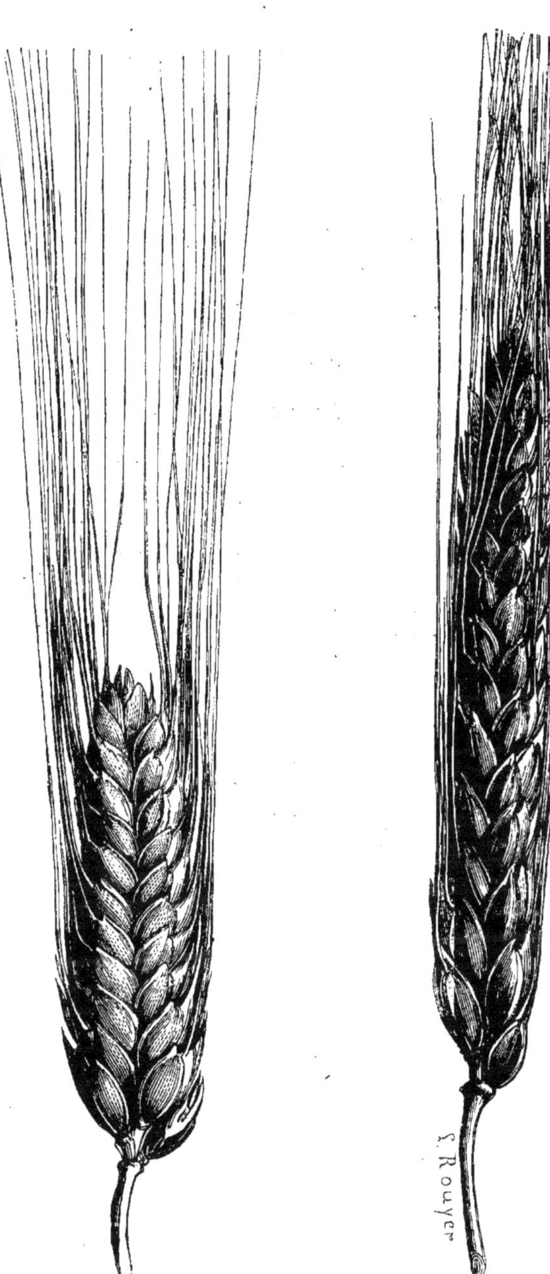

Fig. 34. — Blé de Toalé.

Fig. 55. — Blé du Caire.

bleuâtre ou noir cendré, quelquefois panachées ou jaunes à la base et noires au sommet ; glumes et glumelles de même longueur, allongées, bien carénées, à pointe arquée et très-saillante ; grain allongé et glacé, peu abondant.

Cette variété qui est plus curieuse qu'utile et qui est identique en tous points au *blé hybride de Russie* a donné naissance à une sous-race qui a des barbes moins tortillées que l'on a appelée *blé hybride de Mostaganem.*

DEUXIÈME DIVISION

VARIÉTÉS A ÉPIS VELUS ET VELOUTÉS

Clef analytique des groupes et des classes

1. Épi blanc, jaunâtre ou blanchâtre. . .   QUATRIÈME GROUPE. page 118
   Épi roux, rougeâtre ou noirâtre. 2
2. Épi roux ou rougeâtre. 3
   Épi noirâtre. . . . .   SEPTIÈME GROUPE. page 121
3. Épi rougeâtre . . . .   CINQUIÈME GROUPE. page 120
   Épi roux . . . .   SIXIÈME GROUPE. page 120

QUATRIÈME GROUPE

Épi blanc-jaunâtre ou blanchâtre.

4. Épi serré ou compacte. 5
   Épi lâche, presque carré, très-long . . . . . .   CLASSE 9 page 119
5. Épi serré, compacte, aplati. . . . .   CLASSE 7 page 118
   Épi serré, carré ou plus large sur la face . . . .   CLASSE 8 page 119

SEPTIÈME CLASSE

Épi allongé, aplati, sillonné sur le profil.

90. — Blé Taganrock velouté

Synonymie : Blé dur velouté d'Algérie.   Blé de la Mongolie.

Épi moyen pyramidé, serré, assez épais, mais aplati et sillonné sur le profil, velu, blanc jaunâtre ; épillets bien imbriqués, mais distincts ; glumes allongées, mais plus courtes que les glumelles, terminées par une pointe aiguë droite, très-souvent marquée par une ligne noire ; barbes fines, longues, peu divergentes, noires à la base, jaunes ou grisâtres au sommet ; grain translucide, allongé, très-beau, triangulaire.

Ce blé ressemble un peu au *blé gros taganrock* (79), mais son épi est plus allongé. Il est cultivé dans les pays chauds : en Sicile, en Espagne, en Afrique. On a reconnu que les poils qui couvrent ses épis ont l'avantage de retenir l'humidité fournie par la rosée.

Cette variété a produit une *sous-race à barbes blanches* et à épi plus large sur le profil.

Épi demi-lâche, carré, gros, plus large sur la face.

91. — Blé d'Ismaël

Synonymie : Blé d'Alexandrie.   Blé Tripet.
Blé de Géorgie.

Épi droit, jaune clair, mais souvent plus roux sur le profil, gros, de moyenne longueur, presque carré, assez serré, velu ; barbes jaunâtres ou roussâtres, longues, un peu divergentes, quelquefois grisâtres ou brunâtres à la base ; glumes un peu courtes à pointe arquée et peu allongée ; épillets irréguliers sur la face comme sur le profil ; grain oblong, gros, transparent paille moyenne, roide, solide.

Cette variété est hâtive ; on la cultive dans le nord de l'Afrique et en Égypte. On peut aussi la semer dans les contrées tout à fait méridionales de la France.

92 — Blé de Sardaigne

Épi blanc jaunâtre, velu, pyramidé, régulier sur le profil des épillets, un peu serré, de moyenne longueur ; glumes à pointe aiguë, presque droite, ventrues un peu allongées, ne couvrant pas complétement les glumelles, barbes dressées, couvrant la face des épillets ; grain allongé et glacé.

Cette belle variété est productive. Elle est très-cultivée en Italie et en Égypte. Les Italiens l'appellent *grano di spagna*.

Épi presque carré, très-long, lâche, plus large sur le profil

93. — Blé de Barbarie

Synonymie : Blé dur de Barbarie.   Blé dacca Youssfi.
Blé durelle veloutée de Barbarie.

Épi très-long, lâche, aplati sur le profil ; épillets imbriqués ; glumes pointe allongée et arquée ; glumes et glumelles très-allongées ; paille pleine, forte ; grain long, glacé.

Cette variété est très-remarquable ; elle est répandue en

Espagne, en Sicile, dans le royaume de Tunis et dans la basse Égypte.

CINQUIÈME GROUPE

Épi rouge jaunâtre ou rougeâtre.

. Épi demi-lâche rougeâtre allongé, presque carré.   Section 10   page 120

DIXIÈME CLASSE

94. — Blé velouté du Saïdi

Synonymie : Blé rouge velu de Mostaganem.   Blé durelle fastueuse veloutée.
       Blé rouge d'Espagne.   Blé de Pologne velu.
       Blé Taganrock roux velouté.

Épi roux ou jaune rougeâtre, allongé demi-lâche, velu, régulier, un peu plus large sur la face que sur le profil; barbes longues, quelquefois caduques; épillets très-distincts sur le profil; glumes allongées, très-coriaces, très-carénées, à pointe obtuse ; grain glacé triangulaire, d'une belle couleur ; paille forte, quoique en partie creuse.

Cette belle variété, selon Legasca, ne conserve ses caractères que dans les contrées chaudes. On la cultive en Égypte dans le Saïdi.

SIXIÈME GROUPE

Épi roux ou roussâtre très-aplati, très-serré.

7. Épi pyramidé, court, très-serré. . . . . Classe 11   page 120

ONZIÈME CLASSE

95. — Blé du Caire

Synonymie : Blé durelle du Caire.   Blé de Sicile à barbes noires.
       Blé plat d'Égypte.   Blé durelle compacte d'Égypte.
       Blé durelle velouté du Caire.   Blé Sèbaqueh.

Épi régulier allongé, oblong, aplati et très-sillonné sur le profil, mais un peu épais, triangulaire, pyramidé, très-régulier, serré, très-velouté ; épillets bien imbriqués ; barbes dressées, longues, fines, divergentes, rousses au sommet, noires ou noirâtres à la base, glumes à pointe obtuse, très-appliquées sur les glumelles ; grain moyen ; paille fine et roide.

Cette variété (fig. 35), si remarquable par la régularité de ses épis, est cultivée dans la basse Égypte ; elle produit de petits épis dans le nord de l'Europe.

96. — Blé d'Assiout

Synonymie : Blé de Neadde.   Blé de Béhéri.

Épi court, épais pyramidé, très-sillonné, très-velouté ; barbes très-divergentes, rousses au sommet, noires à la base ; grain moyen blanchâtre, cassure amylacée ; paille forte, creuse.

Cette variété est cultivée en Égypte, dans la province d'Assiout et dans la Tunisie. Ses épis n'ont aucun rapport avec les épis des autres froments.

SEPTIÈME GROUPE

Épi noir ou noirâtre, à barbes noirâtres.

8. Épi carré, balles et barbes noires . . . . CLASSE 12   page 121

DOUZIÈME CLASSE

97. — Blé noir de Mostaganem

Synonymie : Blé noir de Crimée.   Blé durelle noire veloutée.

Épi allongé, plus large sur le profil que sur la face ; glumes et glumelles allongées, noir bleuâtre, à pointe aiguë et arquée ; barbes longues, dressées le long de la face, jaunâtres à la base et noires dans les deux tiers de leur longueur ; grain allongé, glacé.

Cette variété est cultivée en Afrique ; son grain est très-beau. Elle produit quelquefois des épis un peu plus courts et noir roussâtre.

98. — Blé noir de Russie

Synonymie : Blé noir de Galand.   Blé d'Espagne noir.
Blé noir de Sicile.   Blé d'Afrique noirâtre.

Épi prismatique, carré, brun noir ou noirâtre, demi-lâche sur le profil, serré sur la face ; épillets irréguliers sur le profil ; barbes très-noires à la base, très-divergentes à leur sommet ; glumes allongées à pointe prononcée et arquée ; grain allongé, glacé, très-beau ; paille pleine.

Les épis de cette variété sont souvent panachés de noir et de blanc sur la face des épillets, comme le *blé poulard à balles violettes*. Ce blé dur n'est cultivé qu'en Sicile, en Espagne et en Afrique.

IV

TRITICUM POLONICUM, LIN.

Triticum poloniæ, Mor.
— secaliforme, P.

Triticum Lamarckeanum, Mazz.

Blé de Pologne. — Blé Polonielle

Anglais. — Poland wheat.
Allemand. — Polnischer weizen.

Italien. — Grano di Polonia.
Espagnol. — Trigo de Polonia.

Chaumes plus ou moins nombreux; tiges et feuilles d'un vert bleuâtre ou très-glauque; paille forte, élevée et pleine ; épi dressé, long, comprimé, un peu tétragone, lâche ou compacte; épillets à deux grains ; axe de l'épi à dents très-velues, balles très-longues, sans arêtes terminales, minces, carénées, glabres, aristées ou mutiques et dépassant le grain ; barbes fines, moyennes, souvent courtes ; grain très-allongé, dur, glacé et demi-transparent.

Cette espèce (fig. 56) exige un climat très-méridional et des terres bien exposées et de bonne qualité. Elle réussit très-bien dans le sud de l'Europe et en Afrique. Son grain est très-remarquable.

Clef analytique des classes

PREMIÈRE CLASSE

Épi presque glabre, lâche, aristé, blanc jaunâtre

99. — Blé de Pologne

Synonymie : Blé de Jérusalem.
Blé du Caire.
Blé de Mogador.
Blé de Valachie.
Blé de Grèce.
Blé de la Californie.
Blé de Pologne barbu.
Blé à épi long.
Blé d'Afrique.
Blé tricornet.
Blé de Pologne à longues barbes.

Blé d'Égypte.
Froment de Pologne.
Blé égyptien.
Blé de Surinam.
Seigle de Crimée.
Seigle de Pologne.
Seigle de l'Ukraine.
Seigle d'Astracan.
Seigle d'Afrique.
Froment polonielle.
Blé de l'Ukraine.

Fig. 56. — Blé de Pologne.   Fig. 57. — Blé amidonnier.

Épi très-long, lisse, lâche, à longues barbes; épillets ayant de 0ᵐ,02 à
0ᵐ,03 de longueur ; balles serrées et mucronées ; grain très-allongé, glacé,
transparent surtout à la pointe.

Le blé de Pologne est originaire du sud-est de l'Asie ; il
est cultivé avec succès dans la Valachie, en Afrique, en Asie,
en Espagne et dans les parties méridionales de la France.
Dans la région du nord de l'Europe, on ne peut le semer
qu'au printemps parce qu'il craint les fortes gelées et
l'humidité.

Son épi est jaunâtre dans les climats secs et chauds ; dans
les régions septentrionales, il prend presque toujours une
teinte grisâtre ou un peu cendrée.

Son grain est remarquable par sa transparence ; il fournit un très-beau gruau et il se conserve bien en Afrique
dans les silos.

Cette variété est peu productive dans le centre et le nord
de la France. Dans le midi de l'Europe ses épillets sont
quelquefois un peu veloutés.

Le blé de Pologne a produit deux sous-variétés plus
curieuses qu'utiles et auxquelles on a donné les noms
suivants :

> Blé de Pologne à épis violâtres ;
> Blé de Pologne à barbes noirâtres.

Lorsque le blé de Pologne dégénère il produit souvent
des épis déformés, à glumes allongées contournées, à barbes
tortillées et à grains arrondis ou mal conformés. Ces épis
ont donné naissance à la sous-race appelée :

> Blé de Pologne déformé ;
> Blé de Pologne rameux ;
> Polonielle rameuse.

Le blé de Pologne est cultivé dans les parties méridionales
de la Sibérie sur des terres légères exposées au midi ; le
grain qu'il y produit est régulier et presque tramulide.

Épi compacte, presque mutique, à barbes blanches ou noirâtres.

100. — Blé de Pologne, compacte

Synonymie : Froment de Pologne à épi court.   Blé de Pologne sans barbes.
Blé de Pologne mutique.   Polonielle compacte.
Blé de Pologne sans barbes.   Blé du général Galbois.

Épi court, jaunâtre, dressé, épais au milieu, très-serré, lisse, élargi sur le profil, souvent comme tronqué au sommet, compacte et très-sillonné sur le plat des épillets : barbes fines, dressées, très-courtes ou presque nulles ; épillets bien imbriqués, disposés régulièrement suivant une direction oblique sur une face de l'épi et presque verticalement sur l'autre ; grain blond très-allongé.

Cette variété est plus rustique, mais elle est moins productive. En général, elle est moins cultivée que le blé de Pologne ordinaire.

101. — Blé de Pologne, à barbes noires

Synonymie : Blé pétanielle compacte à barbes   Blé de Constantine.
noires.

Épi court, élargi au sommet ; barbes noires très-longues, dressées, un peu contournées à leur base et laissant à découvert presque tout le profil de l'épi ; épillets gros, allongés, très-distincts les uns des autres ; grain très-beau et glacé.

Cette variété est cultivée en Algérie.

V

TRITICUM AMYLEUM, SER.

Triticum farrum, Bas.   Triticum dicoccum, Schul.
—   zea, Wag.   —   cienfuegos, Lag.

Froment amidonnier. — Blé amydonelle

Anglais : Starch wheat. — *Allemand :* Eemmer.
Italien : Grano andicolo.

Tiges fistuleuses, fortes, peu nombreuses ; feuilles vertes, veloutées ; épi très-comprimé sur le profil, serré, plus ou moins retombant ; épillets étroits, régulièrement imbriqués sur deux rangs et contenant chacun deux grains ;

axe très-fragile ; glumes unies avec une carène mucronnée, très-proémi-
nente ; glumes lisses ; barbes fines et dressées ; grain restant adhérent dans
la balle comme le grain de l'épeautre ; grain allongé, pointu, triangulaire.

Cette espèce (fig. 57) a toujours des épis comprimés et
serrés. Toutes les variétés qui lui appartiennent sont glau-
ques dans toutes leurs parties. Leur grain reste dans les
épillets parce que l'axe des épis est fragile. Nonobstant ces
grains fournissent un très-bel amidon et une farine remarquable par sa blancheur.

En général, les blés amidonniers sont rustiques et peu
difficiles pour la nature et la fertilité du sol. On les considère à bon droit comme des plantes précieuses pour les
contrées froides et accidentées. Le plus généralement, on
les sème au printemps.

Les amidonniers roux et noirs produisent quelquefois
des épis rameux qu'il faut regarder comme des mon-
struosités.

Clef analytique des classes

PREMIÈRE CLASSE

Épi allongé, blanc jaunâtre, très-aplati.

102. — Blé amidonnier blanc

Synonymie : Épeautre de mars d'Alsace.   Épeautre blanc d'hiver.
             Épeautre du Cap d'hiver.   Amidonnier de printemps.
             Blé amyleum blanc.   Amidonnier de Tartarie.
             Amidonnier à épi blanc.   Grand blé monococcum.

Épi allongé, régulier, gros, aplati, blanc jaunâtre, mais moins large ordinairement que les épis des autres blés amidonniers, très-sillonné sur les profils ; barbes allongées de même couleur que l'épi, fines ; glumes et glumelles
lisses, à pointe recourbée ; grain rouge clair, allongé, triangulaire, glacé,
mais à cassure amylacée.

Ce beau froment est cultivé depuis longtemps en Alsace

et dans les provinces rhénanes sur des terres pauvres ou
médiocres. On le sème en mars ou en avril. Son grain est
difficile à battre, sa paille est de qualité secondaire, mais
il réussit bien dans les localités où la végétation est tardive
au printemps. Sa farine est recherchée par les amidonniers.

Quelquefois l'épi de cette variété s'épaissit et ne présente
que quelques barbes courtes à son sommet. De là, cette
sous-variété que l'on a appelée :

Blé amidonnier blanc sans barbes ;
Amidonnier blanc mutique ;
Blé amidonnier blanc compacte.

Cette race a un épi un peu plus court et plus serré ; il
est très-pesant.

103. — Blé amidonnier faux en grain

Épis moins allongés, plus étroits, plus grêles, mais plus serrés que les épis
du blé amidonnier blanc ; épillets à deux barbes, une courte et une longue ;
balles obtuses et échancrées.

Cette variété est très-peu cultivée. Ses tiges et ses feuilles
sont d'un vert bleuâtre.

104. — Blé plat blanc

Synonymie : Blé de la Providence.

Épi aplati sur le profil, blanc jaunâtre ; glumes longues, à pointe aiguë
peu recourbée, très-appliquées sur le grain ; barbes moyennes, droites, divergentes, souvent caduques à la maturité ; axe grêle ; grain allongé, triangulaire, translucide et grisâtre ; paille pleine.

Ce blé est vigoureux, mais le climat de la France ne lui
convient pas très-bien ; il est peu productif. Son grain sort
difficilement des glumes et des glumelles ; il fournit une
farine qui est très-propre à la fabrication des pâtes alimentaires.

Cette variété a produit une sous-race à épi plus court,
plus compacte ou plus serré que l'on a appelée *blé plat
compacte.*

Épi roux ou rouge brun et un peu court.

105. — Blé amidonnier roux

Synonymie : Blé amidonnier rose.   Blé amidonnier élevé.
Blé amidonnier rouge.   Blé amidonnier de Tarascon.

Épi très-roux ou rouge brun, droit ou légèrement incliné, très-sillonné sur les profils, un peu court, parce que les fleurs des épillets inférieurs avortent ordinairement, quelquefois un peu élargi et contourné au sommet sur le plat des épillets; balles couvertes d'un duvet légèrement bleuâtre et parfois marquées de nuances brunes ou noirâtres; barbes fines, rousses ou de la couleur des glumelles et quelquefois un peu brunes à leur base; grain rougeâtre, translucide, presque dur; paille élevée.

Cette variété est très-hâtive. On la cultive dans le Wurtemberg. Elle a produit une sous-race à épi court et compacte que l'on a appelée *blé amidonnier roux compacte* et qui est très-peu cultivée.

106. — Blé plat roux

Synonymie : Blé pétanielle rouge.   Blé plat rouge.
Blé roux de la Providence.   Amidonnier d'Heidelberg.

Épi roux, quelquefois nuancé de noir bleuâtre, allongé, régulier, aplati, demi-serré; barbes roussâtres, dressées sur la face, quelquefois caduques; glumes et glumelles assez allongées; glumes à pointe aiguë, mais courte, très-serrées sur le grain qui est oblong et translucide; paille pleine.

Cette variété n'est pas cultivée en France, mais elle appartient à l'agriculture allemande.

Épi allongé, noirâtre ou bleuâtre.

107. — Blé amidonnier noir

Synonymie : Blé amidonnier violet.   Blé amidonnier brun.

Épi allongé, noirâtre, couvert d'un léger duvet blanchâtre et plus élargi que les épis des autres blés amidonniers; barbes cassantes; grain rougeâtre.

Cette variété est très-rigoureuse, mais elle produit moins que le *blé amidonnier blanc* (11). On doit la semer avant le 15 de mars. On la croit originaire de l'Abyssinie.

108. — Blé amidonnier bleu

Synonymie : Froment plat bleuâtre.

Épi aplati, allongé, très-peu canaliculé sur les profils ; glumes bleu noi-râtre ou panachées de rouge et de gris bleu, peu carénées ; épillets très-réguliers ; barbes noirâtres situées sur la face de l'épi ; grain gros, allongé, translucide ; paille creuse.

Cette variété n'est pas cultivée.

109. — Blé plat noir

Synonymie : Blé plat brun.   Amidonnier noir compacte.
            Blé plat d'Afrique.

Épi allongé, très-aplati et sillonné ; glumes et barbes noirâtres ; grain glacé triangulaire ; paille pleine.

Cette belle variété est cultivée en Sicile, en Afrique et dans les îles Baléares. C'est sans succès qu'on a essayé de l'introduire dans le midi de la France.

VI

TRITICUM SPELTA. L.

Triticum Arduini, Mazz.   Triticum zea, Host.

Blé épeautre

Anglais. — Spelt wheat.   *Italien.* — Grano farro.
Allemand. — Spelz weitzen.   *Espagnol.* — Escanda.

Tiges dressées, fistuleuses, dure, ferme, ne versant pas ; épi long, grêle, dressé, carré et lâche ; axe en partie découvert entre les épillets, gros, se rompant sous le moindre effort ; épillets à quatre fleurs, dont deux seules fertiles ; écartés, distincts, laissant dans leur intervalle l'axe à nu ; glumes épaisses, coriaces, tronquées, carénées dans toute leur longueur ; balles couvrant exactement le grain ; grain allongé, triangulaire, pointu , avec un sillon profond, dur, à cassure farineuse, au nombre de deux dans chaque épillet et adhérent aux balles.

L'épeautre (fig. 58) que l'on a appelé *épaute, espote* et *blé locar*, est connu depuis longtemps. En 806, on fixa son prix à la moitié de la valeur du blé. Cette céréale est cul-

tivée dans la Souabe, la Franconie, la Suisse allemande, la vallée du Rhin depuis Landau jusqu'à Coblentz, et dans les plaines et les parties montagneuses, froides et peu fertiles de la Flandre, de l'Alsace, des Ardennes, de la Sologne, etc.

En général, l'épeautre réussit mieux que les autres froments dans les sols pauvres, secs et humides. Cultivé sur des sols calcaires, ses grains sont plus riches en farine et son écorce est plus mince.

Cette céréale verse plus difficilement que les autres blés dans les sols riches ; mais sur les sols argileux, elle donne relativement plus de paille que de grains.

On sème l'épeautre en septembre dans les pays montagneux, c'est-à-dire souvent avant la moisson. Dans quelques localités on l'allie au seigle. Son grain se détache difficilement des balles.

Clef analytique des classes

PREMIÈRE CLASSE

Épi sans barbes, jaunâtre ou rosé.

110. — Blé épeautre blanc sans barbes

Synonymie : Épeautre blanc, non barbu.   Grand épeautre.
Épeautre commun.   Blé de Jérusalem.

Épi blanc jaunâtre, très-long, lâche, droit, un peu courbé sur la face des épillets qui sont plus ou moins développés selon les circonstances ; glumes supérieures souvent surmontées de barbes courtes ; grain triangulaire, tendre, blond jaunâtre ; paille creuse, élevée, excellente.

Cette variété est rustique, la meilleure et la plus productive ; la farine qu'elle fournit est fine, blanche, et très-recherchée par les pâtissiers.

L'épeautre blanc sans barbes est cultivé dans les pays froids, humides et montagneux dans lesquels on re-

Fig. 58. — Épeautre sans barbes.   Fig. 59. — Engrain.

doute de fortes gelées au printemps. On le sème en automne. Il est assez répandu dans le Tyrol allemand, le canton de Vaud (Suisse) et sur quelques points du département du Nord. Ses feuilles restent vertes pendant tout l'hiver.

On possède une *sous-variété à épi compacte* qui ne présente aucun intérêt agricole. Cette race a un épi plus court, plus fragile; il rappelle un peu les blés amidonniers, quoique son épi soit plus long et plus étroit.

111. — Blé épeautre rose sans barbes

Synonymie : Épeautre blond.   Épeautre roux.
Épeautre doré.   Épeautre rouge imberbe.

Épi allongé, étroit, grêle, jaune rougeâtre; épillets plus ou moins développés et serrés les uns contre les autres.

Cette variété que les Italiens appellent *farro* et qui est moins productive que la précédente, a produit une sous-race à épi jaune grisâtre et un peu velue mais qui n'a aucune valeur agricole.

L'épi de l'*épeautre doré* est un peu serré et compacte.

DEUXIÈME CLASSE

Épi barbu, jaunâtre, rose ou noirâtre.

112. — Blé épeautre blanc barbu

Synonymie : Épeautre commun barbu.   Blé Locuar.
Épeautre d'hiver.   Froment locar.
Froment épeautre velu.   Blé du Bengale.
Faux épeautre.   Seigle blanc.

Épi très-allongé, lisse, plat, jaunâtre, dressé ou un peu courbé sur le plat des épillets; barbes un peu courtes, blanchâtres, surtout à leur sommet; glumes glabres; grain de couleur pâle; paille élevée.

Cette variété se sème en automne ou à la fin de l'hiver; elle est vigoureuse et hâtive, et fournit des grains d'excellente qualité. Dans le département du Bas-Rhin, on l'appelle *dinckel*. Elle est cultivée dans le canton de Neufchâtel, dans les montagnes froides de la Suisse et les plaines du Palatinat.

113. — Blé épeautre rose barbu

Synonymie : Épeautre rouge barbu.   Épeautre roux barbu.

Cette variété diffère de la précédente par la teinte jaune rosé de ses glumes et de ses glumelles. Elle est peu cultivée.

114. — Blé épeautre noir barbu

Synonymie : Épeautre bleu barbu.   Épeautre noir d'hiver.

Épi très-lâche et très-allongé ; glumes et glumelles noirâtres ou brunes, pubescentes ou recouvertes d'un duvet velouté bleuâtre ; barbes brunes à leur base et jaunâtres à leur sommet ; grain blond, demi-tendre.

Cette variété est vigoureuse et productive ; on la sème au printemps. Elle a produit une sous-race qui n'est pas cultivée et à laquelle on a donné le nom d'*épeautre gris barbu.*

VII

TRITICUM MONOCOCCUM, L.

Zea monococcos, Bauh.   Triticum venulosum, S.

Engrain. — Ingrain

Anglais. — One grained wheat.   *Italien.* — Piccolo farro.
Allemand. — Einkorn.   *Espagnol.* — Esprilla.

Tiges fines, creuses et droites ; épi régulier, droit, dressé, barbu, très-aplati ou fortement comprimé sur le profil, à deux ou trois fleurs, dont une seule fertile ; épillets étroitement imbriqués à deux rangs, très-luisants, ne contenant chacun qu'un seul grain, axe très-fragile, caché par les épillets ; glumes jaunâtres, carénées, irrégulièrement videntées au sommet et couvrant le grain exactement ; barbes fines, allongées ; grain petit, glacé, vitreux, ayant la forme d'un grain de riz, aplati, élargi au centre.

Épi blanc jaunâtre, à épillets glabres, uniloculaires et barbus.

115. — Engrain commun

Synonymie : Froment locuar.   Épeautre du Cap.
          Petit épeautre.   Épeautre bianca.
          Blé riz.   Froment uniloculaire.
          Engrain prolifère.   Blé monocoque.
          Petit blé hâtif.

L'engrain (fig. 59) a une tige très-peu élevée. Son grain est peu propre à la panification ; on l'utilise principalement dans la fabrication du gruau. Ce blé n'est cultivé que dans les pays montagneux et sur les terres sableuses et crayeuses de médiocre qualité. On peut le semer tardivement en automne, mais il réussit mal, comme céréale de printemps ; il est peu productif parce que chacun de ses épillets ne renferme qu'un grain.

C'est par erreur que l'on a désigné quelquefois le blé monocoque sous le nom de *riz de carro*.

On a obtenu une variété qui contient toujours deux grains dans chaque épillet, et que l'on a appelée *engrain double*. Cette céréale doit être séparée des *blés monocoques* et classée après les blés amidonniers blancs ; son épi est plus épais, moins aplati et son grain rappelle un peu, par son aspect et surtout sa côte médiane qui est saillante, le grain de l'orge nue. Elle est encore peu cultivée, quoiqu'elle soit précoce et qu'on puisse la semer en mars et en avril ou en octobre ou novembre. Elle a été introduite d'Espagne en France en 1850.

116. — Engrain roux

Synonymie : Blé de Bauhin.

L'épi de cette variété diffère de l'épi de l'*engrain commun* uniquement par sa coloration qui est rouge brun clair.

L'engrain roux est très-peu cultivé.

SECTION IV

Distribution des espèces et des variétés.

Variétés cultivées dans les régions du nord-ouest, du sud, du sud-ouest, de l'ouest et du centre. — Nécessité de coordonner les variétés avec le climat et les terrains qu'elles exigent. — Modifications qu'éprouvent les variétés à grains tendres. — Les variétés imberbes sont moins rustiques que les variétés barbues. — Avantages que présentent les blés à grains rouges. — Contrées qui conviennent aux blés à grains renflés et allongés.

Les espèces et les variétés mentionnées dans les pages précédentes fournissent des grains tendres, des grains demi-glacés et des blés durs. En voici un exemple :

Grains tendres.	Grains rougeâtres.	Grains glacés.
Blé de Flandre.	Blé de Crépi.	Blé de Pologne.
— d'Odessa.	— du Roussillon.	— de Taganrock.
— chiddam.	— Hérisson.	— Trimenia.
— Hunter.	— de Marianopoli.	— aubaine.
— de Hongrie.	— rouge d'hiver.	— poulard blanc.
— touzelle blanche.	— carré de Sicile.	— Ismaël.
— de Saumur.	— Poulard rouge lisse.	— nonette.
— de Noé.	— Poulard bleu.	— garagnon.

En général, le climat et la nature du sol modifient toutes les variétés non pas dans leurs caractères physiologiques mais dans leur aspect physique.

La *Flandre*, la *Picardie*, la *Brie*, la *Normandie* cultivent de préférence des variétés à épis blanc jaunâtre ou à épis rougeâtre appartenant au *triticum sativum*. Les variétés les plus répandues dans ces contrées, sont :

Blé blanc de Flandre.	Blé de haie.
— Hickling,	— de Crépi.
— bleu de Noé.	— de Hongrie.
— chiddam.	— rouge d'Écosse.
— d'Odessa.	— chicot de Caen.
— de Saumur.	— Whittington.

Toutes ces variétés sont imberbes ; elles fournissent

des grains blancs ou des blés tendres ou des blés demi-
durs qui sont très-recherchés par la meunerie. C'est accidentellement qu'on cultive dans ces localités des variétés
à gros grains et appartenant au *triticum turgidum*.

La Provence et le Languedoc cultivent des variétés toutes
différentes, mais presque toutes barbues. Les plus répandues sont les suivantes :

Blé saisettes d'Arles.	Blé garagnon.
— touzelle.	— Taganrock.
— du Roussillon.	— pétanielle blanche.
— meunier.	— nonette.
— bladette.	— aubaine rouge.

Ces variétés appartiennent aux *triticum sativum, t. turgidum* et *t. durum*.

La *région du Sud-Ouest* a aussi ses variétés. Ainsi généralement elle cultive les blés ci-après :

Blé bladette de Toulouse.	Blé bleu de Noé.
— fin de Revel.	— grosaille de la Gironde.
— de Nérac.	— aubaine blanche.
— touzelle rouge.	Gros blé de Montauban.

Ces variétés fournissent des blés fins et des gros blés ;
elles appartiennent aux *triticum sativum* et *t. turgidum*.

La *région de l'Ouest* produit des blés que le commerce
exporte facilement. Ces grains sont principalement fournis
par les variétés suivantes :

Blé de Roscoff.	Blé de Saumur.
— raton.	— de Saint-Laud.
— rouge d'Angers.	— marselage.

Toutes ces variétés appartiennent au *triticum sativum* ;
l'Anjou et le Poitou sont les seules contrées dans lesquelles
on cultive des blés poulards.

La *région du Centre* produit aussi des blés ordinaires et
des gros blés. Voici les principales variétés qu'on y cultive:

Blé de Hongrie.	Blé poulard de Touraine.
— de Noé.	— — du Gâtinais.
— rouge d'Écosse.	— — du Mont-d'Or.
— du Gâtinais.	— — d'Auvergne.
— hérisson.	— — rouge de la Limagne.

Les premières appartiennent au *triticum sativum*, les autres au *t. turgidum*.

La *région de l'Est* n'a pas pour ainsi dire de variétés spéciales. Celles qu'elle cultive appartiennent au *triticum sativum*.

Il résulte de ces nomenclatures qu'il est très-important de bien harmoniser les variétés avec les circonstances locales et atmosphériques, afin d'obtenir les plus forts rendements et de récolter des grains d'une vente facile et répondant aux besoins du commerce. Ici, on cultivera des variétés à grains tendres; là on choisira principalement des blés à grains demi-glacés; ailleurs, c'est aux gros blés ou aux blés durs qu'on donnera la préférence.

Mais pour que les variétés choisies puissent être regardées comme très-utiles, on ne doit pas oublier les changements qu'éprouvent les blés imberbes ou barbus qu'on importe du nord au midi et *vice versa*, ou qu'on transporte d'une localité dans laquelle le sol est fertile et calcaire dans une contrée où les terres sont pauvres et silico-argileuses.

Les variétés à grains blancs et presque arrondis sont les plus délicates et les plus exigeantes. Elles ne réussissent bien que lorsqu'on les cultive sur des terres de moyenne consistance, fertiles, calcaires ou marnées ou chaulées. Les plaines du Nord, les fraîches et fertiles vallées du Midi et de l'Ouest sont les situations qui leur conviennent le mieux. Ces variétés végètent mal sur les sols secs et sous les climats brûlants, perdent promptement les qualités qui les distinguent et produisent des grains qui passent successivement à la nuance rougeâtre ou grisâtre.

Les blés anglais qui séduisent toujours par le bel aspect qu'ont leurs épis, la qualité remarquable de leurs grains, ne réussissent bien que sur des terres profondes, fertiles et situées sous un climat plutôt brumeux ou marin que très-tempéré. C'est pourquoi on a pu les propager avec succès dans la région septentrionale de la France. Aussi est-ce en vain qu'on a voulu les cultiver dans les contrées méridionales.

En général, les grains tendres des blés imberbes ont une écorce ou pellicule plus épaisse, quand ils passent du nord au midi. De plus, comme les printemps y sont secs et chauds, leurs grains s'y forment mal et arrivent à maturité avec moins de qualités.

Les variétés imberbes à grains blancs et tendres ont d'autres défauts. Quand on les cultive sur des sols pauvres ou acides ou humides, leurs grains sont sujets à rougir et à se glacer, et ils sont plus exposés que d'autres à être attaqués par le charbon et la carie. Enfin, les feuilles de ces blés ont le grave inconvénient de prendre facilement la rouille quand les printemps sont à la fois humides et froids.

C'est en vain aussi qu'on voudrait importer des blés du midi de l'Europe dans la région septentrionale ; ordinairement ces variétés, même celles qui sont très-précoces, y végètent mal comme blés d'automne, parce qu'elles ne supportent pas de froids intenses et elles y mûrissent difficilement, parce que la température n'y est pas assez élevée depuis le moment de leur épiaison jusqu'à leur maturité.

Les blés à grains rouges sont ordinairement plus rustiques ; ils résistent mieux que les variétés précédentes

pendant l'hiver à de grands froids et durant le printemps
et l'été, soit aux vents secs et froids, soit à des pluies prolongées. Les grains de ces variétés sont recherchés par la
meunerie et le commerce qui fait l'exportation. Quoi qu'il
en soit, les blés imberbes à grains rougeâtres et tendres,
sont plus délicats que les variétés barbues appartenant
aussi au *triticum sativum*. Ces derniers blés et surtout les
variétés cultivées depuis longtemps, sont moins exposées
à la verse parce que leurs tiges sont plus résistantes; en
outre, leurs feuilles sont moins sujettes à la rouille et leurs
épis sont moins attaqués par le charbon, la carie et les oiseaux. Si leurs grains séduisent moins et s'ils contiennent
une farine moins belle, ils renferment toujours une plus
forte proportion de gluten. Les variétés barbues cultivées
dans le Midi fournissent généralement des blés fins.

Les variétés à grains allongés, étroits et glacés, caractéri-
sent des espèces et des variétés qui réussissent très-bien sur
des sols un peu légers et secs et situés sous un climat à la fois
très-tempéré et fort peu humide. Ces variétés sont peu répandues dans la région septentrionale.

Les variétés à grains très-renflés sont plus délicates que
la plupart des blés barbus qui appartiennent au *triticum sativum*. Ces variétés doivent être cultivées sur des terrains un
peu argileux et de bonne qualité. Elles végètent mal sur
les terres pauvres et donnent sur les sols fertiles des récoltes qui ont une valeur secondaire, mais, lorsque ces blés
sont cultivés sous un climat sec et tempéré, ils produisent
des grains plus vitreux et plus riches en gluten. Aussi les
a-t-on adoptés de préférence aux blés ordinaires dans les
contrées méridionales de l'Europe.

Les variétés à grains allongés et presque translucides
appartenant au *triticum durum*, ne peuvent être cultivées

que sous un climat chaud. Ces blés fournissent de très-beaux grains en Italie, en Sicile, en Espagne, en Algérie, en Égypte, etc.

A ces considérations j'ajouterai que les variétés à paille longue ou élevée sont toujours plus productives dans les années humides que dans les années sèches et qu'un climat sec favorise toujours les variétés à paille peu élevée.

Ordinairement les blés cultivés dans le midi de la France, en Italie, en Espagne, en Algérie et en Égypte produisent moins de paille que les variétés cultivées en Normandie, en Flandre, en Belgique et en Angleterre.

Les pailles récoltées dans la région septentrionale de l'Europe sont creuses, souples et remplacent souvent le foin dans l'alimentation du bétail. Celles que fournissent les blés cultivés dans la région méridionale sont plus fortes, plus dures, mais comme elles sont généralement pleines ou demi-pleines, elles nourrissent néanmoins très-bien les animaux domestiques, quand elles ont été préalablement divisées ou foulées par les pieds des chevaux à l'aide desquels on opère le dépiquage.

CHAPITRE IV

MODE DE VÉGÉTATION

Les quatre phases d'existence du blé. — Germination. — Apparition du
cotylédon. — Sommeil hivernal. — Végétation printanière. — Nouvelles
racines destinées à remplacer les racines automnales. — Tallage du blé.—
Épiaison. — Floraison. — Fécondation. — Maturité. — Végétation du blé
de mars.

Le *blé d'hiver* accomplit toutes ses phases de végétation
en 8 ou 10 mois, selon la latitude et l'altitude où il est
cultivé. Le *blé de printemps* végète dans l'espace de 150 à
180 jours.

L'un et l'autre acccomplissent toujours quatre grandes
phases d'existence bien distinctes : 1° L'*enfance*; 2° l'*adolescence*; 3° l'*âge adulte*; 4° l'*âge mûr* ou *la mort*.

A. — Lorsqu'on confie un grain de blé nouvellement
récolté à une terre bien préparée et suffisamment fraîche,
cette graine augmente de volume, parce que
l'humidité de la couche arable pénètre dans le
périsperme et humecte l'amidon et le gluten.
Le deuxième et le troisième jour, au plus tard,
cette même semence commence à vivre, et ses
enveloppes sont sur le point d'être rompues.

Le quatrième jour, la vie acquiert plus
d'activité; l'embryon, ayant pris un plus
grand volume, déchire les téguments ou tu-
niques et apparaît en dehors du grain (fig. 40).
C'est le cinquième ou sixième jour, suivant la
température du sol, que la plumule est suffisamment développée pour qu'elle puisse diriger son extrémité, qui est pointue, vers le ciel ; alors on voit ap-

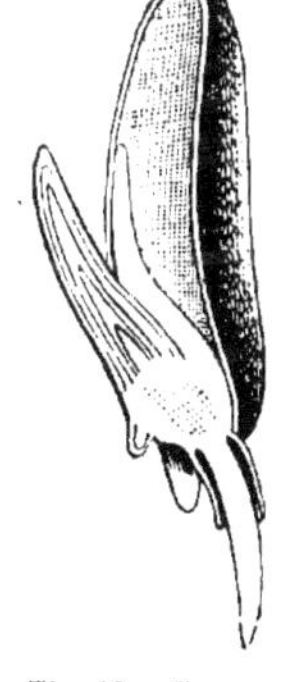

Fig. 40.—Coupe
d'un grain de blé
en germination.

paraître la radicule qui se dirige dans le sens opposé de la plumule et le périsperme se transforme en une masse laiteuse et sucrée qui est le premier aliment de la radicule et de la plantule. Ces deux organes ont alors une nuance blanchâtre.

Le septième jour, la plantule prend plus de développement et on ne tarde pas à voir apparaître, au-dessous du point d'insertion du grain, deux ou trois corps radiculaires qui s'accroissent, les jours suivants, dans toutes leurs dimensions (fig. 41).

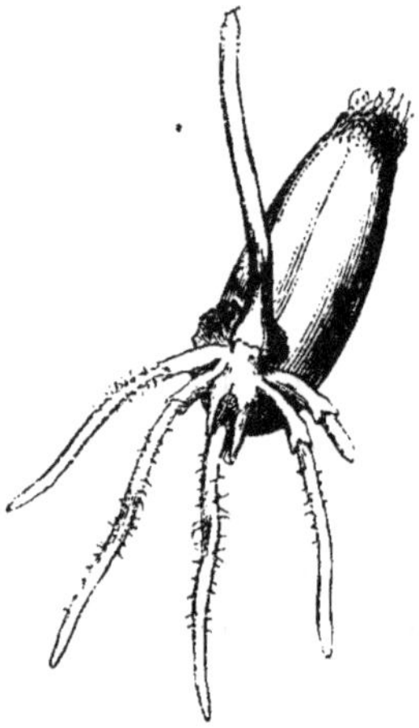

Après le dixième jour, la plumule se trouve rapprochée de la surface du sol; la teinte verdâtre qu'on observe à son extrémité indique qu'elle commence à subir l'influence de la lumière.

Enfin, du douzième au quinzième jour, suivant la nature et la température du sol, la profondeur

Fig. 41.—Germination du blé.

à laquelle la graine a été enfouie, le cotylédon sort de terre, mais la plantule ne présente encore aucune feuille. C'est quelques jours seulement après que le blé a levé, que la feuille cotylédonnaire se développe et présente une teinte verte un peu foncée (fig. 42).

A partir de ce moment, la vie s'accroît de plus en plus, il se forme bientôt une sorte de nœud sur la tigelle (fig. 43) un peu au dessous de la surface du sol S, S. C'est de ce nœud que part la première feuille proprement dite. La plante continue à développer ses racines, à produire quelques feuilles et parfois une seconde tige à l'état rudimentaire. Sa végétation s'arrête, lorsqu'en novembre

ou décembre, suivant les années et les régions, la température moyenne de l'air est des-
cendue à + 5° ou + 6°. Ce sommeil persiste jusqu'en février ou
mars, c'est-à-dire jusqu'au moment où la température moyenne
s'est élevée à + 6° ou + 8°.

Lorsque la vie se manifeste de
nouveau la plante est sortie de son
enfance.

L'enfance du blé est l'époque de
l'épreuve. Pendant cette première
phase d'existence, le cultivateur
doit être constamment en éveil,
parce qu'il ignore, lorsque le froment montre son cotylédon, si la
récolte future répondra à ses dé-
sirs. Il peut concevoir de grandes
espérances si les jeunes plantes sont
vigoureuses, mais cette riante per-
spective ne deviendra certaine que
lorsque le blé sera sorti de l'adolescence.

En attendant, et jusqu'à la fin
du sommeil hivernal qui dure ordinairement de 120 à 150 jours
suivant les latitudes, il se doit à
lui-même de surveiller les champs
qu'il a ensemencés. Si les plantes
jaunissent, si elles sont souffre-
teuses, c'est que le sol est humide;
alors, il creusera tous les sillons

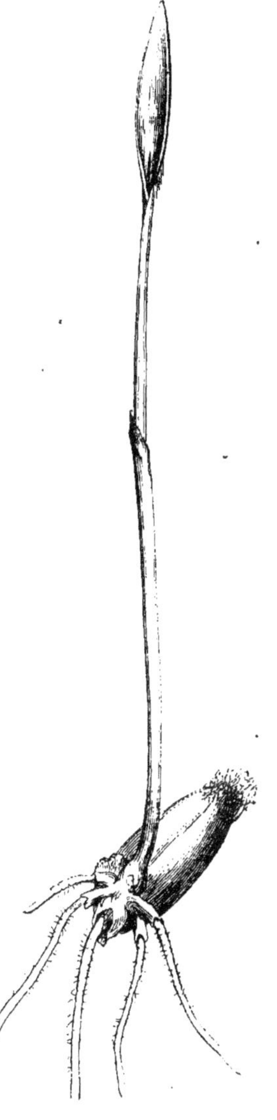

Fig. 42. — Germination du blé.

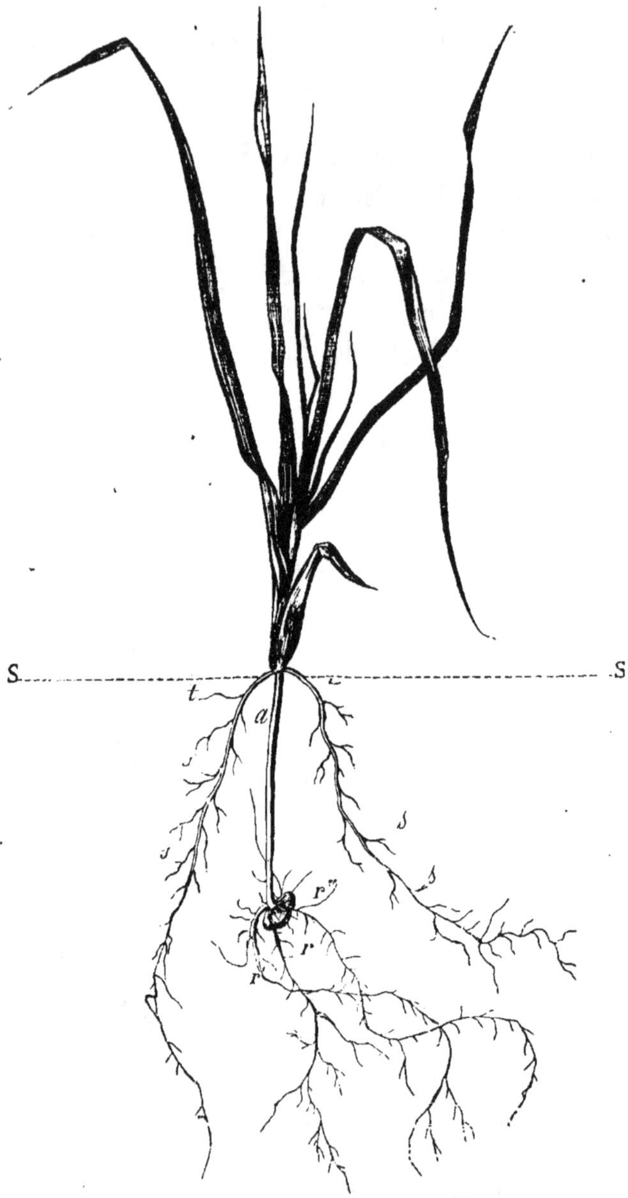

Fig. 15. — Végétation du blé.

nécessaires au libre écoulement des eaux pluviales.

B. — C'est vers la fin de février ou durant le mois de mars, suivant les régions, que le froment entre de nouveau en végétation. Alors les plantes développent de nouvelles feuilles et de nouvelles racines, pour remplacer celles qui ont pris naissance pendant l'automne et qui sèchent et meurent.

Les racines printanières sont d'abord très-blanches et simples, mais avec le temps elles s'allongent, se ramifient et constituent par leur ensemble un véritable *chevelu* à la base de chaque plante. Ces *racines fibreuses* sont courtes ou de moyenne longueur. Toutefois, quand les printemps sont humides ou lorsque le blé végète sur un sol sec, mais reposant sur un sous-sol actif profond et frais, ces mêmes racines s'allongent et acquièrent parfois une longueur de 1 à 2 mètres. Ce développement anormal est-il utile au froment ? Non, car les plantes qui les ont produites ont alors une végétation luxuriante qui est toujours préjudiciable à la beauté des épis et à la qualité des grains qu'ils renferment.

Les *racines printanières* (fig. 43 *s, s, s, t*) qui remplacent les *racines automnales r, r, r*, qui se sont atrophiées à la fin de l'hiver, permettent au blé de prendre un essor végétatif d'autant plus marqué que le sol est fertile et la température à la fois chaude et humide. Alors, les feuilles deviennent plus nombreuses, elles se développent en largeur et en longueur et prennent souvent une magnifique teinte sombre ou une nuance bleuâtre très-remarquable. Alors aussi le blé émet de nouvelles tiges plus ou moins nombreuses, suivant la fécondité de la couche arable et la quantité de semence répandue par hectare. Ce *tallement* ou *tallage* a lieu en avril ou au plus tard avant la mi-mai ; enfin, bientôt les tiges s'élèvent, atteignent 0^m,60, 0^m,75, ou 1^m de hauteur et on ne tarde pas à voir sortir les épis de la gaine des feuilles les plus éloignées du sol. Cette épiaison a lieu en avril dans la Provence et le Languedoc, et en mai ou au commencement de juin, dans la Brie et la Beauce.

Le nombre de pousses ou tiges qui se développent pendant le tallage du blé est toujours en raison directe de la fécondité du sol, de l'espacement des pieds et de l'influence que la température exerce sur le développement du blé. En général, le froment talle peu si le sol est épuisé, si les plantes sont très-rapprochées les unes des autres et si le printemps est froid et humide ou sec et froid. En moyenne, dans les cultures les mieux conduites, chaque grain ne produit pas au delà de 4 à 5 tiges.

Le blé qui végète isolé dans des terres très-fertiles, ou dans des jardins, donne naissance parfois à des touffes d'une beauté extraordinaire. Ainsi, il n'est pas rare de voir des pieds de froment produire jusqu'à 50 et même 75 tiges, portant chacune un épi. On sait que le procureur d'Auguste envoya d'Afrique à Pline un pied de froment portant 400 tiges ; que Néron reçu de Byzacium une touffe de froment qui avait 360 épis et que Duhamel, Davy, François de Neufchâteau, Tessier, etc., ont vu des pieds de blé qui avaient de 100 à 576 tiges.

Il y a quelques années, on a trouvé dans un jardin à Mérignac (Gironde), une touffe de blé portant 75 épis qui ont donné 2,250 grains, soit en moyenne 30 grains par épi.

Ces blés exemplaires expliquent ces rendements fabuleux signalés par la Bible ou les annales de Rome.

Les diverses phases d'existence que le froment accomplit pendant les mois de mars et avril constituent pour cette

céréale une *époque critique*. Ainsi, le froid apparaît-il encore, les pluies printanières sont-elles persistantes et gla-
ciales, le blé perd de sa vitalité, il est maladif, ainsi que
le témoigne la couleur jaune de ses feuilles. Cet *état chlorosé* inquiète le cultivateur, parce que les sillons ou les
champs n'offrent plus les mêmes espérances, parce le blé
talle comme à regret.

Mais si les plantes restent vertes, si nul insecte ne les
attaque, la vie devient très-active et l'*épiaison* se fait bien.
Alors le froment a parcouru victorieusement sa deuxième
phase d'existence, l'*adolescence*.

C. C'est lorsque la température moyenne a atteint + 16°,
que le blé est entièrement épié, qu'il fleurit et qu'a lieu la
fructification. Les fleurs qui apparaissent au dehors des
épillets indiquent que la fécondation a eu lieu. Alors encore, les étamines se flétrissent, prennent une couleur brune
et ne tardent pas à tomber. C'est de bas en haut des épis que
cet acte s'accomplit.

Ordinairement le blé fleurit en mai dans la Provence et
le Languedoc, et en juin dans la Brie et la Beauce.

Cette troisième phase d'existence préoccupe encore l'a-
griculteur. C'est qu'il craint alors l'influence pernicieuse
des brouillards, des pluies continuelles et des chaleurs in-
tempestives et prolongées. Quand la fécondation est terminée, et elle dure ordinairement deux à trois jours, le blé
sort de l'*âge adulte*.

D. C'est lorsque la fécondation a eu lieu que le blé commence à perdre de jour en jour sa nuance native, sa belle
couleur verte. Ce changement d'état est d'abord peu sensible ; mais bientôt les tiges ou chaumes acquièrent plus
de fermeté, plus de solidité, et ainsi que les feuilles, elles
jaunissent de plus en plus. Quant aux épis, ils prennent

une nuance jaunâtre, rougeâtre ou noirâtre, ils acquièrent de jour en jour plus de poids par suite du développement des grains, et la plupart commencent à s'incliner vers la terre. Enfin, les feuilles sont presque sèches, les tiges ont plus de solidité, les grains ne sont plus, pour ainsi dire, laiteux, les racines sont complétement atrophiées, la mort s'élève progressivement et avec rapidité de la base des tiges vers les épis et la moisson est proche. Heureux le cultivateur qui n'a point alors à lutter contre la grêle, des vents violents ou des pluies abondantes et persistantes.

Le blé arrivé à cet état a subi depuis la fin de l'hiver l'influence d'une chaleur moyenne et totale de 2000 à 2200°, et il a terminé sa dernière phase d'existence, la *vieillesse*.

C'est à la fin de juin qu'il est mûr dans la Provence et le Languedoc, et c'est à la fin de juillet qu'il arrive à maturité complète dans la Brie et la Beauce.

La *végétation du blé de printemps* est identique à celle du blé d'automne, à cette exception cependant que ses premières phases d'existence, l'enfance et l'adolescence, sont toujours moins prolongées et un peu plus tardives.

CHAPITRE V

COMPOSITION DU BLÉ

Analyses de la paille, du grain, du son et des balles du blé. — Composition
des blés tendres et des blés durs. — Densité, — poids de l'hectolitre, — humidité. — Analyses du blé Hopetoun ayant végété sur trois terrains différents. — Composition des blés de commerce. — Rapport entre le grain et
les balles de l'épeautre.

Froment. — Le blé fournit trois produits : la *paille*,
le *grain* et la *balle* ou *menue paille*.

A. La *paille* est jaunâtre et quelquefois dorée; tantôt
elle est fistuleuse, tantôt pleine et parenchymateuse, suivant les espèces et les variétés ; en outre, elle est plus ou
moins longue, suivant les variétés, la nature et la fertilité du terrain et le climat ; enfin, elle renferme aussi
plus ou moins de matière combustible suivant les espèces
et les variétés auxquelles elle appartient.

100 de paille ont donné :

Boussingault.	6,969	de cendres.
Sprengel.	3,518	—
Saussure	4,238	—
Peters	4,895	—
Moyenne.	4,905	—

Les cendres contiennent les éléments suivants :

	Boussingault.	Sprengel.
Silice	4,711	2,870
Potasse.	0,701	0,020
Soude	0,002	0,029
Chaux	0,592	0,040
Magnésie	0,348	0,032
Chloré.	0,004	0,030
Acide phosphorique	0,216	0,170
— sulfurique	0,069	0,037
Fer et alumine	0,060	0,090
Perte.	0,257	»
Totaux.	6,960	3,318

La quantité de sels de soude et de potasse constatée par
M. Boussingault s'identifie avec celle que M. Berthier a
obtenue.

La quantité d'humidité contenue dans la paille varie, à
l'état normal, entre 12 et 14 pour 100.

100 kilogrammes de blé non égrainé donnent ordinairement de 50 à 65 kilogrammes de paille.

B. Le *grain* du blé varie beaucoup dans sa composition.
En général, d'après M. Boussingault, il renferme les éléments ci-après :

Gluten	12,8	14,6
Albumine et céréaline.	1,8	
Amidon.		59,7
Dextrine		7,2
Matières grasses.		1,2
Cellulose		1,7
Sels minéraux.		1,6
Eau.		14,0
Total		100,0

100 de cendres contiennent :

Silice	1,70
Potasse.	27,00
Soude.	5,18
Chaux	5,20
Magnésie.	13,63
Chlore.	traces.
Acide phosphorique.	47,71
— sulfurique	0,52
Fer et alumine.	0,40
Perte	0,66
Total.	100,00

100 de grain donnent de 1,6 à 1,7 de cendres.

Le blé fournit trois sortes de grain : 1° le *blé tendre* ou à
cassure farineuse; 2° le *blé demi-dur* ou à cassure demi-
farineuse et demi-vitreuse; 3° le *blé dur* ou à cassure vitreuse. Ces divers grains renferment plus ou mois d'amidon et plus ou moins de gluten.

Les *blés tendres*, les plus riches en amidon ou en matière amylacée, sont les plus recherchés quand ils sont secs et de bonne qualité, mais leur farine n'a pas assez de corps. Suivant M. Boussingault, ils renferment les matières ci-après :

	Amidon.	Gluten et albumine.
Blé blanc de Flandre (12)	61,0	10,7
Blé touzelle blanche (19)	62,7	9,9
Blé hérisson (55)	63,7	11,7
Blé d'Odessa (25)	66,1	12,3
Blé de Hongrie (4)	70,0	10,0
Blé touzelle rouge (27)	66,6	12,3
Blé saissette d'Arles (41)	69,8	9,1
Blé de Brissac (25)	69,3	10,3
MOYENNES.	66,1	10,8

Les *blés durs*, les plus riches en gluten et très-cultivés dans le midi de l'Europe contiennent, d'après M. Peligot, les substances suivantes :

	Amidon.	Gluten et albumine.
Blé de Pologne (99)	55,4	21,5
Blé poulard bleu conique (71)	58,9	18,1
Blé de Taganrok (77)	57,9	16,6
Blé d'Égypte (64)	55,4	20,6
MOYENNES.	55,1	19,2

Il existe des *blés tendres* ou *blés blancs* qui contiennent jusqu'à 75 et même 80 pour 100 d'amidon et des *blés durs* ou *blés glacés* qui renferment jusqu'à 25 pour 100 de gluten. M. Payen a constaté les moyennes ci-après :

	Farine.	Sons et issues.	Gluten p. 100.
Blé tendre	75	25	9
Blé demi-tendre.	80	20	11
Blé demi-dur.	84	16	13
Blé dur.	88	12	15

Les froments rouges demi-glacés sont intermédiaires entre les blés tendres et les blés durs.

Les blés bien conservés contiennent, en moyenne, de

10 à 15 pour 100 d'humidité, mais les tendres en renferment toujours davantage que les blés durs. M. Reiset a constaté les faits suivants :

	Densité.	Poids de l'hectol. kil.	Eau p. 100.
Blé Victoria (14)	1,381	74,500	15,49
Blé d'Odessa (23)	1,396	80,500	14,11
Blé spalding (30).	1,382	78,200	14,69
Blé hérisson (35).	1,380	79,500	13,48
Blé barbu de Sicile (36). . .	1,390	80,300	14,25
Blé nonette 67).	1,391	79,900	13,11
Blé pétanielle noire (72) . .	1,290	74,000	14,10
Blé de Pologne (99)	1,407	74,600	12,20
Moyennes	1,378	77,700	13,95

Voici les quantités de cendre et d'azote que contenaient 100 parties sèches :

	Cendres.	Azote.
Blé Victoria.	2,02	2,45
Blé d'Odessa.	1,87	1,99
Blé spalding.	2,05	1,98
Blé hérisson.	2,19	2,87
Blé barbu de Sicile.	2,11	2,20
Blé nonette	1,98	2,09
Blé pétanielle noire	2,14	1,71
Blé de Pologne.	2,18	2,61
Moyennes.	2,06	2,33

La proportion de cendres est plus forte que celle que M. Boussingault a constatée.

Les cendres de blé analysées par M. Berthier contenaient les phosphates ci-après :

Phosphate de potasse.	49,0 à 51,7	pour 100
— de chaux magnésienne . . .	20,0 à 23,8	—
— de magnésie ferreux. . . .	27,2 à 28,3	—

Voici six analyses du blé Hopetoun (12) cultivé en Angleterre sur trois terrains différents :

	Sol siliceux.		Sol argileux.		Sol calcaire.	
Silice	4,55	5,63	3,60	2,28	2,84	1,42
Acide phosphorique .	39,97	43,94	49,22	45,75	47,00	46,18
— sulfurique . .	0,15	0,21	0,18	0,52	0,24	0,48
Chaux.	1,52	1,80	2,51	2,06	3,20	2,82
Magnésie	13,26	11,69	12,58	10,94	12,71	13,99
Peroxyde de fer . . .	»	0,29	0,08	2,04	0,60	»
Potasse.	36,45	34,51	30,32	32,24	33,15	33,00
Soude	4,62	1,87	0,07	4,06	»	2,07
Chlorure de sodium.	»	»	1,60	0,27	»	»
Acide carbonique et perte	0,02	0,02	0,04	0,06	0,26	0,04
Totaux. . . .	100,00	100,00	100,00	100,00	100,00	100,00
Cendres pour 100 de blé sec	1,81	1,71	1,92	1,72	2,05	1,69

Ces résultats sont très-intéressants en ce qu'ils permettent de dire que le blé qui végète sur les sols non calcaires contient moins d'acide phosphorique et de chaux que le froment qui croît dans un sol argileux ou calcaire, mais qu'il renferme, par contre, plus de silice, de potasse et de soude.

La *farine* contient, à l'état normal, de 14 à 17 pour 100 d'eau et 7 à 12 pour 100 de gluten. A l'état sec, elle renferme de 1 à 2 pour 100 d'azote et de 6 à 12 pour 100 de gluten.

100 de farine sèche donne de 0,740 à 0,860 pour 100 de cendres.

M. Despine a analysé des blés de commerce. Il a constaté qu'ils contenaient :

	Amidon.	Gluten.	Son.	Humidité.
Blé touzelle rouge. . .	65,46	12,72	2,25	6,90
Blé touzelle blanche. .	66,00	12,54	2,10	7,55
Blé de Narbonne . . .	64,15	14,45	2,20	6,91
Blé de Carcassonne. . .	65,00	14,00	2,20	6,90
Blé fin de Toulouse . .	69,56	10,14	2,05	10,02
Blé de Brissac.	69,50	10,79	2,90	8,90
Blé de richelle de Naples	65,56	13,03	2,44	7,56
Blé tendre d'Odessa. .	66,15	12,50	3,00	8,15
Blé de Taganrok. . . .	63,50	16,80	3,00	6,50
Blé dur de Sicile. . .	63,00	16,35	2,90	6,60

M. Boland a extrait des blés de commerce de 1855, les farines, gruaux, sons et issues ci-après :

	Farine affleurée.	Gruaux.	Sons et issues.
Blé de la Beauce..	29,65	58,85	50,50
Blé de la Brie	28.20	43,91	25,67
Blé de Crépi	52,24	59,70	27,85
Blé de Lorraine.	30,00	56,25	32,26
Blé du Roussillon.	51,10	40,65	27,50
Blé de Belgique	27,15	41,60	50,77
Blé de Hambourg.	15,77	57,70	31,57
Blé d'Alger	10,00	56,50	33,50
Blé de Naples	50,50	39,60	29,50
Blé d'Égypte.	25,00	39,89	34,71
Blé de Marianopoli.	27,20	41,20	30,15
Blé d'Odessa.	54,50	38,58	26,72
Blé Sandomirka	8,70	54,81	56,06
Blé Girka	52,94	42,80	23,42

Les farines des blés français contenaient de 10,1 à 14,7 pour 100 de gluten sec. Celles fournies par les blés d'Alger et de Russie en renfermaient de 16,0 à 20,9 pour 100.

Le *son* varie aussi dans sa composition. Les sons que la meunerie et la manutention militaire livrent au commerce renferment, d'après M. Poggiale, les éléments suivants :

	Meunerie.	Manutention.
Amidon, dextrine et sucre	24,00	31,51
Matières azotées	12,40	13,01
— grasses	5,00	2,88
Sels	5,00	5,51
Ligneux.	42,90	54,62
Eau	12,70	12,67
Totaux	100,00	100,00

A l'état normal, le son contient de 2,00 à 2,50 pour 100 d'azote.

Ces analyses confirment, une fois de plus, les judicieuses remarques faites par Parmentier, que le son est impropre à la nourriture de l'homme.

Les *matières grasses* existent dans le blé dans la proportion de 1,50 à 2,50 pour 100. Les blés durs en contiennent davantage que les blés tendres.

En résumé, les matières non azotées : amidon, glucose,
cellulose, dominent de beaucoup dans le froment sur les
matières azotées : gluten, albumine, caséine.

C. Les *balles de froment*, d'après M. Boussingault, ont la
composition suivante :

Sels minéraux.	9,3
Ligneux et cellulose	20,3
Amidon, sucre, etc.	52,3
Albumine, etc.	5,2
Matières grasses	1,4
Eau	11,5
Total.	100,0

Elles donnent à l'incinération de 8 à 10 pour 100 de
cendres.

Épeautre. — Le grain du *blé épeautre* ou *blé vêtu* doit
être préalablement débarrassé des balles qui l'enveloppent
complétement. D'après Schwerz, 100 kilos donnent au
décalage :

Grain.	71,6
Écales.	23,8
Déchet	4,6
Total	100,0

Le grain de cette céréale est moins riche en gluten
que le grain des autres espèces, mais la farine qu'il fournit permet néanmoins de fabriquer un pain blanc très-
savoureux.

CHAPITRE VI

TERRAIN

Nature du sol. — Le blé végète mal sur les terres
légères, les terrains crayeux, les sols humides, les terrains
acides et sur les sols pauvres.

Les terrains qui lui sont le plus favorables sont ceux
qui sont perméables, profonds, un peu argileux et de
moyenne fertilité. Ces terrains, que l'on désigne ordinairement sous le nom de *terres à froment*, conviennent d'une
manière générale à toutes les variétés appartenant au *triticum sativum* et au *triticum turgidum*.

Les terres très-calcaires ou crayeuses, les sols granitiques ou sablonneux, perméables ou à sous-sols imperméables n'ont jamais ce degré de consistance, de ténacité
que possèdent les véritables terres à froment et qui assure
la réussite de cette céréale sous toutes les latitudes.

Les terres d'alluvions un peu argileuses ou siliceuses
sont toujours très-favorables au froment, parce qu'elles
sont profondes, saines et fertiles. Les alluvions de la Garonne, du Rhône, de la Loire, de l'Allier, etc., lui permettent, quand elles sont bien cultivées, de donner de
très-bonnes récoltes. Il en est de même des terres granitiques, volcaniques et schisteuses qui sont un peu argileuses. Ces terrains, très-riches ordinairement en sels

potassiques, se couvrent annuellement de belles récoltes de froment quand ils ont été marnés ou chaulés et convenablement fumés.

Les terres argilo-calcaires et calcaires siliceuses sont aussi d'excellents terrains pour le froment, car, rarement, elles sont très-humides en hiver. Enfin, les terres argileuses profondes et les terrains silico-argileux reposant, comme dans la Flandre et la Picardie, sur un sous-sol de même nature, doivent être regardées aussi comme d'excellents sols pour le blé.

C'est par des chaulages, des marnages, des falunages, des trézages, etc., que l'on ajoute à la couche arable le calcaire qui lui manque. Cet élément constitutif des terrains agricoles a une puissante influence sur la végétation du blé. Non-seulement il accroît sa productivité sur les terres bien cultivées, mais il agit d'une manière remarquable sur la qualité de son grain.

En général, les blés qui végètent sur des terres saines, fertiles et contenant du calcaire, fournissent toujours des grains moins glacés, plus amylacés que les blés qu'on fait naître sur les terrains argileux, schisteux, argilo-siliceux de qualité secondaire et qui n'en renferment pas. Ainsi les variétés qu'on cultive sur les terrains contenant de 15 à 30 pour 100 de carbonate de chaux, ont toujours des grains plus arrondis, mieux remplis, blanc jaunâtre et à cassure farineuse. Ces variétés à son moins épais réussissent mal sur les sols compactes ou argilo-siliceux à sous-sol peu perméable ainsi que sur les terrains acides de bruyère. Aussi est-ce en vain qu'on a cherché souvent à propager les variétés anglaises ou flamandes à grains tendres, dans la Sologne, le Berry, la Bretagne, la Dombes, etc.

Si les terres non calcaires produisent des grains plus

allongés et toujours glacés ou demi-glacés, ces mêmes grains ont pour l'exportation et la meunerie une grande valeur quand leur qualité est bonne, parce qu'ils sont riches en gluten et que le pain qu'on fabrique avec leur farine, qui a plus de corps que la farine provenant des blés blancs ou tendres, a la propriété d'être plus alimentaire quoique moins blanc et de se dessécher moins rapidement.

Préparation du sol. — Les terres destinées au blé d'automne doivent-elles être très-divisées ou très-ameublies au moment des semailles? Peut-on labourer ces mêmes terrains la veille pour ainsi dire de la semaille?

On ne doit point quand on exécute la dernière façon préparatoire, c'est-à-dire le *labour de semailles*, se préoccuper des mottes qu'on observe à la surface du sol, à moins que ces mottes soient volumineuses ou qu'elles soient le résultat d'un labour très-mal exécuté. Jusqu'à ce jour, même sur les sols très-argileux, les agriculteurs n'ont jamais redouté d'ensemencer en froment d'automne des terres un peu motteuses, parce que l'expérience leur a appris que ces mottes de moyen volume :

1° Empêchaient les pluies violentes de battre ou de plomber la surface des terres argileuses ou argilo-calcaires ;

2° Abritaient le froment pendant l'hiver contre les vents secs et froids et le rechaussaient quand elles se délitaient sous l'influence des gels et des dégels.

Aussi commet-on toujours une faute quand, au moment de terminer la préparation des terres destinées au blé d'hiver, on cherche à ameublir complétement le sol par des hersages répétés. Le point essentiel dans ce travail consiste à attaquer, soulever, diviser et renverser la couche arable en partie sur elle-même sans chercher à l'émietter, quinze à vingt jours au moins avant le moment où la semence peut être distribuée.

Ordinairement, les semailles de froment faites sur des terres ameublies trop tardivement, ou sur un *labour non rassis*, donnent rarement de bons résultats. C'est pourquoi il est très-utile de défricher ou rompre par un bon labour exécuté pendant le mois de septembre les tréflières qui doivent précéder un blé d'automne. C'est pourquoi aussi on termine toujours la préparation des jachères, dans les contrées où celles-ci sont bien comprises, avant la Saint-Matthieu ou le 21 septembre ; enfin c'est pourquoi on ne sème pas ordinairement en froment d'hiver les terrains sur lesquels on a arraché très-tardivement des plantes à racines ou à tubercules.

Le froment d'automne ne réussit pas toujours très-bien; en effet, après une pomme de terre tardive, et surtout après une culture de betteraves fourragères ou sucrières.

La réussite incertaine, ou, pour mieux dire, accidentelle du froment d'automne après une récolte de betteraves, est connue en France depuis 1832, dans la région du nord-ouest. A-t-elle pour cause directe une action particulière exercée sur les propriétés physiques et chimiques du sol, par la récolte sarclée? peut-on l'attribuer à l'époque tardive à laquelle ont lieu les semailles du froment que l'on désigne alors sous le nom de *blé de betteraves?*

Il est incontestable que le froment d'automne végète souvent mal sur une terre qui a produit une betterave arrachée très-tardivement, comme il est démontré qu'il donne toujours un produit secondaire, lorsque cette racine a été mal cultivée, c'est-à-dire quand elle a végété sur un sol n'ayant pas reçu les engrais qu'elle exige et les binages ayant pour but l'ameublissement de la couche arable et la destruction d'un grand nombre de plantes indigènes ou nuisibles.

Dans les circonstances ordinaires, les froments d'automne semés après betteraves arrachées pendant la seconde quinzaine d'octobre ou durant le mois de novembre, sont souvent clairs, alliés à une certaine quantité de mauvaises herbes et d'une productivité secondaire. Par contre, les blés qu'on sème au plus tard vers le 25 octobre sur les champs où les betteraves ont été arrachées de bonne heure, c'est-à-dire vers la fin de septembre ou au commencement d'octobre, ont l'année suivante une végétation remarquable qui leur permet de donner sur des terres de bonne qualité 25, 30 et même 35 hectolitres par hectare.

Le froment d'hiver réussit toujours après une jachère bien préparée et convenablement fumée pendant l'été et sur laquelle on a opéré le dernier labour trois semaines ou un mois avant le moment d'opérer la semaille. Cette parfaite réussite a pour cause unique le *tassement*, cette *sorte de consistance* que la couche arable a pu acquérir entre le dernier labour et l'époque à laquelle la semence de blé a été confiée à la terre. Voilà pourquoi on a toujours recommandé de ne jamais semer du froment d'automne sur une terre nouvellement remuée ou divisée par la charrue.

Le froment d'automne, étant sous tous les rapports une plante assez délicate, oblige le cultivateur qui exploite des terres un peu humides ou à sous-sols imperméables à les labourer en *petites planches* ou en *gros billons* ou en *petits sillons*. Cette céréale ne réussit bien sur les terrains labourés à plat ou en grandes planches, que lorsque la couche arable est saine ou perméable.

Les labours exécutés avec une charrue tourne-oreille ou

à l'aide d'un double brabant, n'ont ni enrayure, ni dé-
rayure ; ils doivent être préférés aux labours faits avec
une charrue à versoir fixe quand les terres sont perméables
et lorsque les semailles doivent être exécutées avec un
semoir.

On doit aussi, quand les dimensions de la pièce et la
configuration du sol le permettent, toujours diriger le
rayage ou les lignes à ensemencer du nord au sud, afin
que la lumière et la chaleur agissent à toutes les époques
de la végétation du blé uniformément et avec facilité, soit
sur les deux faces des billons ou des lignes, soit entre
celles-ci. Cette remarque n'est pas nouvelle. Thaër, en
parlant des semailles d'automne, recommande de ne pas
diriger les billons à contre-sens du soleil.

Dans le but de favoriser le développement des racines,
des tiges et des épis de froment, on a proposé, dans ces
derniers temps, de défoncer les terres arables avec des
charrues à grandes dimensions et mises en action par des
attelages composés de six à huit paires de bœufs. Mais est-il
réellement utile, lorsqu'on veut accroître la production du
blé, de doubler sur tous les terrains, même sur les sols de
bonne qualité et reposant sur des sous-sols perméables, la
profondeur des labours ordinaires ?

C'est se tromper que de croire que le blé exige, pour être
très-productif ou donner en moyenne de 25 à 30 hectolitres
par hectare, des terres ameublies jusqu'à $0^m,30$ ou $0^m,40$
de profondeur. Les agriculteurs qui considèrent ces labours
de défoncement comme indispensables soutiennent que le
blé qui végète sur des terres divisées aussi profondément
a toujours un chevelu très-abondant et très-allongé, et que
dès lors il doit donner des récoltes très-abondantes.

Cette théorie, jusqu'à ce jour, n'a été confirmée, ni

par l'observation, ni par les faits. Si elle était exacte, il faudrait en conclure que les terres ayant porté des garancières et qu'on a défoncées jusqu'à 0ᵐ,60 et même 0ᵐ,75 de profondeur au moment de l'arrachage des racines, doivent donner toujours de remarquables récoltes de froment. En outre, on serait partout en droit de remplacer les labours ordinaires par des labours de défoncement sans accroître la force des fumures.

Lorsqu'on étudie le froment dans ses diverses phases d'existence, soit sur les sols un peu compactes, soit sur des terres de consistance moyenne, on constate bientôt, quelle que soit la variété cultivée, que la production en grain est très-rarement en rapport avec le développement et la hauteur des tiges et l'abondance et la longueur des racines composant le *chevelu*.

Loin de moi la pensée que tout agriculteur doit éviter d'attaquer plus profondément avec la charrue les terres qu'il cultive; mais si l'expérience prouve chaque année combien sont efficaces les labours de défoncement quand il s'agit d'assurer la réussite des plantes à racines pivotantes, comme celles de la luzerne, du sainfoin, du chanvre, etc., la pratique constate, d'un autre côté, que les céréales, pour être productives, n'ont pas besoin d'avoir des racines nombreuses et très-développées.

Ce sont ces faits qui, bien étudiés et constatés, ont permis, dans la région nord-ouest, de reconnaître combien étaient peu judicieuses les théories modernes sur les labours de défoncement, lorsqu'on leur attribue une grande influence sur la végétation du blé.

Fertilisation. — Le froment est une plante exigeante et il n'est productif que lorsqu'il est cultivé sur de bons terrains ou sur des terres saines bien préparées et riches

en matières organiques et minérales, c'est-à-dire en sels
alcalins et en sels ammoniacaux.

La chimie a constaté d'une manière générale que le froment contient par

	1000 kil. de grains. kil.	1000 kil. de paille. kil.
Sels alcalins	6,500	5,000
Chaux.	0,700	5,000
Acide phosphorique	10,000	2,000
— sulfurique	0,300	0,500
Azote.	20,000	4,000

J'ai dit, dans les *Matières fertilisantes*, que le blé avec sa
paille enlevait à la terre par chaque 100 kilogrammes de
grain environ 700 kilogrammes de *fumier normal* ou *fumier bien fabriqué* contenant 5 kilogrammes d'azote pour
1,000 kilogrammes.

Le rapport moyen de la paille et du grain est : : 240 : 100.
De là il résulte que 1,000 kilogrammes de grain sont accompagnés de 2,500 kilogrammes de paille. Ce rendement,
d'après les faits qui précèdent, permet d'établir la balance
chimique suivante :

	Apporté par les fumiers. kil.	Enlevé par le grain et la paille. kil.
Sels alcalins	42,000	19,000
Chaux	42,000	13,200
Acide phosphorique	21,500	15,000
— sulfurique	10,000	1,550
Azote.	35,000	30,000

Ainsi, les éléments apportés par le fumier surpassent
en poids les éléments enlevés à la terre par les produits du
froment.

Le produit herbacé du blé atteint son poids maximum
au moment de la floraison.

Anssitôt après la fécondation, les feuilles, les tiges et en
dernier les racines diminuent successivement de poids,

tandis que les épis deviennent de plus en plus pesants. De ces faits il résulte que les grains se développent bien aux dépens d'abord des parties inférieures, ensuite des parties médianes et enfin des parties supérieures des tiges.

Il n'est pas inutile de rappeler que M. J. Pierre a constaté :

1° Que le poids total de l'azote cesse d'augmenter après la floraison ;

2° Que la proportion de silice contenue dans les plantes augmente à mesure qu'elles avancent vers le terme de leur existence ; mais qu'elle cesse de s'accroître, dans la partie inférieure des tiges, un mois avant la maturité ;

3° Que le poids total de l'acide phosphorique éprouve, pendant les dernières semaines, un accroissement de plus de 20 pour 100 dont l'épi seul profite ;

4° Que c'est avant la floraison que le blé puise dans le sol les principes minéraux qui entrent dans la composition de son organisme.

Dans les cultures bien dirigées, sur les exploitations où la succession des plantes est bien comprise, le froment suit une jachère fumée, une culture de colza, de chanvre, de lin, de maïs, de pavot ou œillette, de sarrasin, ou une culture fourragère annuelle ou une tréflière. Toutes ces plantes, le plus ordinairement, ont été précédées par une fumure.

Tout agriculteur qui fertilise une terre directement pour le froment, doit faire conduire le fumier qu'il veut appliquer au plus tard en août et l'enterrer dans la première quinzaine de septembre. Alors la couche arable a tout le temps voulu pour se tasser ou prendre l'*assiette* qu'elle doit avoir avant la semaille. Quand on confie des semences de froment à des terres fertilisées tardivement avec des fumiers un

peu pailleux et appliqués dans une forte proportion, on
constate toujours après la germination des graines que la
couche arable se tasse ou *se plombe* en laissant à nu le collet de la plupart des plantes.

Il faut être obligé de labourer la terre en petits billons
de $0^m,75$ de largeur pour qu'une telle fumure appliquée
très-tardivement n'exerce aucune influence fâcheuse sur
la réussite du froment d'hiver.

Sur les exploitations où la betterave est cultivée comme
plante fourragère, on la sème sur des terres fertilisées avec
de fortes fumures, parce que, avant tout, on désire obtenir par hectare le plus grand poids possible en racines.
Le reliquat de l'engrais qu'on constate dans le sol après
l'arrachage de ces racines est tel, qu'il suffit presque toujours pour satisfaire toutes les exigences d'un blé d'automne ou d'une céréale de printemps. C'est pourquoi généralement les semailles de ces plantes alimentaires ne sont
pas précédées ou suivies par un engrais complémentaire :
guano, poudrette ou tourteau.

On constate des faits entièrement différents sur les
exploitations où la betterave est cultivée comme plante
industrielle. Ainsi presque partout où cette plante est destinée à alimenter une sucrerie ou une distillerie, on la fait
naître sur des terres de bonne qualité, mais fertilisées le
plus ordinairement avec des fumiers un peu décomposés et
appliqués à moyenne dose ou à l'aide de composts, de guano
du Pérou, de poudrette, etc. En adoptant ce mode de fertilisation, on évite d'appliquer des *fumiers frais* dans une
grande proportion, afin de ne pas amoindrir par l'ammoniaque et les sels alcalins la richesse saccharine de la racine et d'éviter que les betteraves ne deviennent *racineuses*
ou *fourchues*. De là la nécessité, si on veut obtenir de

bonnes récoltes de blé d'automne ou de céréales de mars,
d'appliquer avant la semaille un engrais pulvérulent complémentaire de la fumure.

Les froments qui suivent une culture épuisante : colza,
pavot, œillette, chanvre, etc., plantes qui sont ordinairement précédées par une fumure, ne sont pas toujours très-productifs, parce que la partie immédiatement soluble de
l'engrais appliqué a été absorbée plus ou moins complétement par les plantes industrielles.

L'Angleterre obtient annuellement des récoltes moyennes
de blé plus abondantes que celles que nous obtenons ordinairement dans les parties les mieux cultivées de la Brie,
de la Picardie, de la Beauce, de l'Anjou, de la Guyenne, etc.
C'est qu'elle a reconnu depuis longtemps l'utilité d'ajouter
au sol avant ou immédiatement après les semailles d'automne ou de printemps un engrais complémentaire contenant des principes organiques d'une facile solubilité alliés
à des matières calcaires carbonatées ou phosphatées. Ces
engrais supplétifs, tout en favorisant le développement des
jeunes plantes, leur fournissent des sels minéraux que le
reliquat de la fumure ou la nature même du sol ne leur
offrent le plus ordinairement que dans une très-faible proportion. Alors les tiges, quoique n'ayant pas une végétation
exubérante, portent toutes cependant des épis très-développés et contenant des grains de très-belle qualité. Si les
agriculteurs de la Flandre obtiennent annuellement de remarquables récoltes de froment, c'est qu'ils sont bien convaincus de la puissance fécondante que les engrais ammoniacaux phosphatés à action presque immédiate exercent sur la production du blé.

On a proposé dans ces dernières années de remplacer
les fumiers par des sels alcalins et ammoniacaux. Ce mode

de fertilisation n'est pas nouveau. On l'expérimente en Angleterre depuis trente ans, dans des conditions diverses. Il résulte des faits constatés par MM. Lawes et Gilbert :

1° Que le fumier de ferme ne peut être remplacé par des engrais calcaires phosphatés ou par des sels alcalins, ainsi que le constatent en France les revers éprouvés par les agriculteurs qui n'emploient comme engrais que du noir animal résidu de raffineries ou des charrées sur des terres dépourvues pour ainsi dire de matières organiques ;

2° Que les sels alcalins alliés à une forte proportion de sels ammoniacaux ou au biphosphate de chaux ou à des matières azotées, constituent des mélanges qui ont une valeur fertilisante plus grande que la valeur fécondante du fumier appliqué à haute dose ;

3° Que les sels minéraux mêlés, dans une forte proportion, aux sels ammoniacaux, n'ont jamais l'énergie fécondante du fumier ;

4° Que le fumier de ferme bien fabriqué ne peut être remplacé avantageusement que par des mélanges très-complexes et riches en matières alcalines et en substances azotées ;

5° Que l'emploi répété sur le même champ de mélanges d'*engrais chimiques* amoindrit toujours la richesse du sol d'année en année.

En résumé, les sels alcalins ne sont réellement efficaces et économiques que quand on les utilise sur des terrains contenant des matières organiques susceptibles, en se décomposant, de fournir aux végétaux des principes assimilables. Partout où ces mêmes sels ont été appliqués sur des terres dépourvues, pour ainsi dire, de parties végétales ou animales, les récoltes ont été chétives, et elles n'ont pu couvrir les dépenses qu'elles avaient occasionnées.

Si les cultivateurs doivent bien se garder de renoncer à l'emploi du fumier pour remplacer cet engrais par des nitrates ou des sulfates d'ammoniaque de potasse ou de soude, ils peuvent regarder ces divers sels comme de puissants auxiliaires, s'ils les répandent au moment de la semaille, soit seuls, soit mêlés à de la poudre d'os ou de phosphate acide de chaux, sur des sols ayant porté une culture quelconque précédée par une bonne fumure. C'est en suivant ce procédé cultural qu'on a pu en France, sur diverses exploitations, augmenter progressivement d'une manière économique le rendement par hectare des céréales d'automne ou de printemps.

Qu'on ne l'oublie pas, une fumure supplétive est toujours indispensable quand la terre laisse à désirer sous le rapport de la propreté. C'est par le concours de cette fumure secondaire qu'on parvient à activer les premiers développements du blé d'automne ou des céréales de printemps, et qu'on force ces végétaux à couvrir promptement la terre et à arrêter la croissance du moutardon, de la nielle, du pavot coquelicot, de la ravenelle ou autres plantes indigènes et nuisibles.

M. Ville s'est imposé depuis dix ans la mission de prouver que les *engrais chimiques* peuvent remplacer le fumier bien fabriqué, et accroître très-sensiblement la production du blé. Je me plais à reconnaître qu'il déploie dans cette circonstance une ardeur peu commune et un zèle très-louable, mais triomphera-t-il de tous les obstacles ? je ne puis et ne dois l'espérer dans l'intérêt de l'avenir de l'agriculture française.

CHAPITRE VII

Les semailles du blé constituent une opération très-importante. C'est de leur bonne exécution que dépend en
grande partie l'avenir de la culture de cette céréale.

Nettoiement des semences. — Les semences de blé
ne doivent pas être confiées à la terre telles qu'elles sortent
du tarare. On doit les nettoyer encore, c'est-à-dire les cribler
à l'aide d'un *grand crible* ou d'un *rige*, ou les cylindrer, afin
de bien les purger des graines produites par les plantes
nuisibles aux céréales.

Quand des graines de *nielle*, de *mélampyre des champs*,
de *vesceron* ou *vesceau*, et de *gratteron*, sont mêlées au blé,
il faut nettoyer ce dernier au moyen du *trieur Vachon*,
ou du *trieur Marot* ou du *trieur Josse* (fig. 44) ; ces appareils séparent très-bien ces mauvaises graines des semences
de froment.

Le *cylindre Pernollet*, le *cylindre Vachon*, ou le *cylindre
Carolis* sont très-utiles quand le blé ne contient que des
semences de *sanvre*, de *ravenelle*, d'*ivraie* et de *coquelicot*.
Toutes ces graines, ainsi que la poussière, passent facilement au travers de la toile métallique ou des ouvertures
que présente le cylindre.

A défaut de ces appareils de nettoyage, on doit jeter le

blé dans un *cuvier* ou un *grand baquet* rempli aux trois quarts d'eau. Alors on agite le grain avec un bâton, on l'abandonne à lui-même pour qu'il tombe au fond du vase, et on enlève ensuite, avec la main ou une pelle en bois percée de trous,

Fig. 44. — Trieur Josse.

toutes les graines qui surnagent. On procède ensuite à l'enlèvement du blé, qu'on chaule ou qu'on sulfate immédiatement.

Triage des semences. — Les semences de blé ne sont réputées belles que lorsqu'elles sont nouvelles et qu'elles ont atteint avant la récolte leur complète maturité. On ne peut conserver l'espoir qu'elles donneront naissance à des plantes vigoureuses, que quand elles sont bien nourries, lourdes et luisantes. Les grains chétifs, rabougris ou ridés, ne produisent des plantes ayant une grande vigueur végétative que lorsqu'on les confie de bonne heure à des terrains d'excellente qualité.

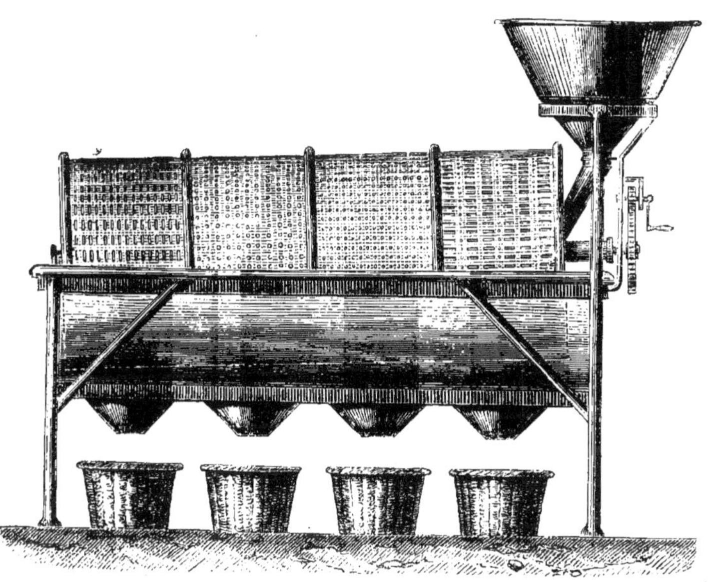

Fig. 45. — Cylindre trieur Pernollet.

Le cylindre Pernollet (fig. 45), par sa disposition, permet de séparer les blés en *trois catégories*. La *première* comprend le *petit blé*; la *seconde*, les grains de *moyenne grosseur*; la *troisième*, les blés les plus gros ou *de choix*. Les mauvaises graines et la poussière sortent par les ouvertures de la division la plus rapprochée de la trémie alimentaire. Ce sont les semences de la seconde et de la troisième classe qu'on doit semer de préférence, après les avoir mêlées les unes avec les autres. Ces semences par l'abondance de leurs parties amylacées, albumineuses, gommeuses, etc., assurent le développement rapide des jeunes plantes.

On doit aussi rejeter les semences qui ont été percées ou en partie rongées intérieurement par le *charançon*, l'*alucite*, la *teigne*, etc., car souvent ces grains ont perdu leur faculté germinative. Les blés d'une année sont souvent attaqués par l'un ou l'autre de ces insectes.

Qualité des blés de semences. — La semence de blé est de belle qualité quand elle est nouvelle, lourde, bien nourrie, régulière, exempte de graines de plantes nuisibles et non attaquée par le charançon, l'alucite ou les anguillules.

Les vieux blés sont impropres aux semailles parce que ces grains perdent leur faculté germinative trois années après qu'ils ont été récoltés. Jusqu'à ce jour, il n'a pas été démontré que le blé le mieux conservé soit en gerbes, soit dans les greniers, germe pendant une ou deux années aussi complétement que les blés nouveaux. Plus la semence est récente, plus les grains germent promptement et plus les blés sont vigoureux.

On doit aussi éviter d'employer comme semences des blés qui par suite de pluies abondantes ont germé sur pied ou en meules. L'expérience a mille fois prouvé que de telles graines ne germent pas deux fois. Ces semences doivent être remplacées, s'il y a nécessité, par des blés d'un an qui ont été bien conservés.

On se procure des semences bien conformées et de belle qualité, en faisant battre au fléau et sans les délier les gerbes qui contiennent les plus beaux épis. Cette opération est très-pratiquée dans la région septentrionale de la

France ; on la nomme *ébrousser, écourber*. Les épis qui restent dans les gerbes et qui renferment des grains de moins
belle qualité, sont battus plus tard suivant le mode de battage en usage sur l'exploitation.

Préparation des semences. — Les semences du blé
ne doivent pas être confiées à la terre sans avoir subi préalablement une préparation ayant pour but de prévenir l'apparition et le développement de maladies occasionnées par
de petits champignons. Ces altérations, le *charbon*, la *carie*
et l'*ergot*, sont généralement plus communes quand les
printemps sont humides ou pluvieux que lorsqu'ils sont
chauds et secs.

Les procédés préservatifs proposés depuis Virgile sont
très-nombreux. Les plus répandus et les plus efficaces sont
connus sous les noms de *chaulage, sulfatage* et *vitriolage*. Le
premier a pour base l'emploi de la *chaux vive*, le second, le
sulfate de soude, et le troisième, le *sulfate de cuivre*, que
Bénédict Prévost proposa en 1807, ou le *sulfate de fer*. Ces
divers procédés peuvent être mis en pratique de deux
manières : 1° en opérant par *immersion* ; 2° en agissant par
aspersion. Le premier procédé est moins coûteux, plus expéditif, mais il est moins efficace que le second.

Le sulfatage, que l'on désigne souvent sous le nom de
procédé Dombasle ou *chaulage de Dombasle*, a donné jusqu'à
ce jour les meilleurs résultats.

Voici comment on doit opérer :

On verse dans un large baquet ou dans un cuvier 25 à
30 litres d'eau. Cette eau est froide si on utilise la chaux ;
il est utile de la faire chauffer si on emploie un sulfate,
afin que le sel s'y dissolve plus promptement.

La *chaux* doit être grasse ou pure, et il faut éviter de la
jeter dans une trop grande quantité d'eau. La chaux vive,

qui est complétement immergée, fuse très-lentement ou imparfaitement. On dit alors qu'elle est *noyée*.

Quand la chaux ou les sels alcalins sont dissous, on
ajoute de l'eau jusqu'à ce que le cuvier soit aux trois quarts
plein, et on agite le liquide avec un bâton. Ordinairement
on fait dissoudre dans 1 hectolitre d'eau l'une des quantités
suivantes :

Sulfate de cuivre	2 kilogrammes.
— de soude.	8 —
Chaux vive	10 —

Lorsque la solution a été bien préparée, on prend une
manne cylindrique (fig. 46) ou un panier en osier commun
ayant une capacité de 20 litres environ, et on le remplit aux
trois quarts avec le grain qu'on désire préparer. On doit se
garder de le remplir complétement, afin que le blé, pendant l'immersion, ne s'épanche pas au dehors et tombe au
fond du cuvier ou du baquet. Aussitôt que cet ustensile a
été ainsi préparé, on saisit ses deux anses ou son anse,
on l'élève au-dessus du vase contenant le lait de chaux ou
la solution cuivrique ou sulfatée, et on le plonge en ayant
la précaution que son bord excède de plusieurs centimètres
la surface du liquide. Au bout d'une ou deux minutes, on
retire la manne en l'élevant avec précaution et on la pose
sur deux traverses placées horizontalement sur un autre
cuvier ou baquet, afin que la masse du grain puisse s'é-
goutter. Alors, on prend un autre panier, on le remplit de
grain, comme le précédent, et on le pose au pied du vase
contenant le liquide. Ce travail fait, on saisit le premier
panier, on le vide au milieu du bâtiment dans lequel on
opère, on le pose près du grain à chauler et on élève l'autre manne pour la plonger aussi dans la dissolution. On
continue ainsi l'opération.

Quand l'ouvrier chauleur est aidé par une femme ou un enfant, sa mission consiste à plonger les paniers dans le liquide et à les vider, l'aide étant chargé de les remplir.

Lorsque tout le grain a été préparé avec une dissolution cuivrique ou sulfatée, on le couvre quand il est encore humide avec de la chaux en poudre dans la proportion de 1 à 2 kilogrammes par hectolitre de grain, puis on le re-

Fig. 46. — Chaulage du blé.

mue avec une pelle de bois et on l'abandonne pendant douze à vingt-quatre heures pour qu'il sèche.

Quand on emploie la chaux seule, il faut répandre sur le grain ainsi préparé environ 500 grammes de *sel marin* par chaque hectolitre et mélanger le tout avec soin. Le sel marin ou *chlorure de sodium*, accroît l'efficacité de la chaux et par son hygroscopicité la fait adhérer à la semence et empêche qu'elle ne s'en détache sous forme de poudre et incommode le semeur. Ce moyen a été expérimenté pour la première fois, en 1777, dans la Beauce.

Les grains préparés avec le sulfate de cuivre ont leur houppe bleuâtre, coloration qui blanchit plus tard sous l'action de l'air. Ceux vitriolés avec le sulfate de fer l'ont verdâtre.

Quand la pluie ne permet pas de semer le grain qu'on a préparé, il faut, pour prévenir toute fermentation, le remuer une fois au moins par jour.

Le blé préparé par le chaulage ou le sulfatage *augmente de volume*. Cette augmentation est en moyenne d'un cinquième. Ainsi, 100 litres de blé en produisent 120 à 125 litres après qu'il a été préparé.

La préparation à l'aide de l'arsenic est efficace, mais l'emploi de cette substance et de ses composés a été sévèrement proscrit par une ordonnance royale en date du 29 octobre 1846, à cause des dangers qu'elle présente[1].

Pralinage des semences. — On a proposé à plusieurs reprises, depuis trente ans, de praliner les semences de blé, dans le but de hâter leur germination et d'assurer leur réussite sur tous les terrains.

Ce pralinage s'exécute de la manière suivante : on fait dissoudre 500 grammes de colle forte dans 20 litres d'eau; ce liquide sert ensuite à humecter le grain qu'on veut préparer. Quand 100 litres de blé ont été ainsi mouillés, on les couvre avec un mélange poudreux fait avec 20 litres de noir animal pur de raffinerie ou de cendres de bois, 20 litres de chaux en poudre et 500 graines de sel marin, et on remue le tout avec soin, puis on le laisse sécher. Ce pralinage élève le prix de la semence de 2 francs par hectolitre. Par suite de l'augmentation de volume du grain, les 100 litres en donnent environ 180 litres.

C'est bien à tort qu'on a souvent dit que le pralinage

---

[1] Le 9 juillet 1844, une famille de Bœseghen (département du Nord) a été empoisonnée en mangeant du pain provenant de grains auxquels des grains vitriolés avaient été ajoutés par erreur.

du blé assurait sa réussite dans les terres pauvres.

Ce procédé n'a que deux avantages : il ne permet pas au semeur de semer dru à cause de la grosseur des semences, et il fournit aux jeunes plantes, quand elles apparaissent à la surface du sol, une alimentation qui favorise très-heureusement leurs premières phases d'existence.

Époque des semailles. — A. BLÉ D'AUTOMNE. — On sème en France le froment d'automne pendant les mois d'octobre, de novembre et de décembre suivant la nature, la fertilité et l'altitude des terres à ensemencer et selon la latitude sous laquelle elles sont situées.

Dans les régions du Sud et du Sud-Ouest, on n'exécute ordinairement les semailles de froment qu'en novembre ou en décembre ; dans celles du Nord-Est et du Nord-Ouest, on les commence à la Saint-Remi (1er octobre) ou à la Saint-Denis (8 octobre) pour les terminer presque toujours avant la Toussaint.

Olivier de Serres a dit avec raison qu'il fallait les exécuter lorsqu'on observait des fils d'araignées à la surface des terres labourées. Ces fils sont parfois très-nombreux ; ils apparaissent dans les contrées tempérées ou semi-tempérées vers les premiers jours d'octobre, pour disparaître dans les mêmes localités au commencement de novembre.

Cette judicieuse remarque justifie cet ancien adage :

> Si tu veux bien moissonner,
> Ne crains pas de trop tôt semer.

En général, les agriculteurs éclairés se préparent à semer le froment d'automne quand les feuilles du frêne ou les glands du chêne perdent leur teinte verte et commencent à jaunir et à tomber. L'expérience prouve chaque année que le temps des semailles est passé sous une latitude donnée lorsque les grives ou les alouettes du Nord y sont arrivées. De là ce curieux proverbe agricole bien connu dans la région septentrionale de la France et qui est toujours vrai dans le nord de l'Europe : *Quand réussit la semaille de la Toussaint, le père ne doit pas le dire à son fils.*

De nos jours, par suite de la douceur des hivers qui se sont succédé depuis 1845, on sème les blés d'automne plus tardivement qu'autrefois. C'est évidemment à tort qu'on opère ainsi.

Il faut habiter la région du Sud-Ouest, celle de l'Ouest ou du Midi pour espérer des récoltes satisfaisantes quand les semailles de froment sont commencées après la Saint-Benoît (21 octobre) ou exécutées pendant la première ou la seconde quinzaine de novembre. En Égypte, on sème le blé à la fin d'octobre ou au commencement de novembre.

En général, on doit semer plutôt lorsqu'on exploite des terres pauvres et des sols humides que quand on cultive des sols fertiles et des terres saines ou perméables.

La beauté de l'automne et les froids précoces engagent souvent l'agriculteur à retarder ou à avancer l'époque des ensemencements.

B. BLÉ DE PRINTEMPS. — Le blé de mars est peu cultivé en France dans les contrées méridionales. Dans la région septentrionale où il couvre annuellement des étendues importantes, on le sème vers la fin de février ou pendant le mois de mars.

Il faut qu'il survienne des gelées à glace très-tardives, des pluies abondantes ou continuelles ou que la terre soit argileuse et humide pour que les semailles de cette céréale ne soient exécutées qu'en avril.

Quand on sème le froment de mars tardivement sur des terres ayant le défaut de se durcir superficiellement ou de dessécher sous l'influence des hâles ou des premières chaleurs du printemps, les plantes restent stationnaires pendant longtemps et elles tallent plus difficilement. C'est pourquoi, dans les régions du nord, du centre et de l'ouest, on profite des premiers beaux jours de la fin de l'hiver pour confier la semence aux terres qui ont porté l'année précédente des récoltes sarclées et qu'on a labourées aussitôt après les semailles d'automne.

Une terre très-ameublie ne nuit en aucune manière au développement du blé de printemps.

Les variétés qu'on peut semer à la fin de l'hiver sont au nombre de treize, savoir :

1. Blé Chiddam de mars (7).
2. Blé de mars sans barbe (15).
3. Blé Tallavera de Bellevue (18).
4. Blé d'Odessa (23).
5. Blé carré de Sicile (24).
6. Blé de Marianopoli (33).
7. Blé hérisson (35).
8. Blé de mars barbu ordinaire (37).
9. Blé du Caucase barbu (42).
10. Blé du Cap (43).
11. Blé de mars rouge barbu (46).
12. Blé amidonnier blanc (102).
13. Blé épeautre blanc barbu (112).

Ces variétés sont plus ou moins productives selon la nature et la richesse du sol et la température du lieu où elles sont cultivées. Les unes, comme le blé d'Odessa et le blé Chiddam, demandent des terres fertiles et calcaires ou chaulées ; les autres, comme le blé hérisson et le blé de mars barbu ordinaire, réussissent très-bien sur des sols non calcaires, un peu légers et d'une fécondité très-ordinaire.

Semailles à la volée.—La semaille à la volée date des premiers âge du monde. Elle est bien exécutée en général, dans les localités où les terres sont labourées à plat ou en petites planches. Ici, on l'opère en répandant, par hectare, 200 litres, ailleurs 250 litres, plus loin 300 litres de semence propre et belle. Il faut que les terres soient saines, de consistance moyenne et fertile, pour qu'on se borne à répandre 180 à 200 litres sur la même superficie, et ce n'est qu'accidentellement qu'on sème sur les terres pauvres ou situées dans les montagnes de 300 à 400 litres par hectare.

Dans la région du Sud, on répand en octobre 200 litres de semences par hectare, au commencement de novembre 250 litres et à la fin de novembre 300 litres.

On peut poser comme règle générale, qu'il faut répandre :

1° Plus de semences sur les sols pauvres que sur les terres fertiles ;

2° Moins de semences quand on sème de bonne heure que lorsqu'on exécute les semailles tardivement ;

3° Plus de semences quand on cultive des terres argileuses, froides ou à sous-sols imperméables que lorsqu'on exploite des terres saines perméables et de consistance moyenne.

Les semailles hâtives et épaisses ont de grands inconvénients quand on les exécute sur des terres riches et fécondes ; d'un autre côté, on ne prévient jamais la verse des blés sur les sols fertiles ou fortement fumés en pratiquant des semailles tardives et épaisses.

En Europe, on répand en moyenne 200 litres de semences par hectare. Les Romains n'en répandaient que 140 à 170 litres, et les Égyptiens 150 à 175 litres.

En France, dans un grand nombre de localités, on sème très-souvent trop épais le froment d'automne parce qu'on y méconnaît encore ce que Parmentier disait en 1790 : *Semez clair, vous récolterez épais*, maxime qui concorde avec ce vieil adage : *Qui sème dru, récolte menu.* Il est hors de doute que les blés trop vigoureux en automne sont presque toujours peu productifs. C'est pourquoi on ajoutait à la fin

du siècle dernier, quand on parlait des semailles trop
épaisses : *La plus mauvaise herbe pour le blé, c'est le blé!*

C'est à cette époque que la Convention nationale fit publier l'*instruction sur les semailles*, dans laquelle on lit les
lignes suivantes : « Presque partout on prodigue la semence
et l'on n'obtient que des plantes faibles, incapables de donner
des produits considérables ; ces plantes étiolées sont renversées par les pluies, par le vent, et leur récolte est compromise. » Il en sera toujours ainsi lorsque les blés, étant trop
rapprochés les uns des autres, seront privés d'air et de lumière. Royer avait donc raison de dire, quand en automne
il était en face d'un blé épais et remarquable par sa grande
vigueur : *Magnifique gazon, mauvais blé !*

Les blés semés ni trop épais, ni trop clairs, ont toujours
une végétation plus uniforme, ils sont moins sujets à
être envahis par les plantes indigènes et à verser, et leur
paille est de plus belle qualité.

La semaille à la volée (fig. 47) n'est pas toujours facile et
les ouvriers agricoles ne savent pas tous bien l'exécuter. Aussi
doit-on ne confier son exécution à un ouvrier que lorsqu'on
a pu apprécier son savoir-faire. On ne doit pas oublier le
proverbe : *Bonne semaille vaut bonne grenaille.* Mais un semeur, quelque habile qu'il soit, ne peut pas être abandonné
à lui-même. Le chef de l'exploitation doit le surveiller sans
cesse, afin de constater s'il exécute bien, s'il sait surmonter
avec succès les difficultés qu'offrent les changements de
vent, etc. Un bon semeur a toujours ses pas égaux, des jets
uniformes et des poignées plus ou moins fortes mais sans
cesse régulières.

Dans la région du Nord comme dans celle du Sud, on
enterre les semences de blé projetées à la volée par deux
trains de herse, afin qu'elles soient bien enterrées, c'est-à-

dire placées à 0^m,06 ou 0^m,08 au-dessous du niveau de la couche arable. Sur les terres perméables et labourées à plat, on croise toujours les deux trains.

Dans un grand nombre de localités, on remplace la herse par la charrue. Alors la semaille est dite *semaille sous raies*; dans le premier cas on l'appelle *semaille sous herse*.

Les semailles sous raies sont moins expéditives et moins économiques que les dernières, mais elles ont leur raison d'être quand la semence est confiée à des terres très-calcaires, à des sols schisteux ou argilo-siliceux qui se *laissent aller à l'eau* pendant l'hiver et sur lesquels le froment est exposé à être déchaussé après les gels et les dégels.

Les semailles de blé qu'on exécute dans les localités où les terres sont labourées en *petits billons* ou sillons, sont toujours faites sous raies.

Suivant la nature de la couche arable et la manière d'être du sous-sol, la bande de terre qui couvre la semence doit avoir de 0^m,07 à 0^m,09 d'épaisseur.

Semis au plantoir. — On a proposé il y a un siècle de renoncer aux semis à la volée et de semer le blé au plantoir. Ce mode de culture fut expérimenté alors par Weateroft en Normandie, Credo en Lorraine, et Véron en Picardie ; de nos jours, Tessier l'expérimenta à Rambouillet (Seine-et-Oise), Devred près Valenciennes (Nord), etc.

Le *plantage du blé* a été imaginé en 1698, près de Florence, par l'abbé Filizzio-Pizzichi ; il n'a jamais donné de résultats économiques satisfaisants. Tessier a constaté, en l'an XII, que si les *semis de blé au plantoir* pouvaient être utiles dans les années de disette ou lorsque le prix du blé est très-élevé, il comportait de graves inconvénients en ce que les tiges de cette céréale restaient vertes plus long-

temps que de coutume et qu'elles mûrissaient leurs épis
avec plus de lenteur.

Fig. 47. — Semaille à la volée.

Ce mode de semis exige de 40 à 60 litres de semence par

hectare. Les trous sont espacés les uns des autres sur les lignes de 0^m,10 à 0^m,12.

Il a été proposé de nouveau en 1857 par M. Bompar à Draguignan (Var), inventeur d'un semoir-plantoir à ·brouette.

Semis en pépinière. — On a proposé aussi pendant le siècle dernier de *semer le blé en pépinière pour le repiquer* ou le transplanter lorsqu'il aurait plusieurs feuilles. Ce procédé a été expérimenté au commencement de ce siècle par Poulet, dans le département des Bouches-du-Rhône, par de Villèle, dans la Haute-Garonne, par Daly, dans la Drôme, par Girod-Chantrans, dans le Doubs, etc. Daly a reconnu que la transplantation doit être faite par une belle journée d'automne et qu'il faut arracher avec précaution les pieds dans la pépinière.

La main-d'œuvre est aujourd'hui trop rare ou d'un prix trop élevé pour qu'on puisse songer un seul instant à proposer ce mode de semis aux agriculteurs progressifs.

Semis en poquets. — Chateauvieu a imaginé en Suisse, en 1745, de *semer le blé en bouquets* à l'aide d'un semoir à main de son invention. M. Le Docte, il y a vingt ans, a proposé en Belgique et en France un procédé en tous points semblables. Les résultats publiés alors à Bruxelles et à Paris permirent à quelques esprits de croire que les *semis en poquets* seraient un jour les seuls pratiqués dans les localités où les terres sont labourées à plat et de bonne qualité. Les faits constatés depuis ont démontré que ce mode de multiplication n'a rien de sérieux et qu'il fallait le placer à la suite de ces mille procédés proposés depuis 1709, époque où Wolf, conseiller intime du roi de Prusse, fit connaître sa *découverte des véritables causes de la prodigieuse multiplication du blé*, ayant pour résultat d'accroître son produit et de diminuer son prix de revient.

De Chateauvieu avait fondé de grandes espérances sur son procédé, parce qu'il lui avait permis d'obtenir *dans un jardin plus de 500 pour 1.*

Semis avec une charrue-semoir. — De temps à autre, depuis le milieu du dix-septième siècle, on propose de remplacer les semailles à la volée et les semailles en lignes exécutées avec des semoirs, par des charrues munies d'un semoir disposé de manière que le grain tombe dans la raie ouverte par le soc et le versoir.

Ce mode de semis est très-ancien. Il a été adopté pour la première fois en Chine, 163 ans avant l'ère chrétienne, sous la dynastie du Han. La charrue à l'aide de laquelle on exécute cette semaille porte le nom de *Leou-li*. Celle que Lucatello avait inventée était appelée *Sambrador*.

Les charrues munies d'un semoir à blé sont bien peu répandues en France et en Europe.

Semailles en lignes. — Ce fut vers la fin du dix-septième siècle qu'on comprit pour la première fois en Europe la nécessité d'imiter les Chinois, en construisant des semoirs destinés à répandre les blés en lignes. Le premier de ces appareils fut inventé par l'Espagnol Lucatello, mais il n'eut pas le succès qu'obtint le semoir que Tull proposa en 1733 aux agriculteurs anglais, et que Duhamel fit connaître aux agriculteurs français en 1750. L'apparition du semoir de Tull fit naître en Europe la culture du blé en lignes, qui fait chaque année de nouveaux prosélytes. L'enthousiasme fut tel, vers la fin du siècle dernier, que chacun chercha à inventer un semoir plus parfait que ceux que l'on connaissait. Cette *séminomanie*, c'est ainsi qu'on appelait alors la passion pour les semoirs, a été poussée si loin depuis, qu'on connaît aujourd'hui en Europe plus de deux cents de ces appareils.

Quoi qu'il en soit, les *semis en lignes* exécutés avec un bon semoir, la merveille agricole du siècle actuel, suivant l'heureuse expression de François de Neufchâteau, sont appelés à remplacer avec succès les semailles à la volée dans un grand nombre de localités. De nos jours, ces semis se propagent de plus en plus dans les contrées où l'agriculteur est en voie de progrès. Ce fait n'a rien d'extraordinaire. Quand le semoir est spécial, comme l'excellent semoir de Smith (fig. 48), on répand constamment la même quantité de semence par hectare et cette graine est toujours enterrée à la même profondeur.

Un bon semeur, il est vrai, ayant sans cesse un pas égal, des poignées semblables et un jet uniforme, exécute très-bien les semis à la volée; mais ces semailles ne sont *jamais* aussi régulières, aussi parfaites que celles qu'on peut et qu'on doit faire avec un bon *semoir à blé*, parce que le semeur lutte souvent contre la force inégale ou le changement de direction du vent. En outre, quelque parfaite que soit la distribution de la semence, on ne peut jamais enterrer celle-ci soit avec la herse, soit avec la charrue ou le scarificateur, à une profondeur uniforme et déterminée.

Les lignes sont plus ou moins espacées les unes des autres selon la manière d'être du semoir dont on fait usage et suivant aussi la volonté de l'exécutant. Pendant longtemps, on les a placées à $0^m,16$ de distance. Les résultats n'ayant pas été satisfaisants, on les a écartées à $0^m,18$, puis à $0^m,20$ et enfin à $0^m,25$. Ce n'est que dans ces dernières années qu'on a pensé à les éloigner les unes des autres de $0^m,35$, $0^m,40$ et même $0^m,50$. Les premières distances sont

évidemment trop faibles ; les dernières sont incontestable-
ment trop grandes, ainsi que l'ont démontré les expériences

Fig. 48. — Semoir de Smith.

faites, en 1755, dans la Lorraine et la Picardie, par Credo
et Véron.

La distance la plus rationnelle, la plus satisfaisante, celle qu'on a généralement adoptée en Angleterre et en France, varie entre 0^m,20 et 0^m,22. Les lignes ainsi espacées et ensemencées avec une grande régularité peuvent être facilement binées à la fin de l'hiver ou au commencement du printemps avec la houe à cheval de Garett, de Smith, etc., et les blés y trouvent toute l'étendue voulue pour se développer et végéter avec vigueur. Il faut cultiver des terres fertiles, propres et très-favorables par leur nature à la végétation du froment et multiplier une variété à tiges fortes et élevées et à feuillage très-ample pour qu'on soit autorisé, sans expérience préalable, à éloigner les lignes de 0^m,25 à 0^m,28 les unes des autres. L'écartement de 0^m,19 à 0^m,22 concorde avec les instructions publiées par Tull, il y a un siècle.

Les terres sur lesquelles on a le projet d'exécuter des semis de blé en lignes exigent une préparation plus complète, plus parfaite que les terrains qu'on doit ensemencer à la volée. Il est utile, dans la plupart des circonstances, de faire précéder la marche du semoir par un ou deux hersages, dans le but d'émotter ou de régaler la surface du sol. On comprend qu'on doit éviter, quand on cultive ainsi le froment d'automne, d'enfouir tardivement des fumiers, afin que ceux-ci n'embarrassent pas la marche du semoir ou ne soient ramenés par les tubes de cet appareil à la superficie de la couche arable. Quand la fécondité du sol laisse à désirer, on peut l'élever au degré voulu en y répandant, avant le hersage, soit de la poudrette ou du tourteau pulvérisé, soit du guano du Pérou.

On a reproché aux semailles de blé en lignes d'être plus lentes, plus coûteuses à exécuter que les semis à la volée. La pratique ne justifie pas cette objection ; il est vrai qu'ils obligent le cultivateur à faire l'acquisition d'un ou de deux semoirs suivant l'étendue qu'il doit ensemencer chaque automne ; mais la dépense que nécessitent ces appareils est promptement couverte par la valeur de la semence qu'on économise.

On a dit aussi qu'on ne pourrait ensemencer avec un semoir à sept ou neuf tubes que 3 à 4 hectares par jour et qu'il était dès lors impossible d'activer aussi rapidement les semailles d'automne que lorsque la semence est projetée par la main. Cette remarque n'est pas sérieuse. Tout cultivateur qui possédera autant de semoirs de Smith qu'il aura de champs ayant 30 hectares de superficie à ensemencer, pourra terminer les semailles dans l'espace de huit à douze jours, que l'air soit calme ou qu'il soit très-agité.

Enfin, on répète souvent que les blés semés en lignes exigent un binage pendant les mois de mars ou avril, et que cette opération est beaucoup plus coûteuse que le hersage, qu'il faut exécuter à la même époque lorsque la semaille a été faite à la volée. On oublie, quand on plaide ainsi en faveur des semailles à la volée, que la main-d'œuvre est ordinairement inoccupée au commencement du printemps dans presque toutes les localités, et que les agriculteurs de la région du Nord-Ouest font biner leurs blés semés en lignes à raison de 10 à 13 francs par hectare, dépense qui est largement couverte par l'excédant de production (150 à 200 litres en moyenne par hectare), que les semailles en lignes bien faites et bien entretenues donnent presque toujours sur les semailles à la volée.

Mais il ne suffit plus aujourd'hui de reconnaître qu'on a intérêt, dans un grand nombre de localités, à remplacer les semailles à la volée par des semis en lignes sur les terres saines, peu pierreuses et labourées à plat ; il est indispensable de ne pas oublier, si on veut réussir dans ce nouveau mode de culture, que les grains doivent être distribués très-régulièrement dans les rayons. J'ai vu dans ces derniers temps divers agriculteurs expérimenter en grand la culture du blé en lignes et renoncer ensuite à ce mode d'ensemencement, en proclamant hautement qu'il n'était pas digne de fixer l'attention des agriculteurs éclairés et instruits. Ces expérimentateurs ont oublié que leurs tentatives infructueuses avaient eu pour cause :

1° Des semoirs imparfaits ou mal disposés pour semer les céréales en lignes ;

2° La trop grande quantité de semence qu'ils répandaient dans les rayons ou par hectare.

Il ne suffit pas, en effet, de distribuer les grains de blé en lignes régulièrement espacées les unes des autres, il faut aussi que ces mêmes grains soient placés dans les rayons à égales distances. Lorsque les semences sont distribuées confusément ou dans une trop forte proportion dans les raies ouvertes par les tubes du semoir, les plantes, après la germination des graines, sont trop nombreuses ou trop épaisses; alors, au mois de mars ou d'avril, les racines s'enchevêtrent, s'entrelacent, les plantes s'étiolent, développent de nombreuses feuilles qui couvrent presque complétement la couche arable, et les tiges, manquant de vigueur, se coudent inférieurement pendant l'épiaison et sont renversées par les premières pluies qui surviennent après cet acte de la végétation du blé.

Quand, au contraire, le semoir n'a confié à la terre que la quantité nécessaire de semence, les lignes restent apparentes jusqu'à la floraison, les feuilles n'empêchent pas l'air, la chaleur et surtout la lumière, d'agir sur les tiges et de les durcir ou les solidifier. Alors aussi la végétation est plus uniforme, les épis sont plus développés et les plantes sont moins sujettes à la verse, à moins qu'elles végètent par des temps pluvieux sur un sol ayant un excès de fécondité. Enfin, lorsque le blé aura été bien semé et que *les rayons auront été dirigés du Nord au Sud*, il sera facile pendant les mois de mars et avril de le faire biner sans l'endommager, soit par des journaliers ayant des binettes ou des *rasettes*, soit à de l'aide la houe à cheval de Garett ou de Smith.

En résumé, les semis en lignes bien exécutés offrent les avantages suivants :

1° Économie de semences ;

2° Enfouissement régulier des graines ;

3° Nettoyage du sol plus facile.

Si ces semis, en général, doivent être exécutés sur les terres mieux préparées que les semailles à la volée, celles-ci ont les inconvénients suivants :

1° Elles obligent à répandre une plus forte quantité de semence par hectare ;

2° Une partie de ses graines devient la proie des oiseaux et des animaux ;

3° Une portion plus ou moins grande de ces semences est trop profondément enterrée et ne germe pas.

Semis au land-presser. — Bien convaincu que le blé d'automne ne réussit pas très-bien sur les terres qui ont été labourées tardivement et qui manquent de consistance, les Anglais ont inventé un *rouleau semoir à grande pression*, qu'ils ont appelé *land-presser* (fig. 49). C'est à l'aide de cet appareil, qui est muni de 4 à 6 disques B, B placés en avant des tubes du semoir, et auquel il faut atteler deux forts chevaux, qu'ils sèment souvent le blé qui suit le trèfle ordinaire, lorsque les prairies formées par cette légumineuse ont été labourées ou défrichées quelques

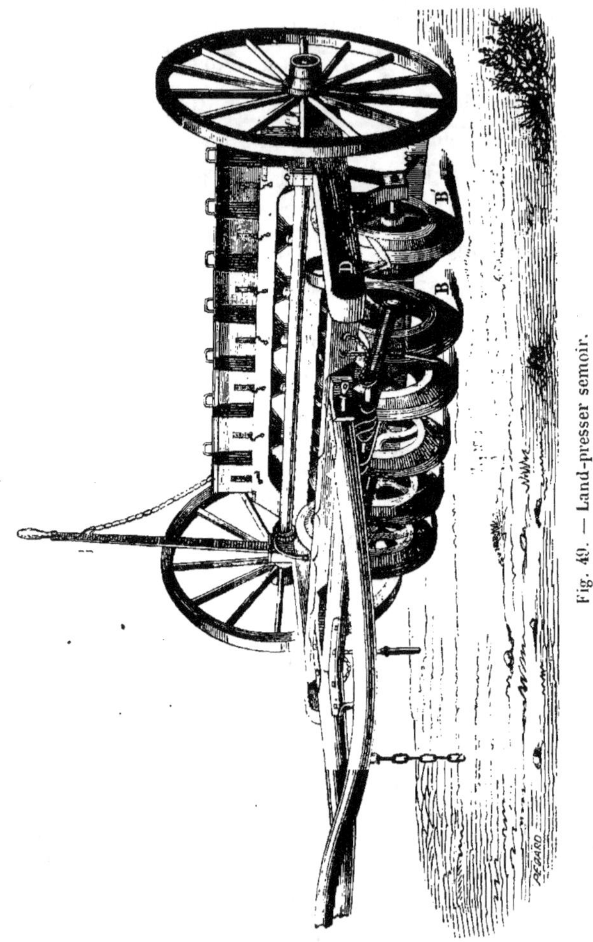

Fig. 49. — Land-presser semoir.

jours seulement avant le moment même où la semaille doit être exécutée. Le semoir adapté au land-presser ne diffère pas des appareils du même genre.

La figure 50 fait voir comment agissent les disques en fonte du *land-presser*. C'est dans les sillons que le semoir distribue la semence. Un hersage exécuté perpendiculairement à la direction des sillons avec une herse à dents en fer suffit pour bien enterrer la semence.

Les froments ainsi semés sont toujours moins exposés à souffrir des effets fâcheux du tassement de la couche arable et des gels et des dégels que lorsqu'on se borne après la semaille à croskiller la surface d'un champ ayant porté précédemment un trèfle défriché tardivement.

M. Dargent à Yvetot (Seine-Inférieure) remplaçait le *land-presser* par une roue en fonte de forme conique.

Tassement du sol après la semaille. — Quand, par la force des choses, on se trouve dans la nécessité de semer le froment d'automne à la volée ou en lignes, après des betteraves, des pommes de terre, etc., arrachées tardivement, ou après un trèfle labouré vers la mi-octobre, il faut bien enfouir la semence et ne pas craindre de *croskiller*, ou rouler avec le rouleau Croskill (fig. 51) toute la surface du champ immédiatement après la semaille. Exécutée quand la terre est

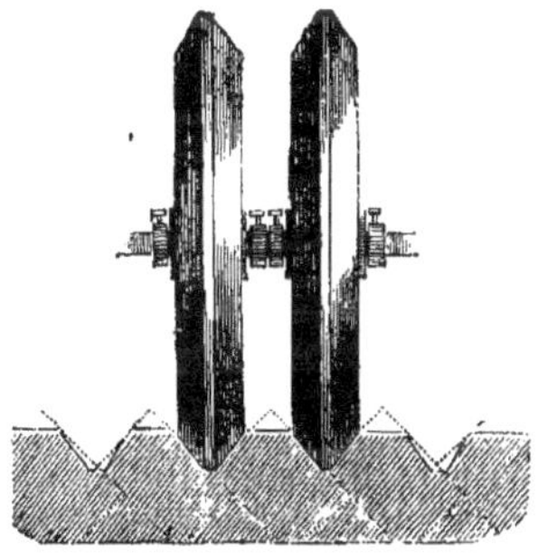

Fig. 50. — Sillons formés par les disques du land-presser.

sèche et par une belle journée, cette opération assure dans les départements du Nord et du Pas-de-Calais la réussite du froment semé sur un sol non raffermi, sur des *terres creuses* ou *soufflées*, parce qu'elle détruit les cavités ou la légèreté de la couche arable. Ce plombage a aussi l'avantage de ne pas permettre à la terre d'absorber et de retenir autant d'eau pendant les pluies. Toutefois, si ses effets sont remarquables quand on l'exécute par un temps sec sur des terres de consistance moyenne, il a l'inconvénient d'augmenter sans aucun avantage la ténacité des terres fortes.

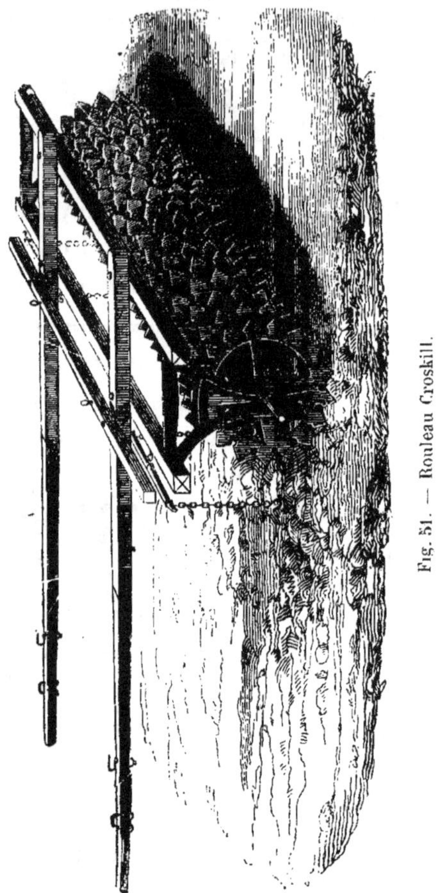

Fig. 51. — Rouleau Croskill.

On peut aussi diminuer la légèreté d'une terre nouvellement ensemencée en y faisant passer un *troupeau de bêtes à laine* avant la germination des semences. Ce moyen de raffermir une terre trop meuble doit être aussi mis en pratique par un temps sec.

CHAPITRE VIII

OPÉRATION ET CULTURE D'ENTRETIEN

Assainissement des champs humides. — Roseaux appliqués en couverture.
— Marnages. — Cendrages. — Engrais liquides. — Fumier appliqué en
couverture. — Guanotage. — Râtelage. — Hersage. — Ploutrage. — Roulage. — Binage à bras et à la houe à cheval. — Esseiglage. — Effanage. —
Sarclage. — Verse des blés.

Le blé exige des soins d'entretien depuis l'automne jusqu'à la fin du printemps.

Assainissement des champs humides. — Les
terres peu profondes à sous-sol imperméable et non drai-
nées ont le défaut pendant l'hiver de retenir un excès
d'humidité.

Les blés d'automne qui végètent sur de tels terrains
sont exposés à pourrir ou à être déchaussés par suite des
gels et des dégels.

On prévient ces influences fâcheuses : 1° en labourant
le sol en petits billons ou en planches étroites et bombées ;
2° en nettoyant les *dérayures* ou les fausses raies aussitôt
après les semailles, soit avec un buttoir, soit à l'aide de
l'appareil imaginé par Mathieu de Dombasle et auquel il
a donné le nom de *rabot de raies*. Au besoin, on peut nettoyer les dérayures avec une pelle en fer. Ces diverses
opérations en rendant ces raies plus apparentes facilitent
d'une manière remarquable l'écoulement des eaux pluviales et de celles qui proviennent de la fonte des
neiges.

Quand le rayage est très-long, on doit ouvrir de distance
en distance des raies d'écoulement un peu obliques à la
ligne de plus grande pente. Ces rigoles reçoivent les

eaux qui circulent dans les dérayures, et elles empêchent qu'elles n'entraînent beaucoup de terre à la partie inférieure du champ.

De temps à autre pendant l'hiver, et surtout après les grandes pluies ou la fonte des neiges abondantes, on visite ces raies d'assainissement dans le but de s'assurer si les eaux n'y restent point stagnantes sur divers points.

Couverture de roseaux. — Les terres du marais de la Camargue et des terrains conquis sur la mer ont souvent le grave défaut de contenir une trop forte proportion de sel ou *chlorure de sodium*. Ces terrains qu'on nomme *terres salifères*, ou *terres salantes*, sont peu favorables à l'existence du blé parce que le sel, sous l'action de la chaleur, remonte des couches inférieures et vient s'effleurir à la surface du sol. M. Plagniol a constaté que le maximum de *salure* que puissent supporter les céréales est 1,54 pour 100 de la couche arable. Alors, pour empêcher que le blé végète dans des conditions aussi défavorables, après les semailles on couvre les champs de roseaux ou de paille. Cette couverture a l'avantage d'empêcher l'évaporation de l'eau et elle s'oppose par conséquent à l'apparition journalière du sel marin à la surface des champs occupés par le froment.

Marnages. — Les marnages se font ordinairement pendant l'hiver, ou l'été sur des terres non occupées par des plantes agricoles. Toutefois, par exception, on marne quelquefois, durant l'hiver, les blés qui végètent sur des terrains non calcaires. Cette opération est excellente quand on peut répandre des marnes très-riches en carbonate de chaux et ne contenant pas de rognons calcaires.

La marne est conduite, quand la terre est gelée, à l'aide de tombereaux de moyenne capacité. On la répand immédiatement pour qu'elle subisse le plus tôt possible l'action des fortes gelées.

Quand elle est délitée, on la mêle au mois de mars par un hersage à la superficie du champ.

On peut au besoin remplacer la marne par de la *tangue* et des *faluns*.

Cendrages. — Les cendres pyriteuses, très-riches en sels ferriques, exercent une action très-remarquable sur les blés qui végètent sur des terres non calcaires, et qui ont un peu souffert pendant l'hiver d'un excès d'humidité.

On doit répandre ces cendres avant la fin de février, afin qu'elles puissent subir pendant un certain temps l'action des pluies. (Voy. LES MATIÈRES FERTILISANTES.)

Engrais liquides. — Les engrais liquides, le *purin*, les *urines*, l'*engrais flamand*, les *eaux vannes*, etc., qui ont été additionnés d'une certaine quantité d'eau et qui, par conséquent, n'ont plus la propriété de *brûler* les blés ou de surexciter à l'extrême leur vie végétative, peuvent être appliquées avec succès sur les froments qui languissent ou qui sont malades.

C'est en février ou en mars que ces arrosements doivent être exécutés. On peut répandre de 150 à 200 hectolitres par hectare suivant la fertilité du sol, l'état des plantes et l'énergie fertilisante de l'engrais.

L'engrais flamand pur est peu employé dans les circonstances ordinaires. On lui reproche avec raison de favoriser immodérément le développement des tiges. En général, les blés d'automne sur lesquels on a répandu un engrais très-fertilisant, restent verts très-tardivement, mûrissent très-inégalement et donnent presque toujours moins de grains et des semences de seconde qualité.

Fumier en couverture. — Dans plusieurs contrées en France et en Europe, on est dans l'habitude quand, après les semailles, on constate que les blés sont chétifs ou maladifs, de les fumer en couverture. Alors on choisit de préférence des fumiers à demi consommés ou un peu pailleux. Ainsi appliqués, ces engrais accroissent la richesse du sol, protègent les blés contre les fortes gelées et surtout contre les alternatives toujours fâcheuses des gels et des dégels, et ils rendent plus active la végétation.

Ces engrais doivent être conduits en novembre ou décembre, lorsque le temps est beau et la terre suffisamment ressuyée.

Guano. — Le guano du Pérou est l'engrais qui exerce sur les céréales l'action la plus énergique. On l'utilise chaque année à la fin de l'hiver sur un grand nombre d'exploitations, dans le but de ranimer des blés souffreteux ou qui ont peu de disposition à taller.

Son emploi doit être fait avec discernement. Appliqué à trop hautes doses et trop tardivement, il devient plus nuisible qu'utile, parce que les blés sur lesquels il a été appliqué ont au mois de mai une végétation irrégulière et qu'ils *restent verts très-tardivement*.

Dans les circonstances ordinaires, on répand cet engrais à la fin de janvier ou au commencement de février dans la région méridionale, et à la fin de février ou pendant la première quinzaine de mars dans la région septentrionale. Dans les deux cas, la quantité à appliquer par hectare ne doit pas dépasser 150 kilogrammes.

On doit avoir le soin, avant de répandre le guano, de bien le réduire en poudre, afin que son action soit aussi uniforme que possible. On l'enterre au moyen d'un hersage exécuté par un beau temps.

Râtelage. — Dans la région de l'ouest où le sol est disposé en petits billons, on râtelle ordinairement les blés d'hiver pendant le mois de mars. Cette opération a pour but d'ameublir la terre qui a été battue par les pluies d'hiver, d'arracher les plantes nuisibles et de rechausser upeu les pieds du froment. En outre, elle facilite d'une manière remarquable le *tallage*.

Cette culture d'entretien s'exécute à l'aide d'un râteau à dents de fer écartées et un peu recourbées. L'opérateur marche à reculons dans le sillon et a le soin de ne pas trop rapprocher de terre le manche du râteau, dans la crainte de déraciner beaucoup de pieds de froment. Il doit pousser aussi loin que possible cet outil, et tirer à lui, répéter une seconde fois ces deux mouvements, faire un pas en arrière et continuer son travail.

Il ne faut pas oublier que, pendant cette opération, il importe de détruire les mottes, d'enlever toutes les herbes et les pierres pour les accumuler dans les sillons. On doit opérer par un beau temps. Le râtelage s'exécute toujours mal si le sol est humide.

Un homme habitué à ce genre de travail peut râteler de 25 à 35 ares par jour.

Hersage. — C'est en mars ou en avril, suivant les années, les latitudes et la nature des terrains, qu'on procède au hersage des blés d'automne.

Cette opération est pratiquée chaque année depuis fort longtemps dans la région septentrionale. Elle remplace un binage et est plus ou moins énergique selon la nature du sol. Elle a pour but l'ameublissement superficiel de la couche arable, le rechaussement du blé et la destruction des plantes indigènes.

Le hersage des céréales est une opération très-importante

et il doit être exécuté très-énergiquement sur les sols
compactes, les terrains argileux que les hâles ont durcis,
crevassés, ou desséchés à la fin de l'hiver. Les agriculteurs
qui font herser pour la première fois des blés sont souvent
effrayés de l'action de la herse, surtout lorsque, après
cette opération, l'œil n'aperçoit çà et là que quelques
feuilles. Ces craintes ne sont pas fondées. A l'époque où se
font les hersages, le froment a peu ou point de racines
nouvelles, et c'est par l'intermédiaire de celles qui se sont
développées pendant l'automne qu'il résiste aux dents de la
herse. Après cette opération dont l'effet principal est de
bien diviser la superficie de la terre et de l'ouvrir aux
agents fécondants de l'atmosphère, la chaleur réveille les
plantes de leur sommeil hivernal, favorise le développement
de nouvelles racines et rend son tallement plus facile. On
ne doit pas oublier que le froment languit toujours pendant le mois de mars et d'avril, quand il croît au milieu
d'une croûte dure.

Cette utile opération doit être faite par un beau temps, une
température douce et un peu brumeuse, quand on n'a plus à
craindre de grands froids ou de fortes gelées, et il est très-
important que la terre reste meuble et sèche pendant plusieurs jours après que la herse a opéré. C'est à tort qu'on
a voulu démontrer qu'il fallait herser les blés aussitôt après
une pluie. L'expérience prouve chaque année, que le hersage des blés d'automne n'est efficace que quand la terre
est bien ressuyée, et que le soleil commence à élever la
température.

Suivant la nature du sol, l'état de la céréale et la propreté du terrain, on donne un, deux et accidentellement
trois hersages. Sur les sols argileux, on emploie de préférence des herses à dents en fer. Les herses à dents en bois

ne peuvent être utilisées avec avantage que sur des terres légères, silico-argileuses ou très-calcaires. On doit autant que possible croiser les trains de la herse.

Les blés semés avec un semoir doivent toujours être hersés perpendiculairement à la direction des lignes, afin que la herse détruise bien les petits ados qu'on observe entre les rayons.

En général, les effets d'un hersage bien exécuté sont toujours en raison directe de la fertilité de la couche arable. Ces effets sont moins sensibles quand le sol est pauvre, mais ils sont néanmoins très-utiles pour les plants.

Le *hersage des blés de mars* a lieu en avril ou en mai.

Ploutrage. — Les blés qui végètent sur des terres légères ou que les gelées ont fortement déchaussés, ne peuvent être hersés, parce que la terre est trop meuble superficiellement. Alors, on remplace le hersage par une opération dite *ploutrage* et qui consiste à faire passer sur les blés soit une forte barre de bois, soit une herse renversée. Par cette opération, on aplanit et on tasse le sol, puis on arrache les plantes adventices qui ont de faibles racines.

La *ploutre* ou barre de bois a de 3 à 4 mètres de longueur ; elle est traînée par un cheval, perpendiculairement à la direction des planches ou des lignes.

Roulage. — Dans les contrées où les terres sont labourées à plat ou en planches, on roule souvent les blés d'hiver immédiatement ou dix à quinze jours après les avoir hersés. Ce *véritable plombage* a pour but de raffermir le sol, de détruire les cavités souterraines qu'on observe souvent dans les terres arables après un hiver rigoureux, de rapprocher le collet des plantes de la surface de la terre, afin que les nouvelles racines puissent mieux s'y enfoncer, et de faciliter le tallage du blé.

On roule les blés avec des rouleaux unis en pierre, en bois ou en fonte, à l'aide du rouleau Croskill ou d'un

Fig. 52. — Rouleau cannelé.

rouleau portant des barres un peu éloignées les unes des autres ou d'un rouleau cannelé (fig. 52). Ces deux derniers rouleaux agissent avec efficacité sur les blés situés sur des terres un peu argileuses.

Les roulages remplacent très-souvent les hersages sur les terres où les froments ont été déchaussés ou déracinés en partie par les gelées.

Toutes ces opérations doivent être faites par un beau temps et quand la terre est sèche.

Binages. — Le binage des blés est connu depuis les temps les plus reculés. Columelle recommande de l'exécuter quand les plantes ont de quatre à cinq feuilles, c'est-à-dire avant le tallement du froment.

On l'opère à bras ou à l'aide de houes à cheval spéciales (fig. 53).

Dans quelques localités, dans la Vendée par exemple, on l'exécute de préférence en automne lorsque les blés occupent des terrains argileux. Ailleurs, les binages se font toujours pendant les mois de février ou mars quand le temps est beau et lorsque la couche arable n'est ni trop sèche, ni trop humide.

Le *binage à la main* est confié à des journaliers, hommes ou femmes, ou à des tâcherons. Dans diverses contrées, ces ouvriers se servent d'une binette à lame étroite et munie d'un long manche qu'on appelle *rasette*. Ailleurs, les bineurs emploient de préférence une petite serfouette ayant une lame en forme de triangle isocèle. Enfin, dans quelques localités, on bine les blés semés à la volée, tandis que dans d'autres on n'exécute cette opération que dans les blés qui ont été semés en lignes.

Ces binages coûtent de 9 à 14 francs par hectare suivant la valeur de la main-d'œuvre et les difficultés que les ouvriers ont à vaincre.

Le *binage à la houe à cheval* est plus expéditif et moins

coûteux, mais il est moins parfait. On doit confier son exécution à des charretiers intelligents et employer de pré-

Fig. 55. — Houe à cheval de Smith.

férence comme animaux de trait des chevaux ou des juments un peu âgés, afin que la houe à cheval opère bien et régulièrement. Les animaux vifs et ardents ont l'inconvénient de marcher trop vite et de tirer souvent par saccades, mouvements qui font dévier très-brusquement les lames contre les lignes de blé et forcent celles-ci à détruire çà et là des pieds qu'il est souvent utile de conserver.

Toutes choses égales d'ailleurs, le binage du blé est une opération très-utile. Il a aussi pour but l'ameublissement du sol et la destruction des mauvaises herbes. Mais cette opération est plutôt nuisible qu'utile, quand on l'exécute par un temps très-sec ou sur une terre encore humide. Dans le premier cas, les racines souffrent souvent des hâles violents; dans le second, les plantes vivaces ou annuelles périssent plus difficilement. Bien exécuté, le binage favorise le tallage d'une manière remarquable. On l'utilise quelquefois pour enterrer du guano, du tourteau pulvérisé ou de la poudrette.

Quelquefois dans le nord de la France, le binage ou *bracage* est précédé par un hersage, opération qui rend l'emploi de la rasette flamande beaucoup plus facile.

Esseiglage. — Le seigle qui sert à faire les liens avec lesquels on procède à la confection des gerbes et la paille de seigle qu'on emploie comme litière, apportent quelquefois dans les fumiers des grains de cette céréale. Ces semences conservant souvent dans la masse du fumier leur propriété germinative, donnent parfois naissance, après les semailles d'automne, à des pieds de seigle qui passent l'hiver et épient trois à quatre semaines avant le froment. De là ces épis de seigle plus ou moins nombreux qu'on observe dans les champs de blé au commencement d'avril ou de mai suivant les localités.

Tout cultivateur qui se propose de livrer à la vente le blé qu'il aura récolté, se doit à lui-même de faire arracher les pieds de seigle qu'il observe dans ses champs de froment. Ces plantes ont l'inconvénient de produire des grains qui ont moins de valeur que le blé et qui font déprécier ce dernier sur les marchés.

Quand l'*esseiglage* des champs de blé ne peut pas être fait par des femmes, parce que l'étendue cultivée en froment est très-considérable, ou que le blé est trop avancé en végétation, on fait parcourir les champs par des jeunes gens ayant chacun un bâton à l'extrémité duquel est fixée une faucille à lame bien tranchante. Alors, à mesure qu'ils avancent, ils coupent toutes les tiges de seigle, qu'elles portent ou non des épis. Ainsi exécuté, l'esseiglage est peu coûteux et donne de bons résultats.

Effanage. — Les froments qui ont été semés trop épais ou qui végètent sur des terres à la fois fertiles et fraîches, ont parfois au printemps une vigueur remarquable. Ce développement extraordinaire se révèle par des feuilles très-larges et d'un vert très-foncé ou presque noir. Il est vrai que les vents du nord et de l'est, qui sont presque toujours secs et froids, ralentissent parfois très-heureusement cette végétation exceptionnelle, mais si la température se maintient douce et humide, les feuilles continuent à se développer, se couchent en partie et privent les jeunes tiges de l'air et de la lumière dont elles ont besoin pour avoir toute la rigidité qui leur permet de ne pas verser.

Quand, à l'aspect des feuilles, on constate que le développement herbacé du blé est trop prononcé, on doit le faire *effaner*, c'est-à-dire couper une partie de ses feuilles à la moitié environ de leur longueur, en évitant, toutefois, d'attaquer les tiges et les gaines des dernières feuilles. Cette opération est ordinairement confiée à des femmes munies chacune d'une faucille. On la nomme quelquefois *effiolage* ou *effeuillage*.

On a proposé de remplacer la faucille par la faux. Ce conseil est peu pratique. L'effanage exécuté avec la faux est une opération difficile et qui oblige l'ouvrier à agir avec précaution.

La production herbacée qu'on enlève ou supprime est donnée comme fourrage vert au bétail.

L'effanage doit avoir lieu avant le 1er avril dans la région du midi et avant le commencement de mai dans la région septentrionale.

On a proposé souvent de faire passer un troupeau de bêtes à laine sur les blés qui sont trop vigoureux à la fin de l'automne ou pendant le mois de mars. Cette opération est possible, mais elle présente de grands dangers lorsque le berger n'est pas intelligent ou qu'il n'est pas accompagné d'un excellent chien. Dans cette circonstance, il est de la plus haute importance que le troupeau ne séjourne pas un seul instant sur une partie du champ.

Sarclage. — C'est par des sarclages plus ou moins répétés, selon les circonstances, qu'on débarrasse les blés des mauvaises herbes qui les ont envahis et qui leur disputent la fécondité du sol. Ces opérations sont confiées à des femmes ou à des enfants. L'herbe qu'elles fournissent sert souvent à la nourriture du bétail.

Les sarclages bien faits, c'est-à-dire exécutés *avant que le blé commence à montrer ses tuyaux et ses épis* et lorsque la terre est ressuyée, sont très-favorables sous tous les rapports; ils débarrassent le sol de plantes épuisantes ou parasites (voy. chapitre IX) et ils facilitent entre les pieds de froment la circulation de l'air et de la lumière. Toutefois pour que ces opérations soient réellement utiles à la végétation et à la production du blé, il est essentiel qu'elles ne soient pas faites quand la terre est encore très-humide.

Les herbes arrachées doivent être déposées çà et là en tas plus ou moins volumineux, soit à l'intérieur du champ, soit sur le bord des chemins.

Verse. — Les blés qui ont été semés trop épais, ceux dont les racines ont été déchaussées, qui végètent sur des terres riches ou abondamment fumées, ou qui ont des tiges très-faibles du pied, sont exposés à verser ou à se coucher, quand, pendant le mois de mai ou le mois de juin, la température est à la fois très-humide et chaude. Ainsi, par suite d'un excès de fertilité, alors que les blés se distinguent par une exubérance dans leur feuillage, les pluies continuelles ou violentes chargent les tiges, les feuilles et les épis d'une certaine quantité d'eau, et le poids de celle-ci entraîne les plantes et les couche sur le sol ; alors la récolte est plus ou moins compromise.

On a souvent répété ce vieil adage : *Jamais blé versé n'a ruiné fermier.* Cette maxime n'est pas exacte. La verse a été la cause unique des mauvaises récoltes de 1846 et 1853, et en 1849, elle fut une vraie calamité publique. En général, les blés versés, qu'on appelle souvent *blés roulés*, fournissent des pailles de mauvaise qualité, parce qu'elles ont été altérées ou noircies par la rouille et ils donnent des grains de qualités secondaires ou très-chétifs, si les mauvaises herbes, en se développant avec vigueur après la verse, ont étouffé pour ainsi dire la céréale.

Tous les *blés couchés* par les pluies violentes n'éprouvent pas des altérations aussi grandes. Quand leurs tiges n'ont point été coudées, mais seulement courbées, après une belle journée, et lorsque le soleil a fait disparaître les gouttelettes de pluie, elles se relèvent et arrivent néanmoins à maturité.

Les blés barbus, les variétés à paille pleine sont toujours

moins exposés à la verse que les blés imberbes et les variétés à paille creuse. C'est pour prévenir la verse dans les localités qu'elle afflige presque périodiquement qu'on cultive de préférence des variétés à paille forte et qu'on roule les blés de bonne heure au printemps Ce roulage, en affermissant les terres trop meubles au fond, accroît la vigueur des racines et des tiges et permet à celles-ci d'avoir plus de fixité et de rigidité.

C'est bien à tort qu'on a soutenu dans ces derniers temps qu'on prévenait la verse des blés sur les sols fertiles en exécutant sur ces terrains des semailles automnales très-tardives et un peu épaisses.

On a proposé depuis un demi-siècle mille moyens pour prévenir la verse. On a même été jusqu'à soutenir que la silice en s'accumulant dans les tiges n'augmentait pas leur rigidité. Cette théorie est très-gratuite. Enfin, on a proposé tout récemment l'adoption du procédé que M. Outardel aurait imaginé, auquel il donne le nom de *paraverse*. Ce procédé, n'en déplaise à ceux qui proclament son efficacité, est déjà ancien. En effet, il est en tous points identique au moyen mis en pratique par M. Terray de Morel-Vindé. Ce système consiste à planter des tuteurs de 0ᵐ,65 à 0ᵐ,75 de longueur sur toute la surface du champ et à les espacer de 3 mètres sur 2 mètres. Tous ces tuteurs sont reliés les uns aux autres par des lignes de fil de fer n° 6 qui forment au-dessus du sol une sorte de trame à mailles rectangulaires. Chaque hectare exige 1,650 pieux et 8,300 mètres ou 44ᵏⁱˡ,500 de fil de fer. L'achat de ces objets et leur mise en place pendant trois années qui est leur durée moyenne occasionnent une dépense annuelle de 30 fr. 30.

Ce *moyen de ramer le blé* n'est applicable que quand le blé est cultivé sur de petites étendues.

Les semis en lignes sont beaucoup plus efficaces que tous les procédés proposés jusqu'à ce jour. Ainsi, M. Remond a constaté en 1849, année où beaucoup de blés ont versé dans la région septentrionale, que les blés semés en lignes avaient bien moins souffert des pluies excessives que les blés semés à la volée. Voici les résultats qu'il a constatés sur deux champs ayant chacun une étendue de 5 hectares :

BLÉ EN LIGNES.	BLÉ A LA VOLÉE.
Gerbes . . . . 3,284.	Gerbes . . . . . 3,127.
Grains . . . . 100 hectolitres.	Grains . . . . . 90 hect. 30

La différence en faveur des semis en lignes est donc de 157 gerbes et 9^{hect},53, de grains soit par hectare 31 gerbes et 1^{hect},86 litres de grains.

Ces résultats concordent avec les faits constatés depuis dans les localités où l'on sème maintenant les blés en ligne. Toutefois, pour que de tels semis préviennent pour ainsi dire la verse, il est indispensable que les semences n'aient pas été répandues dans une trop forte proportion.

CHAPITRE IX

PLANTES NUISIBLES

Plantes vivaces : agrostis traçante, avoine à chapelet, ail des champs, chardons, chiendent, fougère, glaïeul, gremil des champs, liseron des champs, luzerne sauvage, petite oseille ou vinette, muscari, pas-d'âne, compagnon blanc, sureau hièble. — Plantes bisannuelles et annuelles : adonide d'été, agrostide épi de vent, bleuet, grateron, maroute, cerfeuil à aiguille, coquelicot, coquelourde des blés, chrysanthème des champs, folle avoine, gesse luisette, ivraies, mélampyre, moutardon, nigelle des champs, panais sauvage, pied-d'alouette, scabieuse des champs, ravenelle, renoncule des champs, vesceron, vulpin des champs.

Les plantes qui nuisent au blé sont très-nombreuses : les unes sont vivaces, les autres sont annuelles.

Plantes vivaces. — Les plantes indigènes vivaces qui sont réellement nuisibles pour le blé sont au nombre de quinze, savoir :

1° L'*agrostis traçante* (AGROSTIS STOLONIFERA L.), que l'on nomme vulgairement *traînasse, cernue,* est parfois très-commune dans les froments d'hiver, lorsque ces céréales végètent sur des terres légères et qui ont été mal préparées. Cette plante est d'une destruction assez difficile, parce que sa souche émet facilement des stolons rampants. On doit jachérer les terres qu'elle a envahies.

Les blés dans lesquels on l'observe en abondance au printemps doivent être râtelés ou hersés avec soin.

2° L'*avoine à chapelet* (AVENA BULBOSA Willd) est très-envahissante, parce qu'elle se multiplie par ses bulbes et ses graines. Ses tiges sont aussi élevées souvent que les chaumes du blé. Quand elle est commune dans un champ de froment, elle nuit beaucoup au développement de cette céréale. On la détruit en avril et en mai par des sarclages.

Les terres arables, sur lesquelles elle est abondante, doivent être jachérées ou utilisées par des plantes sarclées. On doit brûler ses racines et ses bulbes disposées en chapelets.

3° L'*ail des champs* (ALLIUM OLERACEUM L.) est connu sous le nom d'*aillerot rouge*. Au lieu de graines, il produit des bulbilles qui ont l'inconvénient, quand elles sont mêlées aux grains, d'obliger les meuniers à laver leurs meules. On doit donc, à l'époque des sarclages, arracher avec soin les tiges de cette plante.

4° Le *chardon penché* (CARDUUS NUTANS L.) et le *chardon des champs* (CNICUS ARVENSIS Hof.), sont souvent très-communs dans les blés situés sur les terrains calcaires ou sur les sols qui ont été marnés ou chaulés. Comme les autres espèces, ils se propagent par leurs graines que le vent à cause de leur légèreté et l'aigrette qui les surmonte, transporte aisément à de grandes distances.

Ces plantes ont des racines pivotantes sur le collet desquelles on observe de nombreux bourgeons qui les rendent très-vivaces et d'une destruction difficile.

C'est en opérant l'*échardonnage* au mois de mars ou avril, suivant les habitudes, qu'on parvient à détruire, sinon la totalité, du moins une grande partie des chardons qui croissent dans les champs ensemencés en blé d'automne. L'outil dont on se sert pour exécuter cette opération, se compose d'une lame étroite, longue, tranchante et fixée à l'extrémité d'un manche ayant environ 0^m,80 de longueur. Les ouvriers, femmes, vieillards ou enfants qui échardonnent se placent sur une ligne; ils sont écartés les uns des autres de 2 mètres environ. Lorsque l'un d'eux rencontre un chardon, il implante obliquement le fer de son *échardonnoir* ou *échardonnet* à 0^m,10 environ de la plante, puis il agit avec force sur l'extrémité du manche. Quand le chardon a été ainsi coupé, et, dans cette circonstance, il l'est toujours au-dessous du collet ou du point d'insertion des bourgeons, il soulève son outil pour déraciner la plante et l'abandonner ensuite à elle-même à la surface du sol. Si chaque ouvrier se bornait à couper les chardons à quelques centimètres seulement au-dessous de la couche arable, il laisserait intacts les collets proprement dits et ces plantes continueraient à végéter.

Les tiges des chardons sont assez élevées. Ces tiges nuisent au développement du blé et, à cause de leurs épines, elles ne permettent pas d'opérer facilement la mise en gerbes et le battage ; en outre, elles amoindrissent et la qualité alimentaire et la valeur commerciale de la paille.

Les chardons sont communs dans le midi de la France, sur les terres où les blés reviennent tous les deux ans.

5° Le *chiendent* (TRITICUM REPENS L.) est souvent très-commun sur les terres un peu argileuses et mal cultivées. Il se reproduit par graines et par fragments de racines. Celles-ci sont longues et très-traçantes.

C'est par des binages bien exécutés qu'on peut arrêter son développement sur les champs de froment qu'il a envahis. On doit jachérer les terres qui en sont infestées, rassembler les racines à l'aide d'un râteau à cheval et les incinérer. On peut aussi parvenir à détruire cette plante nuisible, si on fait précéder le froment par une récolte sarclée bien cultivée.

6° La *fougère commune* (PTERIS AQUILINA L.) est parfois très-abondante dans les champs de blé situés sur des terrains granitiques, schisteux ou silico-argileux perméables. Sa souche, qui est traçante et profondément enterrée, est difficile à détruire. On y parvient cependant en abandonnant le terrain à lui-même pendant plusieurs années. Alors, la souche remonte vers la surface du sol et peut être aisément soulevée et extirpée en exécutant un labour profond.

Les feuilles de la fougère sont grandes et se développent promptement à la fin du printemps. Sur les terres peu fertiles elles nuisent beaucoup à la végétation du froment.

7° Le *glaïeul des champs* (GLADIOLUS COMMUNIS L.) est l'ornement des moissons de la région méridionale. Cette jolie plante à fleur rose carminé se propage par ses graines et ses bulbes. Lorsqu'elle est très-commune, elle épuise les terres au détriment du froment ; alors, on doit arracher ses tiges florifères avant l'épiaison de cette céréale et ne pas négliger, aux époques des labours, de faire ramasser les bulbes que la charrue ramène à la surface du sol.

8° Le *grenil des champs* ou *herbe aux perles* (LITHOSPERMUM OFFICINALE L.), croît surtout sur les sols calcaires secs. Il n'est pas nuisible par ses tiges, qui sont de moyenne élévation et peu rameuses, mais on sépare assez difficilement ses graines, qui sont dures et petites, des semences du blé.

9° Le *liseron des champs* (CONVOLVULUS ARVENSIS L.) a des tiges volubiles qui atteignent souvent les épis des céréales. Cette plante, si élégante par ses feuilles et ses fleurs, est quelquefois très-abondante sur les terrains argileux, frais et de bonne qualité, mais mal cultivés. On ne peut espérer la détruire que par des labours répétés ou, ce qui vaut mieux, en cultivant successivement sur le même terrain plusieurs plantes sarclées. Elle se propage par fragments de racines.

10° La *luzerne sauvage* (MEDICAGO FALCATA L.) est quelquefois commune dans les blés situés sur des terrains secs. La

vigueur avec laquelle elle se développe, oblige à la classer
au nombre des plantes nuisibles. On prévient sa réapparition
en alternant le blé avec des plantes nettoyantes.

11° La *petite oseille* (Rumex acetosella L.) est souvent
très-envahissante sur les terres siliceuses, granitiques et
schisteuses encore pauvres et acides. Cette plante, que l'on
nomme *vinette* ou *petite vinette*, a des tiges et des feuilles
rougeâtres ; elle se propage par les graines qu'elle produit
en abondance et ses racines qui sont très-traçantes. Les
champs de blé qu'elle envahit sont rarement productifs. Les
labours d'été, les chaulages, les fumures et les plantes sarclées sont les moyens qui permettent de l'arrêter dans son
développement.

12° Le *muscari ou lilas de terre* (Muscari comosum L.) ne croît
que sur les terrains calcaires. En général, il est beaucoup
plus commun dans les blés de mars que dans les froments
d'automne. On doit arracher ses hampes florales et ramasser ses oignons au moment des labours, parce qu'il se propage facilement par ses graines et ses bulbes. Ses fleurs
sont bleu lilas et s'épanouissent au commencement de
mai.

13° Le *pas d'âne* (Tussilago farfara L.) a des racines
très-traçantes. Il est souvent très-abondant dans les blés
cultivés sur les terres argileuses ou argilo-calcaires. On ne
le détruit pas toujours très-aisément, lorsqu'on néglige de
drainer les terrains sur lesquels il se développe avec vigueur.
Il est très-envahissant sur les sols marneux humides. Ses
feuilles sont radicales et très-grandes ; elles apparaissent
après les fleurs.

14° La *silène gonflée* ou *compagnon blanc* (Silene in-
flata Sm.), est plus ou moins abondante dans les moissons
selon les localités. On la détruit quand on exécute les

binages et les sarclages. En général, elle végète principalement sur les sols calcaires.

15° Le *sureau hieble* (Sambucus edulis L.) ne végète ordinairement que dans les bons terrains. Ses tiges ont souvent plus d'un mètre de hauteur. Un assolement bien combiné permet aisément de le détruire. Ses fleurs sont d'un blanc rosé et disposées en cime.

Plantes bisannuelles et annuelles. — Les plantes annuelles sont plus nombreuses et la plupart d'entre elles sont très-nuisibles au froment. Ces plantes sont au nombre de vingt-deux, savoir :

1° L'*adonide d'été* (Adonis estivalis L.) est très-connue par son gracieux feuillage et ses charmantes fleurs rouge vif, mais elle ne devient nuisible pour le blé que lorsqu'elle est très-commune, ce qui est assez rare.

2° L'*agrostis épi de vent* (Agrostis spica venti L.) est assez répandu dans les blés du Dauphiné.

Cette plante produit beaucoup de graines. On la rencontre principalement sur les sols sablonneux.

3° Le *bleuet* ou *barbeau des blés* (Centaurea cyanus L.) est bien connu par ses jolies fleurs bleues. Lorsqu'il est peu abondant, il fait l'ornement des moissons et se marie agréablement à la fleur rouge ponceau du coquelicot ; mais quand il est très-commun, comme cela arrive souvent sur les terres silico-argileuses de la région de l'ouest, il épuise la couche arable sans résultat aucun. Dans ce cas, il faut en débarrasser les froments au moment du sarclage.

Le bleuet est moins commun dans la Provence que dans les autres parties de la France.

4° La *camomille puante* (Anthemis cotula L.) que l'on nomme vulgairement *maroute*, a une odeur repoussante.

Elle produit de fortes touffes qu'on peut regarder comme nuisibles. On ne doit pas négliger de l'arracher pendant les sarclages parce qu'elle produit beaucoup de graines.

5° Le *caille-lait accrochant* ou *grateron* (GALIUM APA-RINE L.) est une plante que les agriculteurs redoutent beaucoup. Ses tiges, qui sont longues et grimpantes, portent sur des pédoncules axillaires des graines rondes hérissées de poils crochus qu'on ne sépare pas aisément des semences du blé.

6° Le *coquelicot* (PAPAVER RHŒAS L.), si remarquable par ses fleurs d'un rouge ponceau, n'est abondant et nuisible que dans les contrées où les terres sont calcaires. Quand une température à la fois chaude et humide favorise son développement, il devient tellement vigoureux qu'il étouffe les blés d'automne et les arrête dans leur croissance. Alors les sarclages les mieux exécutés sont souvent impuissants pour l'extirper avant l'épiaison.

Ses graines mûrissent et s'échappent en partie des capsules avant la maturité du blé. Ces semences une fois en terres conservent presque indéfiniment leurs propriétés germinatives.

C'est par la jachère et la culture des plantes sarclées qu'on parvient à nettoyer les terres sur lesquelles le coquelicot est remarquable par son excessive abondance.

7° Le *cerfeuil à aiguille* ou *peigne de Vénus* (SCANDIX PEC-TEN L.) est commun dans les moissons de la région septentrionale. Les fruits sont hérissés d'aiguillons. Cette plante est assez difficile à détruire, parce qu'elle ne se développe que quand les blés montrent leurs épis.

8° La *coquelourde des blés* (AGROSTEMMA GITHAGO L.) a une tige simple et haute d'environ un mètre. Elle se distingue des autres plantes indigènes par ses fleurs solitaires lilas violacé. Cette belle plante n'est pas nuisible au blé par ses tiges et ses fleurs; mais on l'extirpe avec soin au mois d'avril ou de mai parce que ses semences sont assez grosses, chagrinées et noires, et que, mêlées au blé, elles bleuissent la farine et lui communiquent un goût amer.

C'est lorsqu'elle a quelques feuilles seulement qu'on la détruit avec un couteau. Ses feuilles linéaires, entières, un peu blanchâtres et velues, permettent à cette époque de la distinguer facilement des autres plantes nuisibles.

La coquelourde des blés est connue sous le nom de *nielle des blés*.

9° Le *chrysanthème des champs* (CHRYSANTHEMUM SEGETUM L.) est parfois très-commun dans les moissons. Sa tige est rameuse, haute de $0^m,60$ à $0^m,75$ et ses fleurs terminales sont d'un beau jaune. Par elle-même cette plante n'est pas très-nuisible, mais elle a le défaut d'épuiser la couche arable au détriment du blé. Elle est assez commune dans les blés du midi.

Le chrysanthème des champs, qu'on appelle vulgairement *marguerite dorée*, a été introduit en Danemark en 1737 avec des blés étrangers. Il y est si commun aujourd'hui, qu'il nuit souvent à la végétation des céréales.

10° La *folle avoine* (AVENA FATUA L.), que l'on nomme souvent *avron*, est très-nuisible aux céréales de la région méridionale. On la détruit très-difficilement parce que ses graines tombent mûres sur le sol avant la moisson et qu'elles se conservent longtemps en terre. On a proposé depuis un siècle mille moyens pour prévenir son retour dans les blés du Languedoc et de la Provence, mais tous les procédés n'ont pas permis jusqu'à ce jour de la voir apparaître chaque année dans une proportion plus faible.

Certes, c'est par une meilleure préparation donnée aux jachères et par l'extension accordée aux cultures sarclées qu'on parviendra à la détruire.

Dans le centre et le nord de la France, où elle est assez commune, on l'arrache avec soin au moment des sarclages.

11° La *gesse sans feuille* (Lathyrus aphaca L.) est souvent très-commune dans les moissons. On l'appelle *luisette*. Ses cosses s'ouvrent quelquefois sous l'action du soleil; alors, pendant le chargement des gerbes, ses graines, qui sont dures, un peu comprimées, noires et brillantes, tombent et s'insinuent dans les fentes du sol où elles conservent longtemps leur faculté germinative. Cette gesse doit être arrachée avec soin pendant les sarclages.

Les moissons du midi sont principalement envahies par la *gesse annuelle* (Lathyrus annuus L.) et la *gesse jaunâtre* (Lathyrus ochrus L.)

12° L'*ivraie multiflore* (Lolium multiflorum L.) et l'*ivraie enivrante* (Lolium temulentum L.) sont des plantes très-nuisibles.

La première espèce a des tiges très-élevées et des épis très-allongés; elle est très-épuisante et très-commune dans la région de l'ouest, où elle est regardée comme une plante très-envahissante. Ses graines, qui mûrissent avant le blé, sont munies d'une petite arête.

La seconde espèce a des tiges beaucoup moins hautes. Ses graines sont beaucoup plus grosses, mais elles sont imberbes; elles contiennent un principe narcotique qui agit d'une manière fâcheuse sur le système nerveux.

On détruit ces deux graminées par les sarclages. L'une et l'autre diffèrent du froment, quand cette céréale n'est pas encore épiée, en ce qu'elles ont des feuilles luisantes. Aussi, pour bien les extirper, se trouve-t-on dans l'obligation de se diriger constamment dans la direction du soleil.

15° Le *mélampyre des champs* (MELAMPYRUM ARVENSE L.) est généralement connu sous les noms de *blé de vache, rougeole*; il ne végète que sur les terres calcaires. Son grain rappelle un peu le grain du blé : il est cylindrique et un peu étroit à la partie supérieure; d'abord, il est jaune pâle, puis terne. Mêlé aux semences de blé, il communique au pain une couleur légèrement violacée et une saveur âcre et amère.

Cette plante n'est pas très-élevée ; sa racine s'implante sur celle du blé; ses feuilles sont d'un vert sombre et ses fleurs sont disposées en épi terminal rouge vif, tacheté de jaune brillant [1].

On la détruit par les sarclages.

14° La *moutarde sauvage* (SINAPIS ARVENSIS L.) est appelée vulgairement *moutardon, sanve russe* ou *sénevé*; elle est commune sur les terres calcaires. Si ordinairement elle est peu commune dans les blés d'hiver, par contre elle envahit souvent les blés de mars. Alors, si elle est favorisée dans son développement par une température à la fois humide et douce, elle produit en mai un grand nombre de fleurs jaunes qui donnent aux champs qu'elle a envahis un aspect qui révèle sa présence à une grande distance. Lorsqu'elle est abondante, on ne peut pas toujours avoir assez de bras pour les faire arracher. Dans ce cas, on en débarrasse en partie le terrain en faisant faucher toutes ses sommités florales. L'ouvrier qui exécute un tel travail doit maintenir

---

[1] Le blé est quelquefois attaqué dans la vallée de la Garonne par une plante parasite, l'*Euphraise odontalgique* (EUPHRASIA ODONTITES L.). Cette plante, ainsi que l'a constaté M. Lagrèze-Fossat, implante les suçoirs de ses racines sur les racines du blé et l'arrête dans son développement. Cette euphraise a de 0^m,20 à 0^m,40 de hauteur ; ses fleurs sont rougeâtres.

constamment la lame de sa faux au-dessus du plan dans lequel sont situées les gaînes des dernières feuilles de la céréale. Par cette opération on détruit beaucoup de fleurs, on empêche la formation d'un nombre considérable de graines et on arrête cette plante nuisible dans son développement. Ce fauchage spécial coûte de 12 à 15 francs par hectare. Quand il est bien exécuté, il remplace un sarclage ordinaire.

La *moutarde noire* (SINAPIS NIGRA L.) est moins commune que la moutarde des champs.

15° La *nigelle des champs* (NIGELLA ARVENSIS L) est une jolie plante à fleur bleue. Elle est abondante dans les blés du midi. Ses tiges sont simples, mais ses rameaux sont divariqués. Elle donne en abondance des semences noires à odeur aromatique.

16° Le *panais sauvage* (PASTINACA SATIVA L.) est parfois très-abondant dans les moissons. Le grand développement qu'il prend dans les bonnes terres oblige à l'arracher avec soin avant l'épiaison du blé.

17° Le *pied-d'alouette* (DELPHINIUM CONSOLIDA L.) est remarquable par ses élégantes fleurs. On le nomme souvent *dauphinelle*. Il n'est nuisible aux moissons que lorsqu'il est très-abondant, ce qui est rare.

Le *pied-d'alouette velouté* (DELPHINIUM PUBESCENS D.) est répandu dans le midi.

18° La *scabieuse des champs* (SCABIOSA ARVENSIS L.) n'est pas très-abondante dans les blés. Toutefois on ne doit pas négliger de l'arracher pendant les sarclages, car elle est très-épuisante. Ses racines sont souvent très-développées.

19° La *ravenelle* (RAPHANUS RAPHANISTRUM L.) ou faux raifort est très-commune sur les terres non calcaires, principalement dans les moissons des régions de l'est et de l'ouest. Elle diffère de la moutarde sauvage par ses tiges, qui sont plus élevées et plus rameuses, et par ses fleurs, qui sont d'un blanc jaunâtre veiné de violet.

Cette plante est très-épuisante. C'est pourquoi on a soin, en Bretagne et en Alsace, de l'extirper dans les champs occupés par les blés d'hiver. On l'appelle quelquefois *raifort*.

20° La *renoncule des champs* (RANONCULUS ARVENSIS L.) à 0ᵐ,30 environ d'élévation. Elle croît en abondance sur les terres silico-argileuses légèrement humides pendant l'hiver. On l'arrache aussi quand on opère le sarclage.

21° La *vesce velue* (VICIA HIRSUTA Koch), qu'on appelle *vesceron, jerzeau*, est si commune parfois dans les blés, qu'elle les envahit presque complétement. Ses tiges sont très-volubiles, sa fleur est petite, blanche ou lilas.

Cette plante est très-difficile à détruire parce qu'elle ne devient véritablement grimpante qu'après l'épiaison du blé. Les printemps pluvieux favorisent son développement. On doit éviter au moment des semailles de répandre des semences de blé auxquelles sont alliées des graines de cette légumineuse.

Les moissons de la région du midi sont souvent infestées par les *vicia perigrina, vicia narbonensis, vicia lutea, vicia onobrychioides*. Ces diverses espèces sont aussi nuisibles que le *vicia hirsuta*.

La *vesce à épi* (VICIA CRACCA L.) si connue par ses fleurs bleues disposées en épis, est quelquefois aussi assez commune dans les blés d'automne ; mais cette espèce est vivace et peut être aisément détruite par la jachère ou la culture des plantes sarclées.

22° Le *vulpin des champs* (ALOPECURUS ACRESTIS L.) est parfois très-commun dans les champs de blé, surtout lorsque cette céréale occupe des terres qui laissent à désirer quant à leur propreté ou qui ont porté précédemment une luzerne ou un sainfoin. Les printemps humides lui sont très-favorables.

Quand cette graminée est nuisible par son abondance, il ne faut pas hésiter à la détruire par des sarclages, opération très-facile à exécuter pendant le mois de mai, époque où le vulpin des champs, vu sa précocité, est presque complétement épié.

Toutes choses égales d'ailleurs, les blés de printemps sont toujours moins envahis par les plantes indigènes nuisibles que les froments d'hiver, parce qu'ils sont ordinairement précédés par une plante sarclée, et qu'ils commencent à végéter à l'époque où la plupart des plantes bisannuelles ou vivaces sont déjà développées. Aussi ne sont-ils envahis le plus généralement que par les plantes indigènes annuelles.

CHAPITRE X

ALTÉRATION ET MALADIES

Blés échaudés. — Cordage des blés. — Coulure des fleurs. — Blés chlorosés. Rouille. — Pucinie ou rouille noire. — Charbon. — Carie. — Ergot.

Le blé est exposé sous toutes les latitudes à des altérations et à des maladies dont les conséquences sont souvent funestes pour l'agriculture et l'alimentation publique.

Blés échaudés. — Chaque année, dans tous les champs de blé, on remarque quelques semaines avant la moisson des tiges et des épis qui se distinguent des autres par une mortalité prématurée. Ces blés, qu'on appelle *blés échaudés, blés stériles, blés coulés,* ont péri ou séché sur pied, ainsi que l'indique leur couleur qui est blanc jaunâtre.

On appelle aussi *blés échaudés* les pieds de froment qui ont subi de forts *coups de soleil,* alors que leurs tiges étaient encore un peu verdâtres.

Les blés qui ont été ainsi frappés par une chaleur excessive mûrissent plus tôt que les autres ; malheureusement cette maturité précoce nuit à la qualité de leurs grains. Ceux-ci, en effet, sont mal nourris et peu pesants parce qu'ils ont pris du *retrait.*

Quand ces faits se renouvellent chaque année dans une forte proportion, on doit s'empresser de remplacer la variété qu'on cultive par un blé plus rustique et dont les aptitudes s'harmonisent avec le sol qu'on cultive et le climat qu'on habite.

Cordage des blés. — On attribue généralement l'*échaudage des blés* à l'apparition subite d'un soleil d'été sur un champ couvert de rosée abondante. Olivier de Serres

qui partageait cette opinion, a recommandé un procédé
simple pour prévenir ce mal.

Ce moyen, que l'on a appelé *cordage des blés* et que l'on

Fig. 54. — Cordage des blés.

adopte assez souvent dans la basse Provence, consiste à
faire traîner sur toute la surface du champ, une heure
avant l'apparition du soleil, une corde assez roide et assez

élevée (fig. 54) pour incliner ou agiter tous les épis. Par cette opération on fait tomber les perles de rosée suspendues aux barbes, aux glumes et aux feuilles, et le soleil n'a plus d'humidité à évaporer, lorsqu'il apparaît à l'horizon.

Cette opération est prompte et peu dispendieuse. Elle a aussi l'avantage de prévenir l'apparition des taches de rouille.

Les hommes ou les enfants qui traînent les cordes doivent avoir des vêtements peu perméables à l'eau ; ils marchent dans les sillons ou les dérayures.

Coulure des fleurs. — Les pluies persistantes pendant les mois de mai et de juin sont souvent pernicieuses pour le blé. Ainsi, lorsque l'air est très-chargé d'humidité, au moment de la floraison, les fleurs avortent quoiqu'elles soient renfermées entre les glumes et les glumelles, la fécondation n'a pas lieu et le *grain coule*. Cette non-fécondation explique très-certainement, quand elle a lieu dans tous les épillets, pourquoi certains épis restent droits, s'atrophient prématurément et prennent, bien avant la moisson, une nuance blanchâtre.

Quoi qu'il en soit, on remarque ordinairement que les derniers épillets ou *mailles* du sommet et de la base de presque tous les épis ne contiennent pas de grains. Ce fait n'a rien qui étonne, car, généralement, ces épillets sont incomplets.

Quand le printemps n'est pas favorable à l'épiaison et à la floraison, ou lorsqu'il survient alors des froids tardifs, des pluies abondantes et prolongées ou des chaleurs très-élevées, les blés résistent mal à ces intempéries ; en outre, les épis de variétés délicates présentent au-dessous ou au-dessus des épillets avortés normalement, des mailles plus ou moins nombreuses, dans lesquelles la fécondation n'a pas eu lieu ou s'est effectuée très-imparfaitement, et qui contiennent peu ou pas de grains.

Le cultivateur ne possède pas de moyens pour empêcher la coulure.

Blés chlorosés. — Les blés un peu délicats ou qui végètent sur des terres argileuses, mal égouttées ou mal assainies, sont exposés à prendre à la fin de l'hiver ou au commencement du printemps une couleur jaune qui indique qu'ils sont maladifs. C'est surtout sous l'influence d'une température froide et humide ou des pluies prolongées, que les feuilles se décolorent et prennent une nuance jaunâtre, qui indique bien qu'ils sont peu vigoureux.

Cet état maladif est connu sous les noms de *chlorose*, de *jaunisse* ou d'*ictère*. Tous les blés chlorosés sont délicats, développent lentement leurs racines printanières, tallent peu et épient difficilement.

On remédie au mal quand il est très-intense et qu'on ne peut espérer une bonne récolte, en répandant de la suie, du guano ou des eaux ammoniacales et ferrugineuses. Enfin, on prévient souvent cette maladie, dont les conséquences sont parfois très-graves, en fumant avant les semailles et en assainissant en novembre les terres ensemencées.

Rouille. — Le blé est aussi exposé à être attaqué par la *rouille*, champignon particulier qui apparaît sur les tiges, les feuilles, les glumes et les glumelles, sous forme de taches dont la poussière orange s'attache aux doigts et aux vêtements.

Ce champignon a été désigné par les botanistes sous le nom de Rubigo vera ou Uredo rubigo vera. Il est connu depuis les temps les plus reculés. Ovide, Virgile et Pline ont fait connaître l'influence fâcheuse qu'il exerce sur l'avenir des céréales.

Les Romains, qui avaient organisé les *floréales*, les *céréales*, fêtes rurales pendant lesquelles on implorait les dieux en faveur des récoltes, n'avaient pas oublié les *rubigales*. Ces fêtes rappellent les cérémonies que Numa

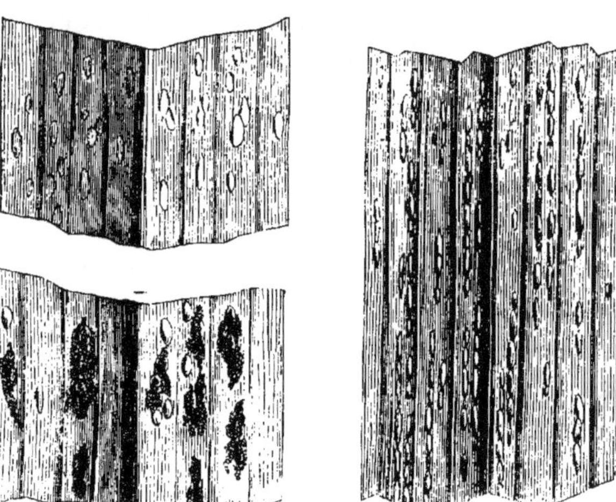

Fig. 55. — Feuilles attaquées par la rouille.

institua en l'honneur de la déesse Robigo, pour qu'elle protégeât les céréales contre la rouille.

Les Rogations correspondent aux rubigales.

La rouille apparaît sous forme de points ovales, allongés et légèrement proéminents (fig. 55), puis elle forme des taches jaunâtres qui ne tardent pas à devenir pulvérulentes, avec une nuance rousse ou une couleur de rouille de fer. Les organes sur lesquels elle se développe perdent de leur vitalité et quelquefois se fanent et se flétrissent, parce qu'elle altère leurs tissus.

En général, les *blés rouillés* ont une vie languissante et fournissent des épis toujours moins développés, maigres ou peu fournis ; enfin, la rouille nuit ou empêche la fructification, et si les grains se forment, ils souffrent et se nourrissent mal.

Pendant longtemps on a attribué la rouille à l'influence exercée sur les céréales par l'épine-vinette. En 1660, un arrêt du parlement de Rouen ordonna dans toute la Normandie la destruction de cet arbrisseau.

Il est aujourd'hui démontré que cette altération prend naissance, quand il survient en avril, mai ou juin, des alternatives brusques de sécheresse, de pluies et de temps froid. Les pluies abondantes et persistantes de la fin du printemps en 1855 et 1861 ont favorisé son développement dans un grand nombre

Fig. 56. — Épi attaqué par la rouille.

de localités. Le mal a été aussi considérable que le dommage causé par cette altération, en 1766, dans la Beauce orléanaise, et, en 1804, en Angleterre.

En général, la rouille, ou *bruine* ou *brouissure*, apparaît à deux époques dans la région septentrionale : 1° à la fin de mars et au commencement d'avril ; 2° à la fin de mai et pendant le mois de juin. C'est surtout à la fin de juin, après la floraison et quelquefois durant le mois de juillet, qu'elle fait des progrès effrayants. Alors, à voir sa marche envahissante, on dirait que la séve est malade, qu'elle s'extravase et qu'elle apparaît sous forme de gouttelettes à la surface des divers organes.

Les blés qui ont été ainsi altérés sont aussi connus sous les noms de *blés embruissés*, *blés embruinés*.

Le *cordage des blés*, dont j'ai parlé page 225, prévient la rouille ou l'arrête dans son développement et ses pernicieux effets.

Les blés ne sont pas seulement attaqués par la rouille ordinaire. Lorsque les printemps sont froids et très-humides, leurs feuilles se couvrent, en juin, quelquefois de taches ovales dans le sens de leurs fibres. Ces taches à poussière orangée sont produites par la *grosse rouille*, qu'on appelle aussi le *rouge* (UREDO VILMORINEA L.).

Cette rouille est aussi pernicieuse que la rouille commune et la *rouille linéaire* (UREDO LINEARIS Pers.), qui se distingue par les lignes longitudinales qu'elle forme sur les tiges et les feuilles.

Pucinie. — La *pucinie*, ou *rouille noire* (PUCINIA GRAMINIS P.), se développe aussi au printemps sur les tiges, les feuilles et les épis, quand la température est pluvieuse, en mars et avril, et sèche et chaude, pendant les mois de mai et de juin. Elle apparaît sous forme de pustules noires.

La pucinie, ou *noir du blé*, est toujours moins nuisible que la rouille.

Charbon. — Le *charbon* est un champignon qui se développe sur les épis alors qu'ils sont encore cachés dans les feuilles. Ce champignon porte les noms suivants :

Uredo carbo tritici DC., Uredo segetum tritici Pers., Lyco-
perdon tritici Bierck, et Ustilago segetum Bauch. Il attaque suivant les années 1/5, 1/8, 1/50, 1/100 ou 1/1000
de la totalité des épis.

Nul ne peut avant l'épiaison distinguer les épis attaqués
par le charbon. L'*épis charbonné* apparaît d'abord gris
pâle, puis il prend bientôt une teinte noire charbonnée.
Alors les épillets, les pédicelles, les glumes et les glumelles ont disparu sous une poussière inodore qui teint en
noir les doigts et qui tombe aisément quand on secoue un
épi attaqué.

Les causes qui favorisent le charbon sont encore inconnues, puisque ce champignon sévit avec la même intensité, dans les années sèches comme dans les années humides,
sur les blés qui végètent dans des sols secs, aussi facilement que quand ces céréales sont situées sur des sols imperméables. Nonobstant, il est incontestable aujourd'hui
que le chaulage des grains prévient en partie son apparition.

Les spores disséminées à l'époque de la moisson ou
pendant le battage s'attachent aux grains et aux pailles.
Les blés sur lesquels on observe des séminules de charbon
sont appelés *blés mouchetés*. Les pailles très-charbonnées
sont moins alimentaires pour le bétail.

Carie. — Le froment est attaqué par un autre champignon que l'on nomme : *carie, blé noir, fouèdre, cloque,
chambucle* (Uredo caries D. C.). Ce champignon se développe
à l'intérieur du grain ; c'est pourquoi ce dernier conserve
sa forme et son volume. Toutefois, à la place de la partie
amylacée, on observe une matière noirâtre, onctueuse,
grasse au toucher, à odeur infecte ou nauséabonde, et qui
s'attache aux doigts quand on la presse.

Les *épis cariés* (fig. 57) sont droits, pâles ou bleuâtres ,
ils sont portés par des tiges de même couleur. Au battage,
les séminules que contiennent les grains altérés se détachent
des épis : une partie occasionne chez les
batteurs une toux qui heureusement ne
persiste pas, et l'autre reste adhérente
aux grains et à la paille.

Les grains de blés sur lesquels on
observe de la carie sont appelés *blés
boutés*, *blés cloqués*, ou bien on dit qu'ils
ont du *noir*, du *gras*, ou de la *pourris-
sure*. Ses grains sont peu estimés par
la meunerie, parce qu'ils graissent les
meules et que le pain fabriqué avec leur
farine, qui est plus ou moins cendrée, a
une odeur désagréable et parfois repoussante. Aussi se trouve-t-on dans la nécessité, avant la mouture, ou de laver
les blés ou de les nettoyer à l'aide de
brosses ayant un mouvement de va-et-
vient.

Tous les grains des épis attaqués ne
sont pas toujours cariés. Ceux qui sont
altérés sont légers, grisâtres, plus petits
que de coutume, un peu arrondis et
ridés ; on les distingue aisément parce
que les balles qui les renferment sont
toujours écartées.

Fig. 57.
Épi de froment carié.

Ce redoutable fléau sévit avec autant
de facilité dans les années sèches et humides, chaudes
ou froides, que les blés végètent sur des sols riches ou
qu'ils couvrent des terrains pauvres. Toutefois, en général,

les épis barbus présentent moins de grains cariés que les blés imberbes.

Au début de son apparition, la masse intérieure du blé est blanchâtre, puis grisâtre. Elle ne prend une teinte réellement noire que quand le grain est entièrement carié.

On prévient le développement de la carie en chaulant ou en sulfatant avec soin les blés de semence.

Ergot. — *L'ergot du blé* est aussi un champignon ap-

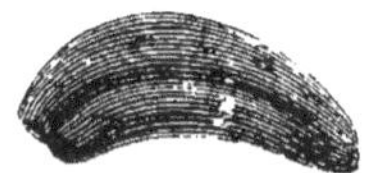

Fig. 58. — Ergot de froment.   Fig. 59. — Ergot de seigle.

pelé SPHACELIA SEGETUM ; il sort des glumes comme de petites cornes ou ergots.

Cette altération est connue depuis bientôt deux siècles. Fagon en 1710 a appelé *blés cornus* les grains du froment ainsi attaqués ou métamorphosés.

L'ergot du froment (fig. 58) est plus court et plus gros que l'ergot du seigle (fig. 59) ; il est fendu profondément. Sa couleur est d'abord violacée, puis noire. Il n'a pas d'odeur nauséabonde. Le chaulage ou le sulfatage est le seul préservatif qu'on puisse proposer.

Le *blé ergoté* est depuis longtemps utilisé en médecine. On le vend à Clermont-Ferrand sous le nom d'ergot de seigle.

CHAPITRE XI

INSECTES, OISEAUX ET ANIMAUX NUISIBLES DANS LES CHAMPS

Insectes nuisibles : — taupin, cécydomie du froment, saperde grêle, chlorops lineata, nielle des blés ou anguillules, sauterelle ou criquet voyageur. — Oiseaux nuisibles : — corbeaux, corneille et freux, moineaux. — Animaux nuisibles : — campagnol.

Le froment est attaqué par divers insectes, oiseaux et animaux, pendant sa végétation.

Insectes nuisibles. — 1° Le *taupin* (ELATER SEGETIS.) (fig. 60) petit coléoptère brun appelé *maréchal*, à cause de la faculté qu'il possède quand on le met sur le dos de faire un saut brusque en faisant entendre un bruit sec, est un insecte souvent très-nuisible pour le blé.

Sa larve (fig. 61) jaune ocreux pâle, longue de 0^m,018 à 0^m,022 et pourvue de six pattes, s'attaque aux racines de cette céréale et la coupe entre deux terres. Elle est très-difficile à détruire, mais on prévient ses ravages en évitant de faire suivre un gazon défriché par un blé d'automne.

2° La *cécydomie du froment* (CECYDOMIA TRITICI Latr., ou TIPULA TRITICI Kir.), a été signalée, en 1771, par Gallet; elle a été étudiée par M. Herpin et surtout par M. C. Bazin. Les Américains l'ont désignée sous le nom de *hessiam fly.*

Cet insecte (fig. 62) est une petite mouche jaune citron ; elle dépose ses œufs dans les épis de froment au moment de leur floraison. C'est par l'intermédiaire d'une longue tarière qu'elle porte postérieurement et qu'elle enfonce entre les glumelles des épillets, qu'elle parvient à introduire un œuf dans chaque grain. L'éclosion des œufs ainsi déposés a lieu quelques jours après. Les larves vivent des sucs des

grains. Quand elles sont suffisamment fortes, elles sortent
des épillets, tombent à terre et s'enfoncent à une faible profondeur dans le sol. C'est
à l'état dormant qu'elles
passent ainsi l'été, l'automne et l'hiver.

Au printemps suivant,
elles se transforment en
nymphes, puis en insec-
tes ailés.

La cécydomie a causé
des dégâts considérables
en Angleterre de 1827
à 1829.

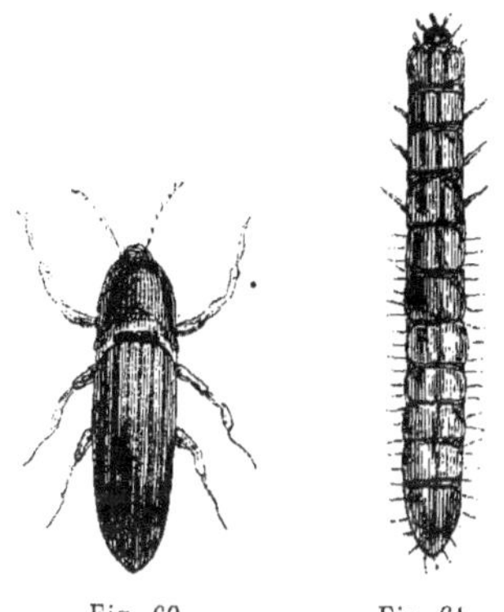

Fig. 60.
Taupin.

Fig. 61.
Larve de taupin.

On la détruit en allumant le soir, pendant l'épiaison
et la floraison du blé, des fagots ou des matières très-
combustibles. Les mou-
ches viennent se brûler à
la flamme.

3° La *Saperde grêle*
(Saperda gracilis, Fab. ou
Calomobius gracilis) est un
insecte très-redoutable.
Il est répandu dans la
Saintonge, l'Angoumois
et la Bretagne. Les ra-
vages qu'il a occasionnés
en 1845 ont été considé-
rables. Sa larve est con-
nue sous les noms de
vers des blés et *vermeau.*

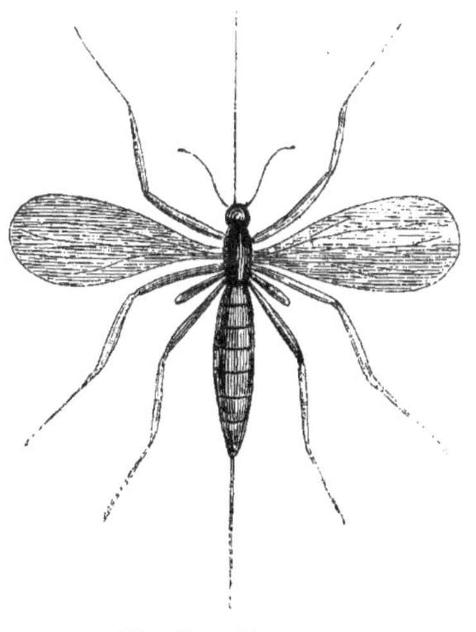

Fig. 62. — Cécydomie.

Ce petit insecte est gris cendré ou noirâtre, allongé, effilé et cylindrique ; les ailes sont recouvertes d'un étui coriace ; sa tête est munie de deux cornes ou antennes longues et minces et de deux fortes mandibules avec lesquelles il coupe les racines. Il apparaît au milieu de juin quand le blé est en fleur ; il vient des chaumes. Les femelles introduisent un œuf dans les tiges, en pratiquant un trou au dessous de l'épi ; elles choisissent toujours les tiges les plus fortes et les plus vigoureuses.

La larve qui éclot au bout de huit à dix jours est jaune pâle ; elle vit de la substance qui tapisse le tube jusque près de l'épi et redescend successivement jusqu'à la racine, c'est-à-dire au-dessous de la section opérée par la faux ou la faucille. C'est dans cette retraite qu'elle passe l'hiver et une partie du printemps. Au commencement de juin, quand les chaleurs sont déjà fortes et que le blé va bientôt fleurir, sa larve passe à l'état d'insecte parfait.

Les blés que la saperde a ainsi attaqués sont appelés *blés aiguillonnés* ; leurs épis tombent facilement à terre quand le vent est violent à l'époque de la maturité.

Le seul moyen de détruire la saperde consiste à arracher les chaumes aussitôt après la moisson et à les incinérer. Les grands froids ne font pas périr les larves. On doit aussi éviter, dans les contrées où elle est abondante, de faire précéder le froment par un défrichement de prairies ou de pâturage ayant occupé la terre pendant plusieurs années.

La larve du CHLOROPS LINEATA a les mêmes mœurs et elle exerce les mêmes ravages.

4° La *nielle des blés* (VIBRIO TRITICI ou VIBRIO ANGUILLULA) est un animalcule ou un ver allongé, aigu et microscopique. Cet helminthe est connu depuis plus d'un siècle. En

1745, Needlham découvrit de petits animaux fort singuliers qu'on a appelés depuis *anguillules* (fig. 63). Ces infiniment petits furent étudiés plus tard par Spallanzani, Roffredi, Bauer et, dans ces derniers temps, par M. Davaisne.

Fig. 63. — Coupe longitudinale d'une tige de blé niellé grossie 100 fois.

Un grain de blé niellé mis en terre gonfle, se ramollit et pourrit; alors les anguillules, qui étaient sèches, repren-nent la vie après quelques semaines, percent l'enveloppe

Fig. 64. — Grains de blé attaqués par les anguillules.

externe, s'éloignent et vont se réfugier sur les jeunes plantes (fig. 64) ; alors encore elles s'élèvent avec les tiges pour se réfugier dans les épis au moment de la floraison ; alors enfin, la femelle pond des œufs et meurt. Après

l'éclosion, les animalcules infusoires vivent au détriment
de la partie amylacée.

Après la maturité, on aperçoit des grains déformés,
petits, arrondis, durs et ayant une teinte noirâtre; ces
grains sont remplis d'une substance blanche qui ne contient pas de traces de fécule, mais qui est
exclusivement formée de filaments soyeux
microscopiques qui ne sont autres que des
anguillules sèches et roides (fig. 65). Ces
animaux ne sont pas morts; leur vitalité
est préservée par la substance gélatineuse

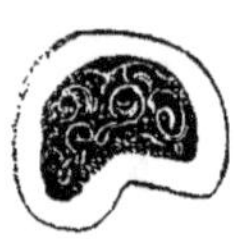

Fig. 65. — Coupe
d'un grain niellé
grossi quatre fois.

qui les enveloppe. Si on les met dans l'eau, ils perdent
successivement leur immobilité, ils se réveillent, se
raniment et ont bientôt des mouvements vifs et très-
énergiques.

On ne connaît pas de moyens pour en préserver les blés.
On sait seulement qu'ils ne résistent pas à une température
de 70° au-dessus de zero. M. Davaisne est parvenu à les détruire en faisant tremper pendant vingt-quatre heures dans
de l'eau acidulée par un cent-cinquante-centième d'acide
sulfurique, des grains de blé qui en contenaient. Les grains
sains ne perdent pas par ce trempage leur faculté germinative.

Les anguillules sont communs en Italie.

5° La *sauterelle*, ou mieux le *criquet voyageur* (ACRIDIUM MI-
GRATORIUM Ol.) (fig. 66) est un insecte très-redoutable et une
des plaies qui fut infligée à l'Égypte avant le départ des
Israélites. Saint Augustin rapporte que la peste de 252,
causée par les cadavres putréfiés des sauterelles, fit périr
800,000 personnes dans la Numidie.

De nos jours, les criquets habitent principalement les
terrains incultes de l'Asie et de l'Afrique centrale. En

1867, ils ont réduit les populations de l'Algérie à la plus
cruelle des disettes.

Ces insectes ont fait plusieurs invasions en Europe ; ils
ont envahi la Provence et le Languedoc en 1613, 1717 et

Fig. 66. — Criquet dit sauterelle.

1822, soit à 104 ans d'intervalle. Lors de la première émi-
gration, ils ravagèrent plus de 5,000 hectares de blé. A la
dernière, les criquets furent si nombreux sur les territoires
de Sainte-Marie et d'Arles, qu'on en ramassa 75,400 kilogrammes. Ces insectes envahirent la Hongrie en 1780 et en
1852.

Les criquets émigrent de préférence par des temps secs
et sereins. Ce sont ordinairement les vents qui les poussent
d'Afrique en Europe. Ils forment des nuages qui obscur-
cissent par leur épaisseur la clarté du jour ; le bruit qu'ils
font en volant rappelle le roulement du tonnerre. Lorsqu'ils
s'abattent sur une contrée, ils anéantissent toutes les parties herbacées des végétaux.

Le seul moyen pour arrêter leurs ravages consiste à
faire des battues générales, à les ramasser pour les brûler
ou les enterrer.

Oiseaux nuisibles. — Le *corbeau* (CORVUS CORAX, L.),
la *corneille* (CORVUS CORONE, L) et le *freux* (CORVUS FRUGI-

legus, L.), sont des oiseaux très-nuisibles au moment des semailles d'automne et du printemps. Dans le but de manger les insectes qui s'attaquent aux grains confiés à la terre, avec le seul secours de leur bec qui est allongé et développé, ils arrachent le blé à mesure qu'il lève.

Les dégâts causés par ces oiseaux sédentaires sont toujours plus considérables que les insectes qu'ils détruisent. En général, c'est dans les champs entourés de peupliers très-élevés ou situés à une faible distance des forêts et dans lesquelles ils se perchent pendant la nuit, qu'ils font les plus grands ravages.

On a proposé mille moyens pour les éloigner des champs ensemencés, mais ces procédés ne sont pas toujours très-efficaces. On parvient cependant à les éloigner en leur faisant des chasses continuelles, ou en suspendant du fil de coton blanc à de petites baguettes implantées dans des directions diverses sur la surface de la pièce qu'on veut protéger. Les corbeaux, qui sont d'une défiance extrême, hésitent presque toujours à s'abattre sur les champs qui présentent superficiellement un tel filet.

Le *moineau* (Fringilla domestica L.) s'attaque aux épis arrivés à maturité. Il est souvent impossible de prévenir ses dégâts, surtout lorsque les champs sont peu éloignés d'un hameau ou d'un village. On sait que le moineau est très-rusé.

Ordinairement, les moineaux s'attaquent beaucoup plus aux épis sans barbes qu'aux épis barbus.

Animaux nuisibles. — Le *campagnol* (Mus arvalis L.) (fig. 67) a beaucoup de rapport avec le mulot, mais il en diffère surtout par ses mœurs et les dégâts qu'il cause dans les cultures de blé.

Le campagnol fait des trous dans le sol, et c'est dans ces

cavités, qui sont parfois très-nombreuses, qu'il habite et se multiplie. Chaque femelle fait par an deux portées de huit à dix petits.

En octobre et novembre, il quitte les prairies et les chaumes pour se jeter sur les champs ensemencés et y vivre du grain qu'on y a déposé. Quand le blé est levé, il se réfugie dans les bois, les meules de grains et les granges ; c'est dans ces lieux qu'il attend ordinairement l'époque de la moisson. Lorsque le blé est presque mûr,

Fig. 67. — Campagnol.

il grimpe le long des tiges avec une adresse remarquable et coupe le chaume à 0^m,20 ou 0^m,50 au-dessus du dernier nœud pour faire tomber l'épi et manger les grains qu'il contient. Ce *petit rat des champs* a des pattes très-petites, un cou très-court ; son pelage est jaune brun sur tout le dessus du corps et blanc sale sous le ventre.

Les campagnols se réunissent presque toujours et forment parfois des troupes nombreuses. En l'an IX et l'an X, ces animaux ont causé d'immenses désastres dans les départements de la Vendée et de la Charente-Inférieure. On a évalué à 2,720,000 francs la perte totale qu'ils ont occasionnée, en l'an IX, dans vingt-trois communes des marais et de la plaine de la Vendée.

Ces terribles animaux ont pour ennemis les oiseaux de

proie diurnes, les fouines, les belettes, les pluies abondantes et continuelles, les grands froids et les neiges abondantes. On peut aussi en faire périr un grand nombre en
déposant çà et là, sur les champs où ils se sont réfugiés,
des grains de blé trempés dans une décoction de noix
vomique.

Un autre campagnol appelé le *campagnol destructeur*
(ARVICOLA DESTRUCTOR, SAV.) est commun dans les Marennes
de Toscane. En 1837 et 1838, ces animaux, par suite des
inondations, quittèrent les marais et se répandirent sur les
plaines voisines où ils détruisirent les quatre cinquièmes
des blés. Muciano assure que, dans une seule saison, on en
a tué 11,000 dans une ferme des États romains.

Le *mulot* (MUS SYLVATICUS, L.) est aussi un animal très-
nuisible. Il vit dans les bois ou les contrées accidentées.
C'est de ces localités qu'il se répand dans les plaines un
peu avant la moisson ou pendant les semailles, pour dé-
vorer les semences qu'on a confiées à la terre et retourner
ensuite dans les forêts. Le mulot, comme le campagnol,
ne mange pas les grains qui sont germés.

CHAPITRE XII

MOISSON.

La moisson (fig. 68), varie dans son exécution et ses détails, suivant les localités, la disposition du terrain et les outils ou instruments que l'on emploie et les espèces ou les variétés de blé qu'on cultive.

Époque de la récolte. — On récolte le blé à la fin d'avril en Égypte, pendant le mois de mai en Algérie, durant la seconde quinzaine de juin dans la Provence, et vers la fin de juillet ou au commencement d'août dans le nord de la France.

Il est utile de couper le blé un peu prématurément, c'est-à-dire quand il est encore légèrement vert. Les blés qui ont été coupés quand leurs tiges sont un peu flexibles et leurs nœuds un peu verdâtres, et lorsque leurs semences sont encore tendres sans être laiteuses, fournissent des grains qui sont plus fins et plus lourds, qui *ont plus de main* et dont la couleur est plus marchande. La pratique et la science ont mille fois constaté que les tiges coupées prématurément végètent encore, bien que leur base soit atrophiée et que les grains des épis qui les terminent continuent à s'assimiler les sucs contenus dans les parties qui sont un peu vertes.

Les blés qu'on récolte trop tôt donnent des grains moins nourris, plus petits et toujours retraits ; ces blés sont aussi beaucoup plus difficiles à battre.

Les blés coupés trop tardivement ou à maturité complète, s'égrènent facilement, ont un poids plus faible et ils donnent moins de farine à la mouture.

Un blé est arrivé à parfaite maturité quand sa paille est blanc jaunâtre, roide et dépourvue de séve, lorsque les épis s'inclinent plus ou moins, quand les grains sont secs, se laissent difficilement couper par l'ongle et présentent une section pleine, farineuse ou vitreuse, lorsqu'ils ne remplissent pas l'espace compris entre les glumes et les glumelles, et qu'ils s'échappent des épis au moindre choc.

Donc, ainsi que l'ont recommandé Pline, Columelle, Olivier de Serres, Mathieu de Dombasle, etc., on ne doit pas attendre pour commencer la récolte du blé que les tiges et les épis soient secs et cassants, ni couper ou trop tôt ou trop tard. Le moment à saisir est assez difficile et, pour chaque variété, il varie suivant les latitudes et surtout l'exposition, la nature et la fécondité du sol.

Les variétés de blé qui sont sujettes à s'égrener, comme le blé bleu (21), doivent être récoltées un peu plus tôt que les races dont les grains restent bien dans les balles. Les blés barbus peuvent être, sans inconvénient, moissonnés après les blés imberbes.

Toutes choses égales d'ailleurs, le cultivateur se doit à lui-même de faire durer la moisson le moins de temps possible ; mais pour *opérer vite et bien*, il doit arrêter à l'avance les ouvriers dont il a besoin, faire couper tout d'abord les blés les plus mûrs et ceux qui sont versés, avoir le soin de faire préparer pendant la coupe les liens qui sont nécessaires, faire opérer le liage aussitôt que les tiges

et les herbes sont sèches, ne pas oublier de faire *mettre
chaque soir les gerbes en dizeaux* ou *le blé en moyettes si le*

Fig. 68. — Moisson du blé à l'aide de la faux armée

temps est à la pluie, enfin, prendre toutes les mesures voulues pour que la rentrée des gerbes soit faite le plus tôt

possible, car, comme le dit un ancien adage : *Le blé qui est dans la grange ou en meule est le seul assuré*. En 1804 et 1805, la moisson fut très-difficile entre le 47e et 48e degré de latitude. En Alsace le blé germa sur pied, en javelles et en gerbes.

On récolte les blés qu'on réserve pour semence lorsqu'ils sont arrivés à maturité complète.

Faucillage. — On opère le faucillage des blés en les coupant avec une *faucille à lame unie* ou une *faucille à lame dentée en scie*. Ces instruments varient quant à la grandeur et à la courbure de leurs lames suivant les localités. Ils servent généralement à moissonner les céréales dans les contrées où le sol est disposé en petits billons. Les femmes, les vieillards et les enfants s'en servent très-facilement.

Le *faucilleur* ou *seyeur* ne doit prendre des poignées, ou *coutelées*, ni trop petites, ni trop fortes, et il doit suivre la direction de l'inclinaison des tiges en évitant de les arracher.

Le blé coupé avec la faucille est toujours disposé en javelles plus régulières et mieux étendues ; en outre, il est toujours moins égrené que lorsqu'il a été coupé avec la faux. Si ce procédé a l'inconvénient d'égrener un peu les blés mûrs et d'exiger plus d'ouvriers parce que chaque faucilleur ne moissonne pas au delà de 15 à 20 ares par jour, il permet de mieux récolter les céréales versées ou envahies par un grand nombre de mauvaises herbes.

Fauchage. — On fauche les céréales avec des *faux armées* d'une *monture*, c'est-à-dire d'un *playon* ou *baguettes courbées* ou d'un *râteau* ou *crochet*. La faux munie d'un playon est moins lourde, moins gênante, mais elle ne permet pas de bien moissonner les blés qui ont des tiges un peu élevées.

Chaque faucheur est accompagné d'une femme appelée *releveuse* et qui tient dans la main droite une faucille ou un bâton courbé. Cet aide a pour mission de rassembler en javelles les tiges que la faux a coupées et renversées contre le blé qui est encore sur pied.

Le maniement de la faux armée (fig. 69) n'est pas très-difficile, mais il est fatigant ; c'est pourquoi cet instrument est toujours confié à des ouvriers vigoureux et habitués à le diriger.

La faux moissonne bien et rapidement sur les terrains labourés en planches et elle n'égrène pas sensiblement les blés arrivés à maturité. Elle doit être dirigée avec précaution sur les sols inégaux et pierreux. Quand elle est bien conduite, elle coupe les céréales raz de terre et laisse des éteules régulières quant à leur longueur. Lorsqu'elle est entre

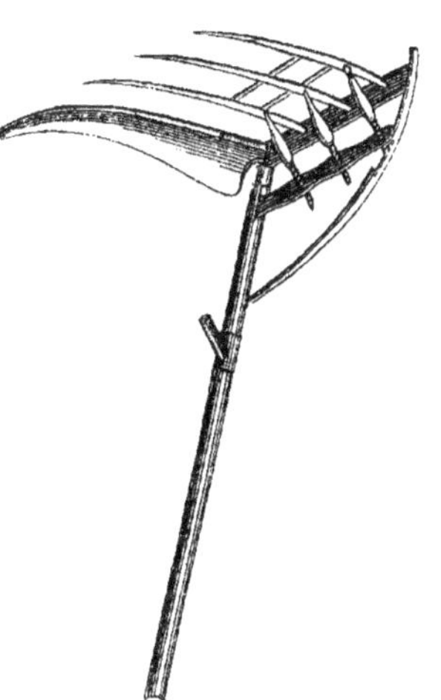

Fig. 69. — Faux armée.

des mains inexpérimentées, le talon de la faux coupe près du sol et la pointe à une hauteur cinq à six fois plus considérable.

Les femmes ou les enfants qui suivent les faucheurs doivent avoir le soin de faire leurs *brassées* (ou *haveaux*) très-régulières et de les étendre plus ou moins selon la propreté du blé, afin que les plantes indigènes que la faux armée rassemble aussi bien que les tiges des céréales, puissent sécher promptement.

Un faucheur, même très-habile, coupe moins bien les

blés complétement versés qu'un faucilleur ou un ouvrier opérant avec la sape.

Un bon faucheur coupe, en moyenne, 50 ares de blé par jour.

Crépelage. — Dans le Vivarais, les Cévennes, la Basse-Bretagne, etc., on remplace la faucille ordinaire par une faucille à grande dimension qu'on appelle *volant*. Cette faucille spéciale est aussi utilisée en Angleterre dans quelques comtés.

Les ouvriers qui se servent de cet outil sabrent à coups répétés les céréales au lieu de les couper. A mesure que les tiges ont été détachées, le *crépeleur* les soutient presque verticalement à l'aide de son bras gauche, et quand ces tiges constituent une petite gerbe non liée ayant la grosseur d'une javelle ordinaire, il les soulève avec son volant pour les déposer sur le sol et ensuite les étendre.

Le *crépelage* ou *crételage* est expéditif. Les ouvriers qui ont l'habitude de l'exécuter moissonnent bien tous les blés, même ceux qui sont versés ou qui ont été *brouillés* ou *tourbillonnés* par un vent violent.

Un bon crépeleur coupe de 50 à 55 ares de blé par jour.

Sapage. — La *sape* est une petite faux munie d'un manche très-court. L'ouvrier qui l'emploie, et qu'on nomme *sapeur* ou *piqueur*, la tient dans sa main droite ; son bras repose sur la partie inférieure du manche qui est un peu élargie et concave. Sa main gauche est armée d'un petit bâton muni d'un crochet en fer ; cet appareil ou *piquet* lui sert à réunir les tiges coupées et à les déposer en javelles sur le sol.

La sape est moins fatigante et plus expéditive que la faucille ; en outre, elle permet de mieux moissonner les blés versés que la faux et elle secoue peu les céréales. Elle est très-employée chaque année dans la Flandre, la Normandie, la Picardie et la Belgique. On la conduit à peu près comme le volant, mais elle rase davantage le sol.

Un sapeur expérimenté moissonne en moyenne de 50 à 55 ares de blé par jour.

Blé coupé à mi-hauteur. — Dans les contrées où le battage a lieu en plein air aussitôt après la moisson, on coupe souvent à mi-hauteur les blés vigoureux, c'est-à-dire ceux qui ont des tiges élevées. En opérant ainsi, on apporte sur l'aire à battre des gerbes qui contiennent peu de paille et qu'on bat plus aisément soit à l'aide du fléau, soit au moyen du rouleau ou d'une machine à battre.

Le chaume qu'on laisse sur le champ est fauché avant ou après les semailles d'automne. Quand on récolte le chaume en novembre, on obtient une paille que les pluies ont noircie et que les agents atmosphériques ont rendue moins absorbante.

Les chaumes qui sont aussi élevés ont l'avantage de favoriser la production des plantes indigènes ; c'est pourquoi souvent on y fait pâturer de jeunes bêtes bovines ou des bêtes à laine.

Arrachage du blé. — Le blé n'est pas toujours coupé à l'aide de la faucille, de la faux ou de la sape. Lorsqu'il a végété sur des terres légères et sur de petites étendues, on l'arrache à la main, on le secoue avec précaution pour faire tomber la terre qui est attenante aux racines et on le met en javelles ou en gerbes, s'il est bien sec.

Ce procédé est suivi çà et là, depuis longtemps, dans le centre et l'ouest de la France et dans la haute et la basse Égypte. Il dispense de faire un déchaumage quand la moisson est terminée, si le blé doit être suivi immédiatement par une plante fourragère ou industrielle.

Machines à moissonner. — Le manque de bras dont se plaignent avec juste raison les Américains a conduit Mac Cormick, il y a bientôt vingt ans, à perfectionner la machine à moissonner que Bell avait proposée aux agriculteurs anglais il y a un demi-siècle.

Cette moissonneuse (fig. 70) a subi, depuis 1855, d'importantes modifications. Elle est encore munie d'un volant A qui abaisse et renverse les tiges coupées sur le tablier D, mais elle est pourvue d'un râteau automoteur E qui dirige les tiges moissonnées sous formes de javelles en dehors de la piste parcourue par la machine et la roue motrice H.

MM. Burgess et Key ont modifié la machine Mac Cormick ; ils l'ont munie d'un appareil composé de trois rouleaux parallèles en vis d'Archimède (fig. 71) qui lui permet aussi de se débarrasser elle-même de la céréale qu'elle a coupée. Les tiges ainsi récolées forment un andain régulier et continu en dehors de la piste suivie par les chevaux.

Les javelles bien faites et régulières sont évidemment préférables aux andains, parce qu'elles rendent la mise en gerbes plus facile et plus prompte. En outre, les javelles ont l'avantage sur les andains de moins exposer les tiges et les épis, à l'action des rosées, du soleil et de la pluie.

Les andains, sans aucun doute, ont de grands avantages quand le blé est associé à une certaine quantité de mauvaises herbes, mais au moment du liage les *releveuses* sont forcées, pour réunir les tiges en javelles et les déposer sur les liens, de parcourir chaque fois un plus grand espace, ce qui exige un certain temps.

L'introduction des machines à moissonner aura-t-elle lieu sans difficultés dans les localités où la main-d'œuvre locale ne suffit pas aux travaux de la moisson? Il est difficile dans les circonstances actuelles de résoudre affirmativement cette question, parce que très-certainement les moissonneuses ne sont pas arrivées à leur dernier perfectionnement.

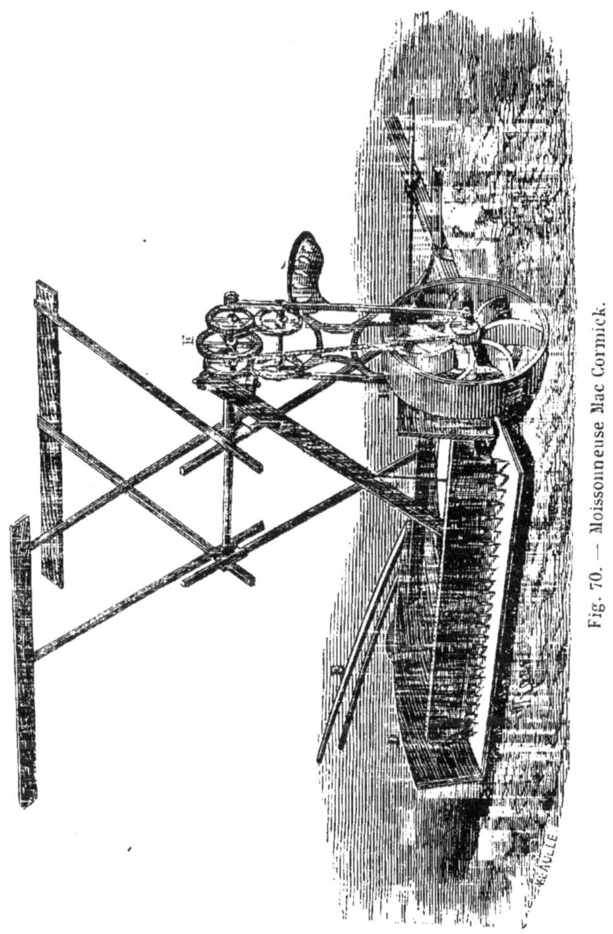

Fig. 70. — Moissonneuse Mac Cormick.

Quoi qu'il en soit, ces deux machines ouvrent une voie de 1ᵐ,10 à 1ᵐ,30 de largeur et elles peuvent moissonner par jour environ 4 hectares de blé, si les chevaux ne travaillent qu'une demi-attelée le matin et le soir.

La vitesse de la scie dépend de l'agencement des organes mécaniques et de la vitesse de l'attelage. Quand cette
vitesse est insuffisante, la scie est souvent arrêtée dans son
mouvement de va-et-vient ; alors *elle bourre* et exécute un
mauvais travail.

Les chevaux doivent marcher sans gêne et sans fatigue
au pas accéléré. Le conducteur qui les dirige est placé sur
un siége C situé au-dessus des organes mécaniques. Quand
sa machine doit fonctionner, il fait avancer son attelage
sur la voie préalablement ouverte, et lorsqu'il est arrivé
à un mètre environ du blé à couper, *il débraye*, saisit son
fouet et le fait claquer dans le but d'exciter ses animaux,
afin de pouvoir *lancer* sa machine et imprimer à la scie
une grande vitesse. Quand, par une cause quelconque, la
scie n'a pas la vitesse voulue alors qu'elle commence à
opérer, on doit faire reculer l'attelage et lancer de nouveau la moissonneuse. On agit de la même manière toutes
les fois que la machine bourre pendant le travail.

Enfin, quand on opère sur un sol léger ou ayant été détrempé par les pluies, on doit, si cela est possible, relever
la scie, c'est-à-dire, couper le blé un peu plus haut pour
qu'elle *ne terre pas*. On prend les mêmes précautions lorsque la surface du sol est couverte de pierres. De plus, on
élève ou on abaisse le volant suivant la hauteur des tiges,
de manière qu'il les touche au-dessous des épis. Quand
le rabatteur est fixé trop haut il agite violemment les épis et
les égrène ; s'il est situé trop bas, il couche trop fortement
les tiges, ce qui rend difficile le passage de la céréale entre
la plate-forme et les barres du volant.

La moissonneuse Samuelson est moins grande que la
moissonneuse Mac Cormick. Elle se répand de plus en plus
en France. Elle est bien construite.

Javelage. — Le *javelage* est souvent nécessaire sur-

Fig. 71. — Moissonneuse Burgess et Key.

tout dans la région septentrionale de la France. Il consiste à abandonner les javelles pendant quatre, six, huit ou dix jours pour que les tiges coupées un peu prématurément puissent finir de mûrir et perdre la presque totalité de leur eau de végétation. Cette opération a aussi pour but de faciliter la dessiccation des plantes indigènes qui sont alliées au blé.

Le javelage n'est pratiqué que très-accidentellement dans la Provence et le Languedoc, parce que l'air y est sec et chaud, que les céréales y sèchent promptement et que la plupart des plantes indigènes associées au blé sont mortes ou desséchées à l'époque de la moisson.

Le javelage est nuisible et au grain et à la paille quand il est prolongé. Ainsi, sous l'action des rosées ou des pluies le grain augmente de volume sans résultat aucun et il perd de son poids. Quant à la paille, elle perd sa couleur native, devient plus ou moins brune et elle est moins bonne comme aliment pour le bétail. Ces altérations sont surtout sensibles quand il survient des pluies persistantes qui font gonfler le grain et favorisent sa germination. C'est pourquoi il est très-utile alors de profiter des alternatives de beau temps ou d'une éclaircie pour faire sécher les javelles en les retournant sur elles-mêmes. Ce moyen est le seul que le cultivateur ait à sa disposition pour empêcher la germination des grains contenus dans les épis humides et qui sont en contact avec la couche arable. On se rappelle encore les fâcheux effets du javelage pendant les années pluvieuses de 1816, 1845, 1852 et 1853.

Mise en gerbes. — Le liage et la mise en gerbes s'exécutent de différentes manières suivant les localités et les liens dont on fait usage.

A. Liens. — On emploie, pour lier les gerbes, les tiges

mêmes de la céréale, de la paille de seigle, des lanières d'écorce de tilleul ou les pousses vertes du genêt à balais.

Les premiers liens ne sont guère en usage que sur les petites exploitations. Les grandes fermes n'ont aucun avantage à les employer parce que les ouvriers qui sont généralement des tâcherons, perdraient beaucoup de grains en les fabricant.

La paille de seigle que l'on emploie ordinairement dans cette circonstance provient de tiges de seigle qu'on a battues d'une manière particulière et qui ont été nettoyées et disposées en *gerbées* (voy. livre II, SEIGLE). Cette botte de paille triée pèse de 16 à 18 kilogrammes, provient de deux à trois gerbes de seigle et elle fournit de 75 à 90 liens.

Les *liens de paille* se font de trois manières différentes : à nœud, à boucle et tordus. Le premier est solide et on le fait promptement ; le second est le plus facile à faire, mais il casse souvent près du nœud ; le troisième est plus difficile à confectionner, mais il est très-solide quand il ne se détortille pas lorsqu'on le pose à terre.

La façon des liens à nœuds est payée 20 centimes le cent et celle des liens tordus 25 centimes.

Les liens de tilleul sont connus sous le nom de *tilles* ; ils sont flexibles et résistants et peuvent être utilisés en grande partie une deuxième et même une troisième fois. On ne doit les employer qu'après les avoir fait ramollir dans l'eau. Ils cassent très-aisément quand ils sont secs.

Dans les contrées de l'ouest, où le battage suit toujours la moisson, on remplace les liens de paille par deux pousses de *genêt à balais* réunies l'une à l'autre. Ces liens sont très-cassants ou peu solides quand ils sont secs, c'est-à-dire deux mois après qu'ils ont été employés.

On a proposé dans ces derniers temps de remplacer les

liens de paille par des cordes goudronnées, du fil de fer et des cordes de palmiers. Ces derniers liens sont les seuls que la grande culture a acceptés.

B. Liage. — Le liage des gerbes est une opération très-importante dans les contrées où les céréales non battues sont conservées pendant six mois à un an dans les granges ou en meules.

Pour que les gerbes aient toute la solidité voulue, il faut qu'elles soient liées à la *cheville* (voy. la *Pratique de l'agriculture*) avec des liens de paille ou de tilles qu'on a préalablement fait tremper dans l'eau. La paille de seigle humectée est souple, non cassante et solide.

Le poids des gerbes est très-variable. Dans le Midi, elles pèsent de 3 à 4 kilogrammes ; dans le Nord, de 8 à 9 kilogrammes ; dans les environs de Paris, de 12 à 15 kilogrammes, et dans l'Ouest, de 15 à 20 kilogrammes.

Un ouvrier aidé par un enfant et une femme ayant pour mission, l'un de placer les liens de distance en distance, l'autre de réunir trois à quatre javelles sur chaque lien, peut lier par jour de sept cents à huit cents gerbes du poids moyen de 12 à 14 kilogrammes. Seul et avec des liens confectionnés à l'avance, il ne peut pas lier au delà de cinq cents à six cents gerbes pendant le même temps.

Mise en dizeaux. — Les gerbes après leur confection ne peuvent pas rester éparses sur le champ. Il est utile de les réunir avant la fin de la journée en tas ou *dizeaux*, *triaux* ou *trézeaux*. En suivant cette méthode, on évite que beaucoup d'épis ne restent en contact avec le sol, ne subissent l'action de la rosée, du soleil et de la pluie, et on rend le chargement des voitures beaucoup plus facile et expéditif.

Les dizeaux se font de diverses manières; voici ceux que l'on confectionne le plus généralement :

A. Dizeau prismatique. — Les dizeaux prismatiques sont formés avec huit ou douze gerbes. Dans le premier cas les trois gerbes de la rangée inférieure ont leurs épis en contact avec le sol; dans le second, une seule gerbe touche la surface de la couche arable. On confectionne ces derniers di-

Fig. 72. — Dizeau prismatique.

zeaux (fig. 72) de la manière suivante : on pose deux gerbes de manière que les épis de l'une reposent sur les épis de l'autre ; puis, on place perpendiculairement à leur direction, et les unes au-dessus des autres, une rangée de quatre gerbes, une rangée de trois gerbes et une rangée de deux gerbes. On termine le dizeau en plaçant la douzième gerbe sur les deux dernières.

Ces tas de gerbes sont parfaits quand le temps est beau.

B. Dizeau en croix. — Les dizeaux en croix (fig. 73) bien disposés garantissent mieux les épis contre la pluie que les dizeaux prismatiques. Voici comment on les dispose : on pose d'abord deux gerbes en ayant soin que les épis de l'une reposent sur les épis de l'autre ; puis, on place deux autres gerbes perpendiculaires aux premières ; alors, on continue le dizeau en élevant à l'aide de deux gerbes chaque fois les bras de la croix. Quand douze gerbes ont été ainsi placées, on prend une gerbe un peu forte, on la place debout ou per-

pendiculairement sur le sol, on divise sa partie supérieure
en quatre parties à peu près égales et on la met à cheval sur
les quatre bras du dizeau. Les tiges qui ont alors leurs épis

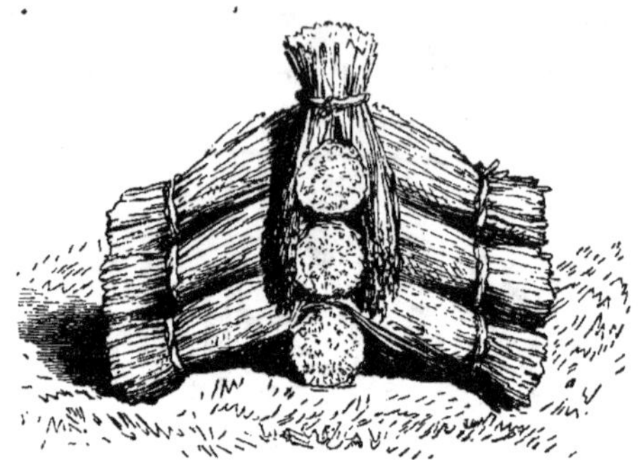

Fig. 73. — Dizeau en croix.

dirigés vers le sol garantissent les épis des autres gerbes
contre la pluie.

C. Dizeau circulaire. — Dans plusieurs localités de la
région septentrionale et surtout dans la Picardie, l'Artois

Fig. 74. — Dizeau circulaire.

et la Flandre, on a remplacé, çà et là, les dizeaux prismatiques et en croix, par des *gerberons* ou *rosettes* ou *crousels*
ou *dizeaux circulaires*. Ces dizeaux (fig. 74) sont faciles à

établir : on dresse une gerbe sur le sol et on l'entoure de
4, 6 ou 8 autres gerbes selon leur grosseur, en ayant soin
d'éloigner un peu leur partie inférieure du pied de la gerbe
médiane. Quand ces gerbes ont été ainsi disposées, on couvre
leurs épis avec une forte gerbe ouverte en forme d'entonnoir, et renversée. Ce chapeau protége bien les gerbes
contre la pluie et il permet au dizeau de résister aux vents
violents.

D. Dizeau longitudinal. — En Angleterre et surtout en
Écosse et dans le nord de la France, on remplace quelquefois les dizeaux circulaires par des dizeaux longitudinaux

Fig. 75. — Dizeau longitudinal.

ou *cavaliers* (fig. 75). Ces dizeaux ou *chaînes* comprennent
deux lignes de gerbes espacées par le bas et croisées au
sommet. Ces deux lignes sont consolidées à leurs extrémités par une gerbe en arc boutant ou par un lien *a*, *a*; une
troisième rangée de gerbes ouvertes couvre les deux autres
lignes.

Ce moyen de soustraire le blé à l'action nuisible des agents
atmosphériques n'a pas de grands avantages : il exige
beaucoup de main-d'œuvre et oblige à exposer un nombre
assez considérable d'épis soit au soleil, soit à la pluie. Je
lui préfère les gerberons.

Moyettes. — L'agriculture connaît aujourd'hui un procédé pour mettre les céréales à l'abri d'une humidité extrême. Ce moyen consiste à disposer le blé en *moyettes* ou *quintaux* aussitôt qu'il a été coupé.

On connaît deux sortes de moyettes : la *moyette flamande* ou *moyette normande*, et la *moyette picarde*.

A. Moyette flamande. — La moyette flamande, qu'on appelle souvent *villotte*, *madame* ou *cavalière*, est beaucoup plus simple et plus expéditive que la moyette picarde. Elle a été proposée pour la première fois, en 1760, par Louis Rose, ancien échevin de Béthune (Pas-de-Calais). Elle fut adoptée avec succès en 1816 dans plusieurs provinces. M. Crépet en a répandu l'usage dans l'ancienne Normandie. De nos jours, en effet, elle est constamment employée dans les départements de la Seine-Inférieure, de l'Eure et du Calvados, alors même que l'état atmosphérique inspire aux agriculteurs le plus de sécurité. Ce moyen de prévenir la germination des grains contenus dans les épis est aussi mis en pratique en Saxe, en Prusse, en Westphalie, etc.

Voici comment on l'exécute :

A mesure que le blé tombe sous la faux, la sape ou la faucille et alors qu'il n'est pas mouillé, on prend une quantité de tiges équivalente à cinq ou six gerbes, du poids moyen de 12 à 13 kilogrammes. On les réunit par un lien de paille à 25 ou 33 centimètres au-dessous des épis et on ouvre ensuite ce faisceau par le bas, afin de lui *donner du pied*, et pour faciliter intérieurement la circulation de l'air et la dessiccation des mauvaises herbes.

Après avoir terminé cette gerbe (fig. 76) que l'on appelle souvent *poupée* ou *bonhomme*, on la couvre d'un *chapeau* formé de deux ou trois brassées de tiges liées le plus bas possible (fig. 77).

On doit profiter des intermittences de soleil et de pluie si les tiges et les épis ne sont pas parfaitement secs, pour enlever le chapeau et aérer la gerbe placée perpendiculairement.

Fig. 76. — Moyette flamande (1re opération).

Fig. 77. — Moyette flamande (terminée).

Si la méthode flamande accroît les dépenses de cinq à sept francs par hectare, elle prévient des dommages qui causent des pertes d'au moins trois à cinq fois cette somme. Combien de fois les frais de moissons ne sont-ils pas augmentés,

quand, à la suite de pluies, il faut retourner les blés en javelles ou dresser les gerbes pour les faire sécher ! Les moyettes
se recommandent donc d'elles-mêmes aux cultivateurs qui
luttent presque chaque année contre l'influence si fâcheuse
des pluies continuelles.

B. Moyette picarde. — La moyette picarde a été imaginée,
il y a aussi bientôt un siècle, par Ducarne de Blangy. Elle a
été recommandée aux agriculteurs : en 1784, par l'abbé
Rozier; en 1802, par Parmentier; en 1816, par Bosc, et en
1826, par Mathieu de Dombasle. Il y a quinze ans le gouvernement la signala à l'attention des préfets et des évê-
ques, afin qu'elle reçût la plus grande publicité possible.

Les moyettes picardes sont appelées *huttes*, *huttelottes*,
moies, *moyes*, *bonshommes* et *villotes*, etc. Elles sont
connues dans la Flandre, l'Artois, la Picardie et la Normandie ; mais on les dispose moins facilement que les
moyettes flamandes. On les fait de la manière suivante :

Sur un endroit un peu élevé du champ on place une javelle
repliée sur elle-même, de telle sorte que les épis ne reposent pas sur le sol. On peut aussi se servir d'une petite
gerbe liée au-dessus des épis. Quand cette première javelle
a été ainsi placée, on commence la construction du meulon (fig. 78). Un ouvrier, secondé par quatre ou cinq femmes,
pose d'abord un premier rang de javelles sur la javelle
pliée sur elle-même vers son milieu ou sur la petite gerbe
affaissée, en ayant soin de les séparer les unes des autres
et de les disposer de manière que tous les épis soient
au centre. Sur cette première rangée de javelles, il en
place une seconde, puis une troisième, et ainsi de suite
jusqu'à ce que la paroi circulaire du meulon soit parvenue
à la hauteur de 1 mètre à 1^m,50. Il est nécessaire, lorsqu'on
termine le meulon, de croiser assez fortement les épis des

Fig. 78. — Moyettes picardes.

deux dernières rangées. Tous les épis étant réunis au centre, on comprend que ce point est beaucoup plus élevé que le pourtour ; il résulte de cette disposition que toutes les tiges sont inclinées du dedans au dehors. Donc, s'il survenait des pluies abondantes après la confection de la moyette, l'eau s'écoulerait au dehors en suivant l'inclinaison des tiges.

L'ouvrier chargé de faire les moyettes picardes ne doit pas oublier que toutes les javelles doivent former à l'intérieur de la meule une véritable vis d'Archimède.

On termine la moyette en la couvrant d'une gerbe qu'on ouvre en forme d'entonnoir, après l'avoir liée près de son extrémité inférieure. On a soin qu'elle couvre bien la partie supérieure du meulon.

Si on craignait des pluies abondantes et continuelles, on pourrait employer des gerbes battues ou *gluys* pour former cette sorte de chapeau. Toutefois, comme cette paille pourrait être soulevée par des vents violents, il faut la maintenir au moyen d'un grand lien embrassant le pourtour supérieur du meulon ou au moyen d'un cerceau que l'on fixe à l'aide de quelques épingles de bois.

Le point essentiel pour réussir dans la confection des moyettes picardes consiste à n'opérer que lorsque les tiges sont sèches. Ducarne de Blangy observe avec raison qu'on peut, si le temps est beau, laisser les moyettes découvertes pendant toute la journée et ne les couvrir que vers cinq à six heures du soir. Cette manière d'agir a l'avantage d'exposer le sommet de la moyette à l'air et au soleil.

Les moyettes flamandes ou picardes, une fois terminées, sont abandonnées à elles-mêmes. Si elles ont été bien faites, elles résistent à la pluie pendant dix à vingt jours et même davantage.

Lorsque toutes les céréales ont été moissonnées, et quand le temps permet de s'occuper de la rentrée de la récolte, on ôte le chapeau et l'on procède à la mise en gerbes des tiges qui forment les faisceaux ou les meulons.

Toute moyette mal confectionnée ou faite avec des céréales encore humides, ne permet pas au grain de terminer sa maturité, d'acquérir une plus belle couleur, d'être mieux nourri, plus coulant ou moins rude à la main et d'avoir un poids plus élevé.

En résumé, la mise en moyettes des blés versés, de ceux qui ont mûri inégalement et qu'on récolte prématurément, permet de mettre ces blés à l'abri d'une humidité extrême et prolongée.

Mise en meules temporaires. — Dans les contrées où le battage a lieu aussitôt après la récolte, on transporte les gerbes des champs dans la cour de la ferme ou dans un champ qui est attenant au bâtiment d'exploitation, à mesure pour ainsi dire qu'on les lie. Ce transport a lieu de préférence dans la matinée ou le soir si la température est très-élevée, afin de perdre le moins possible de grains. Les gerbes sont aussitôt amoncelées sous forme de meules circulaires ou longitudinales. Ces meules sont faites rapidement, parce qu'elles ne sont pas destinées à durer longtemps. On les termine, en leur donnant une forme conique ou l'aspect d'un toit. Lorsqu'on craint des pluies abondantes, on les couvre de paille battue.

Les dimensions de ces meules temporaires sont très-variables. Leur largeur égale la hauteur de 3 à 4 gerbes.

Mise en meules définitives. — Les exploitations dans la Beauce, la Brie, la Picardie, le pays de Caux, etc., etc., n'ont pas généralement des granges assez vastes pour pouvoir loger toutes les céréales qu'elles récoltent. Alors elles se trouvent dans la nécessité d'en conserver en meules une grande partie et quelquefois la presque totalité.

Ces meules sont construites aux abords des bâtiments ou, ce qui vaut mieux, dans une cour spéciale et close dite *cour des meules*, ou bien encore çà et là dans les champs sur des points rapprochés des chemins d'exploitation.

Ce moyen de conserver le blé en gerbes pendant cinq à six mois est économique et favorable à la qualité du grain quand la meule a été bien faite. Ainsi, quand les meules ont été bien tassées et bien couvertes et lorsqu'elles ne sont pas déformées quelques semaines ou un mois ou deux après avoir été édifiées, elles protégent le blé contre les effets pernicieux de la pluie, du brouillard, du soleil, de la neige et contre les oiseaux. Il est vrai que le blé est exposé à être ravagé pendant l'hiver par les rats, les mulots, les souris et les campagnols ; mais en général ces dégâts n'excèdent pas 5 pour 100 quand les meules ont été faites avec soin. Les déchets occasionnés dans les granges par les rats et les souris sont parfois aussi considérables.

Les meules varient quant à leur forme et leurs dimensions. Les unes ont des parois presque verticales (fig. 80); les autres sont plus étroites à leur base qu'à leur partie médiane (fig. 79). Ces dernières meules sont préférables aux premières, parce que les eaux provenant de la toiture tombent plus difficilement sur la paroi.

Les meules les plus fortes, celles qui ont un grand diamètre moyen, sont les plus économiques; ainsi, comme l'a constaté M. Boitel, une meule ayant un diamètre inférieur de 5 mètres, un diamètre médian de 7 mètres, une hauteur du tronc de 4 mètres et une couverture ayant 6 mètres d'élévation, aura une capacité de 764 mètres cubes, contiendra 6360 gerbes, et sa couverture présentera une sur-

face de 203 mètres; tandis qu'une meule de même forme,
ayant une base de 5 mètres de largeur, un diamètre moyen
de 6 mètres et la même hauteur de couverture, cubera seu-

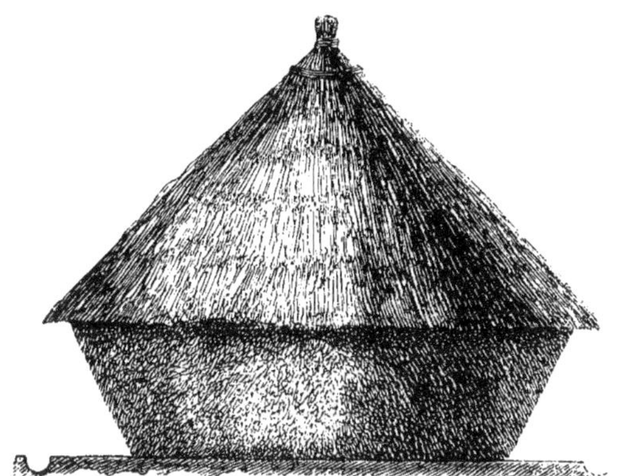
Fig. 79. — Meule de blé à paroi oblique.

Fig. 80. — Meule de blé à paroi presque verticale.

lement 507 mètres cubes, renfermera 5060 gerbes avec
une couverture ayant 160 mètres carrés.

En général 1 mètre cube contient 100 kilogrammes de
blé en gerbes, ou huit gerbes ayant 1^m,35 de circonférence
et 1^m,25 de longueur.

Les meules doivent être établies sur des endroits secs.
Après avoir tracé sur le sol leur base circulaire, on y établit un *soustrait* composé de fagots ou de tiges sèches de
colza ou de pavot-œillette, et destiné à garantir les premières
gerbes contre l'humidité de la terre. Cette base doit être
solidement disposée.

En Angleterre et en France dans quelques fermes, les
meules définitives sont établies sur un support en fonte

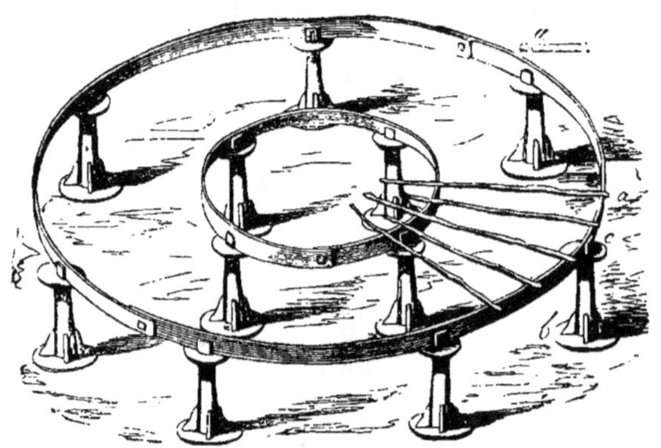

Fig. 81. — Support pour meule.

(fig. 81) surmonté d'un plancher à claire-voie *a,c*. Les piliers *b* sont disposés de manière que les rats et les souris
ne puissent arriver jusqu'aux gerbes.

En France, le plus généralement, les rangées de gerbes
vont en s'élargissant jusqu'à 2 ou 3 mètres; mais lorsque,
à cette hauteur, la meule a atteint son plus grand diamètre,
les autres couches successives de gerbes vont en se rétrécissant jusqu'au sommet qui est toujours pointu et est
garni de bottes de paille.

Les meules de dimensions moyennes contiennent de
3,000 à 4,000 gerbes de 12 à 15 kilogrammes.

Lorsqu'une meule est terminée on l'abandonne à elle-
même pendant quelques jours ou plusieurs semaines si le
temps est beau. On doit la couvrir, aussitôt qu'elle s'est
tassée, avec de la paille de seigle ou au besoin avec de la
paille de froment.

Une meule de 6 à 7 mètres de diamètre à sa partie médiane, et ayant une hauteur totale de 10 mètres environ,
exige de 2,500 à 3,000 kilogrammes de paille.

Fig. 82. — Meule couverte avec des
paillassons mécaniques.

Fig. 83. — Manière de poser les paillassons
mécaniques.

Le blé, conservé en meules bien faites et bien couvertes,
gagne en qualité et en poids. Aussi ne cesse-t-on de dire
qu'il est utile que le *blé sue dans le gerbier* et qu'il y perde
dès lors une partie de l'humidité qu'il renferme et qui est
nuisible à sa bonne conservation.

On peut à défaut de paille de seigle couvrir les meules
de blé avec des paillassons mécaniques. Ce mode de couverture (fig. 82) occasionne une plus forte dépense, mais

les paillassons ayant une durée de plusieurs années constituent une toiture excellente et qu'on pose très-promptement et très-aisément (fig. 83).

Les couvertures faites avec de la paille sont garanties, en Angleterre, contre la violence des vents, par des liens de paille qui forment sur la toiture un véritable réseau (fig. 84). Ce moyen mérite d'être adopté dans les localités où les vents sont très-impétueux.

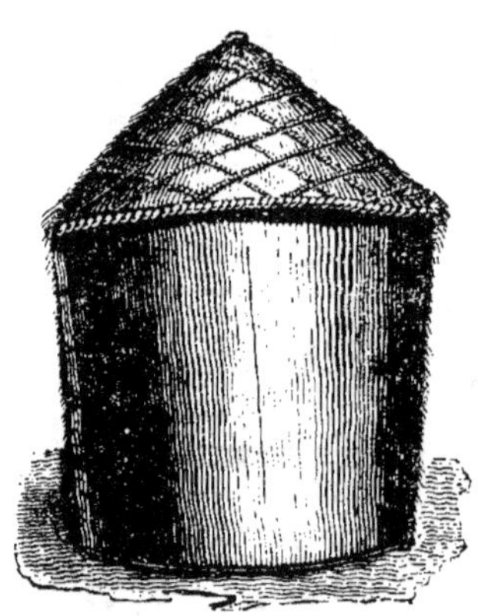

Fig. 84. — Meule anglaise.

Toutes choses égales d'ailleurs, il est utile, si les meules sont conservées pendant six mois ou une année, de visiter quelquefois leurs couvertures et d'y faire les réparations nécessaires, afin que les pluies ne puissent les altérer. Il est utile aussi, lorsqu'une meule est terminée, d'entourer sa base d'une rigole (fig. 79 et 80) destinée à recevoir et à éloigner l'eau qui tombe de la couverture.

Aération des meules de blé. — Les céréales mises en meules encore humides sont très-sujettes à s'altérer. Non-seulement l'humidité concentrée à l'intérieur des meules ou des granges nuit à la qualité du grain, mais elle altère aussi la valeur alimentaire et commerciale de la paille. En Écosse, où la moisson n'est pas toujours favorisée par le beau temps, on dispose les meules intérieurement, de manière que l'eau des pluies contenue dans les tiges et les épis puisse facilement s'évaporer au dehors. A cet effet, et au fur et à mesure qu'on construit une meule, on dispose entre les gerbes des conduits en terre percés çà et là de trous ou de tubes à claire-voie et fabriqués avec des baguettes ayant plusieurs centimètres d'épaisseur. Ces conduits forment dans la meule un double T. Les ouvertures affleurent extérieurement la paroi et elles sont munies d'un grillage pour que les souris, les rats ne puissent arriver jusqu'aux épis.

Grâce à ce moyen d'aération, qui était connu en France il y a un siècle, l'humidité que les gerbes contiennent encore au moment de leur mise en meule ne fait jamais moisir la paille ou germer les grains, parce qu'elle ne tarde pas à disparaître sous l'influence du courant qui s'établit dans les tubes. Ce courant est d'autant plus fort que la température de l'air est moins élevée.

Conservation des gerbes dans les granges. — Le blé en gerbes se conserve bien dans les granges, si les murs de ces bâtiments ne sont pas humides et salpêtrés et si les aires sont sèches ou bétonées.

Quoi qu'il en soit, il est utile de couvrir l'aire du bâtiment d'un soutrait de paille de colza ou de fagots, de bien y entasser les gerbes et de fermer toutes les ouvertures par lesquelles les rats et les souris peuvent y pénétrer.

Chaque année avant la moisson, on doit avoir le soin de faire boucher les trous qui servent de refuge aux animaux nuisibles.

Le tassement des gerbes est ordinairement confié à des ouvriers spéciaux qu'on nomme *calvaniers*. (Voy. la *Pratique de l'agriculture*.)

Glanage. — Le glanage, ou faveur accordée aux pauvres de ramasser les épis que les moissonneurs ont laissés sur les champs de céréales, est fondé sur l'humanité et il a pour base la loi de Moïse (Lévitique, chap. xix, v. 9). Mais si les épis abandonnés par les moissonneurs sont le patrimoine du pauvre, si le glanage est respectable dans son origine, il faut reconnaître qu'il est nécessaire de le réglementer. Henri IV, par son édit de 1554, le défendit à tout individu valide, mais il le *permit aux gens viels et débilités de membres, aux petits enfants et autres personnes qui n'ont pouvoir ni force de seyer.* Le parlement de Paris confirma cette autorisation par son arrêt du 7 juin 1779. Enfin, les lois du 16 août 1790, du 6 octobre 1791, du 5 brumaire an IV et du 25 thermidor an VI, réglementèrent de nouveau le glanage.

Toutes ces lois sont encore en vigueur, ainsi que l'a jugé la cour de cassation, le 25 décembre 1818, le 8 octobre 1840 et le 10 juin 1843.

Il résulte des lois précitées et de l'article 471, n° 10, du Code pénal :

1° Que le glanage ne peut avoir lieu avant et après le coucher du soleil ;

2° Qu'on ne peut s'y livrer dans les champs non encore entièrement dépouillés de leurs récoltes ;

3° Que le propriétaire ou le fermier peut aussi faire glaner, mais qu'il doit le faire avant l'enlèvement de la récolte ;

4° Que le cultivateur ne peut envoyer son troupeau dans les champs qui ont produit des céréales que deux jours après l'enlèvement complet de la récolte ;

5° Que le glanage est impossible sur les terres emblavées en trèfle, luzerne, sainfoin ou lupuline.

Quiconque glane dans les champs non dépouillés de leurs récoltes, ou avant et après le coucher du soleil, peut être condamné à une amende de 1 à 5 fr.

Un propriétaire ou fermier qui fait paître son troupeau

avant les deux jours accordés pour le glanage, peut être condamné à des dommages et intérêts envers les pauvres, suivant les arrêts de la cour de cassation en date du 18 octobre et du 16 novembre 1821, et du 13 octobre 1836.

Le glanage avec des râteaux n'est pas possible, selon les anciens règlements, confirmés par l'article 484 du Code pénal et un arrêt rendu par la cour de cassation le 23 décembre 1818.

Tout cultivateur a le droit de faire râteler ses propres champs *avant* l'enlèvement

Fig. 85. — Râteau à cheval, dit *râteau glaneur*.

des gerbes, suivant un arrêt de la cour de cassation en date du 20 octobre 1841, mais il ne peut concéder à quiconque le droit de glaner quand l'enlèvement entier des gerbes n'a pas eu lieu, d'après un arrêt rendu par la même cour le 5 septembre 1835.

Râtelage des champs moissonnés. — Dans les circonstances ordinaires les agriculteurs abandonnent aux pauvres les épis de blé que les moissonneurs ont laissés sur les champs qu'ils ont moissonnés.

Toutefois, quand la récolte a été mal exécutée, lorsque la coupe des tiges a été faite avec une moissonneuse mécanique mauvaise ou mal dirigée, enfin lorsque le vent, par sa violence, a bouleversé les javelles et jonché le sol de tiges, on peut remédier au mal avant ou aussitôt après la mise en gerbes, en râtelant toute la surface du champ avec un râteau à cheval spécial, dit *râteau glaneur* (fig. 85), ou d'un râteau à cheval ordinaire. Malgré tous les soins possibles, il restera encore après l'opération une bonne part pour les pauvres.

Les tiges rassemblées par le râteau sont ensuite mises en bottes ; on les bat au fléau ou avec la machine à battre.

CHAPITRE XIII

BATTAGE ET ÉGRENAGE

On désigne sous les noms de *battage* et *égrenage* les opérations qui ont pour but de séparer les grains des épis des céréales.

Le battage se fait en plein air ou dans les granges. On l'exécute, dans les deux cas, suivant quatre procédés : 1° au fléau ; 2° à l'aide de rouleaux en pierre ou en bois ; 3° au moyen des pieds des animaux ; 4° à l'aide de machines à battre mobiles ou fixes qui sont mises en mouvement par des animaux, par la vapeur ou par l'eau.

Les deux premiers procédés constituent le *battage proprement dit ;* le troisième moyen est l'opération à laquelle on a donné le nom de *dépiquage ;* le dernier procédé est généralement désigné sous le nom d'*égrenage.*

Battage au fléau dans les granges. — Le battage au fléau a lieu à l'intérieur des granges (fig. 86) dans les fermes de la région septentrionale, qui ne possèdent pas encore de machines à battre ou qui veulent avoir des blés de semence. Ainsi on l'opère pour égrener les céréales dans la Beauce, la Normandie, la Picardie, la Lorraine, la Champagne, etc., contrées où les céréales sont conservées pendant plusieurs mois, soit dans les granges, soit en meules placées en dehors des cours de fermes.

Le fléau qu'on emploie pour battre en grange varie peu dans sa forme. Il se compose d'un long manche auquel est fixé supérieurement un petit rouleau en bois qu'on nomme *batte* ou *verge*. Ces deux parties sont assujetties ensemble à l'aide d'une *couplière* en cuir d'une forme spéciale. Le manche est ordinairement terminé par une tête arrondie qui maintient la *chappe* de la couplière et lui permet de tourner sur elle-même. Si cette pièce était fixe, le batteur éprouverait des difficultés pour relever et abaisser la batte et il serait forcé de faire *virer* sans cesse sur lui-même et entre ses mains le manche du fléau.

Le battage en grange s'exécute sur une aire spéciale. Le plus ordinairement les aires de grange sur lesquelles on bat les céréales au fléau sont formées : 1° de terre argileuse corroyée, battue et enduite, lorsqu'elle est presque sèche, de sang liquide qui glace et durcit sa superficie ; 2° de ciment de Portland ; 3° d'un carrelage ; 4° d'un plancher bien jointoyé. Les aires en plâtre sont mauvaises parce que le fléau les détériore aisément et qu'elles produisent alors beaucoup de poussière qui rend le *grain terreux*. Les aires en salpêtre ont aussi une durée très-limitée.

Le plancher est préférable à tous autres moyens, parce qu'il ne fournit pas de poussière, qu'il est sans cesse sec quand il a été bien établi et parce que le fléau y rebondit toujours mieux.

Lorsque le batteur en grange commence sa journée, il place une gerbe de blé sans la délier sur le milieu de l'aire, saisit son fléau par le manche, se place à 1ᵐ,50 environ de la gerbe et frappe sans interruption sur les épis pendant quelques secondes ; puis il la retourne sur elle-même et élève et abaisse de nouveau son fléau sur les épis pendant quelques instants. Cette première opération a pour but d'égrener les épis qui forment l'enveloppe externe au

Fig. 86. — Battage en grange et au fléau.

sommet de la gerbe et qui reposent sur l'aire, lorsque le
froment a été étendu en couche mince et régulière.

Aussitôt que ce premier travail est terminé, le batteur
délie la gerbe et jette le lien dans un coin de la grange.
Alors, il prend son fléau, place la verge sous son aisselle
droite, saisit le manche avec ses mains et étend les tiges
de manière qu'elles forment une couche d'une épaisseur
de 0^m,03 à 0^m,05. Quand la gerbe a été ainsi écartée, il se
place en dehors de l'étendue qu'elle occupe et continue le
battage. D'abord il frappe légèrement sur le bord des tiges
étendues, afin de ne pas briser la batte du fléau ou écraser
les grains existants sur le plancher ou l'aire ; ensuite, il
élève le fléau de manière que la verge *tournoie* en l'air, et
il l'abaisse en allongeant un peu les bras, pour que la batte
tombe sur la céréale aussi horizontalement que possible.
Au fur et à mesure que le batteur agit sur les tiges à l'aide
de coups répétés et réguliers, il avance vers l'autre bord de
la masse de tiges en faisant un ou deux pas sur la céréale.
Quand la verge touche les tiges qui forment l'autre bord
de la gerbe étendue, il abaisse de nouveau les bras dans le
but de frapper moins fort sur les épis et sur les grains. Il a
soin, pendant ce travail, de promener le fléau de la base des
tiges aux épis et de l'extrémité des tiges vers leur partie
inférieure, afin de bien égrener les épis qui se trouvent
à la partie médiane ou à la base de la gerbe.

Quand la gerbe a été ainsi battue, l'ouvrier place de nouveau la batte du fléau sous son bras droit, saisit encore le
manche avec ses deux mains et engage ce dernier sous les
tiges pour les retourner en les faisant pivoter sur leurs
extrémités inférieures. Lorsque toutes les tiges ont été
renversées sens dessus dessous et dans une direction
opposée, il les bat de nouveau pour que tous les épis
soient aussi complétement égrenés que possible. Ce second
travail exige toujours moins de temps que le premier bat-

tage. Aussitôt que l'égrenage est terminé, le batteur met la paille en bottes.

Le bottelage se fait de deux manières : lorsque la paille doit être vendue ou conduite sur un marché, l'ouvrier la secoue avec une fourche dans le but de la débarrasser du grain et de la menue paille, en ayant soin de ne pas la mêler; alors il rassemble les tiges en faisceaux de 5 à 6 kilogrammes, en se servant de ses mains et en s'aidant de ses jambes et les pose sur un lien qu'il a préalablement étendu sur l'aire de la grange. Quand la botte est faite, il la peigne et la jette dans une travée vide.

Lorsque la paille doit être employée comme litière ou donnée comme aliment aux animaux domestiques de l'exploitation, le batteur agit autrement. Il prend une fourche ou utilise le manche du fléau et secoue et mêle la paille qu'il a battue. Ce n'est que lorsque cette dernière opération est terminée qu'il met les tiges en bottes.

Après ce travail, il place sur l'aire une nouvelle gerbe et opère de la même manière que pour la précédente.

Lorsque la menue paille devient abondante sur l'aire et qu'elle forme avec le grain une couche déjà épaisse, le batteur prend un râteau et râtelle toute l'étendue occupée par le grain et il pousse, et les petites pailles, et les balles dans un coin de l'aire.

Quelquefois, avant de continuer le battage, il prend un sac ordinaire, le plie en deux, saisit avec ses deux mains la base et sa partie supérieure, l'élève et l'abaisse devant lui avec force dans le but de produire du vent ou de nettoyer l'aire. Cette opération, qu'il répète de temps à autre pendant son travail, éloigne les balles et commence le nettoiement du grain.

Quand le grain forme une couche épaisse et susceptible

d'amortir les coups du fléau, il le pousse dans un coin de la grange en se servant d'une pelle en bois.

Le battage en grange n'est pas toujours exécuté par un seul ouvrier. Souvent les batteurs en grange s'associent deux à deux. La réunion au nombre de trois ou de quatre est plus rare.

Lorsque deux ouvriers s'entendent pour entreprendre le battage d'une quantité de gerbes, ils se placent l'un devant l'autre à une certaine distance et frappent en cadence, c'est-à-dire alternativement sur les deux gerbes qu'ils ont étendues sur l'aire. Quand l'un d'eux avance, l'autre recule et réciproquement.

En général, deux batteurs égrènent plus de grains dans un temps donné que lorsqu'ils travaillent isolément.

Lorsqu'un batteur cesse de travailler, il nettoie le grain qu'il a égrené à l'aide du râteau et du sac, si ce dernier est nécessaire, et il l'amoncelle dans un coin de la grange. Il complète sa journée en balayant toute l'étendue de l'aire. Le grain s'accumule ainsi de jour en jour dans la grange, depuis le lundi jusqu'au samedi, jour le plus ordinairement consacré au vannage et au mesurage du blé. En général, les fermiers n'obligent les batteurs à nettoyer et à livrer tous les jours le grain qu'ils ont battu, que lorsqu'ils doutent de leur probité ou quand la grange dans laquelle a lieu le battage est mal close.

Les blés qui ont été récoltés et emmagasinés par un temps sec sont plus faciles à battre que ceux qui ont été coupés par des temps pluvieux et conservés dans des locaux humides. Plus on retarde le battage du blé, plus son égrenage est facile.

La journée des *batteurs en grange* n'égale pas, quant à sa durée, la journée des autres ouvriers agricoles. Il devait en être ainsi. Un batteur en grange exécute une opération trop fatigante pour pouvoir travailler journellement durant huit à dix heures pendant six, huit ou dix mois. Le plus ordinairement il arrive à la ferme à la pointe du jour en automne, en hiver et au printemps, et il continue de battre jusqu'à deux ou trois heures de l'après-midi. Alors, ou il nettoie le grain qu'il a battu, ou il retourne chez lui, soit pour se reposer, soit pour s'occuper dans son jardin ou sur les quelques ares de terre qu'il cultive.

Le battage au fléau et en grange se fait généralement à la tâche. C'est à tort qu'on voudrait le faire exécuter à la journée. Un cultivateur qui adopterait ce moyen ne pourrait le considérer comme favorable qu'à la condition de s'imposer l'obligation d'une surveillance incessante qui le rendrait complétement sédentaire à l'intérieur de la ferme.

Le plus ordinairement on accorde aux batteurs en grange de 1 franc à 1 fr. 25 par hectolitre de blé nettoyé. Les prix doivent naturellement varier suivant le rendement et les difficultés que présentent l'égrenage.

Un batteur travaillant six à huit heures par jour bat, en moyenne, un hectolitre et demi de blé. Généralement, il se trouve dans la nécessité d'égrener un peu plus de 510 kilogrammes de gerbes pour obtenir un hectolitre de grain et au moins 470 kilogrammes pour en battre 150 litres. Dans le premier cas, il bat de 25 à 26 gerbes du poids moyen de 11 à 12 kilogrammes; dans le second, il égrène par jour de 37 à 39 gerbes.

Lorsque les gerbes de froment rendent seulement 5 hectolitres pour 100, le même batteur égrène de 50 à 52 gerbes pour avoir 150 litres ou environ 120 kilogrammes de grain.

Une gerbe de froment, du poids moyen de 11 kilogrammes exige, pour être battue, de 140 à 150 coups de
fléau, soit environ cinq minutes. Un batteur habile retourne
la gerbe et bottelle la paille qu'elle fournit en moins de
quatre minutes. Chaque gerbe occupe donc le batteur pendant huit à dix minutes. L'ouvrier qui est obligé de battre
50 gerbes pour obtenir 150 litres de grain, doit travailler
pendant six à huit heures.

Battage au fléau en plein air. — Dans les anciennes provinces de la Bretagne, de la Vendée, du Poitou,
de la Saintonge, de la Guyenne, etc., etc., le battage du
froment se fait aussi avec le fléau, mais au lieu de l'exécuter pendant la morte saison, comme dans les départements
de la région du Nord et des plaines du Nord, on l'opère en
plein air aussitôt après la moisson. Cette opération doit
être faite à cette époque de l'année dans ces contrées parce
que les fermes n'ont pas de grange, et que la conservation
du blé en meules présente peu de sécurité. On sait que les
haies vives, lorsqu'elles sont nombreuses, favorisent la
multiplication des rats, mulots, souris, etc.

Le battage des céréales en plein air est toujours exécuté
sur des aires d'une grande étendue et de forme régulière.
Ces aires sont en terre et bordées au nord et au nord-ouest
par les gerbiers faits avec les céréales à battre.

Lorsque la surface de l'aire a été bien nettoyée, c'est-
à-dire débarrassée des herbes qui l'avaient envahie depuis la moisson précédente, quand sa surface est bien unie
ou nivelée, on l'abreuve avec un arrosoir, on la bat à l'aide
d'une pelle en fer spéciale ou d'une dame, et lorsqu'elle
est presque sèche, on la couvre à diverses reprises d'une
bouillie un peu claire faite avec des bouses de vaches
ou de bœufs et de l'eau. Ce mélange est appliqué avec un

balai de bouleau ou mieux de genêts à balais ; on ne renouvelle son application que quand la première couche est sèche ; cet enduit, qu'on appelle *bousage*, a l'avantage de rendre la surface de l'aire très-solide et de l'empêcher de devenir poudreuse pendant le battage.

Pour qu'une aire ainsi préparée ne se fendille pas sous l'action d'un soleil ardent, on la couvre de longue paille aussitôt qu'on l'a mouillée et damée afin qu'elle sèche lentement. Dans quelques localités, la préparation des aires neuves donne lieu à des fêtes ou des danses très-animées.

Quand l'aire est sèche et bien *glacée* par la bouse de vache et, lorsque le temps est beau, on commence le battage qu'on répète tous les jours à moins qu'il ne survienne de la pluie et des orages. La veille du jour où l'on commence cette importante opération, le fermier a réparé les fléaux, disposé plusieurs balais particuliers et il s'est pourvu d'un certain nombre de fourches en bois et en fer.

Le battage n'a pas lieu avant sept ou huit heures du matin. On attend ordinairement que le soleil ait fait disparaître la rosée qui s'est condensée sur l'aire pendant la nuit. Quand l'aire est suffisamment sèche, un des ouvriers monte sur une des meules et jette à terre un certain nombre de gerbes. Celles-ci sont aussitôt saisies par des hommes ou des femmes qui les délient successivement pour pouvoir les étaler par couches superposées sur toute l'étendue de l'aire. Voici comment on opère la pose de la céréale qu'on veut battre :

Un des ouvriers prend *une brassée* de tiges et se place à l'un des angles de la partie supérieure de l'aire ; alors, il l'étale en une couche mince, en ayant soin que la base

des tiges soit éloignée de 0ᵐ,40 à 0ᵐ,50 du bord de l'aire et
que les épis soient dirigés vers le centre. S'il ne peut continuer son travail sur toute la largeur de l'aire, il est remplacé immédiatement par un autre ouvrier qui porte une
brassée de tiges.

Quand cette première rangée a été disposée, on en place
une seconde, puis une troisième, puis une quatrième et
ainsi de suite, jusqu'à ce que toute l'étendue de l'aire soit
entièrement garnie. Toutefois, la seconde rangée, la troisième et les suivantes sont posées de manière que leurs
épis soient dirigés en sens inverse des épis de la première
couche. Ainsi, on agit de telle sorte, que les épis de la
deuxième rangée reposent sur les tiges de la première, les
épis de la troisième sur les pailles de la seconde, etc., etc.
Lorsque la céréale à battre a été ainsi imbriquée, aucun
épis ne touche la terre et l'œil ne distingue que des épis
de froment; en outre les épis de la première et de la dernière couche sont dirigés vers le centre de l'aire. On complète ce travail préliminaire en séparant avec les pieds
l'airée de la céréale à égrener en deux parties. Cette division n'est pas pratiquée sur les aires à battre ayant une
très-faible étendue.

Aussitôt que l'aire a été garnie et divisée en deux parties, les ouvriers, hommes et femmes, légèrement vêtus et
toujours pieds nus, s'arment chacun d'un fléau et commencent le battage. Les fléaux en usage dans le battage en
plein air sont différents des fléaux qu'on emploie pour
battre dans les granges. Les battes ou verges sont en bois
de houx ou de chêne, ou de micocoulier, rondes et de la
grosseur du pouce, ou elles sont larges et aplaties. Dans les
deux cas, elles sont peu pesantes et très-maniables. Cette
légèreté est nécessaire; si les verges des fléaux étaient aussi

lourdes que celles qu'on emploie dans les contrées du nord de la France, il y aurait impossibilité pour les batteurs de les manier avec autant d'aisance et surtout de les élever et de les abaisser avec une grande promptitude. Les verges rondes conduites vivement divisent davantage la paille que les battes élargies.

Les batteurs se placent toujours sur deux rangées et face à face. Ils commencent à l'une des extrémités de l'aire et sur un des côtés. Quand ils se sont placés, ils commencent le battage. Cette opération se fait de deux manières. Tantôt tous les ouvriers d'une même rangée élèvent et abaissent en même temps les fléaux pendant que les batteurs de l'autre ligne frappent la céréale et relèvent les battes de leurs fléaux. Lorsque le battage est ainsi exécuté, l'oreille ne distingue qu'un seul coup monotone; cette manière d'opérer est assez bonne, mais elle s'effectue lentement. D'autres fois, les batteurs, au nombre de douze, disposés aussi sur deux rangées, opèrent séparément et successivement, de manière que tous les fléaux s'entre-croisent alternativement. Dans cette battue complète, le bruit que produit le battage est cadencé, on pourrait même dire harmonieux. Ainsi, on entend un rhythme très-accéléré qu'on peut représenter à l'aide de syllabes suivantes : *pateti, peti, petu;* cette cadence produit au lointain un effet qui est des plus agréables, et il est incontestable qu'elle excite les travailleurs et ranime leur énergie.

Lorsque la *batterie* est bien disposée, quand le retour des verges sur la céréale a été bien déterminé, l'une des deux rangées de batteurs avance en frappant avec force, tandis que l'autre recule en abaissant moins vigoureusement les verges des fléaux, mais en soutenant toujours la mesure ou la cadence. Lorsque la batterie est arrivée à l'extrémité de l'aire, les deux rangées de batteurs, sans s'arrêter, obliquent à droite ou à gauche, changent de mains, c'est-à-dire font virer les verges à gauche, si elles tournaient à droite et continuent l'opération du battage. Toutefois, la section de batteurs qui avançait marche maintenant à reculons et frappe plus légèrement ; le contraire a lieu pour l'autre section d'ouvriers. Le battage se continue ainsi sur toute l'étendue d'une *airée* ou d'une partie de l'aire.

Aussitôt qu'il est terminé et pendant le temps qu'un des ouvriers ou une femme *émouche* ou bat les épis qu'on observe encore sur le contour de l'airée, des femmes ou des enfants armés de fourches en bois retournent la céréale en opérant par chaque rangée successive et en dirigeant les épis vers l'extérieur de l'aire. Alors les ouvriers reprennent leurs fléaux et recommencent le battage. Ce travail est moins pénible, moins long que le précédent et on l'opère avec plus de rapidité.

Quand la céréale est battue, tous les ouvriers, hommes et femmes, s'arment d'une fourche en bois, soulèvent la paille, l'agitent et la disposent en tas. La paille, qui est alors en grande partie brisée, est enlevée et mise en meule. Dès qu'elle été transportée au *paillis*, un des batteurs prend un râteau à dents longues et écartées et râtelle toute la surface de l'aire. Cette opération est faite dans le but de rassembler les petites pailles qui restent sur l'aire et d'enlever une partie des balles ou de la menue paille. On complète cette opération en promenant légèrement sur l'aire un long balai de bouleau, afin de nettoyer le grain, c'est-à-dire de chasser hors de l'airée la plupart des balles que le râteau y a laissées.

Lorsque l'airée a été nettoyée, on la couvre de nouveau de tiges de blé, de seigle, etc., et quand elle est entière-

ment garnie, on l'abandonne à l'action du soleil, pour qu'il
sèche la paille, pour qu'il échauffe les épis et rende le battage plus facile. Pendant cet abandon, on opère l'égrenage
de la deuxième partie de l'aire, qui est restée exposée pendant une demi-heure ou une heure aux rayons brûlants
du soleil.

On continue ainsi jusqu'à l'approche de la nuit, lorsque
le temps est beau.

Le soir on nettoie l'aire et on rassemble le grain en tas
dans un coin d'une airée ou on le transporte dans la grange
ou sous un hangar à l'aide de draps, de paniers ou de
sacs. Quand l'aire est très-chargée de grain, on rassemble
souvent ce dernier, en se servant d'une planche ayant $2^m,50$
à 3 mètres de longueur sur $0^m,30$ environ de largeur. Cette
planche présente à ses deux extrémités deux échancrures
dans lesquelles passe une longue corde qui sert à la traîner
sur toute l'étendue de l'aire. Chaque extrémité de cette
corde est tirée par un ou plusieurs batteurs. Quant à la
planche, elle est maintenue un peu inclinée d'avant en
arrière par un ouvrier; cette inclinaison lui permet de
mieux chasser le grain devant elle et de le rassembler en
tas. Ce moyen de réunir chaque soir le grain qu'on a battu
pendant le jour est très-connu des cultivateurs de l'Ouest ;
il est plus expéditif que l'emploi de la pelle. On termine
cette opération en balayant avec soin toute l'étendue de
l'aire.

Le battage au fléau en plein air est sans contredit une
des opérations agricoles les plus pénibles, et c'est à bon
droit qu'on doit le regarder comme le mode d'égrenage le
moins économique. Ainsi il s'exécute souvent, surtout
lorsque le temps est incertain, avec une lenteur désespé-
rante; il expose une certaine quantité de tiges non battues

ou de grains à l'action des pluies, ou des orages intempes-
tifs ; enfin, il exige des ouvriers actifs et vigoureux et ne
permet pas d'obtenir des grains aussi propres, aussi luisants que lorsque le battage est exécuté à l'aide d'une machine à battre.

Ce procédé a déjà disparu dans plusieurs exploitations
des provinces de l'Ouest et du Sud-Ouest ; avec le temps, on
ne le rencontrera très-certainement que sur les fermes
d'une faible étendue.

J'ajouterai qu'il est rare qu'on n'ait pas à déplorer chaque année dans la région de l'Ouest la mort de quelques-
uns des ouvriers qui l'exécutent. Ces pertes s'expliquent
aisément si on se rappelle que les batteurs opèrent sans
cesse sous l'action brûlante du soleil, qu'ils terminent
leurs travaux à l'arrivée de la nuit et qu'ils rentrent ensuite couverts de sueur dans des habitations fraiches ou
dans lesquelles ils sont souvent exposés à l'action d'un
courant d'air humide ou froid.

Le battage en plein air avec le fléau se fait ordinairement à la journée. Les batteurs reçoivent 2 francs par
jour et ils sont bien nourris. Le salaire qu'on leur accorde
et les dépenses qu'occasionne leur nourriture portent le prix
de revient du battage de 1 fr. 50 à 2 francs l'hectolitre.
Lorsque le froment est productif et quand il a été coupé à
mi-hauteur, un batteur n'égrène pas par jour au delà de
200 à 250 litres de froment.

Dans quelques localités on accorde aux ouvriers pour
leur salaire un dixième ou un onzième du blé battu.
Si le froment vaut 20 francs l'hectolitre, le prix de
revient du battage varie alors entre 1 fr. 80 à 2 francs
par hectolitre.

Les ouvriers qui opèrent le battage des grains à la tâche

et en plein air sont ordinairement désignés sous les noms de *métiviers* et *estivandiers*.

Battage à l'aide de rouleaux en pierre. — Les rouleaux sont employés depuis les temps les plus anciens pour égrener les céréales. Les Romains faisaient usage du *plostellum Punicum*, qui se composait d'un châssis en bois auquel étaient fixés deux cylindres garnis de dents saillantes. L'homme qui conduisait les deux bœufs qu'on attelait à cette machine à égrener s'asseyait sur une chaise située au milieu du traîneau.

De nos jours, en Égypte, on égrène les blés avec un traîneau à peu près analogue, à cette exception cependant que les rouleaux à pointes sont remplacés par des cylindres armés de rondelles en fer très-saillantes destinées à couper la paille en fragments. Ce traîneau ou *noreb* a été imaginé par les Carthaginois. Le rouleau dont on fait usage dans le Liban est armé de pierres saillantes.

Les Romains se servaient aussi du *tribulum*, plateau de bois dont la surface inférieure était garnie de silex aigus ou de dents de fer. Cet appareil était traîné par un animal.

Quelquefois le *tribulum* était suivi par le *traha*, traîneau qui terminait le battage du blé quand il avait été mal exécuté.

Les rouleaux en pierre sont très-employés dans les provinces du Sud et du Sud-Ouest, mais le travail qu'ils exécutent est trop imparfait pour qu'ils dispensent de l'emploi du fléau.

Ces rouleaux sont en granit, en gneiss ou en pierre calcaire aussi dure que possible. Le plus ordinairement ils ont la forme d'un tronçon de cône. Leur longueur ne dépasse pas 1 mètre à 1^m,20 ; leur grand diamètre a de 0^m,70 à 0^m,90, et leur petit diamètre de 0^m,50 à 0^m,80; ils pèsent de 1500 à 2500 kilogrammes. Ces rouleaux sont traînés par un ou deux bœufs ou chevaux, selon leur poids. Le siége du conducteur est situé sur le bâti.

Les rouleaux en pierre ont ordinairement une faible longueur, afin que le conducteur puisse aisément les conduire sur les aires garnies de céréales; l'expérience permet de dire que plus est court un rouleau en pierre ou en bois et plus il pivote sur lui-même dans les *tournées* avec facilité. Ces rouleaux portent sur chacune de leur section deux tourillons en fer qui s'engagent dans le bâti qui sert à les mettre en action.

Les rouleaux en pierre, à cause de leur grande pesanteur, ne peuvent être employés que sur des aires bien préparées et surtout très-solides. Lorsque la surface de l'aire n'est pas suffisamment ferme ou résistante, les pieds des animaux qui exercent continuellement de grands efforts, la rendent quelquefois très-poudreuse ; alors le rouleau y enterre superficiellement un certain nombre de grains de blé.

Les aires sur lesquelles on emploie des rouleaux en pierre ont aussi une grande étendue ; leur largeur varie entre 20, 25 et 30 mètres, suivant la quantité de céréales qu'on doit égrener. Nonobstant, elles ne peuvent pas avoir moins de 16 à 18 mètres, si on veut opérer avec promptitude, sans fatiguer extraordinairement les animaux. Quand elles ont une faible largeur, on se trouve dans la nécessité d'exécuter de nombreuses tournées, lorsque le rouleau est dirigé en ligne droite ou de lui faire décrire une spirale ayant un diamètre très-étroit, quand on le conduit de la circonférence au centre de l'aire et réciproquement.

Lorsqu'on emploie un rouleau tronc-conique, on dispose les céréales comme s'il était question de les battre avec un rouleau squelette. Alors, l'attelage qui est toujours composé de deux bœufs attelés au joug ou mieux au collier ou de deux chevaux ou deux mules, marche au pas et exécute successivement sur la céréale de huit à dix tours complets, quatre à cinq révolutions de l'extérieur vers le centre du cercle et quatre à cinq révolutions rétrogrades.

Si on se sert d'un rouleau ayant la forme d'un véritable cylindre, on couvre l'aire de tiges comme s'il était question de battre le blé avec des fléaux. Toutefois les épis de l'une des deux airées doivent être dirigés en sens opposé des épis de l'autre airée. Cette disposition est nécessaire ; vouloir ne pas l'adopter, ce serait s'exposer à exécuter un battage très-imparfait. On ne doit pas oublier que le rouleau en pierre à surface unie agit seulement par son poids sur les épis, qu'il opère sans choc, sans agitation et ne fait pour ainsi dire que laminer la céréale. Or, pour qu'il détache les grains et les rende libres entre les glumes et les glumelles, il faut qu'il agisse de la base au sommet des épis et non de leur partie supérieure vers leur extrémité inférieure. Donc, si on divise l'aire en deux parties et si, sur chaque airée les épis ont une direction opposée, il sera facile, en dirigeant le rouleau de l'airée de droite sur l'airée de gauche, ou en opérant suivant la direction des épis, d'exercer continuellement une pression de leur base à leur sommet.

Lorsque toute la céréale étendue sur l'aire a été bien aplatie, bien laminée, on retourne les tiges en sens inverse et on agit de nouveau avec le rouleau. Alors, des ouvriers armés de fléaux opèrent un nouveau et rapide battage dans le but d'agiter la céréale et de vider les épis. Dès que cette opération complémentaire est terminée, ils secouent la paille et l'enlèvent, et ils râtellent et balayent l'aire qu'ils regarnissent de nouveau de blé.

Le battage d'une airée exige de quatre à six heures; on bat ordinairement deux airées par jour. Toutes les heures environ on remplace un des animaux, parce que le mulet, le bœuf ou le cheval ne peuvent pas travailler plus de deux à trois heures de suite. Chaque ferme doit donc avoir au moins trois animaux d'attelage par chaque rouleau qu'elle emploie.

Le rouleau en pierre n'égrène pas complétement, si les épis sont peu développés ; par contre, si les grains sont très-gros, le rouleau aplati les épis et les grains ne sortent pas des glumes et des glumelles.

On a constaté qu'il fallait avoir trois hommes et trois femmes pour chaque rouleau, si on veut faire exécuter promptement tous les travaux de main-d'œuvre complémentaire du battage exécuté avec un rouleau en pierre.

Un rouleau en pierre bien dirigé peut battre en moyenne 480 gerbes par jour ou 28 à 30 hectolitres de blé. La paille est aplatie, comme rubannée ; elle est excellente pour le bétail.

L'appareil à manége muni de trois rouleaux en pierre tronc-coniques, proposé dans ces derniers temps pour remplacer les rouleaux ordinaires, n'a pas été accepté par la pratique.

Les rouleaux en pierre égrènent-ils le blé aussi économiquement que les machines à battre? Non. Toutefois, ils rendent d'importants services aux cultivateurs des provinces méridionales et du Sud-Ouest, qui ne possèdent pas encore de machines à battre mobiles ou fixes; c'est évidemment dans les contrées où la chaleur solaire a une grande intensité, pendant les mois de juillet ou août, que ces appareils offriront pendant longtemps encore un grand intérêt à la petite et à la moyenne culture.

Battage avec le rouleau en bois. — Les rouleaux en bois employés pour battre les céréales se composent d'un bâti à claire-voie hexagonal ou octogonal et traversé par un arbre en bois ou en fer muni d'un tourillon à chacune de ses extrémités. Ces deux tourillons traversent un cadre rectangulaire en bois muni d'un timon ou d'une limonière et à l'intérieur duquel le rouleau tourne sur lui-même. Chaque angle que présente le rouleau est armé d'une membrure solidement fixée à l'aide de boulons à écrous; ces traverses constituent les *battes du rouleau;* elles ont de 0^m,12 à 0^m,15 d'équarrissage.

Ce véritable rouleau squelette a 1^m,50 environ de longueur ; il a la forme d'un tronc de cône ; son plus grand diamètre a 1^m,25 à 1^m,35 ; son autre extrémité a 1^m,10 à 1^m,20 de diamètre. La différence entre ces deux diamètres ne doit pas excéder 0^m,10.

Quand on veut se servir de cet appareil, on prépare une aire très-vaste au centre de laquelle on implante un poteau de 1^m,30 de hauteur présentant un trou profond de 0^m,15 à 0^m,20, dans lequel on engage une tige en fer de 0^m,50 à 0^m,65 de longueur. Lorsque l'aire a été bousée, on la couvre de la céréale à battre en ayant soin de placer les tiges de manière que leurs épis soient dirigés vers le côté opposé au bord de l'aire où on place la première rangée de tiges. Lorsqu'on adopte la disposition annulaire ou en spirale, on commence près du centre de l'aire en laissant un espace vide, ayant 4 à 6 mètres de diamètre autour du poteau. On peut aussi commencer la pose des tiges près du cercle qui circonscrit l'étendue de l'aire. Quoi qu'il en soit, il est nécessaire, quelle que soit la disposition adoptée, de bien imbriquer les diverses rangées de tiges.

Quand la céréale a été ainsi disposée, on avance le rouleau et on le place sur les tiges, de manière que son plus grand diamètre soit situé un peu en dehors de la circonférence occupée par le blé. Alors on y attelle un ou deux chevaux que l'on réunit à la cheville mobile du poteau à l'aide d'une corde ou d'une grande longe. Les animaux doivent aller au trot. Pendant leur marche, les animaux décrivent une ligne en spirale, parce que le rouleau est conique et que la corde s'enroule autour de la cheville et les oblige à se rapprocher successivement du poteau. Lorsque le rouleau et l'attelage sont arrivés près de la partie centrale, on enlève la cheville en fer engagée dans le trou du poteau, on tourne les animaux sur eux-mêmes pour que le petit diamètre du rouleau soit dirigé du côté de la circonférence de l'aire, et on implante de nouveau la cheville dans le trou du pieu par son extrémité opposée. Les choses étant ainsi disposées, on fait trotter de nouveau les chevaux ou les mules, qui s'éloignent alors du centre du cercle à mesure que la longe se déroule. On répète ces deux opérations une troisième et quelquefois une quatrième fois.

Pendant que le rouleau égrène la céréale par les chocs répétés ou le contact successif de ses battes sur l'aire, trois ou quatre ouvriers munis de fléaux battent les bords de la circonférence et les épis qui se trouvent sur le cercle qui enveloppe la partie centrale, et deux enfants parcourent l'airée et enlèvent les crottins. L'attelage est conduit par un jeune homme qui fait claquer souvent son fouet pour que les animaux ne s'arrêtent pas. Quand la céréale a été égrenée, on la frappe avec des fléaux pour battre les épis qui ont échappé à l'action des barres saillantes du rouleau ; puis on secoue la paille, on l'enlève, on nettoie l'aire qu'on regarnit aussitôt de blé.

Ordinairement, on bat une airée le matin et une airée l'après-midi. Ce mode de battage n'est pas très-dispendieux, parce qu'il nécessite moins d'ouvriers que le battage au fléau ; il s'opère bien si la céréale est sèche et si on agit sous un soleil ardent.

On a fait usage autrefois en Italie d'un rouleau à cannelures très-fortes ayant aussi la forme d'un cône tronqué. Cet appareil, que l'on a introduit, il y a près d'un demi-siècle, dans les départements de la Haute-Garonne, du Lot-et-Garonne, du Tarn, de Maine-et-Loire, etc., fatigue moins les animaux, parce que son diamètre moyen est beaucoup plus petit, mais il n'agit pas avec autant d'énergie sur les céréales. Cette action plus faible tient à ce que les saillies, étant plus rapprochées les unes des autres et moins élevées de terre exercent une percussion plus faible sur les épis que les battes des rouleaux squelettes.

Le rouleau squelette permet d'opérer le battage des grains d'une manière plus économique et plus prompte que le fléau. Les rouleaux en pierre qu'on lui a préférés dans le Midi, parce qu'ils sont plus durables et moins chers, ont nui d'une manière notable à sa propagation.

Dépiquage ou foulage. — Le dépiquage, qu'on appelle quelquefois *foulage*, est l'action de séparer les grains des épis des céréales par le piétinement des animaux. Cette opération est connue depuis les temps les plus reculés. On l'exécute en Europe dans les contrées méridionales où le temps, après la moisson, est toujours beau et le soleil ardent, où les granges sont presque inconnues. Toutefois, pour que le foulage des gerbes soit réellement une opération utile, il faut qu'il soit pratiqué sur une aire solide et qu'il ne tombe pas une goutte d'eau pendant qu'on l'exécute, car la pluie détériore la paille et salit le grain, et qu'il soit favorisé par une forte chaleur et un vent faible.

C'est en juillet que commence la *foulaison* dans le Languedoc, la Provence, le Gévaudan, le Roussillon, le Comtat-Venaissin, car, dit le proverbe, *qui dépique avant la Madeleine dépique sans peine*. On la termine au mois d'août, c'est-à-dire avant les vendanges.

L'aire est en terre arrosée, battue et solide. Les Romains, autrefois, ne faisaient fouler les céréales que sur des aires pavées de cailloux liés les uns aux autres par de l'argile et de la craie. Les *gerbières*, ou meules de gerbes, sont établies à une faible distance de l'aire, qui doit avoir au moins 20 mètres de côté.

Quand l'aire a été préparée, le matin, vers quatre heures, on établit la *solade* ou on dresse les gerbes les unes à côté des autres en les inclinant un peu vers le centre de l'aire et on fait entrer les animaux, qui sont ordinairement des chevaux légers et agiles ou des mulets. Ces animaux sont accouplés par paires et ils ont des œillères et des muselières. Douze chevaux constituent l'ensemble qu'on appelle *roue ;* une *menade* comprend trois couples de deux animaux. L'un des deux conducteurs ou gardiens se place au centre de l'aire et fait marcher les animaux *au pas* tant ue les gerbes ne sont pas abattues. Lorsque l'amas de gerbes a été foulé et que les chevaux circulent sur l'aire aisément, le gardien les conduit au trot et, avec une adresse très-remarquable, il leur fait décrire des cercles et parfois des spirales à raison de trois à quatre par minutes. Au bout de deux heures environ, on laisse reposer les chevaux quelques instants ou on prend les animaux de relais. Généralement on recommence le dépiquage avec les mêmes chevaux ou mulets. La deuxième *reprise* dure quelquefois trois heures. Après leur repas et un repos d'une heure, on fait une troisième *reprise*; celle-ci est plus longue que la précédente. Trois à six fois par jour, les ouvriers retournent les pailles foulées avec des fourches de micocoulier. Cette opération se fait avant les reprises ou pendant la marche de la *roue* ou du *haras* ou de la *menade*.

Lorsque le dépiquage est terminé, on secoue les pailles qui sont très-brisées et on les porte au *paillier* ou *paillis*.

Le grain, après avoir été nettoyé à l'aide d'un balai de genêt d'Espagne, est transporté dans la ferme pour y être nettoyé ou on le rassemble en tas sur un des coins de l'aire. En général, le grain n'est pas écrasé, mais il y a beaucoup d'*ôtons*, ou grains encore enveloppés, et il en reste 2 à 3 pour 100 dans les épis.

Quelquefois, on commence la foulaison à cinq heures du matin; alors on dépique deux airées par jour; mais le plus ordinairement on met chaque matin sur l'aire toutes les gerbes qu'on doit battre dans la journée.

Chaque cheval, ayant des allures vives, dépique quatre cents gerbes par jour. Chaque hectolitre dépiqué revient à 2 francs. Une roue doit être desservie par cinq ou six ouvriers.

Toutes choses égales d'ailleurs, le dépiquage perd sensiblement chaque année de son importance par suite de la propagation des machines à battre dites *machines à grand travail*.

Battage à la machine mobile. — L'introduction et la propagation en France des machines à battre mobiles (fig. 87) mises en mouvement soit par des manéges directs ou isolés, soit par la vapeur, a permis dans beaucoup de localités, de renoncer au battage au fléau ou au battage exécuté à l'aide de rouleaux et au dépiquage.

Le battage à l'aide des machines mobiles se fait en plein air ou dans les granges, en été ou pendant l'automne ou l'hiver.

Le battage opéré en plein air, après la moisson, avec des machines à battre mises en mouvement par un excellent manége ou par la vapeur (fig. 88), constitue une opération

Fig. 87. — Battage avec la machine à battre mobile d'Albaret.

aussi intéressante et animée que le battage au fléau exécuté en plein air. Le bourdonnement que produisent les évolutions rapides du cylindre batteur excite les travailleurs et les oblige à redoubler d'activité, afin que la machine, véritable monstre dévorant, soit sans cesse alimentée. Le jour où une telle machine fonctionne est pour tout le monde une véritable journée de travail, de gaieté et de plaisir.

L'ouvrier qui alimente une machine à battre à grand travail ou munie seulement d'un tambour-batteur, doit

Fig. 88. — Machine à battre mobile de Lotz, mue par la vapeur.

être actif, vigoureux et intelligent ; il reçoit d'un ou de plusieurs aides les poignées de la céréale qu'il doit étaler sur la table alimentaire. Lorsqu'il engage une trop forte poignée, la *machine bourre*, les tiges passent plus lentement et sont mal battues. Quand l'*engreneur* manque de gerbes on s'aperçoit que quelque chose marche mal ou que les coussinets ont besoin d'être huilés, il fait arrêter la force motrice. Le conducteur qui surveille les animaux attelés au manége, et le mécanicien ou l'ouvrier chauffeur ne doivent jamais s'éloigner de leur poste.

La paille sort toujours très-brisée des machines à battre qui n'ont pas de tarare. Cet état de la paille n'est pas regardé comme un mal parce qu'elle est ordinairement employée comme litière. Cette paille, du reste, est toujours exempte de poussière.

Le battage avec les machines à battre portatives se fait souvent à forfait. S'il s'agit d'une machine mise en mouvement par la vapeur (fig. 88), le possesseur de la machine procure le mécanicien et le combustible, le cultivateur, l'eau et les hommes nécessaires à l'opération du battage. La redevance que le fermier ou le métayer paye au propriétaire de la machine varie entre 40 et 60 centimes par hectolitre, suivant la longueur des tiges du blé et son rendement en grain. Lorsque les pailles ne sont pas longues, que la récolte a été faite à mi-hauteur et que les épis sont bien remplis de grains, une machine à battre bien établie, mais simple et bien alimentée, peut égrener dans une journée de dix heures de 80 à 150 hectolitres de froment, selon qu'elle est mise en mouvement par des animaux ou par la vapeur. Les machines à battre mobiles munies d'un tarare n'égrènent pas, pendant le même temps, au delà de 50 à 70 hectolitres.

La paille qui sort des machines à battre simples ou des machines à battre qui ne vannent pas mais qui *battent en long* étant très-divisée, n'est pas bottelée. On la dispose en meules. Celle que fournissent les machines à battre complètes, qui *battent en travers*, peut être bottelée et livrée à la vente parce qu'elle est presque entière.

Battage à la machine fixe. — Le battage du blé

Fig. 89. — Battage avec la machine à battre fixe d'Albaret.

dans les régions du Nord, des plaines du Nord-Ouest et de l'Est, se fait à l'aide de machines plus ou moins perfectionnées établies dans les granges (fig. 89). Ces machines sont mues par des animaux, par l'eau ou par la vapeur. La plupart battent en travers et sont munies de deux cylindres cannelés qui règlent l'alimentation, d'un contre-batteur et d'un cylindre batteur mobile, d'un secoueur rotatif ou horizontal à bielles alternées, d'un tarare qui sépare les grains des balles et de la poussière, et quelquefois d'un cylindre qui nettoie la menue paille.

L'ouvrier chargé d'alimenter une de ces machines à battre doit bien étendre ou éparpiller par poignées la céréale à battre sur le *tablier* ou plancher légèrement incliné qui précède les cylindres alimentaires dont le supérieur est toujours mobile et la pousser un peu pour qu'elle s'engage entre ces appareils. Les tiges, après avoir éprouvé l'action des battes du batteur dont les évolutions par minute dépassent sept cents dans les bonnes machines à battre, arrivent sur le secoueur où elles abandonnent les grains de blé qu'elles retenaient et glissent bientôt sur un plan incliné. C'est là où les ouvriers botteleurs les reçoivent pour les mettre en bottes de 5 à 6 kilogrammes.

Mais, pour que le battage soit bien exécuté, il ne suffit pas que la machine soit sans cesse et régulièrement alimentée par l'ouvrier *engraineur* qui est ordinairement secondé dans son travail par plusieurs aides, il faut aussi que la vitesse des parties actives soit en rapport avec l'état du blé qu'on veut battre et que le contre-batteur soit bien réglé. On accélère un peu la vitesse du batteur quand les pailles sont longues, surtout lorsque la machine *bat en bout* et on la modère si le blé n'est pas bien sec ou si les épis sont un peu humides ou moites; en outre, on éloigne plus ou moins le contre-batteur du tambour-batteur, selon la grosseur de la paille et principalement des épis. Lorsque le contre-batteur est trop rapproché, les battes cassent ou brisent beaucoup de grains ; quand, au contraire, il est trop éloigné, le battage se fait mal et il reste un certain nombre de grains dans les épis.

Les ouvriers qui secondent l'engraineur sont au nombre de deux ou trois. Les uns apportent les gerbes près de la machine, un autre les pose successivement sur le tablier et les délie, en ayant soin de retirer les liens et de les jeter en tas sur le plancher. Ces liens sont ceux dont se servent les ouvriers chargés du bottelage de la paille.

Lorsque les machines sont mises en mouvement par un manége auquel sont attelés deux, trois ou quatre chevaux ou bœufs, le charretier qui est chargé de surveiller ces animaux a aussi pour mission : 1° de retirer les sacs qui sont remplis de grains et de les remplacer par des sacs vides; 2° de s'assurer de temps à autre si le tarare fonctionne, c'est-à-dire de voir si les balles ne s'arrêtent pas sur les grilles ou si le vent ne chasse pas du grain avec la menue paille.

Les machines à battre bien installées sont munies d'une cheminée d'appel qui élève la poussière au-dessus de la grange ou d'un appareil à hélice destiné à la diriger dans un local spécial. Lorsque les machines ne sont pas pourvues de l'un de ces deux appareils, la poussière qui se dégage pendant le battage des tiges, des feuilles et des épis, se répand sous forme de nuage au-dessus de la machine et elles occasionnent à *l'ouvrier qui engraine* une grande fatigue et quelquefois elle détermine des maladies graves dans les voies respiratoires.

Le travail exécuté par les machines fixes est très-variable. Celles qui sont perfectionnées, bien conduites et mises en mouvement par un manége, peuvent battre de 1 à 2 hectolitres de grains par heure et par cheval. Ainsi, une machine fixe mue par deux chevaux peut battre, par journée de huit à dix heures, de 24 à 30 hectolitres de grain. Les machines mises en mouvement par la vapeur égrènent davantage, parce que la force motrice est plus régulière. Quand le blé est de bonne qualité, elles battent

3^{hect},50 par heure et par cheval-vapeur ou 90 hectolitres dans une journée ordinaire de neuf heures, si la force de la machine à vapeur est de cinq à six chevaux.

Quoi qu'il en soit, le battage à la machine à battre est rarement parfait, mais il est très-satisfaisant quand le grain qui reste dans les épis n'excède pas 1 à 2 pour 100. Cette opération est mauvaise quand la proportion est plus grande et lorsque les *grains cassés* ou brisés dépassent 1 pour 100.

Nettoyage du grain. — Le nettoyage du grain après le battage se fait à l'aide du van, du vent, du tarare et du crible.

Le *van* (fig. 90) est surtout employé par les batteurs en grange ; il est plus ou moins grand selon les localités. L'ouvrier qui s'en sert se place au bord de la grange ou si cela est possible dans un courant d'air et, par un mouvement particulier, exécuté à l'aide de sa main droite ou de sa main gauche, il chasse d'abord la balle, puis la poussière ; enfin il termine le vannage en séparant les *ôtons*, grains encore vêtus des glumes et des glumelles qui les protégeaient lorsqu'ils étaient sur les épis. Ces ôtons sont battus plus tard avec le fléau.

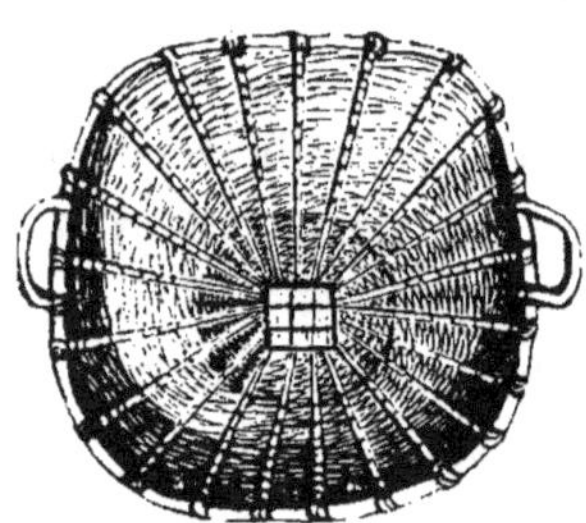

Fig. 90. — Van.

Le nettoyage au van est plus ou moins parfait selon l'habileté des ouvriers, l'état du grain et le temps qu'on peut y consacrer.

Le *ventage* est très-peu connu dans les départements du Nord, mais il est souvent très-pratiqué dans les provinces du midi de la France et en Italie, en Espagne et en Algérie.

Il consiste à jeter contre le vent le grain qu'on veut nettoyer. On l'exécute de deux manières différentes : 1° en laissant tomber le grain d'une hauteur de 1^m,50; 2° en le jetant presque horizontalement à l'aide d'une pelle.

Le premier moyen est très-connu des Languedociennes, des Bretonnes, des Sabines et des Espagnoles. La femme qui l'exécute élève le grain aussi haut que possible à l'aide de ses mains ou d'une corbeille et elle le laisse retomber. En opérant ainsi, elle a le soin d'exposer le blé qu'elle veut nettoyer à l'action du vent pour qu'il entraîne à plusieurs mètres de distance tous les corps étrangers auxquels il est allié : balles, poussière, graines légères de plantes nuisibles, etc.

Ce nettoyage est très-long et il n'est satisfaisant que lorsque l'air est agité.

Le second procédé, connu sous le nom de *nettoyage à la roue*, est aussi très-ancien. Les Grecs et les Romains le pratiquent encore. Il consiste à jeter circulairement, aussi loin que possible, à une hauteur d'un mètre au moins et avec une pelle en bois, le blé qu'on veut nettoyer. Le grain qui a un certain poids retombe sur le sol, mais les parties légères : la paille, les balles, la poussière, etc., sont emportées par le vent au delà de l'endroit où s'amasse le blé.

Ce vannage se fait mal si la parabole que le grain décrit est trop rapprochée du sol, si le vent est faible et insuffisant ; d'un autre côté, une partie plus ou moins grande du grain est entraînée avec les pailles s'il est trop violent. Le vent du Nord est regardé comme le plus favorable. Le vent d'autan, dans le Midi, nuit à la bonne conservation du blé, parce qu'il est toujours chargé d'humidité.

Le blé qu'on a séparé des épis par le dépiquage est tou-

jours mêlé à de nombreux débris de paille. Voici comment
on doit opérer lorsqu'on veut le nettoyer facilement à l'aide
du vent et d'un crible; au moyen d'une fourche et d'un râteau, on sépare les plus longues pailles en étendant le grain
sur une aire. Alors, à l'aide d'un crible ayant de grandes
ouvertures, on sépare les épis qui ont été mal foulés pour
les battre avec un fléau, puis avec un crible ayant des
trous plus petits, on sépare les ôtons du grain. Quand ce
travail est terminé, on le vanne à la roue.

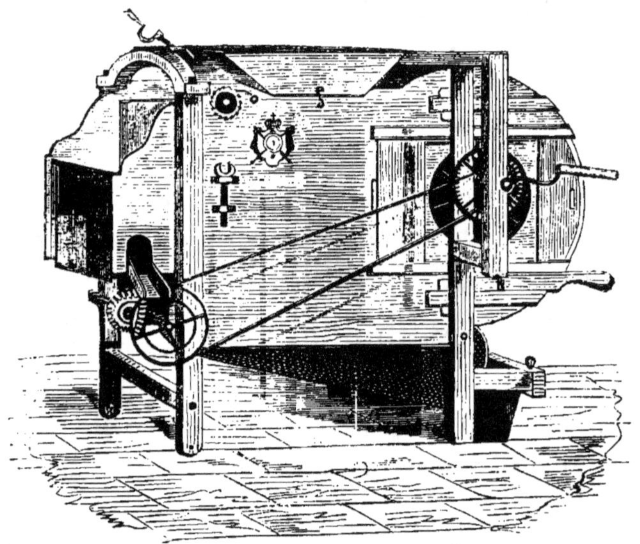

Fig. 91. — Tarare trieur.

Le nettoyage à l'aide du *tarare* (fig. 91), qu'Olivier de
Serres appelait *ventoire*, se fait sur l'aire même pendant le
battage ou sous un hangar, ou à la porte du local dans
lequel le grain non nettoyé est déposé à la fin de chaque
journée.

Ce *moulin à venter* doit être muni d'une grille à larges mailles et on doit diriger son ouverture à l'opposé du vent, afin que ce dernier ne refoule pas la poussière et les balles à l'intérieur de l'appareil. Il exige trois ouvriers : le premier met en mouvement les ailes, le second alimente la trémie ou le réservoir avec le grain à nettoyer, et le troisième se place sur le côté gauche du tarare et a pour mission de surveiller le travail des grilles, afin qu'elles soient toujours garnies, mais non surchargées.

L'ouvrier qui apporte le grain qu'on doit nettoyer ne doit pas oublier de surveiller le plan incliné sur lequel glisse le blé tararé, et de l'attirer de temps à autre à l'aide d'un *râble* (raclette en bois), en arrière du tarare.

Le grain ainsi nettoyé est conduit ensuite dans les greniers et étendu en couche mince.

Conservation de la paille. — La paille qui provient de battage exécuté en plein air est rarement bottelée. On la met en meule circulaire autour d'une longue perche solidement implantée dans le sol ou en meule longitudinale ayant 4 à 6 mètres de largeur sur 6 à 8 mètres de hauteur. On la tasse régulièrement. La meule se termine en forme de toit, pour que le vent ne la détériore pas ; on la consolide supérieurement à l'aide de longues cordes de paille auxquelles on attache des pierres ou des barres en bois. Les pierres et les perches exercent, par leurs poids et les liens qui les soutiennent, une pression sur le sommet de la meule, et celle-ci alors résiste aux vents les plus violents. On doit diriger leurs pignons dans la direction des pluies les plus fréquentes.

CHAPITRE XIV

CONSERVATION DES GRAINS

Greniers ordinaires : aires en planches, en carreaux, en plâtre; fenêtres, grillage, toiture, pelletage. — Nettoyage définitif : vannage, ventage, criblage. — Blés mouillés et germés. — Ensilage des blés. — Greniers conservateurs fixes ou mobiles.

Greniers ordinaires. — Le blé, après avoir été battu et nettoyé, est déposé dans les chambres à blé ou dans les greniers jusqu'au moment où il doit être livré à la meunerie ou au commerce.

Les *chambres à blé* sont toujours situées au-dessus d'un rez-de-chaussée et au-dessous d'un grenier. Leur aire doit être carrelée ou garnie d'un plancher bien jointoyé. Les carreaux sont excellents quand ils sont sonores, résistants et bien posés ; ceux qui sont tendres ou de mauvaise qualité se réduisent successivement, mais lentement, en une poussière rougeâtre qui ternit le grain et nuit à sa qualité. Le plancher est préférable sous tous les rapports, quand il a été établi avec du bois sain et sec et qu'il a été bien posé et assemblé à rainures et languettes. Les planchers faits avec du bois noueux encore humide, etc., se déjettent et offrent bientôt des fentes par lesquelles passe le grain et se réfugient les insectes ou les animaux nuisibles au blé. Les aires en plâtre avec le temps produisent beaucoup de poussière.

Toutes choses égales d'ailleurs, il est très-important que le carrelage ou le plancher affleure bien la maçonnerie afin que l'enduit du mur y ait un point d'appui. Au besoin on peut garnir le pourtour de la muraille, au-dessus du carrelage, d'une rangée de grands carreaux placés perpendiculairement à l'aire de la chambre. Cette disposition, qui n'est pas dispendieuse, empêche les rats et les souris de creuser le mur au-dessus du niveau des carreaux ou du plancher.

Les ouvertures doivent être situées autant que possible au nord et au midi et les unes en face des autres, afin que l'aération de la chambre puisse être aussi complète que possible. Ces ouvertures doivent être munies extérieurement de grillages destinés à empêcher les oiseaux et les souris d'avoir accès dans le magasin et intérieurement de volets qui empêchent à volonté le soleil et l'air d'y pénétrer.

De temps à autre on nettoie les murs avec un balai afin d'y détacher la poussière qui provient du tararage du grain, puis chaque année on les blanchit à la chaux. Ce badigeonnage a l'avantage de faire périr un certain nombre des insectes qui se réfugient dans les petites cavités que présente le crépissage.

Les *greniers à blé* doivent avoir des planchers bien établis. Il est nécessaire aussi que leurs ouvertures soient fermées par des volets et des grillages. Enfin, il est très-important que la couverture qui les domine soit toujours en bon état, afin que les pluies ou la neige n'y pénètrent pas aisément.

Il est bon que ces deux magasins aient une ou deux croisées et qu'on ne soit pas obligé d'ouvrir une ou plusieurs des lucarnes pour remuer ou mesurer les grains qu'on y a déposés.

Le blé pèse en moyenne 78 kilogrammes l'hectolitre. On ne doit pas, dans les circonstances ordinaires et lorsqu'il est sec, le conserver en tas ayant au delà de $0^m,65$ d'épaisseur. Alors chaque mètre carré permet d'emmagasiner $6^{hect},50$ ou environ 500 kilogrammes.

Le blé provenant d'un battage récent doit être étendu en couche peu épaisse s'il n'est pas très-sec et il faut le remuer ou pelleter fréquemment pour qu'il ne s'échauffe pas. Le *pelletage* arrête toute altération spontanée et nuit aux charançons et à l'alucite.

Quand il est suffisamment sec, on l'amoncelle en tas, en ayant la précaution de l'éloigner des murs de 1 mètre à 1^m,30.

On ouvre les fenêtres quand l'air est sec, si le grain est humide, mais on les ferme lorsque le temps est pluvieux ou la chaleur considérable, afin que le grain ne se charge pas d'humidité et devienne moins pesant ou qu'il ne perde pas sensiblement de son volume.

Nettoyage définitif. — Le blé doit être tararé de temps à autre, s'il séjourne longtemps dans la chambre à blé ou dans le grenier, afin de chasser la poussière qui y adhère et les corps qui le souillent.

Avant de le livrer à la vente, on le *passe* encore au tarare si cela est nécessaire, et on le *purge* des mauvaises graines qu'il contient encore.

Ce nettoyage définitif varie suivant les circonstances. Lorsque le blé renferme des *pierrailles* ou du *sable*, on le nettoie à l'aide du cylindre-trieur Pernollet (voir p. 171). On agit de même quand il question de le débarrasser des *ôtons* ou des graines de *grateron* ou caille-lait et des semences de *nielle* ou coquelourde des blés (voir p. 217). On peut aussi se servir du trieur-Josse (voir p. 170) ou du trieur-Vachon.

Les fermes qui n'ont pas l'un de ces appareils font cribler les blés qu'elles doivent livrer au commerce. Ce *criblage* est souvent exécuté par des ouvriers spéciaux auxquels on donne de 10 à 20 centimes par hectolitre, suivant la propreté du grain et la manière d'être des parties qu'il faut enlever. Le *crible* ou *rige* est alors suspendu à l'aide d'une corde (fig. 92) et par un tour de main très-remarquable, le cribleur rassemble les ôtons et les balles sur le bord du crible pour les jeter ensuite sur un des points du grenier. Les graines des plantes nuisibles et le *petit blé* tombent sur le plancher.

Le crible ne sépare pas toujours très-bien les semences du *vesceau* et de la *luisette* (voir p. 222 et 219).

Les déchets provenant du criblage du blé et qu'on appelle ordinairement *criblures* ou *grenailles* sont quelquefois nettoyés de nouveau, quand ils renferment du blé qu'on peut utiliser. Dans le cas contraire, on les réserve pour les volailles.

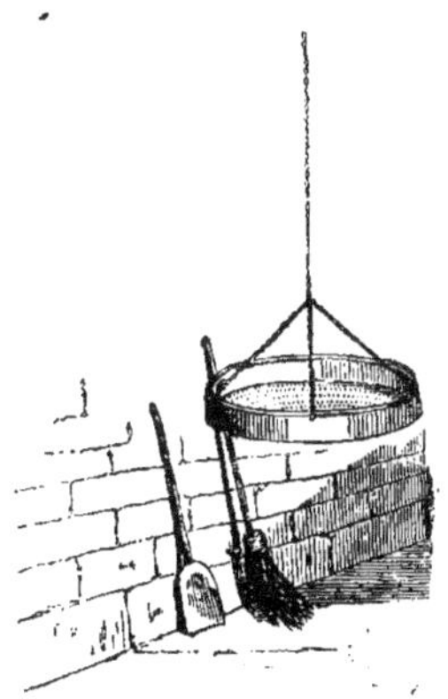

Fig. 92. — Crible.

Quand les ôtons ou grains encore enveloppés sont nombreux, on les bat au fléau et on les nettoie au van et au crible.

Blés mouillés et germés. — Les gerbes que les pluies torrentielles ou persistantes ont fortement altérées ne doivent pas être conservées en meules ou dans les granges suivant les procédés ordinaires. Réunies en masse sans courant d'air, elles s'échauffent, la paille s'altère et les grains germent aisément ou ils gonflent, parce qu'ils retiennent beaucoup d'humidité ; en outre ces grains sont difficiles à battre, rendent moins au battage, perdent de leur poids et de leur qualité, donnent moins de farine, et celle-ci exige plus d'eau au pétrissage.

Il faut donc battre le plus promptement possible les blés

qui ont germé. A cet effet, par une belle journée, on sort un certain nombre de gerbes de la grange et on les fait sécher au soleil, en les plaçant le long des murs bien exposés. Dès que les tiges et les épis sont secs, on les bat, soit au fléau, soit à la machine à battre. Le grain est ensuite étendu sur une bâche au soleil ou dans un local bien aéré et non humide. On le remue tous les jours.

Quand le grain a perdu une partie notable de son humidité, on le fait sécher dans un four après que le pain en a été retiré ou dans une étuve. Un four ordinaire peut en contenir de 300 à 400 kilogrammes. La couche ne doit pas dépasser $0^m,08$ à $0^m,10$. On le remue fréquemment avec un râble ou à l'aide d'un râteau. Après quinze minutes au plus, on le retire et le laisse refroidir ou on le passe au tarare. Alors il est propre à la mouture et à la panification (voir chap. xviii).

Les blés qui ont germé sur pied ou dans les meules ou dans les granges ne doivent pas être employés comme semences, ainsi que l'a constaté la pratique en 1816.

Ensilage des blés. — Depuis les temps les plus reculés, les peuples de l'Afrique conservent du blé pendant plusieurs années dans des excavations souterraines ou *silos*, mais dont les ouvertures sont un peu en contre-bas du niveau du sol. Les Romains en possédaient à Arzew dans la province d'Oran, et les Maures en avaient construit un grand nombre aux environs de Séville.

De nos jours les Espagnols, les Arabes et les Napolitains sont les seuls peuples qui adoptent encore ce mode de conservation du blé.

On a fait depuis un siècle de nombreuses tentatives pour introduire en France l'usage des silos souterrains;

ces expériences ont été faites à Saint-Ouen par M. Ternaux;
à la Glacière par M. Demarcay; en Auvergne par M. de
Rigny, et à Asnières par M. Doyère. La liberté commerciale dont nous jouissons aujourd'hui ne permet pas de
continuer les expériences si intéressantes et si con-
cluantes faites par M. Doyère.

Toutes choses égales d'ailleurs, les silos peuvent être
construits en maçonnerie ou en tôle. Les silos construits
en Afrique par les Romains sont bien étanches et imperméables; le ciment qui relie les matériaux avec lesquels
ils ont été édifiés est d'une extrême dureté. Il faut, en
outre, qu'on puisse les fermer aisément et très-herméti-
quement, afin que l'oxygène de l'air ne puisse y pénétrer.

Les silos non étanches
et non hermétiques sont
mauvais, parce que l'hu-
midité du sol ou de l'air
y pénètre toujours avec
le temps et occasionne
alors la fermentation et
l'altération du grain.

En Espagne, comme en
Afrique, le grain n'est
ensiloté que lorsqu'il a
été bien desséché au so-
leil, c'est-à-dire quand il
ne contient pas au delà
de 12 pour 100 d'eau.

Fig. 93. — Silo en maçonnerie.

Ainsi emmagasiné, il se conserve pendant de longues
années avec toutes ses qualités, si la température du silo
reste invariable, c'est-à-dire ne dépasse pas 5 à 7 degrés.

Si les blés d'Afrique et d'Espagne se conservent mieux

dans les silos qu'en France, cela tient à deux causes :
1° au climat qui est plus sec ; 2° aux blés qui sont plus
durs, plus glacés et qui retiennent ou absorbent toujours
moins d'eau.

L'ouverture des silos, après avoir été parfaitement fer-
mée, est couverte d'une certaine épaisseur de terre (fig.95).

L'oxygène de l'air emprisonné dans les silos est promptement absorbé par le grain. Alors, les gaz qui enveloppent
ceux-ci étant de l'hydrogène et de l'azote, les insectes qui
existent dans le blé au moment de son ensilage sont forcés
de périr.

Greniers conservateurs. — On a aussi proposé
depuis bientôt un siècle, un grand nombre d'appareils
appelés *greniers conservateurs*, pour conserver pendant
plusieurs années les blés au-dessus du sol et en dehors des
greniers.

Ces greniers sont mobiles ou fixes. Les premiers sont
mis en mouvement par une force motrice, comme les
greniers Valery et Auxy ; les seconds, comme les greniers
Pavy, Huart, sont munis d'élévateurs qui permettent de
déplacer le blé, opération qui remplace le pelletage.

Ces appareils sont bien peu répandus en France. Il est
vrai que M. Fiévet, à Masny (Nord), possède un grenier
Pavy, mais l'expérience ne lui a pas encore démontré
son utilité au point de vue économique.

CHAPITRE XV

ANIMAUX ET INSECTES NUISIBLES DANS LES GRENIERS

Animaux nuisibles : — Rats et souris. — Insectes nuisibles : — Charançon ou calandre des blés, — alucite ou papillon des blés, — cadelle ou teigne des blés. — Trogossite mauritanique.

Les grains déposés dans les greniers sont exposés à être ravagés, soit par des animaux appartenant à la classe des rongeurs, soit par des insectes ou des larves.

Animaux nuisibles. — Les blés sont attaqués dans les chambres ou les greniers à blé par le *rat commun* (Mus ratus L.), bien connu par son pelage gris roussâtre et l'odeur qui lui est propre. On doit boucher avec soin les trous dans lesquels les rats peuvent se réfugier, puis chercher à les détruire à l'aide de piéges appelés *ratières,* ou les empoisonner avec la *mort-aux-rats*, composition préparée avec de la graisse, de la farine, du verre pilé et du phosphore.

La *souris* (Mus musculus, L.), plus petite, plus rusée, plus commune, mais plus casanière que le rat, cause parfois de très-grands dommages dans les greniers à blé.

On doit la détruire par tous les moyens possibles. Le moyen le plus simple et le plus certain consiste à avoir des chats et à ménager dans les portes des greniers des ouvertures appelées *chattières*, afin qu'ils puissent y avoir accès à chaque instant du jour et de la nuit.

Insectes nuisibles. 1° Charançon. — Le *charançon* ou *calandre des blés* (Calandra granaria Ol.) est un petit coléoptère bien connu malheureusement des cultivateurs.

Il est brun et sa tête est prolongée en trompe ; il fait le mort quand on le touche et se réfugie l'hiver dans les trous des murs ou dans les fentes des planchers.

C'est à la fin d'avril ou au commencement de mai, quand arrivent les premières chaleurs, c'est-à-dire lorsque la température de l'air a atteint 8 à 9°, qu'on le voit apparaître dans les greniers, qu'il commence ses ravages et qu'a lieu la fécondation des femelles. Alors celles-ci font un trou dans le sillon du blé, ouverture qui est très-difficile à découvrir, et dans laquelle elles déposent un œuf. Après l'éclosion, les larves, qui sont petites, blanches, molles et allongées, vivent au milieu et aux dépens de la substance farineuse du blé, et c'est dans ce berceau qu'elles se métamorphosent en nymphes. Alors encore celles-ci sommeillent pendant huit à dix jours, se réveillent et continuent à manger la partie amylacée des grains. Au bout de soixante à soixante-cinq jours, les nymphes se transforment en insectes parfaits et ceux-ci apparaissent à la surface du blé et se reproduisent de nouveau. Le mâle meurt aussitôt après la fécondation ; les femelles vivent jusqu'à la fin de la ponte. Bory de Saint-Vincent a constaté qu'une femelle, en une année, peut produire de 6,000 à 20,000 œufs, et que c'est toujours lorsqu'il est à l'état de larve que le charançon commet les plus grands dégâts.

On s'est beaucoup occupé, depuis un siècle, des moyens de détruire ce redoutable insecte. Duhamel, Hales, Deslandes, de Dombasle, Dufour, etc., ont proposé des procédés qui sont très-différents les uns des autres. Les uns ont affirmé qu'on éloignait les charançons des greniers en y déposant des substances à odeur forte, comme du foin nouveau, des fleurs de sureau, des feuilles vertes de noyer, des tiges de menthe, du goudron, etc. ; les autres ont recommandé de

remuer le blé attaqué avec une pelle sur laquelle on a
frotté de l'ail ; ceux-ci ont soutenu qu'il fallait laver le
blé dans 250 kilogrammes d'eau additionnée de 1 kilogramme d'acide chlorhydrique ; ceux-là ont recommandé
l'emploi de la chaux vive, du sulfure de carbone, de
l'acide phénique, ou de l'acide sulfureux ; enfin d'autres
ont insisté pour que les *grains charançonnés* fussent étu-
vés. Tous ces moyens sont moins certains que le procédé
qui consiste à soustraire le blé à l'action de l'air, de la lumière, de la chaleur et de l'humidité. L'expérience a démontré, en effet, que l'ensilage des blés, lorsqu'il a été
bien exécuté, ne permettait pas aux larves de continuer
leurs ravages et aux charançons de se multiplier.

Lorsqu'un grenier est envahi par ces terribles insectes,
il faut soumettre le blé à des pelletages fréquents, le vendre
au plus tôt, nettoyer ensuite le grenier le mieux possible
et éviter, si on le peut, d'y déposer du blé pendant une
ou deux années.

2° ALUCITE. — *L'alucite* ou *papillon des blés* (ALUCITA
CEREALELLA, Oliv.), est un papillon nocturne qui rappelle
par sa forme et sa taille la teigne des étoffes. Ce papillon
est gris argenté clair, et il a de 6 à 9 millimètres de longueur (fig. 94 et 95). Quand il est en repos, ses ailes sont
disposées presque à plat sur son dos (fig. 96) ; ses palpes
sont peu dressées. Il ne vit que quelques jours.

Cet insecte est connu depuis longtemps. Il est répandu
dans l'Angoumois, le Limousin, la Touraine, le Berry, la
Sologne, le Blaisois et le Nivernais, c'est-à-dire dans les
anciennes provinces situées au sud de la Loire. Il a causé
de grands dégâts dans l'Angoumois, au milieu du siècle
dernier, et il a été un terrible fléau pour le département du
Cher, en 1805, 1808 et 1812.

Les désastres que l'alucite a causés, il y a un siècle, ont donné naissance à d'excellentes études sur ses mœurs. L'ouvrage publié en 1750 par Duhamel et Tillet, sous le titre suivant : *Histoire de l'insecte qui dévore les grains dans l'Angoumois*, renferme de précieuses observations.

Fig. 94. — Alucite grossie.   Fig. 95.—Alucite   Fig. 96. — Alucite au repos.
de grandeur naturelle.

L'alucite apparaît souvent dans les champs à l'état de papillon. Ainsi, de la Loire à l'Adour, on voit parfois de véritables nuées de papillons ayant un vol assez soutenu. C'est la nuit principalement que ces migrations ont lieu, et que les épis sont envahis par l'alucite dans les champs mêmes où ils se sont développés. Ces émigrations expliquent pourquoi parfois les blés en gerbes sont attaqués par cet insecte dans les granges ou dans les meules.

Les femelles font deux pontes et, chaque fois, elles produisent environ quatre-vingts œufs. L'œuf que les femelles introduisent dans un grain à l'aide d'un trou imperceptible pratiqué dans sa rainure, éclôt du quatrième au huitième jour. La *chenille* ou *ver*, qui prend alors naissance, a 1 millimètre de longueur et elle est d'un rouge vif. Au bout de vingt à vingt-cinq jours, elle se métamorphose et passe à l'état de nymphe ou de chrysalide. C'est huit à dix jours après qu'elle devient papillon, qu'elle sort du grain par un trou qui a 1 millimètre de diamètre. L'accouplement a lieu aussitôt après.

La chenille qui vit à l'intérieur du grain est pourvue de fortes mandibules ou mâchoires, et elle dévore peu à peu toute la partie amylacée et ne laisse que l'enveloppe ou la cuticule. Elle chemine de suite vers l'embryon (fig. 97) et l'attaque très-certainement pour que ce même grain ne puisse germer (fig. 98).

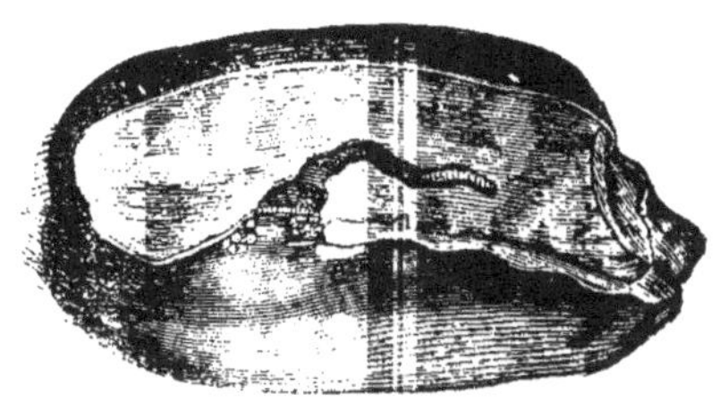

Fig. 97.— Chenille se dirigeant vers l'embryon.

Ainsi, l'alucite passe sa vie à l'intérieur des grains et elle ne les quitte qu'à l'état d'insecte parfait. En général, elle occupe les couches superficielles des tas de blé et ce sont les papillons seuls qui révèlent sa présence puisqu'il est presque impossible de reconnaître les grains que les femelles ont piqués.

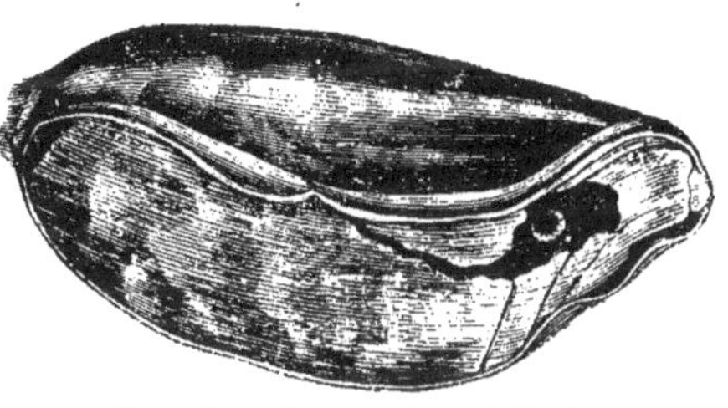

Fig. 98. — Chenille ayant détruit l'embryon.

On est parvenu avec succès à détruire l'alucite en brûlant le soir, au moment des migrations, du bois bien sec ou des broussailles. La lumière attire les papillons et la flamme en détruit un grand nombre. En 1761, Turgot et de Blossac ont arrêté très-heureusement les ravages des chenilles en déposant des *blés alucités* (fig. 99) dans des étuves chauffées à 45°. On asphyxie aussi ces *vers* en exposant les grains attaqués à l'action du sulfure de carbone dans des vases en tôle dans lesquels on a fait préalablement le vide. Enfin, on détruit les papillons qui couvrent les tas de grains, en soumettant ceux-ci à l'action du tarare insecticide de M. Herpin, ou du tue-teigne

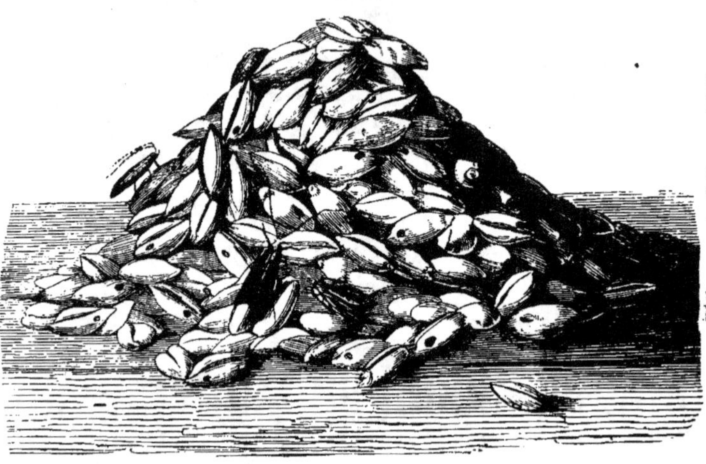

Fig. 99. — Grains de blés alucités.

imaginé par Doyère, appareils dans lesquels les grains sont soumis à des chocs répétés. Les silos hermétiques arrêtent aussi les ravages et la propagation de l'alucite.

Dans les circonstances ordinaires, on doit s'empresser de battre les blés que les alucites ont attaqués sur pied avant leur maturité complète, et il faut pelleter ou aérer souvent les *grains piqués* déposés dans les greniers, et les vendre le plus tôt possible, mais ne jamais les utiliser comme blés de semences, puisqu'ils ne germent plus. Si, par la force des choses, on était forcé de les conserver pendant plusieurs mois, il faudrait les étuver ou les passer au four après la cuisson du pain en évitant de les soumettre à une température trop élevée. Au delà de 60°, le gluten s'altère, la farine forme une pâte courte qui manque de liaison et qui ne lève pas bien.

Le grain alucité perd de 10 à 50 pour 100 de son poids.

3° TEIGNE OU CADELLE. — La *teigne des blés* ou *cadelle* (TINEA GRANELLA Fabri) est aussi un papillon (fig. 100 et 101), mais elle diffère de l'alucite en ce que ses ailes, qui sont

Fig. 100.
Teigne grossie.

Fig. 101.
Teigne au repos.

Fig. 102.
Teigne de grandeur
naturelle.

étroites, sont disposées sur son dos en forme de toit, lorsqu'elle est au repos (fig. 102); ses palpes ou cornes sont longues, aiguës et dressées. La chenille, ou *ver*, ou *mite*, est très-petite et de couleur jaune blanchâtre; elle est d'une délicatesse extrême et le moindre choc la fait périr.

La teigne passe sa vie à l'extérieur des grains; elle réunit ceux-ci en pelotes à l'aide de fils très-fins dans le but de se créer un abri (fig. 103). C'est dans les couches superficielles des tas qu'elle exerce ses ravages.

Duhamel a proposé d'étuver les blés qu'elle attaque; Robin recommande de les chauffer à l'aide de la vapeur; Doyère propose de les soumettre à des chocs successifs. Le tarare insecticide ou *tue-teigne* que Doyère a imaginé à cet effet est simple, mais il doit être mis en mouvement par un manége ou par la vapeur. Cet appareil a une vitesse de huit cents tours par minute ; le grain, après avoir été frappé à

Fig. 103. — Grains attaqués par la teigne.

diverses reprises, est lancé à une distance de 8 à 10 mètres ; alors la teigne est complétement détruite, quel que soit son état.

A défaut de tarare insecticide, on peut arrêter les dégâts de la teigne en projetant avec force contre un mur et à l'aide d'une pelle les grains qu'elle attaque.

. 4° TROGOSSITE. — Le blé, dans les parties méridionales de la France et de l'Europe, est détruit par la larve du trogossite mauritanique (TROGOSSITA MAURITA-NICA L.) qu'on appelle aussi *cadelle*.

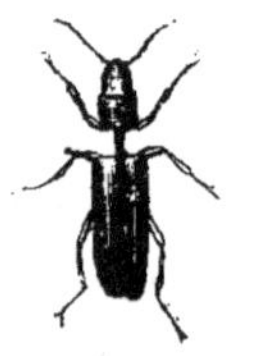

Fig. 104. — Trogos-site mauritanique.

Ce coléoptère (fig. 104) a le dessus du corps noirâtre et le dessous brunâtre ; ses antennes sont brunes et aussi longues que la tête.

La larve de la cadelle ronge le grain exté-rieurement jusqu'à ce qu'elle ait acquis son entier développement.

Comme cette larve s'attache mal aux grains, on peut ar-rêter ses ravages et la détruire en vannant ou tararant le blé qu'elle attaque.

La cadelle mauritanique est commune en Afrique.

CHAPITRE XVI

RENDEMENT DU BLÉ

Produit en grains : — par hectare et par région. — Produit en paille. — Poids d'un hectolitre de grain. — Surface cultivée en blé. — Abondance et disette ou les bonnes et les mauvaises années.

Les produits fournis par le blé : le grain et la paille, varient quant à leur production suivant les variétés cultivées, la nature et la fertilité des terrains où elles végètent, le mode de culture auquel elles sont soumises et l'influence favorable ou nuisible des agents atmosphériques.

Produits en grains. — En général, le froment qui est bien cultivé peut donner en moyenne par hectare :

Sol pauvre.	6 à 8 hectolitres.	
Bon sol	16 à 20	—
Terre fertile.	30 à 40	—

Une récolte de froment d'hiver est :

Mauvaise, si elle ne dépasse pas.	10 hectolitres	
Passable, quand elle atteint.	16	—
Bonne, lorsqu'elle s'élève à.	25	—
Excellente, si elle atteint.	35	—

Sous toutes les latitudes, les sécheresses diminuent la quantité, mais elle augmente la qualité du grain; par contre, les années humides augmentent presque toujours la quantité aux dépens de la qualité.

Voici les rendements moyens que les commissions de statistique ont constatés en France en 1862 :

1° *Région du Nord-Ouest.*

Nord.	25^{hect}	70
Oise	21	28
Somme.	20	58
Aisne.	20	30
Seine-Inférieure.	19	30
Eure	18	16
Pas-de-Calais.	18	12
Calvados.	16	80
Manche.	14	22 Moyenne 19^{hect} 16

2° *Région des plaines du Nord.*

Seine.	25^{hect}	90
Seine-et-Oise.	23	93
Seine-et-Marne.	21	46
Eure-et-Loir	19	20
Marne	16	92
Aube.	15	80
Yonne.	15	62
Haute-Marne.	12	50 Moyenne 17^{hect} 54

3° *Région du Nord-Est.*

Bas-Rhin.	21^{hect}	57
Haut-Rhin.	18	55
Moselle.	17	17
Ardennes.	16	88
Meurthe.	15	94
Vosges.	15	32
Meuse	14	17 Moyenne 17^{hect} 08

4° *Région de l'Ouest.*

Finistère.	17^{hect}	78
Maine-et-Loire	17	22
Mayenne.	17	23
Loire-Inférieure.	16	19
Côtes-du-Nord.	15	66
Deux-Sèvres.	15	30
Ille-et-Vilaine.	15	12
Morbihan.	14	92
Vendée.	14	72
Vienne.	13	78 Moyenne 15^{hect} 83

5° *Région des plaines du Centre.*

Loiret.	16^{hect}	71
Loir-et-Cher.	15	73

Allier.	15	55
Sarthe	15	30
Nièvre.	15	0)
Cher.	14	54
Indre.	15	50
Indre-et-Loire.	12	85	Moyenne 14^{hect} 90

6° Région de l'Est.

Haute-Savoie.	16^{hect}	70
Doubs..	16	01
Haute-Saône.	16	»
Rhône	16	07
Saône-et-Loire.	15	08
Jura.	15	10
Isère.	14	89
Savoie..	14	44
Ain.	14	16
Côte-d'Or.	13	58
Hautes-Alpes..	11	29	Moyenne 14^{hect} 84

7° Région des montagnes du Centre.

Puy-de-Dôme.	18^{hect}	64
Haute-Loire.	14	30
Haute-Vienne	13	66
Corrèze.	12	70
Creuse.	12	06
Cantal..	12	66
Loire.	11	96
Aveyron.	11	44
Lozère.	9	22	Moyenne 12^{hect} 95

8° Région du Sud-Ouest.

Hautes-Pyrénées.	17^{hect}	10
Haute-Garonne..	17	12
Lot-et-Garonne..	15	87
Gironde..	15	22
Gers.	13	77
Charente-Inférieure	13	12
Basses-Pyrénées.	13	38
Ariége..	13	10
Tarn-et-Garonne.	12	86
Tarn.	12	78
Landes.	12	75
Dordogne.	12	36
Charente..	10	50
Lot.	10	01	Moyenne 13^{hect} 56

9° Région du Sud.

Pyrénées-Orientales. . .	15^{hect}	46
Hérault.	15	32
Bouches-du-Rhône. . . .	15	11
Aude.	14	50
Vaucluse	14	27
Drôme.	13	86
Gard.	13	57
Var.	15	27
Ardèche.	12	44
Alpes-Maritimes.	11	60
Basses-Alpes.	11	10 Moyenne 15^{hect} 68

Soit une moyenne de 15^h,70.

Ce rendement excède le produit moyen constaté en 1852, de 2^h,27, et en 1840, de 5^h,23.

Les bonnes variétés, le blé de haie (22), le blé blanc de Flandre (12), le blé rouge d'Écosse (30), etc., cultivées sur des sols fertiles, donnent parfois des produits considérables. Ainsi, on a constaté que les rendements de ces blés atteignaient quelquefois dans les départements du Nord et du Pas-de-Calais 40, 45, 50 et même 55 hectolitres par hectare. Ces produits considérables sont exceptionnels, et nul ne doit, dans les circonstances ordinaires, espérer en obtenir d'aussi élevés. Heureux le cultivateur qui obtient en moyenne de 25 à 30 hectolitres par hectare.

Produit en paille. — Le rendement en paille est aussi très-variable. En général, il est toujours plus faible dans les contrées méridionales que dans le nord de la France, plus fort sur les sols fertiles ou argileux que sur les terrains pauvres et siliceux, plus abondant dans les années humides que dans les années sèches.

Dans les circonstances ordinaires, 100 kilogrammes de gerbes donnent 25 à 50 kilogrammes de grain et 70 à 75 kilogrammes de paille. Ainsi, 100 gerbes du poids moyen de 11 kilogrammes rendent au battage :

Grain : 275 à 330 kilogr. ou 370 à 410 litres.
Paille : 770 à 825   —   ou 150 à 160 bottes.

De ces faits, il résulte que le rapport moyen du grain à
la paille :: 100 : 260, et qu'on doit récolter environ
200 kilogrammes de paille par chaque hectolitre de froment. On ne doit pas oublier que ce rapport est plus fort,
lorsque le froment a végété dans un sol médiocre, et plus
faible, quand on cultive cette céréale dans des terres fertiles. Ainsi, un hectare qui donne :

16 hectolitres, doit produire. . . .	3,600 kil. de paille.			
20	—	—	. . .	4,000	—
25	—	ne produit pas au delà de	4,500	—
30	—	—	—	5,000	—
35	—	—	—	5,500	—

La *menue paille* est plus ou moins abondante selon le
plus ou moins de facilité avec laquelle les glumes ou
glumelles se détachent des épis. Dans les circonstances
ordinaires, le poids des balles excède rarement 8 à 10 kilogrammes par hectolitre.

Poids de l'hectolitre. — Le *poids du blé* est très-
variable. En moyenne, il pèse 78 kilogrammes l'hectolitre,
quand le grain est propre et de bonne qualité.

Le blé est de *premier choix*, quand ce poids atteint 80 à
82 kilogrammes.

Il est de *mauvaise qualité* lorsqu'il ne dépasse pas 74 à
75 kilogrammes.

On a dit avoir récolté des blés du poids de 85 et parfois
de 90 kilogrammes l'hectolitre. Ces données n'ont jamais
été vérifiées par la pratique. Toutefois, les blés durs ou
glacés récoltés dans le midi de l'Europe ou en Afrique,
comme le blé de Pologne (99), le blé de Taganrog (77),
le blé triménia de Sicile (79), sont toujours plus pesants

quand ils sont de belle qualité que les blés à grains tendres
cultivés dans le nord de la France, en Angleterre ou en
Belgique, comme le blé blanc de Flandre (12), le blé d'O-
dessa (23), le blé chiddam (7).

En général, un hectolitre de grains moyens, allongés
et réguliers pèse davantage qu'un hectolitre de grains volumineux et irréguliers.

Surface cultivée en froment. — La France augmente chaque année l'étendue qu'elle consacre à la
culture du froment. Voici, d'après la statistique générale,
les surfaces que cette céréale a occupées depuis un demi-
siècle.

1810.	4,472,260 hectares.
1820.	4,683,788 —
1830.	5,011,704 —
1840.	5,531,782 —
1852.	6,984,772 —
1862.	7,372,819 —
1864.	6,889,000 —

Ainsi, dans l'espace de cinquante-deux ans, la culture
du froment s'est accrue, quant à son étendue, de
2,900,559 hectares ou de 60 pour 100.

Il n'est pas inutile de rappeler la surface et la production
par habitant depuis 1821 :

Années.	Surface.		Production.
1821.	15 ares 60		191 litres.
1831.	16	93	186
1841.	15	25	193
1851.	16	77	240
1861.	19	96	292

Donc, depuis 1840, époque où l'agriculture française
a commencé à faire de véritables progrès, la surface cultivée en froment d'automne et de printemps, s'est augmentée
de 4 ares 71 par chaque habitant, et elle a produit pour

chacun 99 litres de plus qu'elle n'en donnait vingt ans avant.

Abondance et disette. — C'est en vain qu'on voudrait nier la périodicité des bonnes et des mauvaises récoltes. Cette alternance est très-ancienne et elle remonte aux Pharaons. Ainsi, les sept beaux épis et les sept épis maigres et flétris par le vent, signifient d'après le récit biblique, que sept années d'abondance suivront sept années de disette.

De nos jours, les bonnes et les mauvaises années ont une durée moins longue. En général, elles alternent tous les cinq ans. On en jugera par les détails suivants :

1° *Période d'abondance.* — 1823 à 1827.
Les exportations excèdent les importations de 909,534 hectolitres.

2° *Période de disette.* — 1828 à 1832.
Les importations excèdent les exportations de 9,556,853 hectolitres.

3° *Période d'abondance.* — 1833 à 1837.
Les exportations excèdent les importations de 608,842 hectolitres.

4° *Période mixte.* — 1838 à 1842.
Les importations excèdent les exportations de 818,961 hectolitres.

5° *Période de disette.* — 1843 à 1847.
Les importations ont excédé les exportations de 17,134,861 hectolitres.

6° *Période d'abondance.* — 1848 à 1852.
Les exportations ont dépassé les importations de 15,270,593 hectolitres.

7° *Période de disette.* — 1853 à 1857.
Les importations dépassent les exportations de 24,752,029 hectolitres.

8° *Période mixte.* — 1858 à 1862.
Les exportations dépassent les importations de 2,813,869 hectolitres.

9° *Période d'abondance.* — 1863 à 1867.
Les exportations excèdent les importations de 27,635,007 hectolitres.

Pendant ces neuf périodes, on compte vingt-quatre années d'abondance et vingt et une années de disette. Si l'on balance les importations avec les exportations, on trouve que les premières ont excédé les secondes seulement de 5,628,779 hectolitres. Ainsi, pendant ces quarante-cinq années, la France n'a importé annuellement, en moyenne, que 125,084 hectolitres de froment, d'épeautre et de méteil.

J'ai rappelé précédemment que les progrès modernes de notre agriculture dataient de 1840. Il n'est pas inutile de faire connaître quelles ont été les importations et les exportations de 1816 à 1840, et de 1841 à 1866 :

1re *Période :*	Importations. . . .	21,698,763 hectolitres.
	Exportations. . . .	6,365,728 —
	EXCÉDANT DES IMPORTATIONS.,	15,333,035 hectolitres.
	Soit, en moyenne, par an. . . .	613,321 hectolitres.
2e *Période :*	Importations. . .	81,492,893 hectolitres.
	Exportations. . . .	73,879,926 —
	EXCÉDANT DES IMPORTATIONS..	7,612,967 hectolitres.
	Soit, en moyenne, par an.	292,806 hectolitres.

Ce dernier résultat est très-remarquable et il permet d'envisager l'avenir avec confiance.

De 1857 à 1867, les exportations ont excédé huit fois les importations et les excédants ont atteint 30,448,876 hectolitres. Ce fait résulte de ce que les récoltes de 1857, 1858, 1860, 1863 et 1864 ont oscillé entre 101 et 117 millions d'hectolitres. Celles de 1863 et 1864 ont été les plus abondantes qu'on ait jamais vues en France. Les plus faibles récoltes ont été celles de 1820, 1822, 1830, 1839, 1853 et 1862 ; le nombre d'hectolitres récoltés pendant ces années a varié entre 44 et 64 millions.

Dans les circonstances actuelles, la France a besoin annuellement de 75 millions d'hectolitres de froment et de méteil, soit 2 hectolitres environ par habitant.

Les années où la récolte du blé est mauvaise nuisent toujours au mouvement de la population. M. Bouchardat a démontré la vérité de ces axiomes :

1° Les mariages sont d'autant plus nombreux que le blé est à meilleur marché ;

2° Les naissances diminuent dans les années qui suivent les années de cherté ;

3° Dans les années de cherté excessive, la mortalité augmente, et les naissances diminuent ;

4° Le chiffre de la mortalité des années de cherté excessive et moyenne s'étend sur les années qui suivent cette cherté.

La France paraît désormais à l'abri des atteintes d'une cherté extraordinaire.

CHAPITRE XVII

COMMERCE DES BLÉS

Les blés se vendent plus ou moins facilement selon leur
état et leur qualité.

Qualités et défauts des blés. — Les blés de
commerce forment diverses catégories qui ont chacune leur
mérite et leurs défauts.

1° Les *blés fins* sont des *blés tendres*; leurs grains sont
un peu arrondis, opaques, blanc-jaunâtre ou jaune-doré,
lisses, à cassure amylacée et riches en amidon.

2° Les *gros blés* sont plus ou moins glacés selon les
variétés et les terrains. Ces blés sont riches en gluten ;
ils sont produits par les blés poulards; leur couleur est
ordinairement grisâtre.

3° Les *blés rouges* sont des blés demi-glacés ou demi-
tendres ; ils sont très-estimés par la meunerie, quand ils
sont de belle qualité, parce qu'ils fournissent une farine
qui a du corps et qui est très-panifiable.

4° Les *blés durs* ou *blés glacés* ont des grains allongés,
compactes, presque vitreux ou transparents. On ne les
récolte que dans le midi de l'Europe et en Algérie. Leur
son est plus épais et ils sont plus difficiles à moudre,
parce qu'ils contiennent moins d'amidon que les blés
tendres.

5° Les *blés de tête* ou *blés de choix* sont ceux qui sont de qualité supérieure. Ils sonnent quand on les fait sauter dans la main ; ils sont propres, réguliers, pesant et coulent aisément entre les doigts quand on les presse.

6° Les *blés bigarrés* sont un mélange naturel de blés blancs et de blés rouges ou de blés gris, de blés tendres, de blés demi-tendres et de blés gris presque glacés. De tels blés ne sont pas toujours très-estimés par la meunerie.

7° Les *blés ont de la main* quand ils sont secs et coulants et lorsqu'ils sont bien remplis.

8° Le *blé est gourd*, quand il est humide et lorsqu'il ne s'échappe pas entre les doigts, quand on le presse dans la main.

Les blés, dans les années humides ont, en général, une pellicule plus épaisse que dans les années sèches.

9° Le *blé est moucheté* ou *bouté*, quand sa houppe est noircie par la poussière de la carie ou du charbon.

10° Le *blé est avarié* ou *gâté*, quand il a une mauvaise odeur et que sa houppe est couverte de byssus ou de champignons microscopiques. Un tel grain manque de sécheresse, et on constate à la mâche qu'il a du goût.

11° Le *blé est piqué*, quand il est attaqué par le charançon et l'alucite.

12° Un *blé est sale* lorsqu'il est terreux ou couvert de poussière, ou quand il contient des graines étrangères, des débris d'insectes ou des excréments de rats et de souris.

13° Les *vieux blés* sont ceux qui ont au moins une année. Ces grains sont sujets à être attaqués par les insectes.

14° Les *blés nouveaux* sont ceux qui proviennent de la dernière récolte.

L'acheteur doit s'assurer, en plongeant la main dans le sac, de l'état de sécheresse ou d'humidité du grain; ensuite, il doit chercher à déterminer son poids en le soupesant à diverses reprises; enfin, il lui importe de bien s'assurer si le blé n'a pas de goût ou une odeur de moisi.

Un blé est de *première qualité*, quand il est clair, luisant, propre, et qu'il pèse 78 à 79 kilogrammes l'hectolitre. Il est désigné sous le nom de *blé marchand* ou *blé de deuxième qualité*, quand il est assez régulier et coulant et lorsqu'il pèse de 77 à 78 kilogrammes. Les *blés de troisième qualité* sont très-irréguliers, mal nourris, ternes, légers et gourds; souvent même, ils sont alliés à du sable, de la terre, des graviers, des mauvaises graines ou des ôtons.

Les *blés de choix* ne sont ni trop courts, ni trop allongés; leur sillon est bien accusé, sans être profond ; leur poids atteint 80 à 82 kilogrammes, parce qu'ils sont bien secs et remarquables par une grande régularité et une netteté parfaite. Ces blés sont d'une grande finesse.

On vend le blé sur les marchés en l'exposant dans des sacs ou à l'aide de petits échantillons. Dans ce dernier cas, il est essentiel que la *montre* soit bien conforme au blé qu'on peut livrer. Il n'y a jamais de contestations entre les parties quand le blé livré est *sain, loyal* ou *marchand*.

La vente se fait à l'hectolitre sans garantie de poids, ou à l'hectolitre réglé à 78, 79 ou 80 kilogrammes. On vend aussi le blé au quintal métrique. Ce mode de vente est celui qu'on doit préférer à tous les autres, parce qu'il évite les contestations qui naissent souvent au moment du mesurage entre l'acheteur ou *le blatier* et le vendeur.

Graissage des blés. — Dans le but de donner aux grains de seconde et de troisième qualité une apparence qui dissimule leurs défauts, on exécute parfois l'opération que l'on a appelée *graissage des blés*. Ce procédé consiste à huiler une pelle en bois, et à s'en servir pour exécuter le pelletage du blé. Deux cuillerées d'huile suffisent pour graisser 50 hectolitres. Dans quelques localités de la Normandie, on remplace l'huile par la crème. Par cette opération, le blé devient plus coulant et il a plus d'aspect pour la vente.

La meunerie repousse les blés graissés, parce que l'huile graisse les meules, nuit à la bonne exécution de la mou-ture et fait contracter à la farine un mauvais goût.

L'article 423 du code pénal punit cette falsification. Le tribunal de Chartres a condamné à 100 francs d'amende et aux frais d'insertion du jugement des personnes qui avaient mis ce moyen en pratique.

Commerce du blé et des farines en France. — La Normandie, l'Anjou et la Bretagne produisent des blés semi-glacés excellents pour l'exportation, parce qu'ils ne s'altèrent pas dans les navires comme les blés tendres sous l'influence de la chaleur et de l'humidité.

La circonscription de Paris est alimentée par la Beauce, la Brie, la Picardie, le Berry et le Bourbonnais, localités où la culture du blé a fait de grands progrès depuis vingt ans.

Les blés qu'on récolte dans les plaines de Toulouse, de Castelnaudary et d'Arles sont très-estimés.

Bordeaux reçoit chaque année d'importantes quantités de gros blés de la vallée de la Garonne, des farines de Nérac et des blés demi-glacés des ports de Luçon et de Marans dans le Poitou.

En général, les blés récoltés en France qui sont les plus recherchés par le commerce sont : le blé blanc de Bergues, le blé de Beauce, le blé saissette d'Arles, le blé touzelle de Provence, le blé de Noé et le blé chiddam dans la Brie, le blé de Saint-Laud, le blé bladette de Toulouse, le blé de Montauban.

Les gros blés poulards sont cultivés dans le Gâtinais, la Normandie, la Flandre, l'Anjou, les vallées de l'Auvergne, le bas Langudoc et la Provence.

Voici comment a lieu, d'une manière générale, le mouvement des blés en France :

1° *Flandre*. — Importation dans le Nord de blés récoltés dans le Pas-de-Calais, la Somme et l'Aisne ; importation par Dunkerque de blés venant des ports de la Baltique et de farines expédiées d'Amérique ; exportation en Belgique.

2° *Artois*. — Importation et exportation par les ports de Calais, Boulogne et Étaple ; exportation dans le Nord.

3° *Picardie*. — Exportation des blés du Santerre vers Paris. — Le froment du Vimeux est inférieur au blé du Santerre, le grenier de la Picardie.

4° *Normandie*. — Au Havre et à Rouen, importation de blés et surtout de farines d'Amérique ; exportation de farines pour l'Angleterre. — La Seine-Inférieure reçoit des blés de la Picardie, de l'Ile-de-France, du Vexin français et de la Beauce. — L'Eure en importe d'Eure-et-Loir, et en exporte dans la Seine-Inférieure et le Calvados. — Le Calvados exporte par les ports de Caen, Isigny et Honfleur, au Havre et en Angleterre. On y cultive surtout le franc blé, le blé chicot (32) et le gros blé. — La Manche exporte dans le Calvados, l'Orne, la Mayenne et l'Ille-et-Vilaine. — L'Orne importe de l'Eure et de la Manche.

5° *Ile-de-France*. — La Seine reçoit de partout. — Seine-et-Oise exporte des farines à Paris et à Rouen et il importe des blés de la Beauce à Étampes. — Exportation des blés de l'Oise pour Paris, Rouen et le Havre. — Exportation des blés de l'Aisne dans l'Oise, le Nord, la Marne, les Ardennes et la Belgique.

6° *Brie*. — Seine-et-Marne exporte des grains et des farines à Paris, dans la Marne, le Loiret, l'Yonne et l'Aube.

7° *Maine*. — Exportation dans l'Anjou, la Bretagne et le Perche.

8° *Anjou*. — Importation de la Vienne et des Deux-Sèvres.

9° *Bretagne*. — Exportation des blés des Côtes-du-Nord par les ports de Pontrieux, Tréguier et Lannion ; des blés du Morbihan, par Vannes, pour Bordeaux et Bayonne ; des blés de la Loire-Inférieure par Nantes, Paimbœuf et Saint-Nazaire pour l'Angleterre, la Guyenne, les colonies, l'Espagne et la Méditerranée.

10° *Poitou*. — Exportation des blés de la Vendée par les ports des Sables, Saint-Gilles, Beauvoir pour Nantes, Bordeaux, la Rochelle et Rochefort. — Exportation des blés des Deux-Sèvres par Luçon, Marans pour Rochefort et la Rochelle. — Exportation des blés de la Vienne pour la Charente, la Haute-Vienne et l'Anjou.

11° *Saintonge*. — Importation par Marans de blés récoltés dans la Vendée, la Vienne et les Deux-Sèvres, et de farines de la Charente. — Importation dans la Charente de blés récoltés dans les départements voisins.

12° *Touraine*. — Exportation dans Maine-et-Loire.

13° *Orléanais*. — Importation des blés de la Beauce, et exportation de farines sur Paris.

14° *Berry*. — Importation dans le Cher des blés du Loir-et-Cher, de la Nièvre, de la Creuse et de l'Indre.

15° *Nivernais*. — Importation de blés récoltés dans le Cher, l'Allier et l'Yonne.

16° *Bourbonnais*. — Exportation dans la Creuse, le Puy-de-Dôme, la Loire et Saône-et-Loire.

17° *Auvergne*. — Exportation des blés du Puy-de-Dôme dans le Cantal, la Corrèze, la Creuse, la Loire et le Rhône ; importation des blés de l'Allier. — Importation des départements voisins dans le Cantal.

18° *Limousin*. — Importation dans la Haute-Vienne de blés récoltés dans la Vienne, l'Indre et la Charente. — Exportation de la Corrèze dans le Cantal et l'Aveyron ; importation de l'Indre, la Vienne, la Dordogne et le Lot.

19° *Marche*. — Importation dans la Creuse des blés de l'Allier, du Cher, de l'Indre et du Puy-de-Dôme.

20° *Périgord*. — Importation de l'Indre, de la Vienne, du Lot, du Lot-et-Garonne et de Bordeaux.

21° *Guyenne*. — Importation dans la Gironde de blés provenant du Lot-et-Garonne, de la Charente-Inférieure, du Gers, de la Dordogne, de la Haute-Garonne et de la Bretagne. — Importation dans le Lot des blés de la Haute-Garonne, de la Gironde et du Tarn-et-Garonne ; exportation dans le Cantal, l'Aveyron et le Tarn-et-Garonne. — Importation de blé venant du Lot et du Gers ; exportation de farines à Bordeaux et à Toulouse.

22° *Gascogne*. — Importation dans les Landes de blés venant de la Gironde, du Gers, du Lot-et-Garonne et des Basses-Pyrénées. — Importation dans les Hautes-Pyrénées de blés récoltés dans le Gers, la Haute-Garonne, les Basses-Pyrénées et les Landes. — Exportation de blé dans Lot-et-Garonne, la Haute-Garonne, les Basses et les Hautes-Pyrénées et les Landes.

23° *Béarn.*—Exportation de farines des Basses-Pyrénées à Bordeaux.

24° *Languedoc.* — Importation dans la Haute-Garonne de blés du Tarn et du Tarn-et-Garonne ; exportation dans le bas et le haut Languedoc et les Hautes-Pyrénées. — Exportation du Tarn dans l'Aveyron. — Exportation de l'Aude dans le Roussillon, le bas Languedoc, les Cévennes et la Haute-Garonne. — Importation dans l'Hérault et le Gard de blés venant de Marseille. — Importation dans la Lozère de blés récoltés dans la Haute-Loire et l'Ardèche. — Importation dans l'Ardèche de blés venant de Marseille, de la Drôme et de l'Isère. — Exportation de la Haute-Loire pour Lyon.

25° *Roussillon.* — Importation dans les Pyrénées-Orientales de blés venant de Marseille et exportation dans le haut Languedoc.

26° *Provence.* — Importation à Marseille de blés venant de l'Algérie, de la mer Noire, de l'Égypte, etc. ; exportation dans l'Hérault, le Gard, l'Aude, les Pyrénées-Orientales, le Var, les Hautes-Alpes, les Alpes-Maritimes et la Corse. — Importation de blés venant de Marseille dans le Var et les Alpes-Maritimes. — Importation dans les Basses-Alpes de blés venant des Hautes-Alpes.

27° *Comtat Venaissin.* — Importation de blé venant de l'Isère et de Marseille ; exportation de farines pour Marseille.

28° *Dauphiné.* — Importation dans la Drôme de blés récoltés dans l'Isère ; exportation dans l'Ardèche. — Importation dans les Hautes-Alpes de blés venant de l'Isère et de Marseille. — Importation dans l'Isère de blés de Marseille ; exportation dans le Rhône, la Loire et la Drôme.

29° *Lyonnais.* — Importation de blés et de farines de la

Bourgogne, de la Franche-Comté, de l'Auvergne, du Bourbonnais, du Dauphiné et de Marseille ; exportation de farine
pour Saint-Étienne et Marseille.— Importation dans la Loire
de blés venant de l'Allier, de l'Isère et de Marseille.

30° *Bourgogne.* — Importation dans Saône-et-Loire de
blés récoltés dans la Nièvre, l'Ain et la Haute-Saône. —
Importation dans la Côte-d'Or de blés venant de l'Yonne,
de l'Aube, de la Marne et de la Haute-Saône ; exportation
pour Lyon. — Exportation de l'Ain pour Mâcon, Lyon et
l'Isère. — Exportation de la Côte-d'Or dans le Doubs, le Jura
et la Suisse.

31° *Franche-Comté.* — Importation dans la Haute-Saône de
blés venant de la Haute-Marne, de la Côte-d'Or et des Vosges.
— Exportation du Doubs dans le Haut-Rhin et le Rhône. —
Exportation du Jura pour Lyon.

32° *Alsace.* — Importation dans le Haut-Rhin de blés récoltés dans le Bas-Rhin, la Meurthe, la Haute-Saône, les
Vosges et le Doubs. — Importation dans le Bas-Rhin de
blés de la Meurthe, du Palatinat et du duché de Bade.

33° *Lorraine.* — Importation dans la Meurthe de blés
du Bas-Rhin et de la Meuse ; exportation pour Metz et Gray.
— Importation dans les Vosges de blés venant de la Meurthe, du Bas-Rhin et du Haut-Rhin ; exportation pour Gray.
— Importation dans la Meuse de blés récoltés dans la Marne
et la Haute-Marne ; exportation dans les Ardennes, le duché
du Luxembourg et la Belgique. — Importation dans la
Moselle de blés récoltés dans le Bas-Rhin, la Meurthe et la
Meuse ; exportation pour Nancy et l'Alsace.

34° *Champagne.* — Exportation de blés de la Marne dans
la Haute-Marne et la Seine, et de farine vers Gray et Soissons.
— Exportation de blé de la Haute-Marne dans les Vosges,
l'Aube, la Meuse et la Marne. — Importation dans l'Aube

de blés de la Marne et de la Haute-Marne ; exportation dans l'Yonne et à Gray.

La France, pendant longtemps, n'a exporté à l'étranger que des grains, et depuis un demi-siècle, elle a reçu de l'Amérique des grains et surtout des farines. Les perfectionnements considérables introduits depuis vingt ans environ dans la meunerie française, ont permis au commerce des grains et des farines de notre pays d'apporter de nombreuses modifications dans ses transactions. C'est ainsi que la France a pu, dans les dernières années, expédier en Angleterre des farines en quantité considérable, et qui ont été regardées comme supérieures en qualité aux farines originaires d'Amérique.

La meunerie est redevable à M. Touaillon fils de la plupart des changements ou des perfectionnements qui ont permis à la France d'occuper sur les marchés européens le premier rang pour sa mouture. C'est, en effet, à ce praticien habile et éclairé que l'on doit la disparition de ces vieilles habitudes, de ces préjugés surannés, de ces pratiques vicieuses que Parmentier et Cadet de Vaux ont cherché à combattre, il y a bientôt un siècle, avec une persévérance digne des plus grands éloges ; c'est M. Touaillon qui, s'engageant plus avant dans la route suivie par son père en 1807, préconisa les avantages de la *mouture américaine* que l'on désignait alors sous le nom de *système anglais*.

La meunerie française, malheureusement, n'est pas parfaite dans tous les départements ; mais si un grand nombre d'usines appellent de nombreux perfectionnements, on peut avec équité la placer aux premiers rangs parmi toutes les meuneries. Il n'en est aucune, en effet, qui soit de nos jours aussi largement dotée sous le rapport de la bonne disposition et de l'installation des grandes usines.

C'est le mécanisme parfait qu'on y observe, c'est le mode ingénieux de rhabillage qu'on y a adopté, ce sont les divers engins propres au nettoyage et au blutage qu'on y voit fonctionner, qui ont permis d'obtenir du premier jet ces proportions de farine qui étonnent les meuniers les plus habiles de l'Angleterre et surtout de l'Autriche et de la Hongrie.

La meunerie comprend en France treize circonscriptions bien distinctes, savoir :

1° La *meunerie du rayon de Paris*, qui est la plus perfectionnée et qui embrasse la Beauce, la Brie et l'Ile-de-France ;

2° La *meunerie normande*, qui s'alimente principalement avec les blés du pays de Caux et du Vexin normand ;

3° La *meunerie du Nord*, qui comprend de nombreuses usines alimentées avec les blés récoltés dans la Picardie, l'Artois et la Flandre ;

4° La *meunerie du pays Messin*, qui moud principalement les blés provenant de la Lorraine, de la haute Champagne et de la basse Alsace ;

5° La *meunerie de Gray*, qui transforme en farine de belle qualité les blés de la Franche-Comté, de la Bourgogne et de la Bresse ;

6° La *meunerie champenoise*, qui s'alimente dans la Champagne et une partie de la Picardie ;

7° La *meunerie lyonnaise*, qui moud des blés du Lyonnais, du Forez, du Dauphiné et du Bourbonnais ;

8° La *meunerie provençale*, qui transforme en belle farine les blés blancs du comtat Venaissin et de la Provence et une partie assez considérable de blés qu'on importe de la mer Noire à Marseille ;

9° La *meunerie de Nérac*, qui ne travaille que les blés récoltés dans les plaines du haut Languedoc, dans l'Armagnac, le Quercy et l'Albigeois ;

10° La *meunerie bordelaise*, qui reçoit quelquefois des blés de l'étranger, mais qui, le plus ordinairement, transforme en farine les blés de la Guyenne, du Périgord, de la Saintonge et du Poitou ;

11° La *meunerie nantaise*, qui s'alimente principalement avec les blés récoltés sur les terres schisteuses ou granitiques de la Bretagne, de la Vendée et de l'Anjou, et sur les terres fortes des marais du Poitou et de la Vendée ;

12° La *meunerie du Maine*, qui produit de très-bonnes farines avec les blés récoltés dans l'Anjou, le Maine, le Perche et la plaine d'Alençon ;

13° La *meunerie de la Limagne*, qui livre à la consommation des farines moins blanches que celles de Provence et du rayon de Paris, mais qui ont l'avantage d'être très-alimentaires parce qu'elles sont aussi riches en gluten que les farines de Nérac.

Blés d'Algérie. — Les blés de l'Algérie, les plus beaux blés du monde, sont remarquables par leur belle qualité.

Les trois provinces, Alger, Constantine et Oran, cultivent à peu près les mêmes variétés. Toutefois, c'est dans la province d'Oran qu'on rencontre les plus grandes surfaces occupées par cette céréale et qu'on récolte les meilleurs blés. Ceux de Tittery, dans la province d'Alger, et ceux de Saint-Denis-du-Sig, dans celle d'Oran, sont très-remarquables.

Les *blés durs* qu'on récolte en Algérie sont glacés et presque transparents; ils proviennent des blés ci-après : *blé de Pologne* (99), *blé de Taganrog* (78), *blé d'Ismaël* (91). Ces blés sont trop sensibles aux froids pour qu'on puisse les cultiver dans le centre et le nord de la France. Les se-mouleurs de Marseille et de Lyon les emploient avec le plus grand succès dans la fabrication des semoules, du vermi-celle et des pâtes alimentaires. La farine de ces beaux blés a une nuance dorée qui lui est particulière.

Les *blés tendres* récoltés en Algérie sont très-beaux, mais on les cultive sur des surfaces moins grandes que les blés durs.

Toutes les variétés des blés qui fournissent des grains glacés ont des épis barbus ; elles sont moins sujettes à 'égrenage que les variétés plus délicates et à épis im-berbes.

L'excédant des besoins de l'Algérie est expédié à Mar-seille, à Tunis, à Alexandrie, en Sardaigne et en Sicile. Les blés de Bône, de Constantine, d'Oran, de Médéah et de Milianah à grains allongés, fins et très-clairs, sont recher-chés par les fabricants de pâtes alimentaires de Marseille, de Lyon, de Clermont et de Paris.

Angleterre. — L'Angleterre, malgré sa prospérité, ne produit pas tous les grains nécessaires aux besoins de sa po-pulation. Aussi est-elle obligée d'importer chaque année de très-grandes quantités de blé et de farine, soit d'Europe, soit d'Amérique. Ainsi, la consommation annuelle du blé étant estimée à 63,991,000 hectolitres et la production à 46,539,000 hectolitres, elle doit importer en moyenne, chaque année, 17,452,000 hectolitres. C'est aux États-Unis, à la Russie, à la France, à la Prusse, à l'Égypte et au Canada que l'Angleterre demande principalement le blé qui lui fait défaut. Les importations de 1862 se sont élevées à 27,460,885 hectolitres et celles de 1865 à 16,305,252 hec-tolitres.

Sur ces quantités on a importé de :

	1862	**1863**
Russie	3,848,758	3,034,496
Amérique	10,801,833	5,825,253
Prusse	4,206,405	2,951,640
Egypte	2,201,204	1,552,341

Il est vrai que le froment et la farine importés en Angleterre de 1846 à 1863, ont atteint en moyenne chaque année 18,542,700 hectolitres, mais les exportations ont balancé la quantité excédant les besoins de la population.

En 1866, les États-Unis ont concouru à l'alimentation de l'Angleterre pour 55, l'Allemagne 20, la Russie 17, la France 12, l'Égypte 6, et les autres pays pour 10 pour 100.

Australie. — L'Australie continue à récolter des blés tendres qui sont supérieurs par leur belle qualité et leur finesse aux plus beaux blés blancs de la France et de l'Angleterre. Les blés cultivés dans cette colonie anglaise ont été importés d'Europe. Les variétés qui fournissent les plus beaux grains sont le *blé de Toscane* (19) et le *blé d'Australie* (20). Il faut attribuer la supériorité des grains qu'elles produisent à la nature calcaire du sol, à sa fécondité et au climat qui est analogue au climat de l'Italie.

Ces blés ont été souvent expérimentés en France : mais toujours ils ont perdu promptement les qualités qui les distinguent de toutes les variétés cultivées en Europe.

Italie. — L'Italie récolte des blés tendres et des blés durs. Les premiers, qu'on désigne sous le nom de *grano gentile* et le plus ordinairement dans les Abruzzes, la Pouille, etc., sous celui de *Carosella*, proviennent principalement des vallées et des plaines les plus fertiles; leur farine sert à la fabrication des pains de luxe. Les blés durs, qu'on appelle *grano duro, grano da paste, grano da semolino* ou simplement *saragolla* sont les plus répandus. Ceux que fournissent la Sicile et les anciens États napolitains sont fort beaux : la farine n'est pas aussi blanche que celle des blés tendres, mais elle renferme une plus forte proportion de gluten ; elle est destinée principalement à la fabrication des pâtes et des macaronis. Les farines des blés tendres qu'on récolte dans les Abruzzes servent à la fabrication d'un pain léger, remarquable par sa blancheur. Des analyses faites par M. Guerri, de Florence, il résulte que les blés durs qu'on récolte dans les plaines d'Arezzo, contiennent 16, 18 et 19 pour 100 de gluten. Les blés tendres n'en renferment que 4 à 8 pour 100. La variété appelée *blé richelle de Naples* (20) produit des grains qui rivalisent avec ceux de la *touzelle de Provence* (19), mais on en importe peu en France. Les plus beaux blés richelle sont récoltés à Barbetta, Cerignola, Manfredonia et Tarente.

Le *blé marionopoli* est très-fin, mais moins vif en couleur que les blés d'Algérie ; ce blé étant moins dur que les blés d'Afrique est préféré par la boulangerie. Les *blés termini* de la Sicile sont les plus beaux ; ces blés sont très-gros et leur farine est d'une panification plus difficile ; mais leur semoule s'écrase avec difficulté et la pâte qu'elle donne se resserre par le travail et reste ferme après la cuisson. Aussi ces blés sont-ils recherchés pour les pâtes alimentaires.

Les *blés gigenti* sont moins estimés, parce qu'ils produisent moins et qu'ils sont parfois sableux. Leur farine est difficile à travailler dans le pétrin.

L'Italie produit annuellement 54,400,000 hectolitres de froment. Cette production ne suffit pas à sa consommation. Dans les circonstances actuelles, une récolte abondante n'excède les besoins de l'Italie que d'environ deux mois, et une mauvaise récolte donne à peine les 9/10 de la consommation.

De 1863 à 1865, les grains introduits en Italie se sont

élevés, en moyenne, chaque année à 6,543,309 hectolitres, et ils ont dépassé les exportations de 5,343,309 hectolitres.

Les importations proviennent ordinairement des principautés Danubiennes, de la Turquie, de l'Égypte, d'Odessa et des ports de la mer d'Azof.

Espagne et Portugal. — L'Espagne se trouve aussi dans la nécessité de recourir souvent à l'importation pour nourrir sa population.

Elle a exporté en 1864, 800,000 hectolitres de blé, et en 1866, plus de 18 millions de kilogrammes de farine.

C'est par les ports de Valence, Alicante, Carthagène et Santander, que l'Espagne reçoit des pays étrangers les blés qui lui font défaut.

Les blés glacés qu'elle produit dans l'Estramadure et diverses parties des provinces de Valence, d'Aragon, de Murcie, de l'Andalousie et des provinces castillanes, sont très-beaux, et rivalisent avec les froments de la Sicile. La culture du blé a une grande importance dans les Castilles. Toutefois, le commerce leur préfère les blés tendres dont la panification est beaucoup plus facile.

Le Portugal produit des blés très-remarquables, mais ces blés en le dispensent pas de recourir à l'importation pour avoir les blés dont il a besoin. Il a importé chaque année, de 1855 à 1862, de 981,994 à 2,765,642 hectolitres de blé.

Turquie. — La Turquie est plus favorisée que la Grèce, et les céréales qu'elle livre au commerce sont souvent de bonne qualité, quoiqu'elles laissent souvent beaucoup à désirer quant à leur propreté. De 1841 à 1850, elle a exporté chaque année, en moyenne, 75,558 hectolitres de froment. En 1857, les exportations pour la France et l'Angleterre ont atteint 1,476,911 hectolitres.

Les blés de la Thrace, de la Thessalie, de la Salonique, de la Macédoine, sont de belle qualité. Les blés de la province d'Anatolie, sont expédiés à Constantinople. La Roumanie récolte beaucoup de blé. Les blés les plus estimés sont ceux appelés *blé Ghirca*, *blé Arnaoutka*, *blé Colonz*, *blé de Sandomir*, *blé de Banat*.

Principautés Danubiennes. — Les ports de Galatz, Ibraïla et Varna appartenant aux principautés Danubiennes, reçoivent des blés qu'on récolte dans la Valachie, la Modalvie et la Bulgarie, ainsi que ceux qui viennent des plaines situées sur les rives du Danube : la Hongrie et la Transylvanie. Les blés de la Moldavie sont principalement glacés tandis que ceux de la Valachie sont ordinairement tendres.

Égypte. — L'Égypte produit plus de céréales que la Turquie parce qu'elle sait utiliser les débordements du Nil dans la fertilisation de ses terrains agricoles, mais le blé qu'elle récolte n'est pas très-apprécié pour sa qualité sur les marchés de France et d'Angleterre. Les populations du centre de l'Europe l'acceptent aussi difficilement : elles lui reprochent d'avoir une odeur désagréable et d'être chargé de parties terreuses. Il semble que les Égyptiens oublient que leur pays était un des greniers d'abondance de l'ancienne Rome et que la Haute-Égypte et la Haute-Éthiopie produisaient des blés remarquables par leur belle qualité. M. Harris a trouvé 24 variétés de blé cultivées dans la province d'Ankobar.

L'Égypte a exporté chaque année, en moyenne, de 1848 à 1861, 1,779,570 hectolitres de blé. Toutefois l'extension donnée à la culture du coton depuis la guerre d'Amérique, y a fait restreindre la culture du blé. Aussi, en 1864, a-t-elle été forcée d'importer 800,000 quintaux de farine.

Le blé qu'on y cultive est barbu et appartient au blé d'Afrique (Triticum durum). Par exception, on cultive dans le Saïd ou la Haute-Égypte, un blé qu'on nomme *Taouely* et et avec lequel on fait un pain excellent. On a importé souvent d'Europe en Égypte des blés sans barbes à grains tendres, mais ces variétés n'y réussissent que lorsqu'on les cultive dans la Basse-Égypte sur des terres que le Nil a fécondées.

Je disais que le blé qu'on importe d'Égypte en Europe a une odeur nauséabonde. Cette odeur ammoniacale tient à ce que les agriculteurs de la Basse-Égypte sont obligés de laisser en tas sur le sol, après le battage, les blés qu'ils ont récoltés. Sous l'influence de l'humidité de la terre les grains s'échauffent, leur gluten fermente et contracte une odeur désagréable. On préviendra cette altération fâcheuse le jour où les grains récoltés sur les terres fécondées par les eaux du Nil pourront être déposés aussitôt après le battage dans des magasins ou des greniers.

Prusse. — La Prusse produit annuellement plus de blé qu'elle n'en consomme. Les quantités qu'elle exporte annuellement sont expédiées par le port principal de Dantzig et les ports secondaires de Kœnigsberg, Stettin et Rostock.

Le blé que le commerce désigne sous le nom de *blé de Dantzig* provient de la Pologne ; il est blanc ou bigarré et très-apprécié en Angleterre. Celui qu'on exporte des ports de la Poméranie vient de la Russie et du Mecklembourg.

De 1846 à 1852, la Prusse a exporté, en moyenne, chaque année, 2,112,000 hectolitres de blé.

Danemark. — Le Danemark doit être aussi classé parmi les pays à céréales. L'agriculture y est mieux entendue que dans la Norwége et la Suède, et le blé y est beaucoup plus productif.

Le nombre d'hectolitres exportés du Danemark et des duchés du Schleswig et du Holstein, s'est élevé chaque année de 1857 à 1863, à 502,100 hectolitres. C'est surtout dans le duché de Holstein que la culture du blé constitue une partie importante de la production végétale.Toutefois, le blé qu'on y récolte est inférieur en qualité aux blés d'Odessa et à ceux de la mer d'Azoff.

Villes hanséatiques. — Les villes hanséatiques, Hambourg, Brême et Lubeck, reçoivent des quantités assez considérables de blé du Hanovre, du Mecklembourg et de l'Allemagne. Ces divers ports ont expédié chaque année en moyenne, en Angleterre, de 1857 à 1863, 649,300 hectolitres de blé.

Autriche et Hongrie. — La culture du blé a une importance secondaire en Autriche, car elle suffit à peine aux besoins de la consommation. Il faut des récoltes très-abondantes, comme celle de 1867, pour que la Hongrie puisse livrer du froment aux provinces du nord de l'Europe.

Les meilleurs blés de la Hongrie sont récoltés dans les comtés de Banat, dans les comtés de Bacs et de Feheret dans les plaines qui sont limitées par le Tibisque; ces blés sont supérieurs en qualité aux blés de la Baltique.

Les grands entrepôts du commerce de blé sont Pesth, Wieselberg, Raab, Tœrœkbecze, Szeged, Nagy et Kanizsa. Les transports des grains qu'on expédie à Pesth, où est le marché le plus important après celui de Szeged, sont dirigés sur Vienne par la navigation établie sur le Danube et par la voie ferrée située sur la gauche de ce fleuve. Les grains qu'on dirige vers le sud de la Hongrie sont transportés par les chemins de fer.

La Hongrie expédie surtout à l'intérieur du royaume :

en Autriche, dans la Styrie supérieure et en Dalmatie. Ordinairement, elle n'exporte qu'en Suisse. En 1861, le royaume de Hongrie a pu exporter 3,400,000 hectolitres de blé, et en 1863, 44,800,000 kilogrammes de farine.

Russie. — La Russie cultive annuellement le blé sur une immense surface jusqu'au 60ᵉ degré de latitude. Cette culture a surtout une grande importance dans la *région de la terre noire* appelée *Tchernozème*.

Suivant la statistique officielle, l'excédant de la production sur la consommation permettrait à la Russie d'exporter annuellement 17,500,000 hectolitres de céréales. Sur sept années, on y compte ordinairement deux années d'abondance, trois récoltes ordinaires et deux années de disette.

Les blés de la Russie du Nord sont expédiés des ports de Saint-Pétersbourg et de Riga par la Baltique, et d'Arkangel par la mer Blanche. Les blés de la Russie méridionale sont expédiés d'Odessa, par la mer Noire, et des ports de Taganrog, Marioupol, et de Berdiansk, par la mer d'Azof.

Le froment qu'on regarde comme le meilleur est exporté par le gouvernement de Kiew et de Podolie et par celui de la Bessarabie. Puis vient le froment de la Pologne et de la région du Volga, fleuve qui se déverse dans la mer Caspienne. Le beau blé expédié de Dantzig vient des provinces traversées par la Vistule : Cracovie, Sandomir, etc.

Le port d'Odessa a exporté, en 1864, 4,326,888 hectolitres et en 1865, 5,294,647 hectolitres de froment. Le port de Taganrog a expédié en 1864, 4,178,664, et en 1865, 4,875,620 hectolitres de blé. Ces chiffres prouvent bien qu'en Russie le froment est un produit d'exportation.

Le *blé de Sandomir* est aussi beau que le blé blanc de Flandre (12); aussi sa valeur vénale est-elle toujours plus élevée sur le marché de Londres que celle du blé de mars appelé *blé Ghirca* et du blé dur d'automne connu sous le nom de *blé arnaoutka* qui est presque translucide ou entièrement glacé. Le *blé Kubanka* est demi-dur et très-apprécié pour la boulangerie.

Le blé le plus estimé de ceux qui nous viennent du port d'Odessa est le *blé Ghirca*. Ce blé est demi-tendre et pèse un peu plus que les blés ordinaires de la Podolie, de la Bessarabie et de Sandomirka.

On utilise avec succès en Europe le *blé arnaoutka* dans la fabrication du vermicelle, du macaroni et des pâtes ; dans le midi de la France, en Italie et en Angleterre, on mêle souvent de la farine du blé Ghirca à la farine du blé touzelle (19), afin que celle-ci ait plus de corps. Le *blé tendre d'Odessa* est aussi de très-belle qualité, mais il n'est pas toujours exempt de parties terreuses. Le blé de Ghirca est aussi très-estimé à Constantinople, à Smyrne, dans les îles Grecques et en Espagne.

Le blé qu'on récolte en Crimée est de bonne qualité ; ceux de Marioupol et de Berdiansk sont aussi estimés.

Voici la valeur des grains et des farines que la Russie a exportés de 1860 à 1865 :

1860.	238,428,000 fr.
1861.	280,876,000
1862.	234,176,000
1863.	194,944,000
1864.	231,826,000
1865.	264,784,000

Les pays qui reçoivent le plus de grains de la Russie sont : l'Angleterre, pour plus de 120 millions, la Prusse, 8 millions, la France, 8 millions, l'Italie, 6 millions, et la Turquie, 4 millions de francs. Les 66/100 des blés exportés sortent par les ports de la mer Noire et de la mer d'Azof.

Les ports de la Baltique n'exportent pas au delà de 17/100, et ceux de la mer Blanche de 5/100.

Les récoltes de blé ont été mauvaises dans la Bessarabie et la nouvelle Russie, en 1845, 1848, 1850 et 1855.

La production totale du blé en Russie est évaluée à 500 millions d'hectolitres.

Amérique. — Les États-Unis produisent beaucoup de froment. La région où cette céréale est cultivée s'étend du 33e au 43e degré de latitude nord; elle embrasse l'Ohio, la Pensylvanie, le Maryland, la Virginie, la partie méridionale de New-York et du Michigan, et le Delaware. Toutefois, cette production, au lieu de s'accroître, diminue dans divers États par suite de l'épuisement des terres. Cette prostration de fertilité est surtout sensible dans le Maryland et la Virginie.

L'Amérique a exporté en moyenne, chaque année, de 1840 à 1856, 4,755,876 hectolitres de blé. La quantité que l'Angleterre a importée des États-Unis, de 1857 à 1863, a été annuellement de 6,521,690 hectolitres. De nos jours, une partie importante des farines expédiées en Europe par le port de New-York, provient de blés récoltés au Canada. En général, les farines expédiées en Europe par les ports de New-York et de la Nouvelle-Orléans, renferment souvent plusieurs centièmes de farine de maïs.

Quoi qu'il en soit, si les blés demi-glacés récoltés en Amérique sont d'excellente qualité et d'une exportation facile, les blés tendres, d'une belle nuance, ont le défaut d'être peu riches en gluten.

Blé en vert. — Il n'est permis à personne de vendre son blé ou de l'arracher avant sa maturité. Cette défense remonte au temps de Charlemagne. Elle a été confirmée le 12 juillet 1482 par Louis XII; le 6 novembre

1544 par François Ier ; le 27 novembre 1577 par Henri III ;
le 30 août 1699 par Louis XIV ; le 23 décembre 1770 par
un arrêt du conseil. Les lettres patentes du 11 janvier 1771
et la loi du 23 messidor an III font les mêmes défenses.
Enfin, en 1847, la cour impériale d'Orléans a condamné
un cultivateur de Saint-Laurent-des-Eaux parce qu'il avait
vendu au mois de mai 2 hectares de blé au moment de
l'épiaison.

L'article 450 du code pénal porte que la peine peut être
de vingt jours à quatre mois d'emprisonnement.

Les plus savants jurisconsultes considèrent la loi du 23
messidor comme étant encore en vigueur.

Législation. — Les grains, dans les circonstances actuelles, circulent librement dans toute la France et leur
importation et leur exportation sont libres.

Cette liberté illimitée n'a pas toujours existé. Voici les
arrêts, les lettres patentes ou les décrets qui ont mis une
entrave ou favorisé la circulation des grains depuis le
quatorzième siècle jusqu'à nos jours :

1° *Défenses.*

1352, mandement de Charles le Bel. — 1455, lettres
patentes de Charles VII. — 1515, lettres patentes de
François Ier. — 1565, lettres patentes de Charles IX. —
1571, édit de Charles IX. — 1574, lettres patentes de
Henri III. — 1587, ordonnance de Henri III. — 1594, déclaration de Henri IV. — 1625, lettres patentes de
Louis XIII. — 1643, arrêt du conseil de Louis XIV. — 1677,
arrêt du conseil. — 1679, arrêt du conseil. — 1693, arrêt
du conseil. — 1731, ordonnance de Louis XV. — 1770,
arrêt du conseil. — 1774, arrêt du conseil de Louis XVI. —
1777, arrêt du conseil. — 1787, arrêt du conseil. — 1799,

arrêt du Directoire. — 1800, arrêt du Consul. — 1806, décret de Napoléon Ier. — 1815, décret de Napoléon Ier. — 1832, loi dite de l'*échelle mobile*. — 1839, ordonnance de Louis Philippe. — 1854, décret de Napoléon III.

2° *Autorisations*.

1502, lettres patentes de Louis XII. — 1554, lettres patentes de François Ier. — 1558, déclaration de Henri II. — 1583, lettres patentes de Charles IX.—1599, ordonnance de Henri IV. — 1601, autorisation de Henri IV. — 1639, déclaration de Louis XIII. — 1649, arrêt du conseil de Louis XIV. — 1669, arrêt du conseil. — 1672, arrêt du conseil.—1673, arrêt du conseil. —1678, arrêt du conseil. — 1702, arrêt du conseil. — 1716, arrêt du conseil de Louis XV. — 1732, arrêt du conseil. — 1763, déclaration du roi. — 1764, édit de Louis XV. — 1774, arrêt du conseil de Louis XVI. —1787, déclaration du roi. — 1789, décret du roi. — 1797, décret du Directoire. — 1804, décret de Napoléon Ier. — 1814, ordonnance de Louis XVIII. — 1839, ordonnance de Louis-Philippe. — 1858, décret de Napoléon III.

Ainsi, depuis le quatorzième siècle, on a interdit vingt-cinq fois la libre circulation des grains, et vingt-cinq fois aussi on a autorisé soit leur circulation de province à province, soit leur libre sortie hors du royaume.

L'échelle mobile instituée en 1819 et édictée de nouveau en 1833, a cessé d'être en vigueur depuis le 15 juin 1861. Ainsi, aujourd'hui, aucune loi protectrice ne favorise ou le producteur, ou le commerçant, ou le consommateur. Tous les blés importés par navire français payent un *droit fixe* de 50 et 60 centimes, avec le double décime, par 100 kilogrammes et 1 franc ou 1 fr. 20, avec le double décime, s'ils sont importés par navires étrangers.

Cette mesure libérale rappelle la célèbre ordonnance rendue par Henri IV sur la proposition de Sully, ordonnance qui rendit libre l'exportation des grains. Elle autorise aussi à dire qu'une des plus belles victoires de Turgot sera d'avoir obtenu, le 19 février 1770 et le 13 septembre 1774, deux arrêts du Conseil de Louis XVI, accordant la liberté du commerce des grains et la suspension du privilége de la boulangerie, mesures qui atténuèrent, dans une large mesure, les calamités produites par les famines de 1768 et 1769 et celles de 1775 et 1776. La loi de 1861, tout permet de l'espérer, place la France désormais à l'abri de disettes semblables à celles de 1817, 1829 et 1847.

Vers la fin du siècle dernier, le blé, qui avait été rare et cher, se répandit un jour rapidement dans un grand nombre de provinces. Le Directoire fut vivement frappé de ce passage si subit de la plus cruelle famine à l'abondance, et il en demanda un jour la cause au ministre de l'intérieur. Bénézech se leva et croisa les bras ; on attendit sa réponse ; celle-ci était dans son attitude d'immobilité. Le Directoire, ne devinant pas le ministre, lui dit de nouveau : « Comment donc avez-vous fait? » Bénézech lui répondit ces simples mots : « Je me suis croisé les bras ; j'ai rendu au commerce la liberté et la sûreté dont il a besoin, et il a repris son cours ordinaire. »

CHAPITRE XVIII

EMPLOI DES PRODUITS

Mouture : — mouture à la grosse, économique, méridionale, américaine, basse, ronde. — Farines. — Altérations des farines. — Insectes nuisibles aux farines. — Recoupes et sons. — Farines mélangées. — Panification. Biscuit de mer. — Semoules. — Pâtes alimentaires. — Pains à cacheter. — Amidon. — Gluten. — Couscous. — Emploi des issues. — Emploi de la paille.

Le blé, après avoir été converti en farine ou en gruaux, sert à faire du pain, des pâtes alimentaires, des biscuits et de l'amidon.

Mouture. — On moud le blé avec des moulins mis en mouvement par l'eau, le vent, la vapeur, un manége, ou à l'aide des bras.

Avant de le soumettre à l'action des meules, on le nettoie au moyen d'appareils divers et parfois très-perfectionnés dans le but de le débarrasser de la poussière, de la terre, des pierres qui s'y trouvent mêlées et aussi pour en extraire les grains avariés et les graines des plantes nuisibles.

Dans la région du Midi où les blés sont ordinairement battus avec des rouleaux ou égrainés par le dépiquage, on les lave parce qu'ils sont couverts de terre et on les met sécher, au soleil, sur des aires spéciales qui sont ordinairement carrelées. Le *lavage du blé*, inconnu dans les autres provinces de la France, est remplacé quelquefois, dans la région septentrionale, par un lavage mécanique et un séchage opéré à l'aide de l'appareil proposé par Maupeou.

La mouture se fait suivant six procédés.

1° La *mouture à la grosse* ou mouture rustique a été

longtemps la seule mouture pratiquée en France. Elle consiste à soumettre le grain à l'action de meules rapprochées et à laisser ensemble tous les produits que donne le mouturage, pour les soumettre ensuite à un tamisage exécuté à 16 ou 18 de son seulement.

2° La *mouture économique* date de la fin du seizième siècle; elle a été proposée pour la première fois par Pigeault, meunier à Senlis (Oise). Cette *mouture à blanc* a été pendant longtemps regardée comme la meilleure, mais les remoulages successifs qu'elle oblige à exécuter l'ont fait abandonner dans un grand nombre de localités. Elle exige, en effet, cinq opérations qui fournissent les produits ci-après : 1° farine ordinaire ; 2° farine première de gruau; 3° farine seconde de gruau ; 4° farine troisième de gruau ; puis des recoupettes, des recoupes, du gros et du petit son[1].

3° La *mouture méridionale* est surtout en usage dans le Languedoc et la Provence. Elle consiste à ne moudre qu'une fois et à abandonner la *mouture brute* ou la *farine rame* pendant plusieurs semaines, afin qu'elle puisse se refroidir lentement. Quand elle est froide ou après l'avoir remuée à diverses reprises, on la blute dans des bluteries spéciales. On obtient alors la *farine fine* ou *minot*, la farine deuxième ou *farine simple*, la farine troisième ou *grésillon* puis la *repasse* ou recoupe et le son.

4° La *mouture américaine* consiste à moudre le blé à l'aide de petites meules rapprochées, bien équilibrées et de manière à obtenir le moins possible de gruaux ou de parties à remoudre. La *boulange* est ensuite soumise à l'action

---

[1] Les statuts des boulangers de 1658 défendaient de remoudre le son. Une ordonnance du Prévôt de Paris rendue en 1546, interdisait de mêler à la farine du son remoulu.

d'une bluterie divisée en cinq parties : la première donne
la farine, la seconde le *remoulage* ou recoupettes, la troisième la recoupe, la quatrième le petit son, et la dernière
le gros son.

5° La *mouture basse* a une grande analogie avec la précédente. Elle fournit la plus grande quantité possible de
farine de premier jet.

6° La *mouture ronde*, ou *mouture française*, ou *mouture à
gruaux* consiste à atteindre le moins possible le grain dans
son premier passage sous les meules, afin d'obtenir beaucoup de gruaux bien détachés des sons et d'une grosseur
uniforme. La boulange qu'on obtient ainsi est ensuite
sassée afin d'en extraire les pellicules; après cet épurage,
les gruaux sont soumis à l'action de meules douces et très-
affleurantes; alors on blute le produit dans des bluteries
munies de soies fines et on obtient de la farine qui est
très-belle. Cette mouture est presque identique à la mouture économique.

Farines. — Lorsqu'un grain de blé est mis sous une
meule en mouvement, sa partie centrale 1 et 2 (fig. 26,
page 46), qui est la plus tendre et la plus friable et qui
renferme beaucoup de farine et peu de gluten, se pulvé-
rise la première et constitue ce qu'on appelle la *fine fleur*
ou farine très-blanche et exempte de son. Les parties
grenues, les *gruaux* détachés de la zone n° 3 qui est la plus
dure à cause du gluten, se réduisent à leur tour en farine.

Les *blés tendres* ou *blés fins* sont ceux qui donnent le
moins de gruaux; les *blés durs* ou les *blés gris* qui sont faciles à casser sont ceux qui en fournissent le plus.

La *farine de gruau* est moins blanche que la *farine fine
fleur* et la *farine apparente* parce qu'elle contient toujours

quelques particules de son; néanmoins, elle est très-alimentaire, parce qu'elle est riche en gluten; elle sert à faire des pains de luxe, dés pâtes et de la pâtisserie fine. Le gruau est situé sous les enveloppes du grain (voir page 46); c'est une matière jaunâtre sèche, dure et presque transparente.

Les gruaux des blés poulards (TRITICUM TURGIDUM) n'ont jamais cet état blanc granuleux des gruaux provenant des blés ordinaires (TRITICUM SATIVUM).

Le rendement en farine varie suivant la qualité du blé et le mode de mouturage. Nonobstant, le plus généralement, quand la mouture est bonne, on obtient de 100 kilogrammes de blé :

Farine première.	70 kilog.
Farine deuxième.	5
TOTAL.	75 kilog.

ou le poids moyen de l'hectolitre de grain.

Les blés germés pèsent moins et donnent moins de farine et plus de son que les blés sains.

Voici, d'après M. Touaillon, les produits qu'on obtient avec la *mouture ronde* pour 100 kilogrammes de blé de commerce :

Farine blanche.	9 kilog.
Farine de gruau.	26
Farine bise	37
Farine quatrième.	2
Remoulage et sons.	19
Cribures ou petits blés.	3
Poussière, perte.	4
TOTAL.	100 kilog.

Soit 74 kilogrammes de farine et 19 kilogrammes de son.

La même quantité de grains donne, avec la *mouture basse*, les produits ci-après :

Farine première.	68 kilog.
Farine deuxième.	3
Farine bise.	4
Remoulages et sons.	21
Déchets, perte.	4
TOTAL	100 kilog.

Soit 75 kilogrammes de farine et 21 kilogr. de son.

Les blés durs donnent à la mouture des produits différents. Voici les renseignements qu'on a constatés :

Blés de :	Taganrock.	Bône.	Auvergne.
	kil.	kil.	kil.
Farine bonne première. . . .	25	24	15
Semoule de gruau	60	62	47
Sons divers	15	14	18
TOTAUX	100	100	100

Le déchet est toujours moins élevé quand le blé est de bonne qualité et bien sec, qu'il n'est pas charançonné et qu'il a été battu à la machine à battre, mais, en général, il n'est jamais moindre de 2 pour 100.

Dans les moulins bien montés une meule ayant 1^m,53 de diamètre fait cent vingt tours par minute et ne moud pas au delà de 75 à 80 kilogrammes de blé par heure.

La qualité des farines varie suivant la qualité du blé.

Les farines bien affleurées, bien blutées, sèches, douces, sans odeur, d'un blanc jaune clair et qui se pelotonne dans la main quand on les presse, ou qui ont du *corps* et de la *main*, sont désignées sous les noms de *farine première* ou *farine minot*. Celle qui est de qualité remarquable porte le nom de *farine fine fleur*. Celles qui sont mal faites et d'un blanc plus mat et qui s'attachent dans la main sont appelées *farines deuxièmes*. Les farines qui sont d'un gris blanc portent le nom de *farines troisièmes*. Celles qui sont un peu rudes au toucher et qui ont une nuance légèrement brune ou jaune un peu foncée sont désignées sous le nom de *farines bises*. Celles qui ont des taches grises ou noirâtres sont dites *farines piquées*.

Les *farines altérées* ont une odeur et un goût âcre qui permet de les distinguer aisément des bonnes farines.

En général, la farine de froment contient :

Amidon.	72
Gluten	11
Matières sucrées.	4
Matière gommeuse.	3
Humidité.	10
Total.	100

Le son qui reste dans la farine fait du poids et non du pain.

Altération des farines. — Les farines sont sujettes à se gâter et à s'échauffer, surtout par des temps humides et pendant les fortes chaleurs. On les conserve *blutées*, ou en *rames*, c'est-à-dire non blutées, dans des *sacs isolés* ou *entassés en pile*. Dans les deux cas, on doit les examiner de temps à autre, afin de s'assurer si elles s'échauffent ou si elles fermentent. Quand on constate qu'une farine est chaude, il faut la vider immédiatement et la pelleter jusqu'à ce qu'elle soit refroidie. Si on reconnaît qu'elle se pelotonne, il faut la cribler ou la bluter et avoir la précaution de bien diviser avec les mains les *marrons* ou *pelotes*. La *farine marronée*, la *farine échauffée* et la *farine fermentée* peuvent perdre en quelques jours une grande partie de leur valeur.

Insectes nuisibles aux farines. — La farine est quelquefois attaquée par des insectes différents de ceux qui ravagent les grains.

1° La *mite* (ACARUS FARINÆ, L) est un insecte très-petit de la famille des aptères; il est ovoïde et blanchâtre. C'est surtout pendant les chaleurs qu'il exerce ses ravages ; le froid l'engourdit.

Quand une *farine est mitée*, il faut l'étuver et l'employer le plus tôt possible.

2° Le *ténébrion de la farine* (TENEBRIO MOLITOR), que l'on a appelé *ver de la farine*, produit une larve lisse, jaunâtre, allongée et cylindrique. A l'état d'insecte parfait, ce coléoptère (fig. 105) a le dos bien noir ; il vole le soir et se cache dans les fentes des murs et des boiseries.

La larve seule vit aux dépens de la farine.

3° Le *barbot* ou *blaps géant* (BLAPS MORTISAGA, Fab.) est

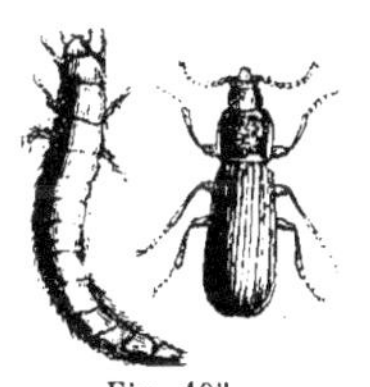  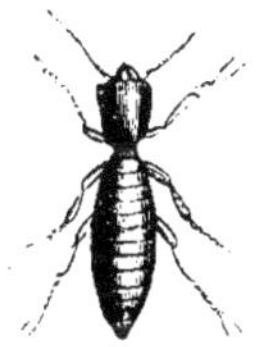

Fig. 105.
Ténébrion de la farine.

Fig. 106.
Barbot ou blaps.

Fig. 107.
Blaps d'Amérique.

plus petit que le hanneton (fig. 106). Il fuit la lumière et, le jour, il se cache dans les trous et les fentes des endroits humides. Il marche lentement et il exhale une odeur trèsfétide. On le trouve souvent dans les bluteries ou dans les farines échauffées. C'est la nuit qu'il cherche sa nourriture. Il est privé d'ailes ; sa larve n'est pas connue.

4° Le blaps d'Amérique (BLAPS AMERICANA) (fig. 107) répand aussi une odeur détestable. Il est commun dans les contrées septentrionales; il vit particulièrement de farine.

Recoupes et sons. — L'enveloppe du blé divisée pendant la mouture constitue les *issues* ou les *sons*.

Le *gros son* est la pellicule extérieure la plus épaisse

séparée par la mouture en larges plaques opaques, rouge pâle en dedans et rousses en dehors. Le *petit son* est la pellicule située au-dessous de l'enveloppe la plus externe ; cette membrane est plus mince et elle est tapissée intérieurement de parties amylacées. Les sons qui proviennent des blés poulards et des blés durs sont toujours plus épais que les issues fournies par les blés ordinaires.

La *recoupe* ou *remoulage* est la farine qu'on retire du son qui a été moulu une fois. La meunerie et le commerce distinguent le *remoulage blanc* et le *remoulage ordinaire*. Le son qu'on a remoulu deux fois et qui est plus divisé et moins riche en parties amylacées, est connu selon sa grosseur sous les noms de *recoupette fine* et de *recoupette ordinaire*.

Le gros son..	pèse, en moyenne	18 à 20	kil. l'hectol
Le petit son	—	—	22 à 24	—
Les recoupettes. . . .	—	—	28 à 30	—
Les recoupes.	—	—	45 à 50	—

Les sons et les autres issues sont d'une conservation difficile, parce qu'ils contiennent, quand ils sortent des moulins, de 10 à 12 par 100 d'eau ; c'est pourquoi ils s'échauffent et fermentent promptement, surtout pendant l'été. Pour être de bonne qualité, ils doivent être secs, et n'avoir aucune odeur. On doit les emmagasiner dans des locaux secs et les remuer de temps à autre.

C'est avec justesse que Parmentier a dit que le son n'était pas destiné dans l'ordre de la nature à servir dans l'alimentation de l'homme, parce que le pétrissage, la fermentation et la cuisson ne changent ni sa nature, ni ses propriétés.

Farines mélangées. — La farine de froment est quelquefois additionnée de farine d'orge, de farine d'avoine, de farine de maïs, de farine de haricot, de farine de pois, de fécule de pommes de terre ou de farine de féveroles.

Le seul mélange qu'on peut regarder comme utile est la dernière mixture, quand la proportion de farine de féveroles n'excède pas 5 pour 100. Le pain qu'on obtient d'une telle farine a une nuance un peu jaunâtre, mais il est savoureux et nutritif. On le mange avec plaisir sur divers points des régions de l'Ouest et du Nord-Est.

Panification. — La panification comprend trois opérations distinctes : 1° L'*imbibition* de la farine; 2° la *fermentation* qui ôte à la pâte sa compacité; 3° la *cuisson* qui rend la pâte alimentaire.

Le *levain* qu'on ajoute à la farine et qui est le principal agent de la fermentation panaire, est un *levain de pâte* ou de la *levûre*.

Le levain de pâte est employé depuis les temps les plus anciens. Il a deux actions simultanées : 1° la *fermentation alcoolique* qui produit l'acide carbonique nécessaire au gonflement de la pâte ; 2° la *fermentation lactique* qui donne naissance à l'acide qui fait gonfler le gluten et le rend élastique.

La levûre qui était déjà connue des Romains, produit la fermentation alcoolique, mais elle ne modifie pas l'état du gluten.

Le *pétrissage* comprend deux opérations : 1° le *délayage* de l'eau et du levain ; 2° le *frasage* ou mélange du levain délayé avec la farine. Ces deux opérations, et celle dite *contre-frasage* se font dans une auge en bois appelée *pétrin* ou *huche*.

Après avoir délayé le levain, détrempé la farine et opéré leur mélange aussi parfaitement que possible, l'ouvrier chargé de la panification opère le *contre-frasage*, c'est-à-dire il foule la pâte qui est alors gluante, la bat avec force, la soulève en l'étirant, et la laisse retomber à diverses reprises afin d'y emprisonner de l'air ; il ne cesse d'agir que quand l'élasticité constatée par la pression des mains, lui indique qu'elle a reçu un bon apprêt. Ce travail est pénible et il exige beaucoup de savoir-faire pour être bien exécuté. La farine de bonne qualité suffisamment hydratée absorbe environ 50 à 55 pour 100 d'eau dans le pétrissage ; les farines de seconde qualité n'en retiennent que 25 pour 100.

Le sel est employé à la dose de 250 à 300 grammes par 100 kilos de farine.

On a remplacé ces diverses opérations par le pétrissage opéré à l'aide de pétrins mécaniques. Le plus simple et le plus parfait de ces appareils est le pétrin modifié par M. Delyrès-Desboves (fig. 108); il doit être mis en mouvement par un manége ou la vapeur. Le premier pétrin mécanique a été inventé en 1760, par Solignac.

La présence du gluten donne du nerf à la pâte.

Après le pétrissage ou le frasage et le contre-frasage, on divise la pâte et on la met dans des corbeilles ou panetons garnis intérieurement d'un linge blanc, puis on la couvre et on l'abandonne à elle-même pendant plus ou moins longtemps suivant la température du fournil ; autant que possible cette température doit varier entre 15 et 18°. Quand la fermentation de la pâte a eu lieu, c'est-à-dire lorsqu'elle s'est soulevée et a augmenté de volume, on opère l'enfournement. On doit éviter une fermentation trop prolongée, parce que la pâte perd de sa couleur, de son élasticité et prend de l'acidité. Alors le pain qu'elle fournit est jaunâtre, et de mauvaise qualité. Lorsqu'on enfourne trop tôt, le pain a une couleur mate, et il a un mau-

vais goût. Il importe donc de surveiller la chaleur du fournil, qui est l'agent principal de la fermentation.

Les farines altérées fermentent toujours plus lentement.
On doit les détremper avec de l'eau moins chaude, obtenir

Fig. 108. — Pétrin mécanique de Delyrès-Desboves.

au pétrissage une pâte plus ferme, faire des pains moins
épais, et enfourner plus tôt dans un four plus chaud que
de coutume. Le mieux est d'y mêler de bonnes farines.

Les fours sont en maçonnerie ou en briques. Ils. sont à
voûte ou à chapelle surbaissée. On augmente les surfaces
absorbantes et on brûle moins de combustible en abaissant leur voûte.

Quand le four a été chauffé et qu'on a nettoyé l'âtre avec
le *rouable* et un chiffon, on opère l'enfournement des pains,
si la pâte a suffisamment fermenté. On se sert pour cela

de pelles de bois à longs manches, mais légères et solides, puis on ferme la bouche du four. Au bout de quinze à vingt minutes, on s'assure si la cuisson marche bien à la couleur que prennent les pains. Au bout d'une heure environ, quand les pains pèsent de 4 à 5 kilos, la cuisson est terminée, ce qu'on reconnaît à la vapeur qui se dissipe quand on ouvre le four et au son sec que produit le pain quand on frappe sa surface inférieure avec le bout du doigt. Les pains à leur sortie du four doivent être placés à plat sur la huche les uns à côté des autres pour qu'ils ne se déforment pas. Quand ils sont refroidis on les brosse et on les conserve dans un lieu ni trop sec ni trop humide. Le pain se sèche à la chaleur et moisit à l'humidité[1].

Dans les villes on fabrique des *pains de fantaisie* qu'on appelle *pain de gruau, pain viennois*, etc. C'est sous le règne de Catherine de Médicis qu'on a fabriqué pour la première fois les *petits pains au lait* qu'on appelait alors *pain à la reine*. Les pains ordinaires sont longs et presque ronds ou allongés et fendus. Les pains fabriqués dans les campagnes et les fermes sont généralement ronds et aplatis[2].

Le pain suivant les localités a de petites cellules régulières ou de grandes cavités. La blancheur de la mie n'est pas un indice de la qualité du pain.

Le pain en se refroidissant perd ordinairement au bout de vingt-quatre heures de 2 à 3 pour 100 du poids qu'il avait au sortir du four. Il contient en moyenne, lorsqu'il est frais, de 37 à 40 pour 100 et, lorsqu'il est rassis, de 25 à 30 pour 100 d'eau.

---

[1] Les anciens peuples cuisaient leur pain sous la cendre. Cet usage s'est perpétué en France longtemps après l'importation des fours dont les Romains faisaient usage.

[2] Les pains découverts dans les ruines de Pompéi étaient ronds et plats, et ils étaient rayés sur leur face supérieure; ils avaient 0^m,22 de diamètre.

Le pain de ménage renferme en moyenne :

Croûte.	24 à 26 pour 100
Mie.	74 à 76 —

La croûte contient de 13 à 16 et la mie de 42 à 45 pour 100 d'eau.

Dans les circonstances ordinaires 100 kilogrammes de farine donnent de 130 à 410 kilogrammes de pain, soit en moyenne 136 kilogrammes. Un sac de farine de 157 kilogrammes absorbe 80 kilogrammes d'eau, donne 237 kilogrammes de pâte qui fournissent 204 à 206 kilogrammes de pain. On a constaté que :

100 kil. de farine de blé tendre	donnent 129 kil. de pain.
100 —	— de blé demi-dur	—	136	—
100 —	— de blé dur	—	144	—

La pâte, pendant la cuisson, perd par évaporation 1/7e environ de son poids.

Biscuits de mer. — Les *biscuits de mer* ont la forme d'une petite galette. La pâte avec laquelle on les fait doit être très-ferme ou dure, et riche en gluten. Avant d'opérer sa cuisson dans un four spécial qui est très-surbaissé, on la perce de quelques trous pour favoriser l'évaporation de l'eau et le dégagement des gaz, ce qui évite des *soufflures* ou le soulèvement de la croûte. Au bout de 15 à 25 minutes, on retire les biscuits du four, dont la température est moins élevée que celle des fours ordinaires, et on les dessèche aussitôt dans un étuve où passe un air chaud.

Ces *biscuits d'embarquement* ou *galettes* sont de bonne qualité, lorsqu'ils sont très-secs, n'attirent pas l'humidité et gonflent beaucoup dans l'eau sans aller au fond et sans s'émietter. Ce pain spécial est très-sain, mais il n'est pas aussi salubre que les pâtes fermentées. Il se conserve indéfiniment quand il est emmagasiné à l'abri de toute humidité.

La farine avec laquelle on fabrique les biscuits est alliée à 10 pour 100 de son poids de levain. 100 kilogrammes de farine produisent 98 kilogrammes de biscuits.

Semoules. — La semoule ou *farine en petits grains* ou *gruau fin*, provient de la partie du blé qui est la plus riche en gluten. On l'extrait des blés durs ou glacés.

Le blé, après avoir été nettoyé, est soumis à une demi-mouture (*semi mola*, expression italienne de laquelle est dérivé le mot *semolina*, nom de la *semoule*) dans le but de le concasser. Le plus ordinairement, pour faciliter la décortication des grains, on mouille préalablement ces derniers avec 3 kilogrammes d'eau par 100 kilogrammes de blé. Quand la mouture ou boulange est refroidie, on la blute dans une bluterie cylindrique et on obtient trois produits : 1° la farine ; 2° les gruaux ; 3° le son. Cette opération terminée, on tamise le gruau et on obtient la *semoule*. Celle-ci est désignée, selon sa finesse, sous les noms suivants :

Semoule fine.	Semoule grosse grosse.
Semoule moyenne.	Semoule extra grosse.
Semoule grosse.	Semoule en roche.

La semoule est jaunâtre et semi-transparente. Les plus belles proviennent des blés durs d'Afrique ou de Sicile, parce que ces grains sont faciles à moudre à cause de leur grande richesse en gluten ; elles contiennent :

Amidon.	70,97
Matières azotées.	13,91
Dextrine, matières sucrées	3,45
Matières grasses.	·· 35
Matières minérales.	1,02
Eau.	10,30
	100,00

Les semoules fabriquées avec le *blé poulard* (Triticum turgidum) n'ont pas cette belle transparence et cette saveur

agréable qui distinguent particulièrement les semoules
provenant du *froment durelle* (Triticum durum) et du *froment
de Pologne* (Triticum polonicum) cultivés en Algérie. Ces derniers blés sont plus riches en gluten que les blés poulards
d'Auvergne. Les semoules italiennes qu'on extrait des
blés durs de Taganrock provenant de la mer d'Azof, de
la mer Noire ou de la Sicile, ne sont pas supérieures aux
semoules fabriquées en France avec les beaux blés durs
récoltés en Algérie.

L'industrie des semoules est florissante en France. Elle
a été introduite à Paris, en 1760, par Malouin; à Marseille,
en 1815, par Brunet, à Lyon, en 1825, par Bertrand ; à
Clermont, en 1819, par l'Italien Amadeo, et en 1830 par
Magnin.

Les semoules fines, moyennes et grosses, sont employées
comme aliment ou elles servent à la préparation des pâtes.
Les plus grosses sont les plus estimées pour les potages,
parce qu'elles se gonflent et restent fermes à la cuisson.

La semoule se fait en Suisse avec l'épeautre (Triticum
spelta). Cette semoule cuit promptement et elle est d'une
digestion très-facile.

Pâtes alimentaires. — Les pâtes alimentaires sont
connues depuis très-longtemps. Le vermicelle a été mentionné au seizième siècle par Charles Étienne dans son livre
intitulé : *De nutrimentis*.

La qualité des pâtes alimentaires résulte de la qualité de
la semoule et du mode de préparation de la pâte. Quand
la semoule a été nettoyée ou épurée à l'aide du tamis ou
d'une bluterie, on l'imprègne d'une certaine quantité d'eau
tiède (environ 20 à 25 pour 100 de son poids) et on la pétrit
dans des pétrins ronds ayant 2^m,50 de diamètre. L'eau doit
être pure ; lorsqu'elle est trop chaude, la pâte se brise à

l'étuve. Quand la pâte est prête ou très-dense, on la soumet, sur un plateau, à l'action d'une meule pesante mise en mouvement par la vapeur ou d'une presse à percussion, ou d'un laminoir, ou bien on la travaille à l'aide d'un appareil particulier appelé *broie à vermicelloir*. Lorsque la semoule a été bien écrasée, quand la pâte est très-homogène et qu'elle a la consistance voulue on la met dans un cylindre en bronze appelé *presse filière* ou *vermicellier* dont le fond est muni d'un moule en cuivre et on la soumet à une pression considérable. La double enveloppe du cylindre contient de l'eau chaude ou elle est traversée par un courant de vapeur. La pâte sort du moule en fils plus ou moins gros. On casse et on contourne en spirales les filets qui constituent le vermicelle et on coupe en petits fragments ceux qui doivent former les pâtes d'Italie à l'aide d'un couteau circulaire qui fait de cent cinquante à deux cents tours par minute. Ces divers produits et le macaroni sont déposés sur de légers châssis qu'on place ensuite dans une étuve chauffée à 20 ou 30°. Quand ils sont secs, on les livre à la vente.

Les *bonnes pâtes* sont fines, presque transparentes, augmentent de volume à la cuisson, conservent bien leur forme, ne se mettent point en bouillie et elles laissent le bouillon clair et transparent. Les *mauvaises pâtes*, celles qui ont été fabriquées avec des farines pauvres en gluten, ont un goût désagréable; elles troublent le bouillon et y laissent un sédiment pâteux.

Le vermicelle est blanc, jaune citronnée, jaune rougeâtre ou rose plus ou moins foncé selon la quantité de safran. curcuma ou de cochenille employée pour colorer la pâte. Les pâtes alimentaires présentent les mêmes nuances.

Le *vermicelle* est en fils fins ou gros, le *macaroni* en

tubes plus ou moins forts, les *lazagnes* en rubans festonnés ou échancrés, les *nouilles* en rubans unis et étroits. La forme des petites pâtes est très-variable : les *taglioni* sont des morceaux minces coupés en losanges, les *andarini* ont la forme et l'épaisseur d'une lentille, les *millefanti* ont la grosseur d'un pois, les *stelle* sont des étoiles. Les autres ont la forme de graines de courges et de melons, de lettres et de chiffres, etc., etc.

Les belles pâtes fabriquées de nos jours à Marseille, Lyon Paris et Clermont avec les blés durs d'Afrique, ont la ténacité, la dureté, la finesse, la beauté et la saveur des plus belles pâtes de Gènes, de Florence et de Naples.

Les *pâtes d'Auvergne* sont moins belles que les pâtes gênoises, parce que les blés qui servent à les fabriquer sont moins riches en gluten que les blés d'Algérie et des parties méridionales de l'Italie. En général ces pâtes sont un peu grises et elles n'ont pas toute la finesse désirable.

Toutes choses égales d'ailleurs, la France a fait depuis trente ans de très-grands progrès dans ce genre de fabrication. Autrefois, elle importait chaque année beaucoup de pâtes de la Toscane, du Piémont et des États napolitains; les progrès que l'industrie des pâtes a faits à Paris, à Lyon, à Marseille, etc., ont réduit de moitié les importations et ils ont accru ses exportations dans une proportion considérable. Voici quelles ont été les importations et les exportations des pâtes d'Italie depuis 1836 :

	Importation.	Exportation.
	kil.	kil.
1836.	910,898	354,687
1855.	683,876	626,839
1865.	470,567	1,521,870

La France, en 1806, n'avait importé que 22,500 kilogrammes de pâtes venant d'Ialie, d'Espagne, de Portugal et d'Allemagne.

Ces faits statistiques justifient bien l'importance qu'a prise en France, depuis trente ans, l'industrie des pâtes.

Pains à cacheter. — Les pains à cacheter sont fabriqués avec de la farine de première qualité mais contenant peu de gluten. Cette farine est délayée dans de l'eau froide colorée ou non, de manière à faire une pâte claire qu'on ne laisse pas fermenter. Quand la pâte est prête, on la coule dans des moules préalablement graissés et on expose ceux-ci pendant quelques instants à l'action d'une température douce, ou bien on la coule sur des plaques chauffées. Les feuilles ainsi obtenues sont ensuite découpées à l'emporte-pièce.

Amidon. — L'amidon est extrait de la farine de blé tendre. La farine après avoir été transformée en pâte avec 45 à 50 pour 100 de son poids d'eau, est abandonnée à elle-même pendant trente à soixante minutes suivant les saisons, pour que son hydratation soit complète. Alors, on la soumet à un lavage prolongé en l'exposant à l'action de petits filets d'eau. L'eau entraîne les parties amylacées et celles-ci se déposent ensuite sur des tables. L'eau tient en suspension le son et les matières albuminoïdes ; le gluten reste sur la table où la farine a été placée sous forme de pâte grise, fibreuse et élastique.

Lorsque l'amidon a été purifié par un dernier lavage, on le met à égoutter dans des petits baquets percés de trous et garnis d'une toile. Cet égouttage terminé, les pains sont portés au séchoir, disposés sur des carreaux épais en plâtre et divisés en quatre parties triangulaires. Plus tard on les laisse pendant quatre ou cinq jours dans une étuve chauffée graduellement de 50° à 75°. L'amidon bien préparé a un aspect cristallisé ; on l'appelle alors *amidon en aiguilles*.

100 kilogrammes de blé tendre donnent de 48 à 52 kilogrammes d'amidon.

Gluten. — Le gluten ou matière azotée obtenu dans les amidonneries sert à faire le *pain de gluten*, bien connu par sa légèreté inconcevable et la facilité avec laquelle il se conserve. Ce pain est d'une digestion facile et très-nourrissant.

Le gluten bien connu par son élasticité et son extensibilité, est transformé depuis plusieurs années par MM. Véron, de Poitiers, en granules plus ou moins allongés. Ce *gluten granulé* est plus nutritif que les pâtes d'Italie. Voici comment on le prépare : quand il est frais, on le divise à la main par fragments et on y mêle deux fois son poids de farine ; on granule ensuite ces fragments dans un cylindre muni d'un agitateur et on les dessèche à l'étuve.

Le gluten qui a été ainsi préparé a un goût excellent, et il est éminemment nutritif ; sa conservation est indéfinie.

Couscous. — Les Arabes, en Algérie, remplacent la semoule et même le pain par une préparation spéciale qu'ils appellent *couscous* ou *couscoussou*. Voici comment ils préparent cet aliment :

On mouille du blé dur et on l'enveloppe dans une toile. Quand les grains sont bien renflés, on les expose en couche mince à l'action du soleil, puis, lorsqu'ils sont assez secs, on les concasse entre deux meules formant le moulin que les Arabes appellent *recka* ; la meule supérieure qui est seule mobile porte une poignée en bois. Le grain ainsi divisé en fragments arrondis ayant la grosseur d'un grain de mil, est ensuite exposé au soleil, puis on le vanne et on le conserve dans des peaux de mouton ou de chèvre. Sa couleur est jaunâtre.

Quelquefois, on asperge de la farine pour la transformer en petits grains arrondis que l'on fait sécher au soleil et qu'on tamise ensuite, afin de séparer les parties amylacées non agglomérées.

On compte en Algérie huit sortes de couscous : 1° le *berbeucha*, qui se prépare avec de la farine brune : c'est le plus commun ; 2° le *Medjebour*, qui se fait avec de la farine de mouture française ou avec de la semoule de première qualité ; 3° le *Mahwer*, qui se prépare de la même manière que le medjebour, avec cette différence que le grain est plus petit ; 4° le *Harach-fi-Harach*, dont le grain est d'une mouture plus grossière ; 5° le *Mesfoufe*, qui se fait avec le plus beau froment ; 6° le *Mecheroub*, que l'on prépare avec des grains qui se sont altérés dans les silos ; 7° le *Mezeül*, avec les blés qui sont en contact avec la terre dans les silos ; il est très-estimé ; le *Aïche*, dont les grains ont la grosseur du riz.

Le couscous est utilisé dans l'alimentation comme les grosses semoules.

Emploi des issues. — La valeur nutritive des issues de blé est moins grande aujourd'hui qu'autrefois, parce que les procédés de mouture et de blutage sont plus parfaits.

Les *recoupes* et les *recoupettes* contiennent une certaine quantité de parties farineuses. Elles servent à faire des buvées et des boissons blanches qu'on donne aux vaches laitières et aux bêtes porcines. Souvent on les mêle à des pommes de terre cuites, des eaux grasses, etc., que l'on donne aux truies portières et aux porcs à l'engrais.

Le *son* est administré soit sec, soit mouillé avec une certaine quantité d'eau. Le plus ordinairement on l'humecte avant de le donner aux chevaux, aux bêtes à cornes et aux porcs; on dit alors qu'il est *fraisé* ou *frisé*. Les bêtes à laines exigent qu'il leur soit donné à l'état sec, soit seul, soit allié à de l'avoine; dans ce dernier cas il constitue le mélange qu'on appelle *provende*.

Le *gros son*, le son épuisé, est peu nourrissant, parce qu'il ne contient, pour ainsi dire, que du ligneux. Le *son ordinaire* et surtout le *petit son* qui blanchit facilement l'eau, sont plus nutritifs, mais les chevaux qui en mangent beaucoup sont mous et suent très-aisément quand ils travaillent. Donné en petite quantité à des chevaux de poste ou à des chevaux de traits ou à de jeunes animaux, il les rafraîchit et leur permet de se conserver en bon état. Administré dans une forte proportion et journellement, il les expose à des diarrhées ou à des maladies vermineuses, parce qu'il fermente et devient aigre en séjournant dans les intestins.

Le son est aussi utilisé comme médicament laxatif.

Emploi de la paille. — La paille de froment est jaunâtre et quelquefois jaune dorée; on la reconnaît aisément à la forme des épis. Celle des blés de mars est plus courte, plus fine et moins foncée en couleur.

Les pailles du blé ne sont pas toujours fistuleuses; dans les contrées où l'on cultive des blés poulards, elles sont plus souvent pleines et parenchymateuses. Celles qui ont végété sur des terres fortes et humides ou sous des climats brumeux sont généralement plus résistantes et moins nourrissantes que celles qui proviennent des blés cultivés sur des terrains siliceux ou calcaires et sous un climat peu tempéré.

La paille de froment convient très-bien aux chevaux, aux bêtes à cornes et aux bêtes ovines.

On doit habituer le cheval, dès son jeune âge, à manger

de la paille de bonne qualité; elle rend la chair ferme et augmente l'énergie des muscles. C'est pourquoi on dit depuis longtemps : *cheval de paille, cheval de bataille.*

Les vaches mangent aussi la paille avec plaisir, surtout lorsqu'on leur donne des pulpes de betterave, des résidus de féculerie, etc.

Dans les contrées où l'élevage, où l'entretien des bêtes a laine est bien compris, on affourage chaque soir les râteliers de paille de froment. La puissance de cet aliment, il est vrai, n'est pas assez marquée pour contribuer à leur engraissement, mais il les entretient très-convenablement et en parfait état de santé.

La paille de froment avant d'être donnée au bétail, ne subit aucune préparation. Toutefois, quand on la mêle à du fourrage vert, à du foin ou à de l'avoine aplatie ou concassée, on la divise avec le hache-paille en fragments plus ou moins longs.

On accroît ses qualités alimentaires en la faisant tremper pendant douze à vingt-quatre heures dans une *eau mélassée* ou additionnée de petite quantité de mélasse.

Les pailles qui ont été altérées par les pluies, qui ont moisi dans les granges ou en meules, ou qui ont été souillées par les rats et les souris, doivent être, comme les vieilles pailles, employées pour litière dans les étables, les écuries, les bergeries ou les porcheries.

CHAPITRE XIX

MÉTEIL

Le *méteil* est un mélange de froment et de seigle dans des proportions variables qu'on cultive sur les terres où le blé est d'une réussite incertaine.

Ce mélange était connu en France, en 1638, sous le nom de *metellum*. On l'appelle *mescle* dans le Languedoc, *cosse-gail* dans la Provence, *méleard* dans la Bretagne, *conceau* dans la Bourgogne, *muison* dans la Picardie. Ailleurs, on le nomme quelquefois *froment seigleux*.

Lorsque le froment domine sur le seigle, le mélange est appelé *gros méteil* ou *passe méteil;* quand c'est le seigle qui est plus abondant que le froment, le mélange est désigné sous le nom de *petit méteil*.

On sème le méteil un peu plus tard que le seigle et un peu plus tôt que le froment. Ces deux céréales ainsi culti-vées mûrissent presque en même temps, parce que les tiges du seigle étant plus élevées que les pailles du blé, abritent ce dernier et hâtent sa maturité.

Ce mélange doit être récolté un peu prématurément, surtout quand le seigle a été associé au froment dans une forte proportion, parce qu'il s'égrène aisément lorsqu'on le moissonne tardivement.

Le méteil occupe annuellement en France une surface considérable, mais d'année en année il perd de son impor-tance et est remplacé par le blé.

Voici, d'après la statistique, les superficies qu'il occupait et les produits moyens qu'il a donnés par hectare :

	Surfaces hect.	Production hectol.
1840.	910,933	12,90
1852.	572,985	14,26
1862.	514,412	15,49

Ainsi, l'étendue consacrée à la culture diminue alors que son rendement s'élève progressivement, production qui est exactement intermédiaire entre celle du blé et du seigle.

Le méteil est principalement cultivé dans les contrées de moyenne fertilité appartenant à des départements dans lesquels la culture est productive. Ainsi, il occupe chaque année des surfaces importantes (12,000 à 50,000 hectares) dans les départements de la Somme, Sarthe, Eure, Eure-et-Loir, Aisne, Pas-de-Calais, Loiret, Loir-et-Cher, Oise, Orne, Deux-Sèvres et Vienne.

La farine qu'on extrait du méteil est très-appréciée. Le pain qu'elle fournit est excellent et bien supérieur sous tous les rapports au pain de seigle, si cette même farine a été bien manipulée. Quand le seigle domine le froment, on doit faire usage d'une plus forte quantité de levain, employer de l'eau tiède, pétrir longtemps la pâte, enfourner plus tôt et laisser les pains séjourner un peu plus longtemps dans le four. On agit contradictoirement si le méteil renferme plus de froment que de seigle.

CHAPITRE XX

CULTURE DE LA PAILLE A CHAPEAUX

Historique. — Culture du blé. — Récolte de la paille. — Blanchissage de la
paille. — Effilage des tiges. — Produit par hectare. — Préparation des
pailles à tresser. — Triage des brins. — Tressage des pailles. — Couture
des tresses. — Apprêts des chapeaux. — Chapeaux communs.

Historique. — La Toscane a le monopole, en Europe,
de la culture du blé qui fournit la paille avec laquelle on
fabrique, en Italie, les beaux chapeaux de paille.

C'est à Sigma et à Brozzi qu'on a utilisé pour la première
fois la paille fournie par le blé de mars barbu que les
Toscans appellent *grano marzuolo* (37). La paille fournie par
cette variété est fine, flexible, brillante et remarquable par
sa belle couleur soufrée. Mais c'est en 1812 que cette fabrication prit de l'importance par suite des exportations que
la Toscane fit les années précédentes en France et en Allemagne. Les villages qui acceptèrent cette nouvelle industrie furent *Prato*, *Campi* et *Sesto*. Les chapeaux qu'on y
fabriquait étaient alors vendus sur le marché de Lipsia.
En 1818, les exportations pour l'Angleterre furent si considérables que les ouvrières très-habiles gagnaient jusqu'à
quatre paoli par jour. C'est en 1822 qu'eurent lieu les premières exportations pour New-York.

L'importance que prit alors l'industrie des chapeaux
de paille fut si grande qu'elle engagea les habitants d'Em-
polii, de Fucecchio et de Castelfranco à entreprendre le
le tressage de la paille et la couture des tresses.

En 1826, on exporta de la paille en Angleterre. Cette
vente engagea les fabricants toscans à fabriquer des tresses
avec onze pailles ou fils (*fila*). Les beaux chapeaux fabriqués

avec ces tresses furent si recherchés que, de 1836 à 1839, les ouvrières gagnèrent par jour de 1 fr. 40 à 1 fr. 65. Cette innovation permit au commerce de Prato de prendre alors une plus grande importance.

De 1839 à 1846, on imagina aux environs d'Impruneta de fabriquer des tresses à jour et à relief. Ces tresses d'une finesse vraiment merveilleuse, d'un travail de patience, permirent au commerce des chapeaux de paille d'atteindre son plus haut point de prospérité.

L'industrie des chapeaux de paille forme autour de Florence, un cercle qui s'étend au nord jusqu'à Pistoja, comprend à l'ouest San Croce et enveloppe au sud Impruneta et San Casino.

Luzzara et la Rota, près Guastalla, dans le duché de Plaisance, fabriquent aussi des chapeaux de paille avec des tresses que les femmes de ces localités exécutent dans leurs moments de loisir.

La petite qualité de paille qu'on récolte dans l'Émilie est importée en Toscane.

On ne fabrique en France que des chapeaux communs. Cette industrie se fait surtout dans le Dauphiné et la Lorraine. C'est en 1825 qu'on importa en France, pour la première fois, des chapeaux de paille d'Italie.

Les chapeaux de paille qu'on fabrique en Suisse sont de moyenne finesse.

C'est dans les cantons de Fribourg, d'Argovie et de Bâle que cette fabrication s'est principalement développée.

Les chapeaux appelés *chapeau de paille de riz*, si remarquables par leur nuance blanc jaunâtre, sont fabriqués à Modène avec des lanières très-fines de *saule blanc* (Salix alba).

Culture du blé. — Le blé qui fournit en Toscane la

paille à chapeau (*paglia da capelli*) est cultivé sur des terres légères, siliceuses, peu fertiles ou de qualité secondaire du Val de l'Arno. Les terres argileuses ou fortes, comme celles des environs de Livourne se prêtent difficilement à cette production.

La culture de ce blé diffère complétement de la culture du blé ordinaire, parce qu'on lui demande uniquement des tiges grêles et d'une grande finesse.

Les semis ont lieu en février. La semence qu'on confie à la terre provient des parties montagneuses. On n'en récolte pas dans les environs de Florence, Prato, Sienne, etc.; c'est pourquoi elle est toujours vendue deux et trois fois plus chère que la semence du blé destiné à la consommation. On répand ordinairement 10 hectolitres par hectare. Cette forte proportion de semence est nécessaire. Si on semait moins dru, on aurait des pailles trop élevées et surtout trop fortes. La semence est enterrée avec le râteau.

En Suisse, on sème moins dru et on répand la semence sur des terres fortement fumées.

Récolte de la paille. — La récolte du blé ainsi cultivé a lieu à la fin de mai ou au commencement de juin, lorsque le blé a développé son petit épi, car celui-ci n'a ordinairement que $0^m,02$ à $0^m,03$ de longueur. On ne coupe pas les tiges, on les arrache à la main avec précaution, afin de ne pas les endommager. Ces tiges ont alors une belle couleur verte et $0^m,30$ à $0^m,40$ de longueur.

A mesure qu'on procède à l'arrachage, on met les tiges en petites bottes de la grosseur d'une poignée (*manate*). Ces bottes sont ensuite mises en tas sur les champs même où elles ont été faites. Trois ou quatre jours après leur confection, on les écarte les unes après les autres, sans les délier, de manière qu'elles aient la forme d'un éventail et on les expose sur des aires très-propres et bien damées, ou sur des prairies à gazon ras, pour qu'elles subissent l'action de la rosée et celle du soleil et que les tiges se décolorent. Quelquefois, et cela vaut mieux, on étend les poignées sur les pierres qui couvrent le fond des torrents qui sont alors à sec.

Il est important de garantir les tiges s'il doit pleuvoir.

En Suisse, on arrache aussi avant la maturité, mais lorsque les grains sont déjà formés.

Blanchissage de la paille.—Le blanchissage (*imbiancatura*) constitue une opération importante. Il doit être sans cesse surveillé. Lorsque le temps menace de pluie ou lorsqu'un orage se forme dans le lieu où l'on opère, il faut en toute hâte amonceler les paquets en tas et les couvrir avec de la paille ordinaire, ou, ce qui est préférable, avec une toile imperméable. On ne doit pas oublier que chaque goutte d'eau produit sur les tiges une tache que rien ne peut faire disparaître. Quand le temps est beau et sec, six à sept jours suffisent pour obtenir la blancheur nécessaire.

Lorsque le blanchiment est parfait, on rentre les paquets dans des magasins où ils restent ordinairement pendant une ou deux semaines.

Effilage des tiges. — Après le blanchiment, on procède à l'opération qu'on appelle *effilage* (effilare), qui consiste à séparer brin à brin la partie qui porte l'épi du reste de la paille. On assortit ensuite les brins en ayant soin de ne jamais mêler la partie de la paille qui est située au-dessous de l'épi avec les parties inférieures. Puis on complète ces opérations en mettant les brins qu'on destine à la fabrication des tresses, en petits paquets du poids moyen de 100 grammes. Ces paquets présentent les épis du même côté ; on les réunit plus tard en bottes pesant 6 à 8 kilogrammes.

Produit par hectare. — Le blé de mars qui a réussi, qu'on a semé avec la plus grande régularité possible sur des terres bien préparées, donne en moyenne, par hectare, de 7,000 à 8,000 kilogrammes de tiges sèches, mais vertes (*paglia verda*) ou 35,000 à 38,000 poignées du poids moyen de 200 grammes.

Cette production ne fournit pas, en moyenne, au delà de 1,000 kilogrammes de paille flexible, blanche (*paglia bianca*) et propre à la fabrication des chapeaux fins et ordinaires d'Italie.

Le reste des tiges, la partie inférieure de la paille est appelée en Toscane *codini*; on le donne comme fourrage aux bêtes à cornes et aux chevaux.

Le blé de mars de Toscane, ainsi cultivé et préparé, engage en moyenne par hectare 1,150 francs ; la valeur de la paille à tresser s'élève à 1,750 francs, et celle de la paille fourrage à 50 francs, soit une recette brute de 1,800 francs. Le bénéfice est donc de 650 francs.

Les poignées, après avoir été blanchies à l'air, se vendent 5 à 6 francs le 100. En moyenne la paille fine et bien préparée se vend 1 fr. 50 à 2 francs le kilogramme. Les pailles d'une grande finesse valent souvent 2 fr. 50 le kilogramme.

Préparation des pailles à tresser. — Lorsqu'on veut utiliser les pailles de froment qu'on a fait blanchir, on les soumet à l'action de l'acide sulfureux obtenu en projetant de la fleur de soufre sur des charbons incandescents. Voici comment on exécute cette opération : on met les paquets à tremper dans une cuve remplie d'eau, et quand la paille s'est abreuvée on expose les paquets au soleil.

25

Lorsque ces petites bottes sont sèches, on les place perpendiculairement, les épis en haut, dans une caisse au fond de laquelle on a mis un réchaud contenant du charbon allumé. Les paquets de paille reposent naturellement sur un double fond. Lorsqu'ils ont été ainsi placés, on projette de la fleur de soufre sur le feu et on ferme immédiatement et hermétiquement la caisse. On renouvelle ce soufrage 3 ou 4 fois, c'est-à-dire jusqu'à ce que la paille ait la teinte jaune blanchâtre voulue et qu'elle soit lustrée.

Quand le soufrage est terminé, on expose de nouveau les paquets au soleil pour que la paille perde toute son humidité, si elle en contient encore.

Triage des brins. — Lorsque la paille a été ainsi préparée, on s'occupe de la trier, c'est-à-dire d'assortir les brins selon leur diamètre. Ce triage se fait à la main ou à l'aide d'appareils particuliers. Le classement des brins selon leur grosseur est satisfaisant quand il a été exécuté par des femmes habituées à ce travail, mais il est long et coûteux.

On opère le triage mécaniquement en plaçant un paquet délié dans une passoire en fer-blanc de $0^m,12$ environ de hauteur, ayant son fond percé de trous d'un diamètre donné. Alors à l'aide d'une pédale ou d'une disposition mécanique, on agite doucement la passoire de haut en bas et réciproquement, afin que les brins ayant un diamètre plus petit que la paille qu'on veut avoir, puissent s'engager dans les opercules. Lorsqu'on a la certitude que tous les brins restant sur le fond du tamis sont plus gros que les trous qu'on y remarque, on enlève toutes les pailles qui sont restées sur le fond pour les déposer dans un autre gobelet, dont le fond est percé de trous correspondant par leur diamètre au numéro qui vient immédiatement. Ceci fait, on retire les

pailles qui sont restées de nouveau sur le fond de la passoire et on les met horizontalement dans une caisse. Quant
aux pailles qui sont engagées dans les trous du premier
crible, on les place aussi horizontalement dans une
caisse particulière. Les brins qui se sont engagés dans
les trous du deuxième tamis sont ceux qu'on voulait
avoir.

On agit de la même manière pour tous les numéros ou
diamètres.

Avant de mettre de nouveau les pailles ou fils en paquets,
on les donne à des femmes qui les vérifient, c'est-à-dire
qui s'assurent que tous les brins ont bien le même diamètre. Quand ces ouvrières trouvent des pailles plus petites
ou plus grosses, elles les retirent et les mettent dans les
boîtes qui portent leurs numéros.

Le triage terminé, on s'occupe du rognage des parties
supérieures qui portent les épis, opération qui consiste à
diviser en deux les pailles qui ont été assorties. L'ouvrier
qui est chargé de cette opération lie d'abord les pailles,
puis à l'aide d'un couteau à levier très-tranchant, il coupe
la poignée qu'il tient de la main gauche, au point qu'il a
préalablement déterminé. La partie qui est attenante aux
épis est regardée comme étant de première qualité ; on l'appelle *pointe* (puncta) ; la partie inférieure constitue la paille
de deuxième qualité, on la nomme *pied* (pedale).

Les autres pailles, celles de la partie médiane des tiges,
ne sont pas divisées, elles restent entières ainsi que les
pailles de l'avant-dernier entre-nœud.

La paille de froment la plus grosse porte le n° 30, et la
plus fine le n° 135.

En Suisse, après le blanchiment de la paille, on la divise
en *lanières* à l'aide du *fendoir*, on la trempe dans l'eau et

on passe chaque brin entre les doigts et un morceau de bois dans le but de redresser ses bords.

Les chapeaux noirs, pour homme, se font souvent avec des pailles teintes non fendues.

Tressage des pailles. — Les brins qui ont été soufrés, assortis selon leur grosseur et ensuite divisés, sont livrés aux femmes chargées de tresser la paille. Les tresses avec lesquelles on fabrique les *chapeaux d'Italie* sont faites toujours à l'aide d'un nombre impair de pailles, soit onze ou treize, quelle que soit la finesse de ces brins. Les tresses qui servent à la fabrication des *chapeaux de fantaisie* sont les seules qu'on confectionne avec des brins plus ou moins nombreux. Ainsi, les *tresses à jour* et les *tresses en relief* sont faites avec 7, 9, 15, 17, 19, 21, 23 et 25 fils.

On distingue, après le tressage ou *tissage*, les *tresses de pointe* et les *tresses de pied*.

Il faut 500 grammes de paille du n° 100 pour faire 55 mètres de tresse. Une tresse de même longueur faite avec des brins du n° 50 en exige 1,500 grammes.

Une femme met environ un mois pour tresser 55 mètres avec de la paille n° 105 et deux mois s'il s'agit pour elle de faire la même tresse avec des brins très-fins portant les n°ˢ 160 à 180.

Les tresses avant d'être réunies en chapeau ou cousues, sont soumises à un lavage à l'eau de savon. Cette opération a pour but de débarrasser les pailles des matières grasses qui y adhèrent et qui proviennent des doigts des tresseuses. Elle doit être faite avec précaution pour ne pas endommager les tresses. On termine le lavage en soumettant les tresses à plusieurs reprises à l'action d'une eau limpide. On les fait ensuite sécher sur des perches ou des cordes exposées au soleil.

On fait à Fiesole des rubans de paille avec des métiers, mais les tresses véritables sont toujours faites à la main.

Couture des tresses. — La couture ou réunion des tresses est exécutée par des femmes spéciales, car, ordinairement, les couseuses ne tressent pas. Il faut autant de temps pour coudre un chapeau que pour confectionner les tresses avec lesquelles on le fabrique. La couture des chapeaux fins se fait avec du fil très-solide; elle exige beaucoup d'attention et d'habileté de la part des ouvrières, parce qu'il est nécessaire de bien réunir les tresses les unes avec les autres.

Un chapeau de belle qualité fait avec des fils n° 105 et disposé en cornet exige de 125 à 130 mètres de tresse et se vend de 150 à 200 francs. Le même chapeau, rond et à larges bords, est fait avec trois tresses de 56 mètres, soit au total 168 mètres. Les chapeaux extra-fins qu'on fabrique avec des tresses n'ayant que quelques millimètres de largeur sont toujours disposés en cornet; ils comprennent 175, 200 et 300 tours. Les ouvrières qui sont chargées de coudre de tels chapeaux travaillent pendant 5 à 6 mois, c'est-à-dire autant de temps que l'ouvrière qui a fait les tresses.

La paille avec laquelle on fabrique les chapeaux d'une finesse extraordinaire se vend 20 francs le kilogramme. Ce prix n'est pas excessif. 1,000 kilogrammes de paille de belle qualité, bien récoltée et blanchie à l'air, ne fournissent ordinairement que 700 à 800 grammes de fils de première finesse.

En général, un chapeau fin ordinaire exige qu'on récolte de 1,000 à 1,200 kilogrammes de paille. Cette grande quantité de tiges explique pourquoi la paille qu'on tresse a une valeur commerciale très-élevée.

Apprêts des chapeaux. — Lorsqu'un chapeau est terminé, on le soumet à un lavage appelé *dégraissage*. Cette opération est utile, parce que le chapeau a été sali par la couseuse, malgré les précautions qu'elle a prises pendant son travail. On l'exécute avec une lessive faite avec la potasse. Le chapeau, après avoir été lavé à grande eau, est ensuite exposé au soleil. Quand il est presque sec, on le soufre de nouveau, afin de l'obtenir aussi blanc jaunâtre que possible, en le laissant pendant trois jours dans une caisse à l'action de la vapeur sulfureuse. Enfin on le trempe dans une eau tiède dans laquelle on a fait dissoudre de l'acétate de plomb et on le met à sécher.

Après l'avoir ainsi préparé, on le remet à une ouvrière, afin qu'elle l'examine et qu'elle répare les défauts qu'il peut avoir. Ainsi, si elle aperçoit sur un point qu'une maille d'une des tresses a été brisée ou détruite, avec une aiguille et en agissant à l'intérieur du chapeau, elle y passe une paille de même diamètre et de même couleur.

Cet examen terminé, on *encolle* le chapeau pour lui donner la rigidité qu'il a toujours quand on le livre à la vente et sans laquelle il serait impossible de s'en servir. Après l'avoir encollé très-uniformément on le fait sécher lentement, et quand il est presque sec on le *repasse* avec un fer chaud à chapelier.

Avant d'expédier les chapeaux, on les remet à des ouvrières pour qu'elles coupent les bouts de paille qui saillissent intérieurement sur les tresses et pour qu'elles usent leurs extrémités avec de la peau de chien.

On donne aux chapeaux de fantaisie un grand nombre de formes. Cette opération se fait avec une presse spéciale inventée par Bellini et qu'on maintient à une température voulue à l'aide de charbons allumés, lorsque les chapeaux, après l'encollage, sont encore flexibles.

Tous les objets : tresses, chapeaux, paniers, etc., fabriqués avec de la paille pour chapeaux et exportés de la Toscane, en 1855, avaient une valeur commerciale de 19,476,928 francs. Ces exportations n'avaient pas dépassé 8,259,125 francs en 1851. Celles de 1855 se divisent comme suit : chapeaux, 13,300,985 francs ; tresses, 6,012,770 francs ; paille, 25,664 francs ; objets divers, 137,509 francs.

La maison Wysse, de Prato, fabrique annuellement 336,000 chapeaux qui exigent l'emploi de 355,000 mètres de tresses provenant de 86,000 kilogrammes de paille.

Chapeaux communs. — Les chapeaux pour hommes fabriqués dans le Dauphiné et la Lorraine avec des tresses grossières de paille cousues, sont vendus à Grenoble et à Nancy de 6 à 8 francs la douzaine. La valeur commerciale des chapeaux les plus communs ne dépasse pas 4 à 5 francs la douzaine ; les plus beaux sont vendus de 27 à 34 francs la douzaine. Tous ces chapeaux sont fabriqués avec des pailles récoltées en France.

CHAPITRE XXI

PRIX DU BLÉ

Capital engagé par hectare. — Chiffres minimum et maximum. — Prix de revient du blé : prix minimum et maximum. — Prix de vente du blé : prix minimum, maximum et moyen pendant les treizième, quatorzième, quinzième, seizième, dix-septième, dix-huitième et dix-neuvième siècles.

Capital engagé par hectare. — Le capital engagé par hectare dans la culture du blé est très-variable, mais il dépasse rarement 500 francs.

Voici les chiffres que renferme la comptabilité de la ferme de Grignon (Seine-et-Oise).

	Produit par hectare. hectol.	Capital engagé. francs.
1847-48.	28,03	363,60
1848-49.	19,69	443,51
1849-50.	34,79	533,07
1850-51.	27,24	343,61
1851-52.	16,65	430,87
1852-53.	30,50	410,09
Moyennes. . . .	26,88	430,83

Voici maintenant les sommes les plus faibles et les plus élevées.

1° CHIFFRES MINIMUM.

	Produit par hectare. hectol.	Capital engagé par hectare. francs
MM. Planche (Bouches-du-Rhône). .	12	180 »
Benoît (Meuse).	12	190 »
de Geiger (Moselle).	15	212 »
Bodin (Ain).	14	225 »
Richier (Gironde).	12	230 »
d'Andelarre (Haute-Saône). . .	15	251 »
Thénard (Côte-d'Or).	14	273,95
de la Ferrière (Morbihan). . .	18	288 »
Moyennes.	14	251,24

2° CHIFFRES MAXIMUM.

	hectol.	francs.
MM. George (Aisne)	20 »	320 »
• Massé (Cher.	18 »	326 »
Pasty (Eure).	21 »	389 »
Barbet (Seine-Inférieure) . .	17,50	446,65
Masson (Ardennes).	21 »	476,33
Boulingre (Seine-et-Marne) .	25 »	540 »
d'Herlincourt (Pas-de-Calais).	20 »	604 »
Dailly (Seine-et-Oise)	27,20	656,28
Moyennes.	21,21	469,03

A Masny (Nord), le blé cultivé par M. Fiévet a engagé, en moyenne, par hectare, de 1855 à 1863, 557 fr. 82 ; son rendement moyen, pendant cette période de onze années, s'est élevé à 32^{hec},06.

Le capital engagé par le blé doit naturellement varier, suivant la valeur locative du sol, les engrais appliqués, la valeur de la main-d'œuvre, la place qu'il occupe dans l'assolement suivi sur le domaine où il est cultivé, et par conséquent les travaux préparatoires qui précèdent la semaille.

Prix de revient du blé. — On n'est pas d'accord sur le prix auquel revient l'hectolitre de blé. Les uns soutiennent qu'on peut produire le blé à 8 et 10 francs l'hectolitre; les autres persistent à dire que ce grain coûte toujours au producteur de 18 à 20 francs.

Voici quelques-uns des prix de revient qu'on a fait connaître au conseil d'État au moment de l'enquête sur la législation des céréales :

1° PRIX MINIMUM.

	francs.	
MM. Lobit (Landes)	8,20	l'hectolitre.
Miquel (Charente-Inférieure. . .	8,47	—
Benoît (Meuse).	11,65	—
Auclerc (Cher).	12 »	—
Masson (Ardennes)	13,30	—
Dailly (Seine-et-Oise).	16,01	—
George (Aisne).	16 »	—
d'Andelarre (Haute-Saône) . . .	16,73	—
Vachon (Rhône).	16 »	—

2° PRIX MAXIMUM.

		francs.	
MM. Bodin (Ain)	18 »	l'hectolitre.
Avril (Nièvre)	18,71	—
Modeste (Seine-et-Marne)	19 »	—
Roque-Salvaza (Aude)	19,88	—
Barbet (Seine-Inférieure)	20 »	—
Darblay (Seine-et-Oise)	· 20,89	—
d'Herlincourt (Pas-de-Calais) . . .	21,20	—
Dailly (Haute-Marne)	21,51	—
Bovis (Vaucluse)	22,77	—

Les chiffres extrêmes n'ont aucune valeur économique.

M. Lobit exploite comme fermier, à la Bastide d'Armagnac, des terres qu'il loue 72 francs par hectare et par an. Le blé qu'il y cultive engagerait, en moyenne, 244 fr. 50 et donnerait comme récolte moyenne 21 hectol. 76 par hectare. D'après les détails qu'il a donnés, les dépenses occasionnées par les travaux des hommes et des attelages ne dépasseraient pas 79 fr. 89. En outre le blé solderait 81 mètres cubes de fumier à raison de 97 centimes le mètre cube. Enfin M. Lobit ferait moissonner, voiturer les gerbes, exécuter le dépiquage et nettoyer le grain moyennant 44 francs par hectare. Peu de cultivateurs jouissent des avantages que M. Lobit dit trouver dans la contrée qu'il habite.

M. Darblay évalue les frais à 780 francs sur un sol ayant une valeur locative de 210 francs par hectare. Il admet que le blé qui produit 28 hectolitres absorbe pour 300 francs ou 30,000 kilogrammes de fumier. Si l'on réduit cette quantité de moitié et si l'on évalue la paille à 30 francs les 100 bottes, on rabaisse les dépenses à 399 fr. 50 et on constate que chaque hectolitre a couté 14 fr. 26.

M. Bovis exploite des terres qui ont une valeur locative de 72 francs l'hectare. Le blé, après un sainfoin, donne 18 hectolitres, lorsqu'on lui a appliqué 1,000 kilogrammes de tourteau. Évidemment, le blé, après une telle fumure,

devrait donner un produit plus élevé. Mais ce n'est pas
tout. Il lui faut dix chariots pour transporter au marché
le blé qu'il a récolté sur un hectare ; enfin, il évalue le blé
de semence à 32 fr. 50 l'hectolitre. Ces faits suffisent pour
dire que le compte présenté par M. Bovis n'a pas été bien
établi et qu'il ne peut pas être pris en considération.

Le blé, à Masny, a coûté, en 1862, 16 fr. 72 et, en 1863,
13 fr. 40 l'hectolitre. A Grignon, de 1847 à 1853, ce grain
a été produit au prix de 16 francs l'hectolitre. A Bertheau-
ville (Seine-Inférieure), où la production du blé est le but
principal de la culture de M. Roquigny, le prix de revient
de cette céréale a été, de 1856 à 1867, de 22 fr. 75 les
100 kilogrammes ou 17 fr. 74 l'hectolitre de 78 kilogrammes. Le prix moyen de vente pendant ces douze années a
été de 27 fr. 75 les 100 kilogrammes. Le gain moyen
réalisé a donc été de 5 francs par quintal métrique. A la
ferme d'Assainvillers (Somme), où le blé occupe annuellement une grande surface, M. Triboulet a obtenu en
moyenne, de 1857 à 1868, 32 hect. 31 de grains et 1135
gerbes par hectare. Chaque hectolitre, du poids moyen de
78 kilogrammes, lui est revenu à 13 fr. 15, et chaque
100 kilogrammes à 16 fr. 86.

En résumé, à l'aide d'une culture rationnelle et en sup-
posant une bonne récolte moyenne, on peut produire le blé
au prix maximum de 15 à 17 francs l'hectolitre.

Prix de vente du blé. — Le prix du blé a peu varié
jusqu'en 1520, mais à partir de cette époque, il s'est
élevé successivement d'une manière générale, en raison de
la quantité d'argent et d'or que l'Amérique a importée en
Europe.

Voici les variations qu'on a constatée en France depuis
le treizième siècle jusqu'à nos jours.

SIÈCLES	ANNÉES.	RÈGNES.	PRIX MINIMUM.	PRIX MAXIMUM.	PRIX MOYEN.
			fr.	fr.	fr.
13e	1202	Philippe III. . . .	»	»	3 87
13e	1256	Louis IX	»	»	3 74
13e	1289-1294	Philippe IV. . . .	4 »	6 38	5 29
14e	1304-1314	—	4 46	8 56	6 72
14e	1315	Louis X.	»	»	22 37
14e	1316	Philippe V.	»	»	7 61
14e	1323	Charles IV	»	»	7 41
14e	1327-1347	Philippe VI. . . .	3 50	19 10	6 88
14e	1350-1361	Jean.	2 64	25 98	10 35
14e	1365-1376	Charles V.	3 44	11 83	6 81
14e	1382-1398	Charles VI	3 12	5 32	5 25
15e	1405-1413	—	2 »	6 63	4 35
15e	1426-1449	Charles VII	1 22	39 34	9 03
15e	1462-1482	Louis XI	1 »	6 68	2 86
15e	1485-1495	Charles VIII. . . .	1 65	3 34	2 37
15e	1498-1590	Louis XII.	1 80	30 01	11 90
16e	1501-1513	—	1 18	4 51	3 73
16e	1515-1546	François Ier. . . .	2 60	14 50	7 24
16e	1547-1558	Henri II.	5 50	13 80	8 88
16e	1559	François II. . . .	»	»	8 60
16e	1560-1573	Charles IX	8 53	32 15	14 68
16e	1574-1587	Henri III.	9 32	61 25	18 84
16e	1589-1600	Henri IV.	9 72	52 83	26 54
17e	1601-1609	—	9 70	18 86	13 80
17e	1610-1642	Louis XIII.	13 33	32 46	15 39
17e	1643-1700	Louis XIV.	8 82	43 59	19 25
18e	1701-1714	—	6 64	44 55	17 03
18e	1715-1773	Louis XV.	6 20	38 10	14 20
18e	1774-1791	Louis XVI.	12 62	21 90	15 65
18e	1792-1793	République. . . .	22 10	35 03	28 56
18e	1796-1800	Directoire.	16 25	22 47	18 32
19e	1801	—	»	»	22 47
19e	1802-1803	Consulat	24 35	24 65	24 50
19e	1804-1813	Napoléon Ier. . . .	14 93	34 33	19 39
19e	1814-1824	Louis XVIII. . . .	15 08	36 10	17 73
19e	1825-1829	Charles X.	14 80	22 34	17 75
19e	1830-1847	Louis-Philippe. . .	15 25	29 01	20 06
19e	1848-1852	République. . . .	14 71	17 87	15 93
19e	1853-1868	Napoléon III. . . .	16 74	30 75	24 35

De ces données il résulte que le prix moyen du blé n'a cessé d'augmenter depuis la fin du quinzième siècle. Voici les moyennes que donnent les chiffres qui précèdent.

15ᵉ siècle.	6ᶠʳ,10
16ᵉ siècle	12ᶠʳ,64
17ᵉ siècle.	16ᶠʳ,14
18ᵉ siècle.	18ᶠʳ,75
19ᵉ siècle.	20ᶠʳ,27

Toutes choses égales d'ailleurs, quoi qu'on dise, l'agriculture française est impuissante pour prévenir le retour de l'abondance et de la disette ou de la cherté et du bon marché des grains. Espérons, cependant, que désormais les crises alimentaires n'auront pas pour conséquence des troubles politiques semblables à ceux qui suivirent la hausse des blés en 1574, 1587, 1591, 1709, 1789, 1793, 1812, 1817, 1842 et 1847.

En 123 ans, de 1618 à 1741, on a compté 63 années de disette. En 1694, par suite des effets de la prohibition qui empêchait les grains d'entrer ou de sortir du royaume, le septier de blé (120 litres) valut 107 livres. En 1709, année calamiteuse, un arrêt du Parlement réduisit la fabrication du pain à deux sortes : le pain bis-blanc et le pain bis.

Les progrès que fait chaque année l'agriculture française, la surface consacrée annuellement à la culture de la pomme de terre, la facilité avec laquelle le commerce exporte et importe des grains, autorisent à dire que le prix du blé ne présentera plus ces écarts considérables que l'histoire a enregistrés malheureusement de temps à autre de 1801 à 1862.

BIBLIOGRAPHIE

Pline. . . . . *Naturalis historiæ*, Liber XVIII.
Crescenzi. . . . . *Agriculture*, lib. 2.
Galien. . . . . *De alimentorum facult.*, lib. 1.
Dodonæus . . . . . . *Hist. frumentorum*, cap. 3.
Mathioli. . . . . *Coment. in Dioscoridem.*
Delechamps. . . . . *Histoire natur. des plantes,* lib. 4.
Nonnius. . . . . *De re cibraria*, lib. 3.
Olivier de Serres. . *Théâtre d'agriculture*, t. I, p. 134, in-4°.
De Carrouge. . . . . *Avis pratique sur les blés.* Paris, 1755, in-12.
Herbert. . . . . *Essai sur la police des grains.* Berlin, 1755, in-12.
Parmentier. . . . . *Mém. sur le comm. des grains.* Paris, 1765, in-8°.
Tillet. . . . . *Dissert. sur la cause qui noircit le blé.* 1775, in-4°.
De Saussure. . . . . *Produits des blés méridionaux.* Paris, 1773, in-12.
Dupin. . . . . *Mémoire sur les blés.* Dijon, 1748, in-8°.
Tillet. . . . . *Hist. d'un insecte qui dévore les grains.* 1762, in-12.
Parmentier. . . . . *Analyse du blé.* Paris, 1776, in-8°.
Lacombe. . . . . . . *Dial. sur le blé, la farine, etc.* Paris, 1776, in-8°.
Sage. . . . . *Analyse des bleds.* Paris, 1776, in-8°.
Necker. . . . . *Législation et comm. des grains.* Paris, 1775, in-8°.
Tessier. . . . . *Traité des maladies des grains.* Paris, 1783, in-8°.
Poncelet. . . . . . . *Histoire naturelle du froment.* Paris, 1779, in-8°.
Dupont de Nemours. *De l'export. et de l'import. des grains* 1794, in-8°.
Cadet de Vaux. . . . *Avis sur les blés germés.* Paris, 1782, in-8°.
De Neufchâteau. . . *L'art de mult. les grains.* Paris, 1809, 2 v. in-12.
Seringe. . . . . *Monogr. des cér. de la Suisse* Berne, 1818, in-8°.
Tessier. . . . . *Nouveau cours d'agric.* Paris, 1822, t. VII, p. 79.
Thaër. . . . . *Principes raisonnés d'agr.* Genève, 1831, t. IV, p. 79.
Vilmorin. . . . . . . *Maison rustique du 19ᵉ siècle*, t. Iᵉʳ, p. 305.
Desvaux. . . . . . . *Cours complet d'agriculture.* Paris, 1839, in-8°, t X.
Delongchamps. . . . *Considérations sur les céréales.* Paris, 1843, in-8°.
Schwerz. . . . . *Cult. des pl. à grains farineux.* Paris, 1840, in-8°.
Gautier. . . . . *La Cérès française.* Paris, 1833, in-8°.
Martin. . . . . *Essai sur les céréales.* Paris, 1839, in-8°.
De Molinari. . . . . *Histoire du tarif des céréales.* Paris, 1847, in-8°.
Moreau de Jonnès. . *Statistique de l'agr. de la France.* Paris, 1848, in-8°.
Rollet. . . . . *Mémoire sur la meunerie, etc.* Paris, 1848, in-4°.
Briaune. . . . . *Des grains et des réserves.* Paris, 1857, in-8°.
Boscher. . . . . *Du commerce des grains.* Paris, 1854, in-8°.
L. Vilmorin. . . . . *Catalogue et synon. des froments.* Paris, 1850, in-8°.
De Gasparin. . . . *Cours d'agriculture.* Paris, 1847, t. III, in-8°.
De Tramecourt. . . . *Législation des céréales.* Paris, 1860, in-8°.
Hervieux. . . . . . . *Hausse et baisse des grains.* Paris, 1854, in-8°.
Duchartre. . . . . . *Manuel des plantes.* Paris, 1857, t. IV, in-12.
Barral. . . . . *Le blé et le pain.* Paris, 1863, in-12.
J. Pierre. . . . . . . *Etudes comp. sur la cult. des céréales.* Paris, in-12.
Touaillon . . . . . . *La meunerie, la boulangerie.* Paris, 1867, in-12.

LIVRE II

SEIGLE

Secale cereale

(De *segal*, ou *secal*, nom celtique du seigle)

Plante monocotylédone de la famille des graminées

Anglais. — Common rey.
Allemand. — Gemeiner rocken.
Russe. — Rojke.

Suédois. — Rag.
Italien. — Segala.
Espagnol. — Centario blanquo.

La patrie du seigle est encore inconnue.

On a dit, il est vrai, que cette céréale était originaire de l'Égypte et Robersteim a avancé qu'il végète spontanément dans les sables qui bordent la mer Caspienne et qu'il croît naturellement en Crimée; d'un autre côté, Olivier affirme l'avoir trouvé à l'état sauvage sur la rive droite de l'Euphrate, entre Anah et Latakie; Keint le croit originaire des pays voisins de la mer Caspienne et Koch assure l'avoir trouvé dans le pays de Hemschin, dans l'Asie Mineure du Nord; toutes ces observations n'ont pas été confirmées de nos jours.

Les Grecs ont-ils connu le seigle? l'ont-ils désigné sous le nom de *britza*? Linck croit que le *britza* des Grecs est le seigle; selon Galien, cette plante était originaire de Thrace et de Macédoine, et, suivant Mnesitheus, les Grecs auraient mangé le pain qu'ils fabriquaient avec sa farine au détriment de leur estomac. Ces faits ne sont pas assez plausibles pour qu'on puisse les regarder comme vrais.

Pline est le seul auteur romain qui mentionne le seigle. Il l'appelle *secale deterrimum*, et il dit que les Taurini, qui le nommaient *asia*, le cultivaient au pied des Alpes dans la Gaule cisalpine. Les Romains l'estimaient fort peu.

Quoi qu'il en soit, le seigle est cultivé dans les parties centrales de la France depuis les temps les plus anciens. Le docteur Gaspard l'a trouvé mentionné dans des chartes de 794 sous le nom de *segalus*, de 806 sous celui de *segalis*, de 1122 sous le nom de *sigilla* et de 1170 sous celui de *secalis*, mais il ne l'a plus retrouvé dans les chartes postérieures que sous la dénomination de siligo, nom que lui a donné Mathioli en 1571.

Ptolémée a désigné dans sa *Géographie* Valence sous le nom de *Civitas segalaunorum* parce que tout le territoire de cette cité était alors consacré à la culture du seigle.

C'est sous le nom de *siligo* que cette céréale a été désignée en 1474, par Platina, et en 1542 par Fuchs. Camerariûs l'a fait connaître en 1586 sous les noms de *Gallis segala* et *Italis segala*.

Plus tard, on l'a appelée *secle*, puis *segle* et enfin *seigle*, mots dérivés de *segala*. C'est par exception qu'il est mentionné par les auteurs du dix-septième siècle sous le nom de *fouarre*, mot dérivé du latin *far*.

On ne doit pas confondre le *siligo* des auteurs français avec le siligo des écrivains de l'Italie. Cette dernière plante est un blé sans barbes avec lequel, suivant Columelle, on fabriquait un pain léger. (Voy. p. 11.)

Le seigle est inconnu dans l'Inde, mais on le cultive dans la Scandinavie jusqu'au 64e degré de latitude et en Russie, dans le gouvernement de Vologade, sous le 62ᵉ degré de latitude.

Dans plusieurs localités, en France, le seigle est désigné sous le nom de *blé* et le blé sous celui de *froment*. Les Provençaux l'appellent *segué*.

Au commencement du dix-septième siècle, le seigle était, pour ainsi dire, la seule céréale cultivée dans le Rouergue, la Bresse, la Sologne et le Limousin.

La surface que cette céréale occupe annuellement en France ne dépasse pas 2 millions d'hectares. En 1840, elle était cultivée sur une étendue de 2,577,000 hectares.

Voici les départements où elle couvre, de nos jours, les plus grandes comme les plus faibles étendues.

SURFACES MAXIMUM.

Allier.	98,713 hectares.
Puy-de-Dôme.	89,483
Loire.	82,936
Haute-Loire.	82,350
Corrèze.	75,052
Morbihan.	69,481
Lozère.	64,901
Cantal.	64,660
Saône-et-Loire.	64,799

SURFACES MINIMUM.

Bouches-du-Rhône.	292 hectares.
Basses-Pyrénées.	491
Var.	625
Alpes-Maritimes.	1361
Gers.	1374
Vaucluse.	1706
Doubs.	1963
Tarn-et-Garonne.	2119
Jura.	2163

La production totale de la France est évaluée à 25 millions d'hectolitres.

CHAPITRE PREMIER

CONDITIONS CLIMATÉRIQUES

Latitudes sous lesquelles végète le seigle. — Altitude. — Sa précocité lui
permet de bien végéter dans les régions froides. — Délicatesse des fleurs.
— Sa vitalité sous la neige.

Le seigle végète en Europe sous toutes les latitudes. On
le cultive dans toutes les régions de la France, en Suisse,
en Belgique, en Angleterre, en Allemagne, en Russie et en
Scandinavie, mais principalement dans les terres légères
et poreuses.

Il végète au-dessus de l'avoine dans les contrées montagneuses, mais il ne dépasse pas 2,200 mètres d'altitude
dans la région alpine.

L'élévation moyenne à laquelle sont situés les champs
où il est ordinairement cultivé dans les montagnes, varie
entre 1,360 et 1,530 mètres. M. Martin l'a trouvé sur le
mont Ventoux à 1,055 mètres sur le côté sud, et à 1,360 mètres sur le côté nord. Cette différence de 325 mètres explique bien que le seigle appartient à la culture septentrionale de l'Europe.

S'il ne dépasse pas 585 mètres d'altitude dans la Silésie
autrichienne, par contre il s'élève jusqu'à 2,000 mètres
au-dessus du niveau de la mer dans les montagnes de la
Crimée.

Le seigle est cultivé plus généralement en Turquie que
le froment, parce qu'il est moins sensible au froid que
cette dernière céréale. Sa culture s'élève dans les montagnes jusqu'à 1000 mètres d'altitude.

Le seigle n'exige pas autant de chaleur que le froment

pour mûrir son grain. C'est pourquoi on l'a toujours regardé comme une plante précieuse pour les montagnes.
Toutefois, s'il résiste mieux que le blé, lorsqu'il est jeune,
aux froids très-intenses, il supporte mal une humidité surabondante et les effets presque toujours fâcheux des gels
et des dégels.

Sa précocité le rend précieux pour les pays froids ou les
régions froides de la Laponie, mais, épiant de bonne heure,
ses fleurs sont souvent sujettes à être détruites par les gelées tardives qui surviennent à la fin d'avril ou au commencement de mai. C'est pourquoi il est utile, dans la région de l'Ouest, de le semer plus tardivement que dans les
régions du Nord-Est ou de l'Est.

Le seigle qu'on a semé au commencement de l'automne
conserve sa vitalité sous la neige, quelle que soit l'épaisseur de celle-ci.

Il faut qu'il survienne des automnes très-doux et des
hivers très-rigoureux, comme ceux de 1741-1742, pour
qu'un grand nombre de pieds de seigle soient détruits.

Sa maturité précoce fait qu'il n'est jamais exposé à souffrir des grandes sécheresses estivales.

CHAPITRE II

MODE DE VÉGÉTATION

Durée de végétation. — Principaux caractères. — Germination. — Chaleur
que le seigle exige pour fleurir et mûrir son grain. — Temps qui s'écoule
entre la floraison et la maturité.

Le seigle est une plante bisannuelle.

Sa tige est lisse, ferme, dressée, mais elle est un peu mince ou grêle surtout dans sa partie supérieure ; ses feuilles sont planes, allongées, étroites, pointues et rudes sur les deux faces (fig. 109) ; son épi est long, simple et légèrement comprimé avec des épillets alternes portés par un rachis flexible non articulé et renfermant trois fleurs dont deux seulement fertiles ; ses glumes sont carénées et aristées. Son grain est libre, oblong, droit, convexe d'un côté et sillonné longitudinalement de l'autre ; il est poilu au sommet.

La plante, à l'état herbacé, est d'un vert clair un peu glauque.

Le grain du seigle germe du huitième au dixième jour. La feuille cotylédonaire qu'il développe est rougeâtre, teinte qui persiste avec plus ou moins d'intensité jusqu'à la fin du tallement qui a lieu ordinairement avant l'hiver. La gaîne des feuilles est quelquefois pubescente, mais la ligule y est presque nulle. Les tiges commencent à se développer au mois de février ou de mars quand la température de l'air s'est élevée en moyenne à + 6°. Les tiges, une fois bien apparentes, montent très-rapidement et elles épient dans la deuxième quinzaine d'avril ou au commencement de mai quand la température a atteint, en moyenne, + 13° à

Fig. 109. — Épi du seigle d'hiver.

+ 14°. L'épi est alors petit, serré et d'un vert foncé.

Le seigle fleurit aussitôt après le développement des épis, c'est-à-dire lorsque ceux-ci sont un peu lâches et qu'ils sont d'un vert plus blond que la nuance des feuilles. Les fleurs sont délicates et elles peuvent être détruites par des gelées tardives. La fécondation a eu lieu lorsque les anthères prennent une teinte cramoisie.

Le grain de cette céréale arrive à sa maturité complète avec 600° de chaleur au-dessus de + 6°, c'est-à-dire à la fin de mai ou au commencement de juin dans la région de l'olivier, et dans la première quinzaine de juillet dans le centre, l'ouest et le nord de la France, c'est-à-dire 30 à 35 jours après la floraison.

Alors les épis sont courbés et inclinés vers le sol, et ils ont comme les tiges et les feuilles une teinte jaunâtre. Chaque épillet étant biflore ou ne contenant que des fleurs fertiles, n'a jamais que deux grains peu adhérents dans les balles, quand celles-ci sont bien sèches, et qui en sortent avec la plus grande facilité. Ces grains sont toujours en partie saillants hors des glumes et des glumelles.

Le grain du seigle est moins gros et plus long que le froment; il est ordinairement grisâtre avec une nuance jaunâtre ou verdâtre. Sous l'action de la pluie ou d'une humidité prolongée, il prend une teinte brune sur la partie qui excède les épillets et germe facilement.

La paille de cette céréale est plus ou moins haute selon la richesse du sol où elle est cultivée.

CHAPITRE III

ESPÈCES ET VARIÉTÉS

Espèces et variétés cultivées : seigles ayant des épis à axe résistant; — seigle
ayant des épis à axe fragile.

On ne cultive que deux espèces de seigle, mais l'espèce
commune a produit diverses variétés ou races dont plusieurs
ont une certaine importance.

PREMIÈRE CLASSE
Épi à axe résistant.

Seigle ordinaire.

(*Secale cercale*, L.)

1. — Seigle commun.

Synonymie :

Seigle d'hiver.	Seigle cultivé.
Seigle d'automne.	Seigle hivernage.
Seigle hivernal.	Seigle hyemale.
Grand seigle.	Seigle de Cérès.
Seigle des Alpes.	Seigle de Saxe.
Seigle de montagne.	Seigle double d'Espagne.

Le seigle ordinaire résiste bien aux hivers rigoureux,
s'il végète dans un sol léger et perméable. Il est peu cultivé dans les plaines du midi de la France, de l'Italie et de
l'Espagne. Sa paille, quoique mince, est flexible et résistante. On l'utilise avec succès pour lier les gerbes, rempail-.
ler les chaises, fabriquer des paillassons, couvrir les habitations et les bâtiments ruraux, etc.

L'épi du seigle commun est plus ou moins court et
rempli selon la nature et la fertilité des terrains où il est
cultivé et l'altitude à laquelle il végète. En général, cet épi
est plus développé, mais moins allongé dans les parties
montagneuses que dans les plaines. C'est pourquoi, depuis

longtemps, on a toujours vanté le seigle qu'on cultive dans les Alpes ou dans les montagnes. Les qualités qui distinguent cette céréale, quand elle est cultivée dans les pays accidentés et froids, sont trop fugaces pour qu'on puisse en faire une variété.

Le grain du seigle brunit dans les pays brumeux. C'est pourquoi Marshall dit qu'on cultive un *seigle noir* dans le Yorkshire, en Angleterre.

Le seigle commun est le plus répandu en Europe. Il alimente une grande partie des habitants de la Belgique, de l'Allemagne, de la Russie et des pays Scandinaves. Son grain est plus ou moins allongé et volumineux suivant la nature et la richesse du sol. Quelquefois il a une nuance blond verdâtre.

2. — Seigle de Mars.

Synonymie :

Seigle de printemps.	Seigle vernal.
Seigle trémois.	Seigle marsais.
Seigle printanier.	Seigle tramis.
Petit seigle.	Seigle de trois mois.
Seigle de Pâques.	Seigle de mars de Saxe.

Les tiges de cette variété sont de moyenne hauteur ; les épis sont plus grêles, moins allongés et souvent presque dégarnis de barbes, parce que celles-ci tombent facilement à la maturité du grain. Ce dernier est aussi plus petit ou plus court et plus menu et moins productif, mais il est lourd et de bonne qualité ; sa paille n'est pas très-longue, mais elle est plus déliée.

On cultive avec succès le seigle de mars dans les montagnes du centre de la France et dans celles du Lyonnais et du Dauphiné. Il réussit très-bien sur des terres légères ou sablonneuses.

Bauhin a signalé cette variété à la fin du seizième siècle; Olivier de Serres la cite aussi comme une bonne variété de printemps. Fagon l'a mentionné dans le mémoire sur l'Ergot qu'il a lu à l'Académie des sciences en 1710. Enfin, Desistrières dit dans son ouvrage intitulé *l'Art de cultiver les pays de montagnes*, qu'on la cultivait à cette époque dans la haute Auvergne. On l'appelait alors *marsèche* et on la semait en avril et en mai. Dans ce dernier cas, on la récoltait au commencement de septembre.

Le seigle de mars peut être semé jusqu'en mai dans les pays montagneux. Il résiste mieux que l'orge aux variations atmosphériques.

3. — Seigle de la Saint-Jean.

Synonymie : Seigle multicaule.
Seigle de la Valachie.
Seigle d'Égypte.
Seigle de Bohème.
Seigle des forêts.
Seigle du Nord.
Seigle de Norwége.
Seigle géant.
Seigle de Sibérie.
Seigle du Mexique.
Seigle buisson.
Seigle de Russie.
Seigle de la Baltique.
Seigle de Silésie.
Seigle d'Archangel.
Seigle d'été.

Cette variété talle beaucoup sur les sols riches ou bien fumés. Elle a des tiges droites, très-élevées et garnies d'un vigoureux feuillage. Ses épis sont allongés, minces et très-inclinés, mais son grain est beaucoup plus petit que le grain du seigle commun. C'est pourquoi le seigle de la Saint-Jean est très-peu cultivé comme plante alimentaire. (Voir *les Plantes fourragères*.)

On l'appelle *seigle de la Saint-Jean* parce qu'on le sème à la fin de juin pour le faucher en vert au commencement de l'automne et le récolter en grain l'année suivante.

Cette variété est plus tardive que le seigle ordinaire ; elle a été expérimentée pour la première fois, en France, en 1785, par Le Breton. Semée le 28 juin, elle avait $0^m,40$ de hauteur lorsqu'on la faucha le 1er septembre.

4. — Seigle de Rome.

Synonymie : Seigle à gros grains.
Seigle d'Italie.

Cette variété a été introduite de Rome en France par

M. d'Oncien de Chaffardon et elle a été recommandée à l'attention des agriculteurs par M. Trochu, à Belle-Isle-en-Mer. Sa paille est un peu moins élevée que les tiges du seigle commun, mais son épi est long, presque carré et très-incliné. Ses grains se distinguent par leur grosseur et leur belle couleur blonde.

Si le seigle de Rome est productif, il a le défaut de mûrir un peu inégalement et de fournir des grains un peu inégaux et sujets à dégénérer.

On peut aussi cultiver le seigle de Rome comme un seigle de mars.

5. — Seigle de Russie.

Synonymie : Seigle de Vierland.   Seigle tyrolien.
Seigle géant.   Seigle roseau.

Ce seigle a été introduit en France par M. Moll. Il est moins tardif de dix à douze jours que le seigle ordinaire quand il est cultivé sur des terres de bonne qualité.

Cette variété a beaucoup de rapports avec le seigle de la Saint-Jean, mais son feuillage est plus large, plus dressé et d'un vert plus tendre, et ses tiges sèches offrent une légère nuance rougeâtre. Son grain est abondant, gros, bien rempli et de belle qualité, mais dans les sols pauvres, il est inférieur, sous tous les rapports, au seigle commun.

Le seigle de Russie a été désigné, par quelques auteurs, sous le nom de *secale arundinaceum*.

6. — Seigle rameux.

Synonymie : Seigle branchu.   Seigle à épi composé.

Le seigle rameux est tout simplement une monstruosité du seigle commun. C'est à tort que M. Seringe l'a regardé comme une variété.

Ce seigle a été signalé, il y a un siècle, par Keller sous

le nom de *secalis spicis ramosis*. Bauhin l'a appelé *seigle de miracle* et Treuzel l'a désigné sous le nom de *secale luxurians*. La *Flore française* de de Candolle l'a appelé *secale cereale compositum*.

DEUXIÈME CLASSE

Épi à axe fragile.

Seigle des montagnes.

(*Secale fragile.*)

Cette espèce a été désignée, bien à tort, sous le nom de *seigle vivace*, car elle est bisannuelle. Selon le baron de Trautvetter son épi ayant un axe fragile tombe souvent à terre à la maturité.

On a dit que ce seigle végétait spontanément dans la Sicile. Cette erreur vient de ce qu'on l'a confondu avec l'ancien *seigle des montagnes* (SECALE MONTANUM) qui est vivace ou avec le *seigle velu* (SECALE VILLOSUM OU SECALE SYLVESTRE).

Sa paille est élevée, son épiaison est plus tardive que celle du seigle ordinaire, son épi est grêle et très-allongé, mais son grain n'est pas plus développé que le grain du seigle multicaule.

Cette espèce n'a aucun mérite comme plante alimentaire.

En résumé, le seigle, qui est très-robuste, varie peu dans ses caractères, et les variétés les plus cultivées et les plus estimées sont le *seigle ordinaire*, le *seigle de mars* et le *seigle de Rome*.

CHAPITRE IV

COMPOSITION DU SEIGLE

Paille : nature et composition. — Grains : composition ; éléments que contient la farine. — Composition des cendres.

Le seigle ou *blé des pays pauvres* fournit deux produits utiles : la paille et le grain.

A. La *paille de seigle* est dure, luisante, plus longue, plus blanche ou moins jaune que la paille du froment. On la reconnaît facilement à ses épis qu'elle conserve presque intacts. En outre, elle a toujours moins d'odeur que la paille du blé.

La paille du seigle de mars est plus courte et plus fine que celle du seigle d'hiver.

Cette paille d'après M. Malaguti, renferme les éléments suivants :

Amidon, sucre	43,00
Matières grasses.	1,50
Matières azotées.	1,50
Ligneux et cellulose.	32,40
Sels terreux	3,00
Eau.	18,60
	100,00

Les cendres ont la composition suivante :

Silice	72,62
Alcalis.	9,57
Chaux.	7,69
Magnésie.	3,35
Fer	0,51
Acide sulfurique	3,40
Acide phosphorique.	2,81
Chlore.	0,03
	100,00

100 de paille donnent 5,6 de cendres.

Voici les résultats obtenus par Johnston et Sprengel.

	Johnston.	Sprengel.
Silice	64,5	82,2
Potasse	17,3	1,2
Soude	0,3	0,4
Chaux	9,0	6,4
Magnésie	2,4	0,4
Oxyde de fer	1,4	0,9
Acide sulfurique	0,8	6,1
Acide phosphorique	3,8	1,8
Chlore	0,5	0,6
	100,0	100,0

La proportion de potasse constatée par Johnston doit être regardée comme étant due à une cause accidentelle.

B. Le *grain de seigle* contient peu de gluten et la partie azotée qu'il renferme est composée presque exclusivement d'albumine. D'après M. Boussingault, il renferme les éléments ci-après :

	1°	2°
Gluten et albumine	9,0	12,5
Amidon et dextrine	67,5	66,2
Matières grasses	2,0	2,0
Ligneux, cellulose	3,0	3,3
Substances minérales	1,9	2,0
Eau	16,6	14,0
	100,0	100,0

La farine contient les éléments suivants :

Gluten et albumine	10,5
Amidon	64,0
Matières grasses	3,5
Sucre	3,0
Gomme	11,0
Ligneux et sels	6,0
Perte	2,0
	100,0

La farine de seigle est toujours moins blanche et moins fine que la farine de froment.

Voici, d'après M. Malaguti, la composition immédiate moyenne du grain de cette céréale :

Matières azotées.	10,70
Amidon.	66,60
Matières grasses.	2,00
Ligneux et cellulose.	3,15
Sels terreux.	1,95
Eau.	15,60
	100,00

100 de grains desséchés à 110° ont donné 2,3 de cendres.

Suivant M. Mulder, le seigle contient 5,2 de dextrine, soit, avec l'amidon, 61,7 pour 100.

Les cendres des grains de seigle, d'après M. Malaguti, ont la composition suivante :

Alcalis.	33,76
Chaux.	4,95
Magnésie.	10,30
Fer.	1,00
Acide phosphorique.	47,03
Acide sulfurique.	0,95
Chlore.	0,61
Silice.	1,40
	100,00

Les analyses faites par Bichon, Fresenius et Will ont donné des résultats presque identiques.

CHAPITRE V

Nature : terres à seigle et terres fortes. — Fertilité : sol pauvre et sol riche.
Préparation.

Le seigle doit être cultivé sur des terres différentes quant à leur nature et leur fertilité, des terrains qu'exige le froment.

Nature. — Cette céréale se plaît de préférence sur les terres légères : sablonneuses, granitiques et schisteuses. Elle végète aussi très-bien sur les terres crayeuses et les sols volcaniques pauvres. Enfin, elle réussit mieux que le froment sur les terres acides, les terres de landes, les sols de bruyères et les terrains tourbeux.

En général, on cultive le seigle en Europe sur les terres qui sont trop légères, trop peu profondes ou trop pauvres pour être ensemencées en froment. Tous ces terrains sont désignés sous le nom de *terres à seigle*. Les *ségalas* ou terres quartzeuses et graveleuses des montagnes du bas Languedoc ou du Gévaudan et du Vivarais, sont aussi très-propres au seigle.

Toutefois, redoutant l'humidité stagnante, cette céréale végète mal sur les terres tenaces et argileuses pauvres et peu profondes. Il en est de même des terres argilo-siliceuses situées sur des sous-sols imperméables peu éloignés de la surface de la couche arable.

Fertilité. — Le seigle ne demande pas des sols d'une grande fécondité. Sa grande aptitude à réussir sur des sols légers et perméables, le rend précieux pour les terres pauvres.

Cultivé sur des terres riches et abondamment fumées, il donne, relativement, toujours plus de paille que de grain. Du reste, on n'a aucun intérêt à le cultiver sur des sols fertiles, parce que, à produit égal, la valeur intrinsèque de la semence qu'il fournit est toujours moins grande que la valeur commerciale du blé.

Sa culture n'est possible, économiquement, que lorsqu'on a intérêt à récolter, par hectare, le plus possible de belle paille.

Toutes choses égales d'ailleurs, le seigle d'hiver est moins exigeant et moins épuisant que le blé d'automne. en outre il réussit mieux que cette dernière céréale après des pommes de terre ou des betteraves ; quand ces plantes racines ou tuberculeuses ont été cultivées sur des terres un peu légères et qu'elles ont été arrachées tardivement.

Les fumiers frais sont les engrais qu'on doit lui appliquer de préférence sur les terrains sablonneux.

Le seigle de mars est bien moins exigeant que le froment de printemps.

Préparation. — Le seigle doit être semé sur une terre bien divisée ou ameublie, comme le recommande le vieil adage suivant :

> Sème ton seigle en terre poudreuse
> Et ton froment en terre boueuse.

Suivant la nature du sol, on donne à la couche arable un ou deux labours suivis par un ou plusieurs hersages. Les seigles qui succèdent à du sarrasin ou blé noir, des pommes de terre, un défrichement de luzerne, de prairies naturelles, de pâturage, de landes et de bois, etc., ne sont ordinairement précédés que par un seul labour.

Les terrains à sous-sols perméables sont toujours labourés à plat ou en grandes planches. On dispose en petits billons ou en planches étroites et convexes les terrains peu profonds et à sous-sols imperméables.

Lorsqu'on sème le seigle sur un pâturage, une prairie naturelle ou un défrichement de bois n'ayant reçu qu'un seul labour, il est nécessaire de faire précéder la semaille par un hersage très-énergique, ayant pour but, non-seulement de bien diviser le gazon, mais de niveler le sol superficiellement et de combler les cavités qu'on observe souvent entre les bandes de terre et dans lesquelles tombent les semences projetées par la main du semeur.

J'observerai qu'on peut remplacer la charrue par le scarificateur ou le bisoc, quand le seigle est cultivé après une récolte de pommes de terre, sur un sol très-calcaire ou sablonneux.

En résumé, le seigle est la céréale par excellence des terrains légers. Il lutte victorieusement contre les effets du déchaussement produit par les gels et les dégels.

CHAPITRE VI

SEMENCES ET SEMAILLES

Semences. — Époque des semailles : semailles hâtives et tardives; quantité de graines à répandre par hectare. — Pratique des semailles; — chaulage des semences. — Opérations qui suivent les semailles.

Semences. — La semence du seigle doit provenir de la dernière récolte. Il faut qu'elle ait été conservée avec soin pour qu'elle germe bien quand elle a deux années.

Un hectolitre contient, en moyenne, 5,500,000 grains.

La semence est belle quand elle est régulière et lorsqu'elle a une teinte blonde légèrement verdâtre.

Époque des semailles. — On sème ordinairement le *seigle d'automne* plutôt que le froment, afin que ses racines soient bien développées au moment de l'apparition des premières gelées. Le seige semé tardivement talle difficilement avant l'hiver et il reste clair.

Les semailles hâtives bien exécutées sont celles qui donnent ordinairement les meilleurs résultats, car, comme le dit le proverbe :

> Jamais une semaille tardive,
> N'a valu une semaille hâtive.

En général, plus le climat est froid, plus le sol est pauvre et plus la semaille doit être hâtive.

Dans la Laponie, les hautes montagnes de la Savoie, la Carinthie, la Courlande, la Lithuanie, les montagnes du Dauphiné, etc., on sème le seigle vers le 25 août pour le récolter onze mois après, c'est-à-dire au commencement du mois d'août de l'année suivante.

Dans la région des plaines du Nord, les semailles se font toujours du 8 au 15 septembre.

Dans les plaines de la région du Sud ou les parties inférieures des montagnes des Pyrénées, on ne les exécute que pendant les mois d'octobre ou de novembre.

Quoi qu'il en soit, le climat vernal règle toujours les semis d'automne. Ainsi, lorsque dans une plaine ou une contrée un peu accidentée, les fleurs du seigle sont exposées à être détruites par des gelées de mai, on retarde les semis et souvent, surtout dans la région méridionale, on ne les exécute que pendant le mois de novembre. C'est ainsi qu'on procède annuellement dans la plaine de Tarbes, les coteaux de Bagnères, le plateau de Lannemezan, les montagnes Noires et sur divers points dans la région de l'Ouest.

Dans les circonstances ordinaires on doit terminer les semailles de seigle 10 à 15 jours au plus tard après la Saint-Michel, car plus le seigle reste longtemps en terre pendant l'automne et plus il est productif.

Le *seigle de la Saint-Jean* doit être semé à la fin de juin ou pendant la première quinzaine du mois de juillet.

Le *seigle de mars* se sème à la fin de l'hiver : en mars, en avril, suivant la nature du sol, l'altitude des terrains et les années.

Quantité de semence. — La quantité de semence à répandre par hectare varie suivant la nature et la fertilité du sol et le climat sous lequel le seigle est cultivé.

En moyenne on répand, par hectare, de 200 à 230 litres de semence. Dans les sables riches, cette quantité ne dépasse pas 150 à 175 litres, mais dans les sols pauvres elle s'élève souvent jusqu'à 300 litres.

Dans la région du Midi, où le seigle talle moins que dans le Nord, on sème toujours un peu plus dru.

Le seigle de mars doit être semé un peu plus épais que le seigle d'hiver.

Avant de répandre les semences on doit les chauler ou les sulfater (voy. page 173), afin de prévenir l'apparition de l'ergot. Malheureusement cette excellente opération a été, jusqu'à ce jour, très-peu mise en pratique.

Pratique des semailles. — Le *seigle d'automne* se sème à la volée; ce n'est que très-accidentellement qu'on le répand en lignes.

On l'enterre par un labour superficiel ou un hersage. On ne doit pas l'enfouir profondément. En Allemagne on dit avec raison : *la semence de seigle aime à voir le ciel.* Les grains qu'on enterre trop fortement sont souvent exposés à pourrir, surtout si la couche arable est située sur un sous sol imperméable et s'il survient après la semaille des temps très-pluvieux.

Il est très-utile d'opérer par un beau temps et avant que le sol soit très humide.

Le seigle germe du septième au neuvième jour. On le distingue aisément à la couleur rougeâtre de son cotylédon.

Opérations qui suivent la semaille. — Le seigle exige moins de soins d'entretien que le froment.

Dans la région septentrionale, où on le sème de bonne heure, et où il occupe ordinairement des terres labourées à plat, on le roule quand il a 4 à 5 feuilles. Cette opération, si elle est exécutée par une belle journée, a pour effet de tasser la couche arable et de favoriser le tallement des plantes.

On peut aussi, si le sol a été mal préparé et si les mauvaises herbes commencent à l'envahir, faire précéder le roulage par un hersage exécuté à l'aide d'une herse à dents de bois ou d'une herse légère en fer.

Ces opérâtions terminées, on nettoie les dérayures si cela est nécessaire, afin que les eaux provenant des pluies ou de la fonte des neiges puissent aisément s'écouler et ne pas rester stagnantes sur le champ.

Le seigle résiste moins bien que le froment d'automne aux débordements des fleuves et des rivières.

Le seigle a une végétation trop rapide à la fin de l'hiver pour qu'on puisse lui donner au printemps les soins d'entretien qu'exige impérieusement le froment d'automne. Cependant, dans la région de l'Ouest où le sol est disposé en petits billons, souvent, pendant le mois de février quand le temps est beau, on râtèle toute la surface des sillons. Par cette opération on ameublit la couche arable et on arrache parfois un certain nombre de plantes bisannuelles nuisibles (voir page 199). Il est important d'opérer avant le moment où la végétation printanière commence à se développer, c'est-à-dire bien avant l'époque où les tiges du seigle commencent à s'élever.

Le seigle de mars peut aussi être hersé et roulé pendant les mois de mars ou avril.

CHAPITRE VII

PLANTES, INSECTES ET ANIMAUX NUISIBLES

Plantes nuisibles. — Insectes nuisibles : oscine et phalène. — Animaux
et oiseaux nuisibles.

Le seigle, pendant sa végétation, est envahi par diverses
plantes indigènes qui nuisent souvent à son développement, et parfois aussi il est attaqué par quelques insectes
particuliers.

Plantes nuisibles. — Les plantes qui nuisent au seigle ne sont pas très-nombreuses, parce que ses tiges sont
déjà élevées lorsque les plantes indigènes bisannuelles ou
annuelles commencent à végéter.

Celles qu'il faut détruire parce qu'elles prennent un
certain développement et épuisent le sol, sont au nombre
de dix, savoir :

1. Ray-grass multiflore. — *Lolium multiflorum.*
2. Nielle des champs. — *Agrostemma githago.*
3. Mélampyre des champs. — *Melampyrum arvense.*
4. Ravenelle. — *Raphanus raphanistrum.*
5. Brome des seigles. — *Bromus secalinus.*
6. Scabieuse des champs. — *Scabiosa arvensis.*
7. Folle avoine. — *Avena fatua.*
8. Avoine à chapelet. — *Avena bulbosa.*
9. Vesce velue. — *Vicia hirsuta.*
10. Fougère commune. — *Iteris aquilina.*

J'ai mentionné toutes ces plantes, sauf le brome des seigles, page 211 et suivantes.

Le *brome des seigles* est bisannuel ; il mûrit ses graines
un mois environ avant la moisson du seigle. Ses tiges ont
de 0^m,50 à 0^m,80 de hauteur. Il est très-commun en Westphalie dans les années humides.

Insectes nuisibles. — Le seigle est attaqué par deux

insectes : l'oscine ou mouche frite, et la phalène du seigle.

1° L'*oscine* (Oscinis ou musca frit Fab.) appartient à l'ordre des Diptères. Cette petite mouche est noire ; ses tarses sont jaunâtres et ses ailes un peu brunes.

Sa larve pénètre dans l'intérieur du chaume ; alors les tiges blanchissent de bonne heure, les épis se dessèchent et la plante meurt.

L'*oscine naine* (Oscinis pumilionis) fait parfois de grands ravages dans les champs de seigle du nord de l'Allemagne.

2° La *phalène du seigle* (Pyralis secalis L.) appartient à l'ordre des Lépidoptères. Ce papillon nocturne est rouge obscur et cendré. Sa chenille a des raies rouges transversales ; elle se transforme en une petite chrysalide d'abord vert pâle et ensuite couleur de feu.

La chenille de cette pyrale s'introduit dans le chaume et monte jusqu'au dernier nœud. Les ravages qu'elle cause sont quelquefois très-considérables.

L'agriculture n'a pas à sa disposition des moyens pour détruire ces insectes ou les arrêter dans les dégâts qu'ils causent dans certaines années.

Animaux et oiseaux nuisibles. — Les campagnols et mulots font peu de tort au seigle.

Il en est de même des oiseaux. C'est pourquoi le moineau est rare dans les localités où l'on ne cultive que du seigle.

Les volailles ne recherchent pas le grain de cette céréale.

CHAPITRE VIII

MALADIES

Rouille. — Ergot ou seigle ergoté. — L'ergotisme gangreneux et convulsif.

Le seigle est sujet à être attaqué par la *rouille* quand il végète dans des vallées humides et sur des terrains marécageux, mais ce champignon est moins nuisible que lorsqu'il apparaît sur le froment (voir p. 228).

L'*ergot* ou *seigle ergoté, blé corné, chambuele, seigle noir*, etc. (Sphacælia segetum, Lév. ; Sclerotium clavus, Decan.), (fig. 110) est aussi un cryptogame ; il ressemble à l'ergot

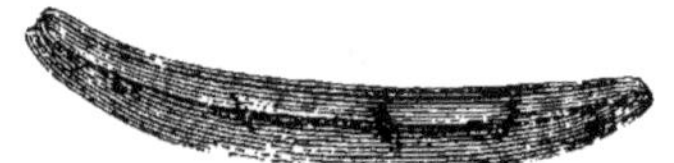

Fig. 110. — Seigle ergoté ou ergot du seigle.

d'un coq ayant 0^m,015 à 0^m,030 de longueur ; il est noirâtre ou brun violacé, allongé, irrégulier, dépasse de beaucoup les épillets et adhère peu aux bulles. A l'état frais, il offre à son extrémité une sphacélie qui se détache promptement quand il arrive à maturité.

Ce grain, si remarquable par son développement morbide et sa croissance longiforme, est cassant ; son intérieur est blanc terne et consistant. Isolé il est inodore, mais, réuni à d'autres grains ergotés, il a une odeur vireuse désagréable ; sa saveur est amère et légèrement mordicante.

Chaque épi présente un à huit grains ergotés. Ces grains particuliers occupent des positions différentes : tantôt ils sont situés au milieu des épis, tantôt ils se développent soit à leur base, soit à leur extrémité. Les grains sains des épis qui présentent des grains ergotés ne sont pas toujours bien nourris.

Le seigle est plus ou moins ergoté suivant les années. En général, l'ergot est plus abondant dans les années humides que dans les années sèches. En 1777, année très-pluvieuse, on en a récolté malheureusement une très-grande quantité.

L'*ergotine* est la partie active de l'ergot. Cette substance, suivant M. Bonjean, comprend l'huile essentielle que l'ergot contient dans la proportion de 56 pour 100, huile qui est incolore, inodore et âcre, puis un extrait mou, rouge-brun, à odeur agréable et soluble dans l'eau froide.

Ce produit a des propriétés physiologiques, thérapeutiques et toxiques. Administré à haute dose, il agit avec certaine intensité et avec promptitude sur le système nerveux et sur le système musculaire.

C'est à l'action de l'ergot qu'on a attribué *l'ergotisme gangréneux* et *l'ergotisme convulsif*, maladies terribles qu'on appelait au moyen âge : *feu des Ardents*, *feu de St-Antoine*, *convulsion de Sologne*. Mézeray raconte que ces épidémies firent périr en 990 plus de 40,000 habitants dans le Périgord et le Limousin. Une épidémie due aussi au seigle ergoté exerça de cruels ravages à Paris, sous Louis VII.

L'ergot ayant des propriétés toxiques doit être séparé avec soin du seigle destiné à la consommation. Le pain dans lequel il entre de l'ergot a une saveur très-désagréable, et il est parsemé de petites taches brunâtres ; il produit aussi *l'ergotisme*.

CHAPITRE IX

RÉCOLTE

Le seigle est la céréale qui mûrit la première.

On le récolte, suivant l'altitude du sol où il est cultivé, depuis le mois de juin jusqu'en septembre.

C'est au commencement de juin qu'on le moissonne dans la Provence ; c'est à la fin de juin qu'on le récolte dans les parties inférieures et moyennes des montagnes du Dauphiné et des Pyrénées ; c'est en juillet qu'on le moissonne dans la région septentrionale ; c'est en août qu'il arrive à maturité près de Gavarnie dans les Pyrénées.

Le seigle est mûr quand ses tiges et ses feuilles ont une nuance jaunâtre, lorsque ses épis s'inclinent vers le sol et quand ses grains jaune verdâtre se laissent facilement couper par l'ongle.

Les grains, ayant généralement peu d'adhérence dans les glumelles, tombent aisément quand les épis sont arrivés à parfaite maturité. Aussi se trouve-t-on dans la nécessité, pour éviter l'égrenage, de moissonner un peu prématuré-ment, surtout lorsque le seigle est exposé à l'action de vents violents.

On le coupe à la faucille, à la sape ou à la faux comme s'il s'agissait de récolter du froment (voir page 246).

On le bat suivant les procédés que j'ai décrits page 275.

Lorsqu'on veut utiliser sa paille dans le liage des gerbes ou la vendre pour la fabrication des paillassons, on le bat d'une manière particulière. Ce battage spécial est connu sous le nom de *chaubage*. Voici en quoi il consiste :

On place dans un coin de l'aire de la grange soit une échelle fortement inclinée, soit une barrique vide, soit, enfin, un tréteau à claire-voie appelé *truie* ; quand l'un de ces objets a été convenablement disposé, l'ouvrier chargé d'égrener les épis et de ne pas endommager la paille, place à terre une gerbe de seigle et il la délie. Alors il saisit une forte poignée de tiges, les réunit à l'aide d'une petite lanière en cuir ou d'une corde, puis il élève cette petite botte et l'abaisse vivement de manière à frapper les épis sur les barreaux de l'échelle ou de la truie, ou sur la barrique. Il renouvelle cette opération deux ou trois fois en ayant soin de faire tourner la gerbe entre ses mains, afin que tous les épis soient parfaitement égrénés. Lorsqu'il constate que les épis ne laissent plus échapper de semences, il pose la botte sur un point de l'aire et rend une nouvelle poignée de tiges non battues. Il continue ainsi son travail.

Les tiges de seigle qu'on a ainsi égrenées ne sont pas complétement battues et elles ne peuvent servir à la confection de liens solides ou être livrées à la vente. On doit leur faire subir une seconde opération qui a pour but de séparer les longues pailles des petites tiges. Alors, un aide ou le batteur lui-même, prend une poignée du seigle qui a été *chaubé* en saisissant les tiges au-dessous des épis, élève cette même poignée de manière que ses parties inférieures des pailles ne touchent pas à terre, puis il la secoue fortement. Par cette opération, les petites tiges et les herbes qu'on observait à la base de la gerbe tombent sur l'aire et les pailles qui restent dans la main de l'ouvrier ont à peu près la même longueur. On peut au besoin tenir la poignée dans la main gauche et retirer avec la droite les pailles qui dépassent l'extrémité inférieure des longues tiges.

La paille de seigle qu'on a ainsi *triée* est placée sur un lien, puis mise en bottes qu'on appelle alors *gerbées*. Ces bottes spéciales pèsent en moyenne 15 kilogrammes ; elles ont deux liens dans leur longueur et deux liens qui se croisent sur leur base.

Dans diverses exploitations, on remplace le *triage* à la main en séparant les petites tiges des longues pailles à l'aide d'un *peigne* muni de longues dents en bois et fixé sur un chevalet.

Les petites pailles qui tombent à terre dans l'une ou l'autre de ces opérations portent des épis non battus. On les met en bottes pour les battre plus tard soit au fléau, soit à la machine à battre.

Enfin, quelquefois on bat le seigle avec le fléau sans délier les gerbes, mais en ne frappant que les épis. Le battage terminé, on opère, comme précédemment, le triage de la paille.

Dans la région de l'Ouest on coupe souvent à mi-hauteur les seigles qui ont de 1^m,30 à 1^m,50 d'élévation.

Le seigle peut être, comme le blé, conservé en meules ou dans des granges.

Son grain est très-peu attaqué par les rats et les souris, et par le charançon et l'alucite. On le nettoie avec les appareils qui servent dans le nettoyage du blé (voir page 306).

CHAPITRE X

RENDEMENT

Rendement en grain : produits minimum et maximum. — Rendement
en paille : rapport de la paille au grain. — Poids de l'hectolitre.

Le seigle est plus productif que le froment dans les
terres pauvres, mais il lui est toujours inférieur quand on
le cultive sur des terrains fertiles.

Rendement en grain. — En général, cette céréale
donne, suivant la richesse des terres les récoltes moyennes
suivantes :

Terres pauvres.	8 à 10 hectolitres.
Sols de fertilité moyenne	15 à 18 —
Terrains de bonne qualité.	22 à 25 —
Sols fertiles.	30 à 35 —

Le seigle est bon quand les épis renferment trois grains
par *maille* ou épillet.

Les gelées un peu intenses qui apparaissent lorsque le
seigle est en fleur, détruisent ses organes floraux, ce qui
diminue beaucoup le rendement par hectare. J'ai vu dans
la région de l'Ouest de très-beaux seigles qui par suite de
l'effet des gelées printanières tardives, ne donnaient pas à
la récolte au delà de 10 hectolitres par hectare.

Voici les noms des départements où la production est la
plus faible et la plus élevée :

RENDEMENTS MINIMUM.

	hectol.	
Lozère.	8,59	par hectare.
Charente-Inférieure.	9,86	—
Landes.	10,24	—
Vaucluse.	10,57	—
Loir-et-Cher.	10,94	—

Charente.	11,40	—
Loire	11,38	—
Lot	11,17	—
Creuse.	11,40	—

RENDEMENTS MAXIMUM.

	hectol.	
Seine.	24,17	par hectare.
Seine-et-Oise.	21,62	—
Nord.	20.89	—
Bas-Rhin.	20,13	—
Somme.	20,42	—
Oise.	19,45	—
Côtes-du-Nord	19,30	—
Seine-Inférieure.	19,60	—
Pas-de-Calais.	19,04	—

Une récolte de seigle est bonne quand cent gerbes du poids moyen de 12 à 14 kilogrammes donnent 4 à 5 hectolitres de grains.

La production moyenne en France était en 1862 de $12^h,91$ par hectare; en 1852, elle n'avait pas dépassé $11^h,51$. En 1842, les productions les plus faibles ont varié entre $6^h,92$ et $8^h,27$ et les rendements les plus élevés entre $16^h,$, 62 et $22^h,15$.

Le produit le plus considérable a été obtenu par Mœllinger ; il s'est élevé à 39 hectolitres. Schwerz n'a jamais récolté au delà de 36 hectolitres par hectare.

Rendement en paille. — Le seigle produit plus de paille que le froment. Toutefois, cette paille est d'autant plus abondante que la terre est plus fertile.

En moyenne, 100 kilogrammes de tiges non battues donnent :

| Grain | 40 kilogrammes. |
| Paille et balles. | 60 — |

Ainsi, la paille est au grain :: 100 : 40, et 1 hectolitre de seigle représente 180 kilogrammes de paille.

Ce rapport change dans les années sèches ou humides quand le seigle est cultivé sur des élévations ou dans des vallées. Ainsi, Bürger, qui a récolté, en moyenne, 18 hectolitres de grains par hectare, a obtenu sur la même superficie 5,200 kilogrammes; Thaër n'a récolté que 2,500 kilogrammes et 13 hectolitres de grains; par contre Schwerz a obtenu 4,800 kilogrammes de paille, sur des terres qui produisaient en moyenne 25 hectolitres.

L'exploitation de Grignon a récolté en moyenne par hectare :

Gerbes.   500

qui ont donné :

Gerbées   170
Paille. . . . .   1300 kilogr.
Grain. . . . .   27 hectol.

Les agriculteurs qui ne cultivent le seigle que pour avoir beaucoup de belle paille, obtiennent ordinairement de bonnes récoltes en grain, parce qu'ils sèment cette céréale sur d'excellentes terres à froment.

Poids de l'hectolitre. — Le seigle pèse moins que le froment. Son poids moyen varie, quand il est de bonne qualité, entre 70 et 72 kilogrammes l'hectolitre.

Le seigle est de très-bonne qualité quand il pèse 75 kilogrammes; il est de qualité inférieure lorsque son poids descend à 68 kilogrammes.

C'est par exception que le grain de cette céréale pèse 78 et même 80 kilogrammes l'hectolitre.

CHAPITRE XI

EMPLOI DES PRODUITS

Farine et pain de seigle. — Pain d'épice. — Alcool et bière. — Emploi du grain dans l'alimentation du bétail. — Emplois de la paille et des gerbées. — Usage du seigle ergoté.

Les divers produits fournis par le seigle sont utilisés avec succès dans diverses circonstances.

Grain. — Le grain du seigle fournit une *farine* moins fine, moins blanche et moins belle que celle qu'on extrait du blé. Elle se distingue surtout par une nuance blanc bleuâtre et l'odeur de violette qui s'en exhale quand elle a été bien préparée.

Sa conservation exige les mêmes soins que l'on donne à la farine de froment.

On fabrique avec cette farine un *pain* grisâtre qui est l'aliment principal des habitants de la Belgique, de l'Allemagne, de la Prusse, de la Russie et des pays scandinaves. Au seizième siècle, on ne consommait pour ainsi dire que du pain de seigle dans les provinces de la Champagne, de la Bretagne, de la Sologne, du Rouergue, du Vivarais, du Limousin et de l'Auvergne.

La pâte qu'on obtient après avoir délayé la farine avec de l'eau chaude doit être ferme et sèche. Cette pâte a moins de liant et elle est toujours moins tirante à cause de la plus faible proportion de gluten qu'elle contient. Le pain qu'elle fournit est savoureux et nutritif et il a la propriété de se conserver frais pendant une semaine. Toutefois, ce pain doit rester plus longtemps dans le four, et celui-ci doit être moins chauffé que pour le pain de froment.

Le pain de seigle est toujours un peu bis et d'une odeur agréable ; il est légèrement laxatif et diminue la tendance aux congestions cérébrales ; il n'est lourd et indigeste que quand il a été mal fabriqué.

Mathieu de Dombasle a obtenu 145 kilogrammes de pain de 100 kilogrammes de *farine fleur de seigle*.

Associé au froment il forme le *méteil*, mélange qui permet de faire un pain d'excellente qualité (voir page 580).

Le *pain d'épice* est fabriqué avec de la farine de seigle et du miel brun ou de la mélasse. Il renferme ordinairement moitié de son poids de miel. La pâte, une fois préparée, est mise dans un four modérément chauffé. On *glace* le pain d'épice en frottant sa surface avec de la colle de poisson dissoute dans un peu de bière.

Le pain d'épice fin est orné de fruits confits, d'amandes ou d'angélique. Les *nonnettes* sont très-recherchées ; elles sont légères et agréablement aromatisées.

Le pain d'épice fin de Reims, d'Arras, de Dijon, de Paris et de Chartres est très-estimé. Le pain d'épice ordinaire et le pain d'épice commun sont vendus de préférence dans les foires. Le premier est vendu en gros de 90 à 100 francs les 100 kilogrammes, et le second de 65 à 75 francs.

La France a reçu de l'étranger et surtout de l'Angleterre, en moyenne, chaque année, de 1857 à 1866, 103,061 kilog. de pain d'épice ayant une valeur moyenne de 1 franc le kilog. La quantité importée d'Angleterre, en 1866, s'est élevée à 213,524 kilogr.

Le pain d'épice est laxatif.

Le seigle donne par la *distillation* de 3,6 à 4,2 pour 100 d'*alcool*. Toutefois, on le distille rarement seul. Le plus généralement on lui associe de l'orge dans la proportion d'un cinquième à un tiers. Alors, on mouille les grains, on les dessèche, on les réduit en farine grossière, on les détrempe avec de la vinasse provenant d'une précédente distillation, et quand la macération est terminée on procède à la distillation.

100 kilogrammes, soit 66 kilogr. de seigle et 34 d'orge donnent, en moyenne, 25 à 26 litres d'alcool à 95°.

Lorsque le seigle est associé à l'orge dans une plus forte proportion, l'alcool augmente, mais il prend un goût peu agréable à cause de l'huile essentielle que renferment les enveloppes corticales.

La *bière* faite avec du seigle est exposée à devenir acide; elle a l'odeur et la saveur du pain de seigle. On l'obtient difficilement claire. La bière spéciale que les Russes appellent *kwas* est aussi fabriquée avec de la farine de seigle.

Voici d'après Mulder quelle est la composition du seigle malté comparé au seigle ordinaire :

	Seigle ordin.	Seigle malté.
Amidon.	68,0	59,9
Dextrine.	6,2	15,3
Sucre.	» »	1,3
Matières cellulaires.	9,4	14,4
Matières albumineuses.	12,5	14,1
Matières grasses.	1,7	1,8
Matières minérales.	2,2	2,2
	100,0	100,0

Ainsi, par la germination, l'amidon et les matières cellulaires diminuent, il se forme du sucre et la dextrine augmente dans une forte proportion.

On utilise aussi le *grain de seigle* dans l'alimentation et l'engraissement des animaux domestiques. Dans les deux cas, on le donne après l'avoir fait cuire ou sous forme de buvée, quand il a été réduit en farine.

Le *seigle cuit* convient particulièrement aux animaux qui travaillent, mais il est trop excitant pour être donné aux chevaux qui restent à l'écurie. Administré à trop haute dose, il détermine souvent chez ces animaux des congestions et des fourbures.

Le seigle cuit a été utilisé avec le plus grand succès par M. Dailly, à Paris, non-seulement pour les chevaux de diligences, mais aussi pour les chevaux de roulage. A l'aide de ce grain ainsi préparé, il a pu remplacer la moitié de la ration de foin et le quart de la ration d'avoine qu'il donnait à ses animaux.

Le seigle cuit augmente beaucoup de volume à cause de la grande quantité d'eau qu'il absorbe : un litre en fait trois après la cuisson.

Ce grain, lorsqu'il a été ainsi préparé, ressemble, pour sa couleur, à du beau froment doré, et il exhale une agréable odeur de pain de seigle mélangé de quelques vapeurs alcooliques.

Paille. — La paille de seigle est moins recherchée que la paille de froment pour l'alimentation des animaux domestiques parce qu'elle est dure et qu'elle contient davantage de sels terreux, mais on augmente sa valeur nutritive en la faisant tremper dans une eau à laquelle on a ajouté de la mélasse.

Quoi qu'il en soit, Daubenton s'est complétement trompé quand il a dit que la paille de seigle convient mieux aux bêtes à laine que la paille de froment, parce qu'elle est moins dure et plus nutritive.

Cette paille sert à un grand nombre d'usages industriels. Ainsi à cause de sa finesse, de sa fermeté et de sa flexibilité, surtout lorsqu'elle a été préalablement mouillée, elle sert : 1° à faire des liens ; 2° à couvrir les meules de grains et les habitations ; 3° à garnir les chaises ; 4° à faire des paillassons pour les jardins ; 5° à fabriquer des chapeaux ;

6° à remplir les paillasses ; 7° à palisser les arbres et accoler les sarments des vignes aux échalas ou aux treillages ; 8° à faire des ruches, des paniers, etc.

Les chapeaux de paille qu'on fabrique en Toscane avec les tiges du seigle qu'on a cultivé comme le blé qui fournit la paille à chapeau, sont d'une grande finesse et d'un prix très-élevé, mais ils sont moins durables que les autres, parce que la paille est plus cassante (voir page 581).

Les *chapeaux de paille de seigle* qu'on fabrique dans le canton d'Argovie (Suisse), sont aussi faits avec du seigle arraché bien avant sa maturité et semé dans une proportion plus ou moins forte selon la finesse de la paille qu'on désire utiliser.

Les chapeaux communs que fabriquent les pâtres dans les montagnes du Dauphiné, de l'Auvergne, etc., sont faits avec de la paille de seigle.

La paille de seigle qu'on a triée et qu'on a réunie en gerbées, est quelquefois désignée sous le nom de *gluy*. Aux environs des grandes villes, on la vend toujours plus cher que la paille de froment, lorsqu'elle est longue, droite et qu'elle a une belle couleur.

Une gerbée de 16 à 18 kilogrammes, donne de 75 à 90 liens.

La paille de seigle est aussi employée comme litière, mais elle est moins absorbante que la paille de froment.

Seigle ergoté. — Le seigle ergoté est rangé parmi les poisons ; nonobstant, on l'utilise avec succès en médecine, mais à très-petites doses, comme agent thérapeutique, à cause de son action obstétricale.

CHAPITRE XII

PRIX DU SEIGLE

Prix moyen du seigle. — Rapport du prix du froment au prix du seigle. — Seigles qui sont le plus estimés. — Importation.

Le prix moyen du seigle a été, en France, pendant long-temps, de 10 à 11 francs l'hectolitre, alors que le prix moyen du blé variait entre 15 et 16 francs.

Dans les circonstances ordinaires, le prix du seigle suit le prix du froment. Ainsi, il s'élève ou s'abaisse selon que le prix du blé augmente ou diminue. Toutefois, il est relativement plus cher que le froment quand cette céréale est à bon marché. Ainsi, la statistique a constaté que la valeur moyenne de ces deux céréales avait été en

	Seigle.	Froment.
	francs.	francs.
1840.	10,65	15,85
1852.	11,07	16,44
1862.	13,06	21,45

Le prix moyen du froment est donc au prix du seigle en

1840.	100 : 67
1852.	100 : 67
1862.	100 : 60

De nos jours, le prix du seigle est un peu plus élevé que par le passé, parce que cette céréale est cultivée sur une surface moins grande et que son grain est souvent très-demandé par l'Allemagne.

Les seigles qui ont le plus de valeur en France sont ceux qu'on récolte sur les terres légères, les sols sablonneux, granitiques ou crayeux de la Sologne, de la Bretagne, du

Limousin, du Périgord et de la Champagne. Ces seigles sont très-beaux, pesants et d'une belle nuance.

Les grains qui ont été mal récoltés, qui proviennent de la variété dite *seigle multicaule* ou qui ont été exposés à l'action de pluies abondantes à l'approche de la moisson et qui ont une couleur brun jaunâtre, sont toujours moins recherchés sur les marchés. Il en est de même des seigles dans lesquels on trouve des *semences de nielle* (coquelourde des blés) ou du seigle ergoté.

Les seigles qu'on importe en France viennent principalement de la Belgique et surtout de la Turquie. En moyenne, il en entre annuellement 50,000 quintaux métriques.

BIBLIOGRAPHIE

Olivier de Serres . . *Théâtre d'agriculture*, t. 1.
Jodart . . . . *Le seigle de Sologne*. 1867, in-8.
Rozier. . . . . *Dict. d'agriculture*, in-4°, t. VIII.
Tessier. . . . . *Traité de la maladie des grains*. 1785, in-8
    — . . . . *Dict. d'agricult.*, 1823, t. XIII, p. 380.
Leclerc-Thouin. . . *Maison rustique du dix-neuvième siècle*, t. I.
Schwerz . . . . *Culture des grains farineux*. 1840, p. 145.
Moreau de Jonnès. *Statistique de l'agricult.* 1848, p. 151.
De Gasparin. . . . *Cours d'agricult.* 1847, t. IV, p. 676.
De Dombasle. . . . *Traité d'agricult.* 1812, t. III, p. 559.

LIVRE III

ORGE

Hordeum

(De *hordus*, pesant, allusion au pain lourd qu'on fait avec la farine)

Plante monocotylédone de la famille des graminées.

Anglais. — Barley.
Allemand. — Gerste.
Hollandais. — Garst.
Italien. — Orzo.
Espagnol. — Cebada.
Russe. — Fatschmea.

Suédois. — Biugg.
Danois. — Byg.
Arabe. — Dhourra.
Persan. — Jua.
Indien. — Joo.
Sanscrit. — Hydya.

L'orge n'a pas en Europe l'importance du blé et du seigle, néanmoins, elle est cultivée sous presque toutes les latitudes. Dans le nord de l'Europe son grain sert à la préparation de la bière, à l'engraissement des animaux domestiques ; dans les contrées méridionales de l'Europe, en Afrique et en Asie, ce grain remplace l'avoine dans la nourriture des chevaux et des mulets.

Cette céréale est cultivée en France sur un million d'hectares. Les départements qui ont annuellement les plus grandes étendues en orges, sont : Manche, Sarthe, Côte-d'Or, Vienne, Aube, Cher, Indre, Mayenne, Eure-et-Loir, Loiret, Orne, Deux-Sèvres et Yonne ; ceux qui en ont fort peu, sont les suivants : Ariège, Tarn-et-Garonne, Tarn, Haute-Vienne, Vaucluse, Lot-et-Garonne, Gironde et Landes.

La production totale, moyenne annuelle, est évaluée à 20 millions d'hectolitres.

CHAPITRE PREMIER

HISTORIQUE DE L'ORGE

L'orge est mentionnée dans la Bible. — Elle a été cultivée par les Égyptiens et les Grecs. — Le pain d'orge au temps des Romains. — Pays où l'orge végéterait spontanément. — Espèces signalées par Théophraste, Pline, Columelle, Jean Des Moulins, Olivier de Serres et Buchoz. — Nomenclatures adoptées par Metzer, Philippar et Seringe. — Espèces décrites dans cet ouvrage.

L'orge est aussi ancienne que le blé. Elle est mentionnée dans le *Deutéronome*, le livre de Ruth et les livres du prophète Isaïe et du prophète Ézéchiel ; c'est donc à tort que Diodore rapporte que ce fut Isis, l'une des divinités des Égyptiens, qui découvrit cette céréale sur les bords du Nil. Cette plante alimentaire a été cultivée par les Égyptiens, les Grecs et les Romains. J'ai trouvé au Vatican des grains d'orge parmi les grains de blé provenant d'urnes trouvées dans les anciens tombeaux pharaoniques. Selon Plutarque, l'orge serait le premier grain dont les hommes auraient fait usage.

Le grain de cette céréale, dans la Grèce antique, était offert aux dieux. L'*Iliade* décrit le battage de l'orge exécuté par les Grecs et les Troyens et l'*Odyssée* rappelle qu'on apportait une corbeille d'orge sacrée dans des cérémonies qui eurent lieu à l'occasion du sacrifice de Nestor à Minerve-Arétus. Enfin, Pline raconte que les Athéniens appelaient les gladiateurs *hordearii*, parce qu'on leur donnait de l'orge.

Les Romains se sont nourris longtemps de pain d'orge, mais sous les empereurs ils le bannirent de leur subsistance et réservèrent le grain de cette céréale pour les anciens domestiques ou pour récompenser ceux qui avaient romporté des prix dans les courses instituées dans les jeux olympiques. Toutefois plus tard, ils donnèrent ce pain en signe d'humiliation. Ainsi Marcellus punit ses soldats vaincus par Annibal en leur faisant distribuer du pain d'orge.

Bérose a dit que l'orge végétait naturellement sur les bords de l'Euphrate au temps des dynasties chaldéennes, mais ce fait à toujours été révoqué en doute. Il en est de même des observations de Kunth, qui a signalé cette céréale comme étant indigène dans la Tartarie et la Sicile.

D'après le Waiki, l'un des livres sacrés des Chinois, l'orge aurait été connu en Chine vingt siècles avant l'ère chrétienne, et elle aurait été l'une des cinq céréales cultivées par l'empereur Chin-Nong, appelé le divin laboureur.

On connaît depuis les temps les plus anciens diverses d'orges. Théophraste en a signalé cinq espèces :

1° L'orge à deux rangs.	4° L'orge à cinq rangs.
2° L'orge à trois rangs.	5° L'orge à six rangs.
3° L'orge à quatre rangs.	

Cette nomenclature paraît inexacte. Link, avec juste raison, pense que les copistes ont bien pu intercaler les espèces à rangs impairs, que repousse l'esprit philosophique.

Galien parle d'une orge à grain nu qu'il désigne sous le nom d'*hordeum gymnocrithon*.

Pline en cite une seule espèce qu'il appelle *duobus angulis*. A-t-il voulu désigner sous ce nom l'orge à deux rangs?

on l'ignore, mais c'est probable. Columelle est plus ex
plicite. Il signale trois espèces :

    1° Hordeum hexastichum.   3° Hordeum galaticum.
    2° Hordeum distichum.

Les agriculteurs romains ont souvent confondu ces diverses espèces. Ainsi, ils désignaient quelquefois les deux
premières sous le nom d'*hordeum cantherinum*. Le grain de
l'*hordeum galaticum* était blanc et pesant ; on le mêlait au
froment afin d'avoir un excellent pain de ménage. D'après
les écrivains agricoles latins, cette espèce qui probable-
ment était l'orge nue, était cultivée dans la province de
Galatie dans l'Asie Mineure.

Ruel cite une orge sans barbe qu'il appelle *hordeum cantherinum*. A-t-il voulu désigner sous ce nom l'orge trifurquée ?

Jean des Moulins, qui écrivait en 1615, cite deux espèces
d'orge :

    1° L'orge polystichon.   2° L'orge pomole.

La première se semait en automne ; la seconde qui avait
deux rangées était une orge de printemps. L'orge polysti-
chon était connue aussi sous le nom de *grosse orge* ou po-
mole. Des Moulins ajoute qu'il existe des variétés qui produisent des *grains noirs* et des grains tirant sur le rouge.
Il observe, en outre, que l'*orge blanche* redoute les temps
pluvieux.

A la même époque Olivier de Serres mentionnait deux
orges :

    1° L'orge d'automne.   2° L'orge de printemps.

Il ne parle pas de l'orge à grain nu.

Garidel a signalé en 1715 deux espèces :

1° Hordeum polystichum.   2° Hordeum ditischum.

La première était appelée *hordy* et la seconde *paumoule*.

Buchoz est le premier écrivain français qui ait mentionné quatre espèces d'orge ; ainsi, dans son *Histoire universelle des plantes* publiée en 1775, il cite les espèces ci-après :

1° Hordeum vulgare.   3° Hordeum distichum.
2° Hordeum hexastichon.   4° Hordeum zoecriton.

La première espèce était l'orge commune, la seconde l'orge à six rangs, la troisième l'orge à deux rangs ; la quatrième l'orge faux riz ou orge éventail. Bosc, en 1816, a adopté la même nomenclature.

Metzer, en 1824, avait divisé les orges en deux classes, mais chacune de ces divisions renfermait diverses espèces ; voici la classification qu'il a adoptée :

1° Hordeum polysticha } Hordeum hexastichon
                        Hordeum vulgare.
2° Hordeum disticha   } Hordeum zoecriton.
                        Hordeum distichon.

Philippar, en 1841, a adopté deux espèces seulement :

1° Hordeum distichum.   2° Hordeum hexastichum.

La première espèce comprenait six variétés et la seconde dix. L'orge éventail appartenait à la première espèce et l'orge trifurquée à la seconde.

Seringe, dans ses *céreales d'Europe* publiées en 1841, a admis six espèces, savoir :

1° Hordeum hexasticha.   4° Hordeum zoecriton.
2° Hordeum vulgare.   5° Hordeum distichum.
3° Hordeum cœleste.   6° Hordeum cœlestoides.

La première espèce comprend l'escourgeon ; la seconde l'orge commune blanche ou noire ; la troisième l'orge céleste et l'orge trifurquée ; la quatrième l'orge éventail ; la cinquième l'orge à deux rangs ; la sixième l'orge nue à deux rangs.

Cette nomenclature diffère de celle que Seringe avait adoptée en 1818, dans sa monographie des céréales de la Suisse. Cette classification ne mentionnait que deux espèces, savoir :

1° Hordea hexasticha.   2° Hordea disticha.

Ces deux espèces comprenaient dix variétés différentes.

Je n'ai pas cru devoir adopter la division dernière de Seringe ; j'ai admis cinq espèces, savoir :

1° Hordeum vulgare.   4° Hordeum hexastichum.
2° Hordeum distichum.   5° Hordeum trifurcatum.
3° Hordeum zoecriton.

Toutes les variétés appartenant à ces cinq espèces ont été divisées en deux groupes :

Le premier comprend toutes les orges à grains vêtus ;

Au second appartiennent toutes les orges à grains nus.

La première classification est scientifique ; j'ai adopté aussi la deuxième afin de rendre plus facile l'étude des espèces et des variétés cultivées qui sont au nombre de vingt.

CHAPITRE II

CONDITIONS CLIMATÉRIQUES

Régions auxquelles l'orge appartient. — Altitudes qu'elle ne peut dépasser.
— Avantages que présente sa précocité. — Températures qu'elle exige
pour mûrir son grain. — Terrains où elle peut être semée en automne.
— L'orge de printemps supporte bien les froids tardifs quand elle occupe
des terres saines.

L'orge appartient aux régions équatoriales et aux boréales. Elle végète facilement en Algérie, en Turquie, en Égypte, dans l'Inde ; elle est cultivée en Suède et en Norwége, elle accomplit toutes ses phases d'existence en Suisse jusqu'à 1800 mètres au-dessus du niveau de la mer, mais elle mûrit rarement son grain sur les plateaux du Pérou au delà de 3218 mètres d'altitude.

Cette céréale doit à sa grande précocité sa faculté de mûrir ses grains sous les climats équatoriaux et dans les zones montagneuses qui sont dominées par la région des neiges perpétuelles.

De Candolle a constaté que la culture de l'orge s'étendait jusqu'au 70° de latitude lorsqu'on remonte la carte d'Europe, à l'ouest, de la Provence au cap Nord et qu'elle disparaissait au 66° quand on se dirige à l'est, de la Crimée à la mer Blanche ; enfin, il a reconnu qu'on cultive ordinairement l'orge à six rangs (HORDEUM HEXASTICHUM), dans les parties montagneuses et l'orge carré (HORDEUM VULGARE), dans le centre du continent européen.

L'orge, à cause de sa grande précocité, demande une température à la fois chaude et une terre légèrement humide. D'après les observations faites dans ces dernières années par les plus savants observateurs, il faut à l'orge pour mûrir son grain en Écosse et dans le nord-ouest de l'Allemagne, de 2000 à 2,100° de chaleur à l'ombre, à partir de 5° au-dessus de zéro. La somme de chaleur qu'elle exige dans les parties centrales de l'Europe ne dépasse pas 1300° parce que l'effet physique et chimique du soleil a plus d'intensité sur son développement.

Cette céréale ne peut être semée en automne dans le nord de l'Europe que quand on lui destine des terres perméables et de consistance moyenne ; c'est à l'influence d'un climat trop rigoureux, observe Schwerz, qu'il faut attribuer l'insuccès d'un grand nombre de tentatives faites dans le nord-est de l'Allemagne pour cultiver l'orge d'hiver.

L'orge de printemps qui végète sur des terres saines et de consistance moyenne, supporte très-bien sans souffrir, des froids secs et tardifs.

Enfin, les orges d'été résistent bien aux plus fortes chaleurs quand elles végètent sur des terres un peu argileuses, profondes et de bonne qualité. Dans les terrains peu profonds, légers et à sous-sol imperméables, elles restent assez chétives lorsqu'il survient des chaleurs intenses et prolongées pendant les mois de mai, juin et juillet.

CHAPITRE III

ESPÈCES ET VARIÉTÉS D'ORGE

Caractères du genre orge. — Clef analytique des espèces. — Caractères des espèces. — Clef analytique des groupes, des divisions et des sections. — Premier groupe : Caractères, qualités et défauts des orges à grains vêtus. — Deuxième groupe : Caractères, qualités et défauts des orges à grains nus.

Le genre orge comprend des espèces vivaces et annuelles. Si on a égard seulement aux orges alimentaires, il présente les caractères suivants :

Racines fibreuses ; tiges grosses, fistuleuses ; feuilles étroites ou moyennement larges, d'un beau vert glauque ; épis simples, droits et souvent penchés à la maturité ; épillets sessiles, réunis trois à trois dans chaque échancrure ou dents de l'axe, lâches, ascendants, biflores, mais ne renfermant qu'une fleur fertile ; les épillets latéraux sont souvent mâles ou neutres par avortement ; arêtes ascendantes, longues, fortes à leur base et fines à leur extrémité ; glumes à deux folioles lancéolés, linéaires, l'inférieure convexe et longuement aristée à son sommet, la supérieure bi-carénée ; grains oblongs, un peu comprimés avec un sillon médian longitudinal sur leurs faces internes, tantôt unis à la balle et tombant comme elle à la maturité, tantôt n'adhérant pas aux glumelles.

Clef analytique des espèces

Caractères des espèces.

I. — HORDEUM VULGARE. L.

Orge commune.

Tiges ou chaumes dressés, lisses et gros; feuilles longues, linéaires, dressées, rudes, striées, à gaine lisse et à ligule courte et tronquée; épi un peu arqué, comprimé latéralement ou imparfaitement hexagonal, robuste, assez serré; épillets tous à fleurs fertiles, lâches, ascendants, disposés en six séries longitudinales, dont deux moins proéminentes que les autres, jaunâtres, jaune violacé ou noirâtres; glume linéaire; glumelles longuement aristées; grain vêtu ou nu.

Cette espèce comprend les variétés suivantes :

A. *Orges à grains vêtus.*

B. *Orges à grains nus.*

II. — HORDEUM DISTICHUM

Orge à deux rangs.

Feuilles linéaires, à gaine glabre; épi jaunâtre ou noirâtre, comprimé latéralement, assez lâche, à six séries d'épillets, dont deux seulement fertiles ou proéminentes, les quatre autres situées sur les deux faces latérales et très-faiblement aristées; épillets fertiles munis de barbes serrés, dressées et dépassant de beaucoup l'épi; grain nu ou adhérent aux glumelles.

Cette espèce comprend les variétés ci-après :

A. *Orges à grains vêtus.*

B. *Orge à grains nus.*

III. — HORDEUM ZOECRITON

Orge éventail.

Épi jaunâtre à deux rangées de fleurs complètes ou fertiles, court, pyramidal ou disposé en éventail ; épillets à arêtes longues et très-divergentes ; grain adhérent aux glumelles.

Cette espèce forme la section 2 ; jusqu'à ce jour, elle n'a produit aucune variété.

IV. — HORDEUM HEXASTICHUM

Orge à six rangs.

Epi jaunâtre, court, épais, presque tronqué, parfaitement hexagonal à six séries distinctes et très-proéminentes ; épillets à arêtes robustes, tous à fleurs fertiles ; grain vêtu.

Cette espèce forme la section 7 ; elle n'a pas produit de variétés.

V. — HORDEUM TRIFURCATUM

Orge trifurquée.

Épi droit, presque cylindrique, à six séries longitudinales assez apparentes ; épillets imberbes ou non aristés, mais surmontés d'un appendice en languette, blanc jaunâtre, fortement trifurquée ou à trois pointes saillant obliquement ou horizontalement en dehors de l'épi ; grain nu, rougeâtre ou cuivré.

Cette espèce appartient à la section 12 ; elle n'a produit aucune variété.

Clef analytique des groupes.

1. Épi à grains vêtus ou sur lesquels les balles sont adhérentes.
Premier groupe. page 449
Épi à grains nus ou à épis sur lesquels les balles restent adhérentes au rachis. . . . . Deuxième groupe. page 458

PREMIER GROUPE

Orges à grains vêtus.

Clef analytique des divisions.

1. Épi aplati ou comprimé ou à deux rangées opposées, les fleurs mâles ou neutres restant à l'état rudimentaire et portant des barbes très-petites . . . . Première division. page 450
Épi carré ou hexagonal et présentant plus de deux rangées de fleurs hermaphrodites ou de grains. Deuxième division. page 454

PREMIÈRE DIVISION

Orge à épi comprimé et à deux rangées d'épillets.

PREMIÈRE SECTION

Orges à épis réguliers dans leur largeur.

1. — Orge à deux rangs ou Orge commune.

(HORDEUM DISTICHUM)

Synonymie :

Baillarge.	Orge distique.
Balliarge.	Orge du Holstein.
Baillorge.	Orge pamoule.
Grosse Orge à épi plat.	Orge marsèche.
Grosse Orge plate.	Orge plate.
Marsèche.	Pamelle.
Orge couverte à deux rangs.	Pamoule.
Orge à longs épis.	Paumoule.
Orge lamelle.	Paumelle.
Orge de mars.	Orge Chancellor.
Orge à deux côtés.	Orge de Galatée.

Épi plat, très-large sur le profil, régulier, allongé, jaunâtre, flexible et
souvent arqué ; barbes dures au toucher, assez résistantes, longues, dépassant les grains de 0^m,10 à 0^m,15 ; grains ventrus et un peu aplatis, gros,
lourds, allongés, sillonnés, jaunâtres avec une teinte un peu rougeâtre à
leur base, à cassure un peu vitreuse.

Cette orge (fig. 111) est la plus répandue en Europe ; elle
se sème au printemps et elle est très-précoce et productive.
On doit la cultiver sur des terres chaudes, un peu légères,
sur des sols calcaires ou siliceux de consistance moyenne,
bien préparés et fertiles.

En général, cette orge est plus exigeante sur la nature
et la fertilité du sol que l'orge escourgeon de mars.

2. — Orge dorée.

Synonymie :

Orge d'Italie.	Orge italienne.
Orge des Alpes.	

Fig. 111. — Orge à deux rangs.　　　　Fig. 112. — Escourgeon.

Épi plus court que l'épi de l'orge commune à deux rangs, mais plus serré, compacte et dressé ; grain gros, assez rond, pesant et d'une belle couleur jaunâtre.

Cette variété doit ses caractères à l'action du climat sous laquelle elle est cultivée.

3. — Orge d'Annat.

Synonymie : Orge du Portugal. Orge de Lord Western.

Cette orge a beaucoup de rapport avec la précédente. Elle a été introduite en 1830 en Angleterre. Son grain est plus rond et un peu plus pesant que l'orge dorée ; à l'approche de la maturité des grains, la paille prend une teinte rougeâtre qui disparaît par le javelage.

Cette variété est estimée dans le nord de l'Angleterre. Ailleurs on lui préfère souvent l'orge Chevalier.

4. — Orge Chevalier.

Épi très-long, un peu penché sur le profil ; rachis fragile ; barbes facilement cassantes, dépassant l'épi de 0^m,12 en moyenne ; grain gros, court, arrondi à son sommet, pesant, d'une belle couleur, à écorce fine, à cassure vitreuse.

Cette variété est plus productive que l'orge commune à deux rangs, mais elle est plus tardive. Ses tiges sont droites, élevées et assez résistantes ; ses feuilles sont larges. Elle est très cultivée en Angleterre, où elle est recherchée des brasseurs. Elle se répand en France d'année en année.

L'orge Chevalier doit être cultivée sur de bonnes terres.

5. — Orge de Norwége.

Épi blanc jaunâtre, très-élargi, plat, un peu courbé sur le profil, allongé, un peu plus étroit en haut qu'en bas ; barbes ayant au moins deux fois la longueur de l'épi, dressées le long des grains et un peu rapprochées à leur extrémité ; épillets infertiles assez saillants sur les faces et formant sur chacune deux rangées munies de barbes fines et courtes dirigées dans le sens des grains ; grain gros, jaune grisâtre, très-sillonné, un peu aplati et nuancé de violet à sa base, à cassure légèrement amylacée.

Cette variété est peu cultivée ; on lui reproche d'être difficile à battre ; on ignore son origine. Quand on compare ses épis à ceux de l'orge éventail (6) on se demande si elle n'est pas dérivée de cette dernière espèce.

DEUXIÈME SECTION

Orge à épi court et pyramidal.

6. — Orge éventail.

(HORDEUM ZOECRITON)

Synonymie : Orge d'Allemagne.
Orge faux riz.
rge à large épi.
Orge en raquette.
Orge riz.
Riz d'Allemagne.
Orge de montagne.
Orge du Japon.

Orge de Paon.
Orge pyramidale.
Orge de Russie.
Orge rustique.
Orge à queue de paon.
Orge vénitienne.
Orge à barbes.

Épi comprimé, très-large sur le profil, roide, quelquefois penché, long de 0ᵐ,05 à 0ᵐ,06, évasé à sa base, terminé en pointe, offrant deux rangées opposées d'épillets très-appliqués, munis de barbes longues de 0ᵐ,10 à 0ᵐ,12, divergentes ou très-écartées de l'axe de l'épi, et étalées en éventail à leur sommet ; grain court, moyen, lourd, ventru, à cassure vitreuse.

Cette orge réussit très-bien dans les contrées froides et sur les sols médiocres. Elle est un peu tardive ; sa paille est droite, robuste, abondante et douce, mais l'écorce de son grain est très-adhérente.

Cette variété n'est cultivée qu'accidentellement dans les plaines, quoique son grain soit souvent très-beau, parce qu'elle est moins productive dans les bonnes terres des contrées tempérées que l'orge commune à deux rangs. Elle réussit bien dans les contrées montagneuses.

TROISIÈME SECTION

Orge à épi aplati et noirâtre.

7. — Orge d'Abyssinie.

Synonymie : Orge noire à deux rangs.

Épi aplati, noirâtre, régulier, un peu large, ayant ses épillets disposés sur deux rangées opposées ; les fleurs infertiles forment quelquefois deux rangées blanchâtres sur les deux faces de l'épi ; barbes noirâtres. dressées et serrées le long des grains, qui sont aussi noirâtres ou jaune noirâtre.

Cette variété est déjà ancienne, mais pendant longtemps on l'avait perdue ; on la regarde en Angleterre comme excellente. Elle n'est cultivée en France qu'à Paillerols dans les Basses-Alpes. Son grain n'est par très-renflé.

DEUXIÈME DIVISION

Orges à épis présentant au moins quatre rangées d'épillets.

<table>
<tr><td>1. Épi blanc jaunâtre . . . .</td><td></td><td>2</td></tr>
<tr><td>Épi violacé ou noirâtre. . . . .</td><td>SIXIÈME SECTION.</td><td>page 457</td></tr>
<tr><td>2. Épi carré ou à six rangées, rapprochées et irrégulières. . . .</td><td></td><td>3</td></tr>
<tr><td>Épi très-court, hexagonal ou à six rangées séparées et équidistantes . . . .</td><td>SEPTIÈME SECTION.</td><td>page 458</td></tr>
<tr><td>3. Épi à barbes ou arêtes droites et régulières.</td><td>QUATRIÈME SECTION.</td><td>page 454</td></tr>
<tr><td>Épi à barbes repliées sur elles-mêmes ou tortillées à leur base. . . . .</td><td>CINQUIÈME SECTION.</td><td>page 457</td></tr>
</table>

QUATRIÈME SECTION

Orges à épis carrés munis de barbes droites.

8. — Orge escourgeon d'hiver.

(HORDEUM HEXASTICHUM ; H. VULGARE HIBERNUM

Synonymie :

Baillarge d'hiver.	Orge carrée.
Escourgeon.	Orge chaude.
Orge d'automne.	Orge carrée commune.
Orge africaine.	Orge serrée.
Orge du Bengale.	Orge à quatre rangs.
Orge commune des brasseurs.	Orge à six rangs d'hiver.
Orge carrée d'hiver.	Scourgeon ou Secourgeon.
Orge d'hiver.	Soucrion.
Orge commune d'hiver.	Sucrion.
Orge prime ou précoce.	Sucrion d'hiver.
Orge chevalin.	Orge d'automne à six rangs.

Épi long, arqué, assez serré, offrant deux côtés plus larges et deux côtés étroits ; grains formant des rangées assez marquées, mais sans régularité, la série intermédiaire étant plus saillante ; barbes longues, droites, un peu divergentes ; axe rigide ; grain renflé, anguleux, oblong. sillonné dans toute sa longueur, pointu ou aminci à ses deux extrémités, à cassure vitreuse.

Cette orge (fig. 112) est rustique, très-précoce, productive, talle bien avant l'hiver, mais elle s'égrène facilement et demande une bonne terre ; son grain est de qualité moyenne, et cependant il est recherché par les brasseurs. Les Provençaux l'appellent *espeouto*.

La paille de cette orge est forte et moins sujette à la verse que la paille des autres variétés.

Secourgeon, suivant les anciens glossaires, voulait dire *secours des gens* pendant les disettes.

9. — Orge à épi allongé.

Épi jaunâtre, un peu penché, presque carré et très-long ; barbes jaunâtres, fines, longues, dépassant l'épi de 0^m,10 à 0^m,12, dressées, cassantes, serrées à leur base et un peu écartées à leur extrémité ; grain très-sillonné, jaune, légèrement brunâtre au sommet, un peu rougeâtre à la base, un peu court et légèrement renflé, à cassure vitreuse.

La paille de cette variété est grosse et douce ; son grain est très-beau. Elle est cultivée en Italie ; elle dégénère aisément.

10. — Orge africaine.

Synonymie : Orge du Bengale.   Orge de Tanger.
            Orge du Maroc.

Épi plus court que l'épi de l'escourgeon d'hiver ; barbes longues et roides ; grain large, pesant, à écorce fine.

Cette belle variété est productive dans les pays très-tempérés ; elle n'a pas réussi jusqu'à ce jour dans les contrées septentrionales ; ses feuilles sont larges et d'un beau vert.

11. — Escourgeon de printemps.

(HORDEUM VULGARE ÆSTIVUM)

Synonymie : Escourgeon de mars.   Orge carrée de printemps.
            Sucrion de printemps.   Petite Orge.
            Orge des sables.   Orge carrée d'été.
            Orge d'été à quatre rangs.   Orge d'été.
            Orge quadrangulaire de mars.

Épi allongé, presque cylindrique, à six rangs irréguliers avec une série intermédiaire plus saillante, courbé ou arqué ; barbes jaunâtres, longues, dressées, serrées contre les grains, cassantes ; grain un peu allongé, jaune foncé à la base, moyen, un peu étroit, modérément sillonné, à cassure semi-vitreuse.

Cette variété est hâtive. Elle peut être semée jusqu'au 15 de mai dans la région septentrionale. Elle n'est productive que lorsqu'elle est cultivée sur des terres de moyenne fertilité; sa paille est haute et ferme. On la nomme souvent en Allemagne *orge des sables*, mais elle ne réussit pas toujours très-bien sur de tels terrains. En général, elle est moins productive que l'escourgeon d'automne.

Il est très-utile de ne pas mêler son grain à la semence de l'orge plate, parce que les deux semences ne germent pas en même temps quand on les utilise dans les brasseries. C'est pourquoi les brasseurs lui préfèrent les grains de l'escourgeon d'automne (8) et de la baillorge ou orge commune à deux rangs (1).

L'escourgeon de printemps n'est pas assez rustique pour être semé avant l'hiver dans le nord de la France. Cette orge de mars est très-répandue dans la Suède, la Norwége, la Prusse et le Danemark ; elle est aussi exigeante que l'orge carrée d'hiver.

12. — Orge Victoria.

Synonymie : Orge bleuâtre.   Orge à épi violacé.

Épi allongé, régulier, droit, jaune verdâtre et violacé; barbes blanc jaunâtre dépassant l'épi de 0^m,12 ; grain gros, très-sillonné, allongé, violet à la base sur la partie externe et opposé au sillon, brun jaunâtre à la partie médiane, à cassure vitreuse.

Cette variété a été obtenue en 1836 dans le jardin public de Belfast. On la cultive avec succès en Écosse, où elle est regardée comme la plus belle et la plus productive de toutes les variétés d'orge quand on la sème sur de bons sols. Sa paille et ses épis sont plus robustes et plus longs que ceux de l'escourgeon de printemps.

En général, les épis de cette orge ont un côté à deux rangs et un côté à trois rangs distincts.

CINQUIÈME SECTION

Orge à épis carrés munis de barbes tortillées.

13 — Orge tortillée.

(HORDEUM TORTILIS)

Synonymie : Orge tordue.   Orge à barbes contournées.

Épi long de 0^m,06 ; barbes longues, dressées, dépassant l'épi de 0^m,12 à 0^m,15, résistantes, un peu aplaties, dentées sur leurs bords, flexueuses, contournées, tordues ou repliées en forme de S à leur base, où elles sont très-aplaties ; grain jaunâtre, très-allongé, sillonné, à cassure vitreuse.

Cette variété est plus curieuse qu'utile. On ne la cultive pas quoiqu'on l'ait souvent recommandée comme plante agricole.

SIXIÈME SECTION

Orge à épi carré et noir.

14. — Orge noire.

(HORDEUM VULGARE NIGRUM)

Synonymie : Orge d'Amérique.   Orge de Russie.
           Orge noire d'hiver.   Orge bleue.
           Orge carrée noire.   Orge noire de printemps.

Épi allongé, bleu noirâtre, carré, un peu cylindrique, à six rangées formant deux côtés plus larges que les deux autres ; barbes deux fois plus longues que l'épi, dressées, assez serrées contre les grains ; grain gris noirâtre, à duvet bleuâtre qui donne à l'épi un reflet bleu cendré, un peu aplati, ventru, aminci à ses deux extrémités, très-sillonné dans sa longueur, à cassure semi-vitreuse.

L'orge noire ou *escourgeon noir* est productive, mais elle est peu cultivée, parce que les brasseurs, en France, refusent de l'acheter à cause de la couleur de son grain. D'un autre côté les meuniers disent que son grain a peu de qualité.

Nonobstant, cette orge n'est pas aussi rustique que l'escourgeon d'hiver (8). On ne peut la semer en automne que dans le Midi ; en outre, il est utile de la semer de bonne heure à la fin de l'hiver ou au printemps parce qu'elle est tardive.

Sa paille est forte, mais elle est cassante près des épis où elle a une teinte rosée.

Orge à épi ayant six séries d'épillets.

15. — Orge à six rangs

(HORDEUM HEXASTICUM)

Synonymie : Orge hexastique.	Orge à six quarts.
Orge anguleuse.	Orge de Chine.
Orge à six côtés.	Orge de Poméranie.

Épi long de 0ᵐ,4 à 0ᵐ,5, ascendant, gros, roide, ramassé, à six rangées équidistantes qui le rendent hexagonal, un peu pyramidé, jaune un peu brunâtre : barbes divergentes, très-adhérentes, dépassant l'épi de 0ᵐ,10 au moins ; grain étroitement enveloppé d'écailles dures ou résistantes, sillonné profondément, à écorce épaisse.

Cette variété est assez productive ; sa paille est haute, ferme et jaune rougeâtre au sommet. Le seul reproche qu'on puisse lui faire, c'est de donner des grains qui ne sont pas très-bien remplis, et qui sont moins estimés que les grains de l'escourgeon (8) et de l'orge commune à deux rangs (1) ; on doit la cultiver sur des sols de bonne qualité : elle ne verse pas.

On peut la semer en automne dans les régions de l'Ouest et du Sud, si on la cultive sur des terres saines ou perméables ; elle est assez répandue en Suisse et dans les parties accidentées de la région du Sud.

DEUXIÈME GROUPE

Orges à grains nus.

Clef analytique des divisions.

PREMIÈRE DIVISION

Orge à épis ayant des barbes droites.

Orge à épis comprimés et à deux rangs d'épillets.

16. — Orge nue à deux rangs.

(HORDEUM DISTICHUM NUDUM OU H. CÆLESTOIDES)

Synonymie : Orge de Sibérie.	Orge à café.
Orge de Russie.	Orge du Pérou.
Grosse orge nue.	Orge du Thibet.
Orge mondée.	Orge de Jérusalem.
Orge d'Angleterre.	Orge anglaise.
Orge d'Espagne.	Pamelle nue.
Orge commune à grains nus.	Orge peliet ou pelée.
Orge céleste à deux rangs.	Orge fromentacée.

Épi long, aplati ; épillets allongés, assez grêles, peu serrés et barbus ; balles restant fixées au rachis ; grain nu, gros, anguleux, brun clair, dur, pesant, corné, à pellicule mince, disposé sur deux rangs.

Cette orge est connue depuis les temps anciens ; elle est productive dans les années et les contrées sèches et elle réussit très-bien en Algérie. Elle est hâtive et plus précoce que l'orge nue à six rangs. La farine qu'on extrait de son grain est d'un blanc gris, et elle fournit une pâte plus courte et du pain plus bis.

Sa paille est faible, cassante à la maturité, et sous l'action des pluies elle prend, comme le grain qui est pesant, une teinte légèrement noirâtre ou brune.

Enfin, cette variété a le défaut de taller souvent très-tardivement, de mûrir assez inégalement et d'exiger un bon terrain.

Orge à épis carrés et à grains jaune blond.

17. — Orge nue carrée.

(HORDEUM VULGARE NUDUM)

Synonymie : Orge céleste.	Orge de Jérusalem.
Orge céleste à six rangs.	Orge du Pérou.
Orge nue à six rangs.	Orge de David.
Orge carrée nue.	Orge de Valachie.
Petite orge nue.	Blé de mai.
Orge de mai.	Blé d'Égypte.
Orge d'Égypte.	Orge céleste barbue.

Épi à six rangées distinctes, mais irrégulières, long, un peu grêle, flexible et arqué ; épillets lâches ; barbes assez fragiles, c'est-à-dire tombant en partie à la maturité des grains ; grain petit, nu, un peu aplati, jaune blond, corné ; balles minces, lisses, laissant tomber le grain nu.

Cette orge demande un sol riche ; elle talle bien et est productive dans les pays méridionaux. En Afrique et en Égypte, son grain est plus gros, plus blond, moins allongé et ses épis sont plus développés ; elle donne peu de son, mais elle est difficile à battre. Sa paille est forte, grosse, douce, abondante, mais elle est très-cassante.

On doit semer l'orge nue carrée de bonne heure, à la fin de l'hiver ou au commencement du printemps, sur des terres bien préparées.

Cette variété talle beaucoup, mais elle est sujette à verser et à mùrir inégalement, quand les mois de mai et de juin sont humides dans la région septentrionale. C'est son grain qui fournit en Norwége le meilleur malt. On l'appelle aussi *orge du ciel*.

Jean des Moulins, qui écrivait en 1615, a désigné cette orge nue sous le nom *Zeopyron*. Il lui reproche d'avoir un grain malaisé à détacher de sa balle.

DIXIÈME SECTION

Orge à épi carré et jaunâtre, à grains gris verdâtre.

18. — Orge de Nampto.

Synonymie : Orge de Guimalaya.

Épis gros, jaune légèrement brun ; barbes roides ; grain nu, arrondi, court, terne, gris verdâtre, peu agréable à l'œil, surtout dans le nord de l'Europe, un peu inégal de grosseur, mais lourd ou pesant.

Cette variété est plus hâtive que l'orge nue à six rangs, mais elle est plus tardive, plus difficile à battre et moins productive que l'orge à deux rangs. Elle est originaire de l'Asie et elle est cultivée en Russie depuis 1858. Sa paille est courte et résistante.

-La qualité du grain de l'orge de Nampto est très-contestée. De plus, par la pluie, ce grain brunit facilement et est alors d'une vente difficile.

ONZIÈME SECTION

Orge à épi carré et violet.

19. — Orge violette.

(HORDEUM CÆRULESCENS)

Synonymie : Orge nue violette.   Orge à grain violet.
        Orge de l'Himalaya violette.

Épi de 0ᵐ,05 à 0ᵐ,06 de long, un peu penché, à faces inégales; barbes dépassant l'épi de 0ᵐ,10 à 0ᵐ,12, dressées et jaunâtres ; épillets saillants, ventrus ; balles violacées et violet bleuâtre donnant à l'épi un aspect particulier ; grain nu, un peu rougeâtre, gros, court, pointu à ses deux extrémités, à cassure amylacée.

Cette orge est peu cultivée, parce qu'elle n'est pas très-productive; ses épis présentent des nuances violettes à la base des épillets. Son grain est assez beau.

DEUXIÈME DIVISION

Orge à épi ayant des appendices à trois pointes au lieu de barbes.

DOUZIÈME SECTION

20. — Orge trifurquée.

(HORDEUM TRIFURCATUM)

Synonymie : Orge du Népaul.   Orge crochue.
        Orge sans barbes de l'Himalaya.   Orge bifurquée.

Épi droit, long de 0ᵐ,07 à 0ᵐ,08, presque cylindrique, imberbe, mais muni d'appendices ou languettes blanchâtres fortement trifurquées ou à trois pointes saillantes obliquement et horizontalement en dehors des épillets, à six rangées longitudinales assez apparentes; grain gros, renflé, nu, court, transparent, rougeâtre ou cuivré, à cassure farineuse ou blanche.

Cette orge a été introduite des montagnes de l'Himalaya en Angleterre en 1817, sous le nom d'*orge du Népaul*. Elle est hâtive, mais ses produits sont faibles. La qualité de son grain est aussi contestée; sa paille est très-grosse.

On ne peut cultiver l'orge trifurquée en grand que dans le midi de l'Europe.

CHAPITRE IV

MODE DE VÉGÉTATION

Germination de l'orge. — Forme de la feuille cotylédonaire. — Facilité avec laquelle elle talle. — Époque de l'épiaison, de la fleuraison et de la maturité. — Durée totale de la végétation. — Précautions à prendre à la récolte. — Action de l'humidité atmosphérique sur la coloration des grains.

Le grain de l'orge germe aussi promptement que le grain du seigle. Ainsi, dans les circonstances ordinaires, qu'il ait été confié à le terre pendant les mois de septembre ou octobre ou qu'on l'ait .semé en mars ou avril, il montre ordinairement son cotylédon vers le huitième jour ; cette feuille cotylédonaire est d'un beau vert glauque et elle est arrondie à son sommet en forme de cuiller.

C'est du douzième ou quinzième jour après l'apparition du cotylédon que se dévelope la première feuille qui est toujours plus large que les premières feuilles du froment. Cette première feuille est peu ligulée. Il n'en est pas de même de la seconde ; celle-ci porte toujours une ligule très-apparente. La tige à l'état rudimentaire est quelquefois lavée de rouge, nuance légèrement sensible, il est vrai, mais qui rappelle un peu celle qui colore le seigle pendant l'automne.

L'escourgeon d'hiver et les autres orges qu'on sème pendant l'automne dans les contrées méridionales, tallent très-facilement avant le moment où les froids les arrêtent dans leur développement ; c'est pourquoi, souvent, les champs qui ont été ensemencés de bonne heure, offrent pendant l'hiver un beau gazon ou des feuilles nombreuses d'un très-beau vert clair.

C'est en avril ou en mai, suivant les latitudes, que les orges d'hiver développent leurs épis. Les épis des orges de printemps n'apparaissent que vers la fin de mai ou pendant le mois de juin, c'est-à-dire plus ou moins tôt selon l'époque à laquelle le semis a été exécuté et la manière d'être de la température. En général, ces épis fleurissent quand la température moyenne de l'atmosphère a atteint de 16 à 17° au-dessus de zéro.

Les grains arrivent à maturité avec une température moyenne de 1800 à 1900°, c'est-à-dire soixante à quatre-vingts jours après la germination des graines, selon la variété cultivée, la nature et surtout la fertilité du sol, et l'altitude sous laquelle le champ est situé.

En général, l'orge arrivée à parfaite maturité s'égrène aisément. Son grain et aussi sa paille sont très-sujets à être altérés par des pluies abondantes ou continuelles. Aussi est-il utile de moissonner cette céréale un peu prématurément, de la laisser javeler le moins possible et de la rentrer dans les granges ou de la mettre en meules, aussitôt qu'elle a été mise en gerbes. L'action nuisible qu'une abondante humidité atmosphérique exerce sur cette céréale explique pourquoi les grains des orges qui ont végété sous un climat méridional, ont une nuance plus blonde ou une couleur moins jaunâtre que les grains qu'on récolte dans les pays septentrionaux.

Toutes choses égales d'ailleurs, les orges qu'on peut semer en automne dans une contrée donnée, sont toutes aussi rustiques que le froment et le seigle.

CHAPITRE V

COMPOSITION DE L'ORGE

Paille : composition des tiges et des cendres. — Grain : composition de
l'orge vêtue, de l'escourgeon d'hiver, de l'orge de printemps; composition
de l'orge nue; — composition des cendres; — composition de la farine.
— L'hordéine. — Rapport entre les diverses parties des orges.

L'orge fournit, comme le seigle, deux produits utiles : la
paille et le grain.

A. La *paille d'orge* est molle, assez jaune, mais beaucoup moins longue que la paille du blé et du seigle.

La paille de l'orge d'hiver, d'après M. Boussingault, renferme les éléments suivants :

Amidon, sucre	43,8
Matières grasses.	1,7
Matières azotées.	1,9
Ligneux et cellulose..	34,4
Sels terreux.	4,»
Eau	14,2
	100,0

100 de paille donnent, suivant de Saussure 4, 2 et selon
Wolff, 4, 3 de cendres. Ces résidus ont la composition suivante :

	Johnston.	Sprengel.	Boussingault.
Silice..	70,7	75,4	67,6
Potasse	9,2	3,4	9,2
Soude.	0,5	0,9	0,3
Chaux	8,9	10,3	8,5
Magnésie.	5,0	2,4	5,0
Oxyde de fer.	1,0	3,0	1,0
Acide sulfurique	1,0	2,2	1,0
Acide phosphorique. . .	3,1	1,1	3,1
Chlore.	0,6	1,3	0,6
	100,0	100,0	100,0

En général, la paille d'orge contient plus de chaux que

la paille de froment, ce qui indique que l'orge doit
être cultivée sur une terre calcaire ou sur des sols marnés
ou chaulés.

B. Le *grain de l'orge* varie dans sa composition selon
qu'il est nu ou vêtu. Voici la composition de l'orge ordinaire ou vêtue :

	Boussingault.	Veltman.
Gluten et albumine	13,4	9,7
Amidon et dextrine	63,7	58,3
Matières grasses	2,8	2,1
Ligneux, cellulose	2,6	7,7
Substances minérales	4,5	4,1
Eau	13,0	18,1
	100,0	100,0

Ritthausen a comparé l'orge d'hiver à l'orge de printemps cultivée près de Leipzig. Voici les éléments qu'il
a constatés :

	Orge d'hiver.	Orge de printemps.
Substances albumineuses	8,5	11,2
Substances non azotées	64,6	65,6
Fibres végétales	8,5	6,4
Substances minérales	2,3	2,6
Eau	16,1	14,2
	100,0	100,0

La première orge contenait 39,8 pour 100 d'amidon et la
seconde 44 pour 100.

Voici maintenant, d'après Ritthausen, Felhing, et Faiszt,
la composition de l'orge vêtue comparée à l'orge nue.

	Orge d'Annat.		Orge de Jérusalem.	
Amidon et matières grasses	76,5	76,9	78,6	78,5
Substances azotées	13,0	11,8	15,7	13,8
Fibres végétales	7,5	8,5	2,9	5,0
Substances minérales	3,0	2,8	2,8	2,7
	100,0	100,0	100,0	100,0

Ces orges avaient été desséchées à 100°.

L'orge nue ou orge de Jérusalem contient donc plus

d'amidon et de substances azotées et moins de fibre végétale que l'orge commune ou à grain vêtu.

Horsford a reconnu que les orges récoltées en Angleterre contiennent, en moyenne, les éléments suivants :

Farine.	68,0
Matières introgénées.	14,0
Matières grasses.	2,0
Matières minérales.	2,0
Eau.	14,0
	100,0

Toutes choses égales d'ailleurs, l'orge ordinaire contient, en général, 71 parties de farine, 19 parties d'enveloppe corticale en 10 parties d'eau.

100 parties d'orge desséchée donnent de 2, 4 à 2,6 pour 100 de cendres. Voici quelle est la composition de ces parties minérales :

	Erdmann.	Veltman.	Boussingault.
Alcalis.	20,9	22,9	20,64
Chaux.	1,7	2,7	3,06
Magnésie.	6,9	7,2	8,04
Oxyde de fer.	2,1	0,5	1,24
Acide phosphorique	38,5	30,9	35,68
Acide sulfurique.	»,»	1,4	1,22
Chlore	»,»	1,3	0,45
Silice.	29,9	33,1	28,97
	100,0	100,0	100,00

La *farine d'orge* contient, d'après Einhof, les éléments suivants :

Amidon	67,13
Gluten.	3,52
Gomme	4,62
Sucre incristallisable.	5,21
Albumine.	1,15
Phosphate de chaux.	0,24
Matières fibreuses.	7,29
Eau.	9,37
Perte	1,42
	100,00

Proust annonça, en 1817, qu'il avait découvert dans la

farine d'orge une substance jaunâtre, grenue à laquelle il donna le nom d'*hordéine*. Berzélius n'admit pas cette découverte, et il observa en 1838 que l'hordéine de Proust devait être un mélange de son, d'amidon et de gluten. Grégory confirma plus tard cette opinion en démontrant que l'amidon spécial de Proust était un mélange de granules très-petits d'amidon et de débris de parois de cellule.

Nonobstant, la farine d'orge contient moins de gluten que la farine de froment et celle de seigle. Cette farine, dans les circonstances ordinaires, est jaunâtre, grossière et un peu rude au toucher. Elle n'est remarquable, sous tous les rapports, que lorsque l'orge, avant d'être réduite en farine, a été décortiquée ou perlée. La fermentation panaire y développe une saveur âcre et un état très-compact, mais elle s'assimile très-bien avec la farine de froment et de seigle.

Il n'est pas inutile de faire connaître les *rapports qui existent entre les diverses parties de l'orge*. Haxton a constaté les faits ci-après :

	Baillorge.	Escourgeon.	Orge à six rangs.
Grain	45,4	59,9	51,0
Tiges et feuilles sèches..	38,1	38,0	32,0
Axe de l'épi et barbes. .	6,6	5,7	5,0
Collet et racines. . . .	9,9	5,4	12,0
	100,0	100,0	100,0

Les racines de l'orge sont toujours moins développées que celles du blé.

CHAPITRE VI

Nature : sols de consistance moyenne, terrains sablonneux et acides, sols crayeux. — Fertilité : vieil humus, — fumure tardive, engrais pulvérulents et calcaires, engrais d'une décomposition lente. — Préparation pour l'orge d'hiver et les orges de mars.

Nature. — L'orge est une plante assez exigeante et elle ne réussit pas toujours très-bien dans tous les terrains.

Les terres qui lui plaisent le mieux sont celles qui sont argilo-siliceuses, silico-calcaires ou calcaires-argileuses, c'est-à-dire de consistance moyenne et chaudes. Elle végète très-mal sur les sols très-sablonneux ou très-compactes et froids et sur les terres de landes ou les sols acides ou tourbeux. Les terres douces, profondes ou d'alluvion sont celles sur lesquelles l'orge se développe le plus facilement. Aussi est-ce avec raison qu'on a dit depuis longtemps que les meilleures terres pour cette céréale étaient celles qui tenaient le milieu entre les terres à seigle et les terres à froment.

En général, l'orge demande des terres un peu légères quand on la cultive dans les contrées septentrionales, et des terrains un peu argileux lorsqu'elle doit végéter sous un climat méridional.

L'orge d'hiver ou escourgeon est moins délicate sur la nature du sol que les orges du printemps, et elle réussit bien mieux relativement sur les terres crayeuses et sur les sols granitiques. Toutefois, pour que ses produits sur de tels terrains soient satisfaisants, il est important qu'elle ne souffre pas d'un excès d'humidité pendant l'automne et l'hiver. Lorsque l'escourgeon d'hiver végète sur des terrains à sous-sols peu perméables, l'humidité excessive de la couche arable rend les plantes maladives et celles-ci meurent dans une proportion plus ou moins grande selon l'influence exercée par les agents atmosphériques. Dans les terres légères et brûlantes, pendant les mois de juin et juillet, les feuilles de l'orge jaunissent encore, mais cette céréale ne périt pas, seulement elle s'élève peu et ses épis ne sont pas très-développés.

On a dit depuis longtemps que l'orge carrée de printemps (4) réussissait très-bien sur le sable. Cette observation est exacte quand ces terrains sont de bonne qualité et un peu frais.

Fertilité. — L'orge de printemps exige, pour croître avec vigueur et rapidement, un sol propre et de bonne fertilité ou riche en vieil humus.

Dans les circonstances ordinaires, cette céréale suit une culture de betterave, de pommes de terre, de rutabaga ou de chou non pommé ou bien elle est précédée par un trèfle, une luzernière ou un blé d'automne. Lorsque les plantes sarclées ont suivi une bonne fumure, la fécondité de la couche arable est suffisamment élevée pour qu'on puisse espérer une bonne récolte.

Quand la terre n'a pas toute la fécondité voulue, on fait précéder la semaille par l'application d'un engrais pulvérulent : poudrette, guano, etc.

De toutes les céréales de printemps, l'orge est celle qui se défend le moins bien de l'envahissement du sol par les mauvaises herbes. Aussi doit-on éviter d'appliquer tardivement des fumiers un peu pailleux, ou qui peuvent exciter les plantes indigènes nuisibles à souiller la couche arable ;

un autre motif qui engage les agriculteurs à ne pas fumer fortement le sol avant la semaille, c'est que l'orge a souvent le défaut d'acquérir avant d'épier un développement herbacé très-considérable, végétation qui nuit toujours à l'abondance et à la grosseur du grain.

L'escourgeon d'automne exige des terres plus fertiles que les orges de mars. L'orge plate ou à deux rangs est la moins difficile.

Les engrais calcaires ont une puissante influence sur la réussite de l'orge. C'est pourquoi il est très-utile de marner ou de chauler les terrains argilo-siliceux ou schisteux, les landes ou les défrichements de bois sur lesquels l'on doit cultiver cette céréale.

On peut encore, quand la terre n'est pas suffisamment féconde, la fertiliser avec des engrais liquides.

Quoi qu'il en soit, on doit éviter d'employer des engrais qui se décomposent lentement, comme les chiffons de laine, les débris de corne, etc., parce que l'orge de mars qui accomplit toutes ses phases d'existence en trois mois, doit trouver dans le sol des engrais facilement assimilables.

L'orge est regardée avec juste raison comme une plante assez épuisante.

Préparation. — L'orge demande un terrain bien préparé ou divisé. C'est lorsque les terres destinées aux orges de printemps ont l'aspect de la *poussière*, que ces plantes végètent vigoureusement en conservant leur nuance vert glauque si caractéristique.

La terre qu'on destine à l'*escourgeon d'hiver* reçoit un déchaumage aussitôt après la moisson, puis un second et dernier labour quelques jours avant l'époque de la semaille.

Lorsque la terre est peu profonde et qu'elle repose sur un sous-sol peu perméable, on la dispose en petits billons ou en planches étroites et convexes. Il faut que la couche arable soit bien perméable pour qu'on puisse la labourer à plat ou en grandes planches.

Les *orges de mars* sont toutes semées sur des terrains labourés à plat, parce que ces plantes n'ont pas à craindre un excès d'humidité, surtout si elles ne sont pas cultivées sur des terres compactes situées dans des vallées ou à la base de collines.

Le plus généralement on donne deux labours aux terres qu'on réserve pour les orges de mars; le premier est exécuté avant les gelées à glace et le second pendant la quinzaine qui précède la semaille. On complète ces opérations, en exécutant les roulages et les hersages nécessaires.

Quand l'orge doit suivre un trèfle ou un défrichement de luzerne, un seul labour suivi par un hersage énergique suffit ordinairement pour préparer convenablement la terre.

On opère de la même manière quand l'escourgeon d'automne est précédé par une culture de sarrasin, de maïs fourrage, de navets ou de chanvre.

En résumé, la préparation du sol exerce une grande influence sur la réussite des orges. Aussi dit-on proverbialement qu'elles doivent être semées dans la poussière.

CHAPITRE VII

SEMAILLES

Époque : semis d'automne, — semis de printemps dans le nord et le midi de
la France; semaille hâtive et tardive; — semis dans les contrées très-tem—
pérées et les localités froides. — Quantité de semences. — Mode de semis,
enfouissement des semences; opérations qui suivent les semis. — Semis
dans les cultures d'orge d'hiver.

Époque. — L'orge d'hiver se sème en automne et les
autres orges depuis le mois de février jusqu'en mai.

Il est nécessaire de semer l'*escourgeon d'hiver* de bonne
heure, c'est-à-dire dans la quinzaine de septembre. Lorsqu'on sème cette orge trop tardivement, les plantes
acquièrent moins de force ou elles ne *gazonnent* pas assez
avant le mois de décembre, et elles résistent plus difficilement à un excès d'humidité ou à des froids rigoureux. Il
est vrai qu'on la sème souvent en Flandre pendant la première quinzaine d'octobre, mais partout elle n'occupe pas
des terres aussi favorables à son premier développement.

Quoi qu'il en soit, dans le centre et le nord de la France,
on sème toujours l'escourgeon d'automne avant le blé d'hiver et même quelquefois avant le seigle. On opère de la
même manière en Belgique et en Allemagne.

Les *orges de printemps* se sèment en janvier ou en février
dans les provinces méridionales, et en mars et avril dans
les autres régions de la France.

C'est la température et la manière du sol qui guident
le cultivateur. Il vaut mieux retarder la semaille de huit
jours que de confier la semence à la terre par des temps
très-froids ou pluvieux. Dans la vallée du Rhin, où les

terres sont très-sablonneuses et perméables, on sème souvent l'orge dès le mois de février.

Quand les terres sont de consistance moyenne et qu'elles reposent sur un sous-sol perméable, on opère aussitôt que les premières chaleurs apparaissent. En agissant ainsi, la semence qu'on confie à une terre un peu échauffée germe en quelques jours et l'orge ne tarde pas à développer ses larges feuilles et à taller. Lorsque la semaille est faite trop tôt, sur des terres un peu argileuses ou dans les pays montagneux, les premières feuilles sont arrêtées souvent dans leur développement et elles ne tardent pas à jaunir sous l'influence d'un air glacial, des vents du nord et de l'est ou de pluies abondantes et prolongées.

Il faut cultiver une variété hâtive sur des terres d'alluvion fertiles ou habiter des pays montagneux et froids pour qu'on puisse retarder les semis jusqu'au commencement de mai. A Scia et Gèdre (Hautes-Pyrénées), l'orge est semée en mai et récoltée en septembre.

Lorsque les semis sont trop tardifs, les sécheresses printanières ne permettent pas aux plantes de taller et de bien épier surtout si les mois de mai et de juin sont très-secs ou froids.

Dans plusieurs comtés de l'Angleterre, on ne sème souvent l'orge que lorsque les chênes commencent à développer leurs premières feuilles, c'est-à-dire lorsque la température a atteint $+ 12°$ à $+ 13°$.

En Espagne, en Algérie, on sème l'orge de printemps en janvier. En Égypte on la sème à la fin de novembre pour la récolter à la fin de février. L'orge qu'on sème en automne dans l'île de Chypre, est récoltée à la fin d'avril ou au commencement de mai.

Quantité de semence. — La semence de l'orge est

plus grosse que celle du blé et de l'avoine et cette céréale talle toujours moins que ces plantes. De là, il résulte qu'on doit semer l'orge dans une assez forte proportion.

En général, on répand par hectare de 250 à 300 litres d'orge vêtue et de 200 à 250 litres d'orge nue, selon la nature et fertilité du sol et l'époque à laquelle le semis est exécuté.

Il faut que les terres soient bien pauvres ou bien mal préparées pour qu'on sème par hectare de 350 à 400 litres de graines.

Les semis trop épais ont de graves inconvénients dans les sols fertiles.

La semence doit être bien remplie, de la dernière récolte et exempte de mauvaises herbes.

Mode de semis. — On sème l'orge à la volée. Jusqu'ici bien peu de cultivateurs en France l'ont semée en lignes avec un semoir. En Angleterre où ce dernier mode de semis est fréquemment en usage, on espace les lignes de $0^m,24$ à $0^m,28$. Cette distance est un peu plus grande que celle qu'on adopte généralement dans la culture du froment. L'expérience a souvent démontré qu'un tel écartement était utile à l'orge à cause de la facilité avec laquelle elle talle et se développe en Angleterre et en Écosse, quand elle est cultivée sur des terres de bonne qualité et bien préparées.

La graine étant un peu volumineuse doit être enfouie de $0^m,06$ à $0^m,08$ de profondeur. Cette opération est du reste facile sur les exploitations bien dirigées, parce que les terres destinées à cette céréale y sont très-bien préparées et ameublies.

Il faut cultiver l'orge sur une terre très-sablonneuse qui se dessèche aisément ou sur un sol sujet à être soulevé par les gelées pendant l'hiver, pour qu'on ait avantage à exécuter la semaille sous raies.

Quand on opère à la fin de l'hiver sur des terres de moyenne consistance, on fait suivre le dernier coup de herse par un roulage si le temps est beau et si la terre est sèche. Si après la semaille, une pluie battante, puis un vent sec durcissaient le sol, état qui ne permettrait pas la libre apparition des cotylédons, il faudrait croskiller légèrement le sol ou opérer un hersage avec une petite herse de bois sur toute la surface du champ.

Il est très-important, quand on cultive l'orge d'hiver, de ne pas oublier de nettoyer les dérayures avec un buttoir aussitôt que la semaille est terminée. Cette opération a pour but de faciliter pendant l'hiver l'écoulement des eaux pluviales et des eaux qui proviennent de la fonte des neiges.

Semis dans les orges d'hiver. — Lorsque les gelées et les dégels, la fonte des neiges ou des pluies abondantes et prolongées, ont détruit beaucoup de plantes dans les orges d'hiver, on peut, si on ne veut pas détruire ces cultures, répandre 1/3 ou 1/2 semence d'escourgeon de printemps et herser énergiquement. Cette opération faite par une belle journée pendant le mois de mars permet souvent de pouvoir compter sur une récolte satisfaisante.

CHAPITRE VIII

SOINS D'ENTRETIEN

Hersages. — Roulages. — Binages. — Sarclages. — Application d'engrais
pulvérulents.

L'orge d'hiver ou les orges de mars exigent pendant leur
végétation quelques soins d'entretien.

A la fin de l'hiver ou pendant les mois de mars et avril,
on exécute un ou deux hersages suivant la ténacité du sol
et un ou plusieurs roulages.

La herse qui agit en temps opportun et par une belle
journée sur un champ d'orge ayant plusieurs feuilles,
divise superficiellement la couche arable, détruit un grand
nombre de plantes nuisibles et par les blessures qu'elle
leur cause elle force les plantes à taller.

Le rouleau, par la pression qu'il exerce, tasse et unit la
couche arable et favorise le tallement des plantes.

On peut, comme pour le froment, répandre à la fin de
l'hiver, soit du guano, soit de la poudrette sur l'escourgeon
d'hiver qui est languissant et qui a peu tallé pendant l'automne; toutefois, si ces engrais pulvérulents raniment heureusement la végétation de l'orge maladive, on doit se
garder d'en appliquer sur les orges de mars parce que
souvent ils rendent la végétation et la maturité inégales.

Pendant le mois de mars ou avril on opère les sarclages
nécessaires parce que l'orge se défend mal contre les mauvaises herbes. Ces opérations, qui ont pour but l'arrachage
des plantes nuisibles et qu'il faut exécuter par un beau
temps, sont confiées à des femmes ou à des enfants.

CHAPITRE IX

PLANTES, ANIMAUX ET INSECTES NUISIBLES

Plantes nuisibles : — Plantes indigènes, ergot, charbon. — Animaux nuisibles : lapins, lièvres et limaces. — Insectes nuisibles : alucite, mouches
et charançon.

Plantes nuisibles. — L'orge redoute diverses plantes
indigènes ; ainsi, dans les circonstances ordinaires elle ne
peut dominer :

1° Le *pavot* ou *coquelicot* (v. p. 217) ;
2° Le *moutardon* ou *senevé* (v. p. 220) ;
3° Les *chardons* (v. p. 212) ;
4° Le *chrysanthème des champs* (v. p. 218) ;
5° La *ravenelle* ou *faux raifort* (v. p. 221) ;
6° Le *vesceron* (v. p. 222).

A ces plantes j'ajouterai la *crête de coq* (RHINANTHUS CRISTA
GALLI), plante annuelle et commune dans les mauvaises
prairies naturelles, mais qu'on rencontre assez souvent en
Alsace dans les champs d'orge. Cette plante est très-envahissante, parce qu'elle mûrit ses graines de bonne heure
et qu'elle les répand assez loin d'elle.

Toutes les plantes nuisibles qui précèdent sont surtout
abondantes dans les champs d'orge d'hiver.

L'orge est assez sujette au *charbon* (USTILAGO SEGETUM, Ba.)
(fig. 113). Ce champignon enveloppe l'épi et le détruit presque entièrement avant son épiaison, c'est-à-dire lorsqu'il est
encore contenu dans la gaîne de la dernière feuille. Lorsqu'un épi d'orge apparaît charbonné, il est absolument
noir et la poussière qui s'en détache facilement quand on
y touche ou lorsqu'on l'agite teint les doigts en noir. Les

pédicelles, les épillets et les enveloppes florales n'existent qu'à l'état rudimentaire.

Après l'épiaison la poussière charbonneuse disparaît successivement, et il arrive bientôt un moment où il n'est pas toujours facile de distinguer parmi les bons épis ceux qui ont été anéantis par le charbon.

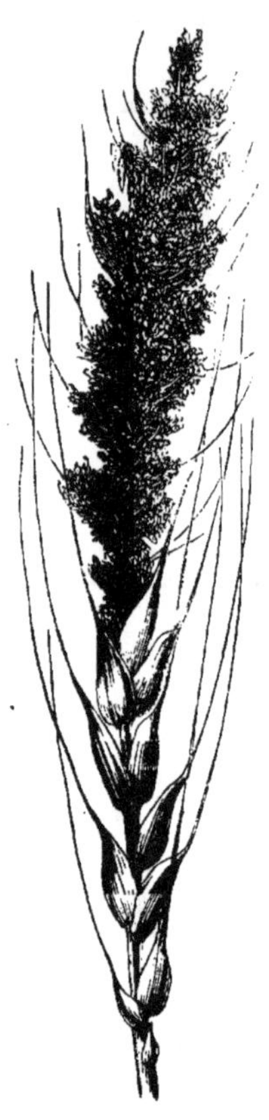

Fig. 113. — Épi d'orge charbonné.

Cette maladie, quand elle agit avec une certaine intensité, amoindrit la récolte et diminue la valeur nutritive et la valeur vénale de la paille.

L'*ergot* se développe aussi sur l'orge, mais le nombre des épis qu'il attaque est ordinairement très-faible.

Animaux. — Les *lapins*, mais surtout les *lièvres*, causent souvent de grands dégâts dans les champs d'escourgeon d'hiver pendant l'automne et l'hiver.

Les *limaces* s'attaquent aussi à cette céréale quand les automnes sont très-pluvieux. On parvient à en détruire beaucoup, en opérant des roulages le matin de très-bonne heure.

Insecte. — L'orge est aussi attaquée par l'*alucite* (v. p. 318), mais les dégâts que cet insecte cause dans les champs ou dans les granges ne sont pas très-considérables à cause de la dureté de l'écorce du grain.

L'orge est aussi attaquée par la *mouche des tiges de l'orge* (Musca lineata, Fab.). Cette mouche a le corps jaunâtre et conique. Elle dépose ses œufs dans les tiges de l'orge et les larves qui en naissent vivent aux dépens de leurs tissus. Les épis des tiges ainsi attaquées ne tardent pas à se dessécher.

La *mouche des épis de l'orge* (Musca frit., Fab.) est très-commune en Suède où elle cause parfois de grands dégâts dans les champs d'orge. Son corps est noir. C'est dans les grains qu'elle dépose ses œufs et qu'elle exerce se ravages. Cette mouche n'existe pas en France.

En Angleterre l'orge est assez souvent attaquée par le *taupin obscur* (Elater obscurus). C'est pendant les temps secs et lorsque l'orge végète dans des sols froids, que cet insecte s'attaque surtout aux jeunes plantes.

Le *charançon* fait ordinairement peu de ravages dans les tas d'orge déposés dans les greniers.

Les *rats* et les *souris* s'attaquent aussi aux gerbes d'orge conservées dans les granges ou en meules, et aux grains situés dans les magasins.

CHAPITRE X

RÉCOLTE

Maturité : caractères, époque, nécessité d'opérer promptement. — Opération :
Faucillage, sapage, fauchage, javelage, liage. — Battage. — Ébarbage. —
Conservation.

Maturité. — L'orge est mûre quand les tiges, les
feuilles et les épis ont pris une teinte jaunâtre et lorsque
ses grains, sans être laiteux intérieurement, ont assez de
dureté pour qu'on puisse les séparer avec l'ongle.

C'est vers la fin de mai ou au commencement de juin
que cette céréale arrive à maturité dans les provinces méridionales ; c'est à la fin de juin ou au commencement de
juillet qu'on récolte l'orge d'hiver dans le centre et le
nord de la France.

Les orges de printemps qui, dans la région septentrionale, ont été semée un peu tardivement, c'est-à-dire en
avril, ne sont souvent récoltées qu'au commencement
d'août. Celle qu'on sème en mars mûrissent ordinairement leurs grains, dans la même région, dans la seconde
quinzaine de juillet.

On doit récolter l'orge un peu prématurément, c'est-à-
dire avant qu'elle ne blanchisse, parce que ses épis se
cassent aisément et qu'ils laissent tomber facilement leurs
grains.

Il est utile, en outre, d'accélérer le plus possible les
travaux de récolte, car, comme je l'ai dit, l'orge brunit et
germe promptement, quand elle est exposée pendant
plusieurs jours à l'action de pluies continuelles.

Opération. — On coupe l'orge à la faucille, à la sape

ou à la faux, suivant les localités et l'état des tiges. Les ouvriers, qui opèrent avec la faux, coupent, soit en dedans, soit en dehors, suivant la hauteur de l'orge.

L'escourgeon est plus facile à faucher que les autres orges parce que ses tiges sont plus élevées, plus fortes ou moins flexibles.

On laisse l'orge, sur le sol, en javelles plus ou moins étendues, selon que les tiges sont alliées à plus ou moins d'herbes indigènes. Quand il survient une forte pluie pendant le javelage, on retourne les javelles le plus tôt possible.

Aussitôt que les unes et les autres sont sèches, on les met en gerbes, puis en dizeaux ou en moyettes (voir p. 260), et on les rentre en grange le plus tôt possible si le temps est incertain.

Il est très-essentiel d'emmagasiner l'orge bien sèche. Quand les gerbes renferment une certaine humidité, la masse fermente ou s'échauffe promptement, la paille brunit et s'altère et les grains ne tardent pas à germer.

On lie les gerbes avec des liens de paille de seigle. Toutefois, dans quelques localités, on rentre l'orge sans être mise en gerbes; alors, on la charge dans des voitures garnies intérieurement d'une bâche et on l'emmagasine dans des granges.

Avant ou aussitôt après l'enlèvement des gerbes, on passe le râteau à cheval sur toute la surface des champs occupés par l'orge, afin de ramasser les tiges et souvent les nombreux épis qui ont échappés aux moissonneurs.

Battage. — On bat l'orge au fléau ou à la machine à battre. Cette opération est facile quand l'orge a été rentrée bien sèche.

Dans le midi de l'Europe, on l'égrène le plus généralement par le dépiquage (voy. p. 295).

Ébarbage. — Dans les régions septentrionales de l'Europe et surtout en Angleterre et dans le nord de la France, les barbes qui adhèrent aux grains persistent en partie après le battage.

Alors, pour que le grain soit d'une vente facile, ou pour qu'on puisse le donner sans danger au bétail, on est forcé de le faire passer au travers d'un appareil particulier appelé *ébarbeur* ou *machine à ébarber l'orge* (voir p. 489).

Les grains, en sortant de cet appareil, ne portent aucun fragment de barbes et on peut mieux apprécier leur poids et leur qualité.

Cette opération est inconnue dans les pays méridionaux, contrées où les barbes de l'orge sont sèches et très-cassantes.

Conservation. — L'orge battue ou égrenée doit être conservée dans un grenier aéré et exempt d'humidité.

On doit la remuer de temps à autre, quand elle n'est pas très-sèche ; de tout les grains, c'est elle qui diminue le plus de volume en se séchant.

Le pelletage en brisant le reste des barbes ou arêtes qui adhère aux grains, occasionne un déchet plus ou moins considérable.

CHAPITRE XI

RENDEMENT

Grains : produits minimum et maximum. — Paille : rendement, rapport du
grain à la paille. — Poids de l'hectolitre : orge vêtue, orge nue.

Grains. — L'orge est une plante productive quand elle
est bien cultivée. Voici, d'après la statistique, les rendements moyens minimum et maximum qu'elle donne
en France :

1° Produits minimum.

Alpes-Maritimes	11 hect.	Lot	12	hect.
Creuse	12 —	Charente	13	—
Dordogne	12 —	Gironde	13	—
Indre-et-Loire	12 —	Indre	13	—
Landes	12 —	Var	14	—

2° Produits maximum.

Aisne	24 hect.	Haute-Garonne	27	hect.
Moselle	24 —	Bouches-du-Rhône	28	—
Seine-et-Oise	24 —	Seine	32	—
Finistère	25 —	Pas-de-Calais	34	—
Somme	26 —	Nord	41	—

Les produits maximum concordent avec les rendements
les plus élevés qu'ont signalés les auteurs. Ainsi, on a obtenu par hectare les récoltes suivantes :

Hoheimheim	40	hectolitres.
Mœllinger	43	—
Bürger	48	—
Schwerz	50	—

Dans l'Artois et la Flandre où l'escourgeon d'hiver
réussit très-bien, il n'est pas rare de récolter jusqu'à
50 et 60 et parfois 70 hectolitres par hectare.

L'orge de printemps est toujours moins productive que
l'escourgeon ou orge d'automne. Son rendement est satis-

faisant, quand il varie, en moyenne, dans les bonnes cultures, entre 25 et 30 hectolitres par hectare.

Paille. — L'escourgeon d'automne est la variété d'orge qui produit le plus de paille, surtout quand il est cultivé sur des terres saines, profondes et de bonne qualité.

D'après les expériences faites en France et en Allemagne, le rapport moyen de la paille au grain est, pour l'escourgeon d'hiver : 100 : 50, et pour l'orge d'été : 100 : 75. En Angleterre on obtient, en moyenne, 100 kilogrammes de paille par 80 kilogrammes de grains.

Suivant les terrains, les variétés cultivées et la manière d'être de la température, on peut récolter par hectare de 1200 à 4000 kilogrammes de paille.

Poids de l'hectolitre. — Le poids moyen des orges qui sont vendues en France sur les marchés est de 61 kilogrammes l'hectolitre. En général :

L'escourgeon.	pèse en moyenne.	58 à 62 kilog.
L'orge à deux rangs. . .	—	—	65 à 68 —
L'orge nue.	—	—	70 à 75 —

Les orges nues qu'on récolte dans le midi de l'Europe pèsent souvent 78 et 80 kilogrammes l'hectolitre.

Les orges vêtues récoltées sur des terres très-légères et pauvres, ou sur des sols compactes ou acides, sont celles qui pèsent le moins.

Un hectolitre d'orge ordinaire ou vêtue contient en moyenne 1,500,000 grains.

CHAPITRE XII

EMPLOIS DES PRODUITS

Pain d'orge. — Émouture. — Bière : orge maltée ou touraillée, — détrempage ou empatage, drèche, moût, cuisson, fermentation. — Alcoolicité des bières. — Gruau d'orge. — Orge mondé, — orge perlé. — Emploi du grain dans l'alimentation des animaux domestiques. — Usage de la paille.

Le grain de l'orge sert à faire du pain, à fabriquer de la bière et on l'emploie dans l'alimentation à l'état de gruau, ou après l'avoir mondé ou perlé.

En outre, on l'utilise avec succès pour la nourriture des chevaux et l'engraissement du bétail et de la volaille.

Pain d'orge. — Le *pain* qu'on fabrique avec la farine d'orge est un peu rougeâtre, sec, dur, cassant, mat, ordinairement mal levé et d'un goût et d'une saveur peu agréables. Il est important, si on veut l'avoir aussi parfait qu'il peut être, de ne pas employer une eau trop chaude dans le pétrissage de la pâte qui doit être parfait, de chauffer le four moins fortement que pour le froment, de faire des pains de moyen volume et de les laisser dans le four plus longtemps. Les pains trop gros cuisent moins bien ; ils restent mous et comme visqueux et leur croûte n'est pas mangeable ; c'est pourquoi on dit proverbialement *grossier comme pain d'orge.*

On augmente notablement la qualité du pain en ajoutant à l'orge 1/4 ou 1/3 de froment ; ainsi, çà et là dans la Beauce, on cultive simultanément sur le même champ du froment et de l'orge. Ce mélange qu'on appelle *émouture* permet de fabriquer un pain qui est excellent, nutritif et rafraîchissant.

En Alsace, on ajoute 2/3 de froment à l'orge avant la mouture et on fabrique un pain de très-bonne qualité.

La mauvaise qualité du pain d'orge est connue depuis les temps les plus reculés. Plutarque rapporte que les généraux romains faisaient donner du pain d'orge en place de pain de froment aux soldats qui s'étaient comportés lâchement dans un combat.

En 1709, le peuple réduit par le grand hiver à manger du pain d'orge, appela ce dernier *pain de disette*.

Les Romains fabriquaient des gâteaux avec la farine d'orge. Hésychius dit que ces gâteaux étaient servis sur un plateau appelé *mazonomum*.

Bière. — La *bière*, cette antique boisson, à la fois nutritive, stimulante et rafraîchissante, est préparée avec l'orge et le houblon. L'orge est d'abord maltée ou mise à germer après avoir été suffisamment mouillée avec de l'eau douce. Le malt est préparé aussitôt que les germes se sont développés en dehors des grains. Alors on le dessèche à l'aide de la chaleur artificielle dans un séchoir appelé *touraille*. Pendant cette opération, le malt prend, selon la volonté du touailleur, plus ou moins de couleur. Voici, d'après Mulder, quelle est alors la composition du malt ordinaire comparée à celles de l'orge et du malt très-brun :

	Orge.	Malt d'orge ordinaire.	Malt très-touraillé.
Amidon.	67,0	58,1	58,6
Dextrine.	5,6	8,0	6,6
Sucre	» »	0,5	0,7
Matières cellulaires. . . .	9,6	14,4	10,8
Produits de la torréfaction.	» »	» »	7,8
	82,2	81,0	81,5

Thompson a reconnu qu'après le maltage le gluten perdait 2 pour 100, et la farine 19 pour 100, alors que le sucre augmentait de 10 à 11 pour 100, et les parties gommeuses de 9 pour 100.

Lorsque les deux opérations précitées sont terminés, on opère le *détrempage* ou l'*empatage*. Ainsi, on broie le malt en une farine grossière ; on fait arriver de l'eau chaude dans une cuve munie d'un faux fond ; on y verse le malt et on opère le débattage. Cette opération a pour but d'obtenir un moût riche en dextrine; le résidu qu'elle laisse est la *drèche*, qui a la composition suivante d'après Oudemans :

	1°	2°
Amidon	9,1	6,7
Matières cellulaires	6,2	7,8
Substances albumineuses	4,1	4,7
Matières grasses	0,2	0,3
Matières minérales	1,1	1,3
Eau	79,3	79,2
	100,0	100,0

La drèche est utilisée dans l'alimentation et l'engraissement des bêtes à cornes.

Quand le moût a été préparé, on le fait cuire jusqu'à l'ébullition après y avoir ajouté 4 pour 100 de houblon, on le soutire et on le laisse refroidir dans des bacs peu profonds ; c'est par la *fermentation* que le moût passe à l'état de bière.

Les *bières ordinaires* contiennent de 2 à 4 p. 100 d'alcool et les *bières fortes* de 4 à 8. Les *bières de garde* sont celles qu'on fabrique depuis le mois d'octobre jusqu'en avril. Ces bières comme les bières d'été, sont blanches jaunâtres ou brunes suivant le degré de torréfaction qu'on a fait subir à l'orge. Le *pale ale* ou l'*ale* de Londres et la *bière blanche* de Paris, sont fabriqués avec du malt touraillé légèrement; le *porter* est fabriqué avec du malt très-fortement, torréfié ou arrivé au brun. Quant au *faro* de Bruxelles, il n'est autre qu'un mélange de divers moûts ayant fermenté ensemble.

La bière était connue des Égyptiens, des Romains et des Germains. Les Thraces l'appelaient *brytum*, les Égyptiens *zythum* et les Gaulois *zithus*. Les Anglais l'ont nommée *bir*.

Gruau d'orge. — Le *gruau d'orge* ou *orge grué* est l'orge grossièrement écrasée au moulin et ensuite tamisée, afin de la débarrasser de son enveloppe ou pellicule. Ce gruau a une forme allongée; il n'est guère usité en France que comme médicament rafraîchissant.

Orge mondé et perlé. — L'*orge mondé* est simplement décortiquée ou privée de son enveloppe; elle est aussi allongée; c'est un véritable gruau.

L'*orge perlé* est l'orge qu'on a arrondie sous une meule: elle ressemble a de petites perles blanc mat. On la prépare à l'aide de deux meules, l'une dormante, l'autre tournante, mais n'ayant pas d'entailles. Ces meules n'ont que 1^m,82 à 1^m,50 de diamètre; elles sont écartées l'une de l'autre de quelques millimètres et elles sont enveloppées par une tôle percée en râpe. Quand la meule supérieure mobile, qui fait 400 tours par minute, est mise en mouvement, elle décortique les grains, et, par la force centrifuge, elle les chasse contre la tôle, qui finit de les arrondir. Les grains, ainsi préparés, sont ensuite soumis à l'action de divers cribles qui les nettoient et les calibrent. Le diamètre de l'orge perlé varie depuis 0 jusqu'à 9, c'est-à-dire depuis 1 jusqu'à 5 ou 4 millimètres.

L'orge perlé sert à faire d'excellents potages; c'est un aliment sain qu'on consomme beaucoup en Allemagne.

L'orge ne peut être mondée qu'après avoir été humectée et abandonnée en tas couverts d'une toile pendant six à huit heures.

100 kilogrammes d'orge donnent en moyenne 75 kilogrammes d'orge mondé.

L'orge qui a été ainsi préparée est regardée en médecine comme rafraîchissante. Elle sert aussi à faire le *sirop d'orgeat* et le *sucre d'orge*.

Emploi de l'orge dans l'alimentation du bétail. — Le *grain de l'orge* remplace très-bien l'avoine dans la

Fig. 114. — Ébarbeur pour l'orge.

nourriture des chevaux en Espagne, en Afrique et en Asie, où ses propriétés nutritives, ses excellentes qualités alimentaires pour le bétail sont connues depuis les temps les plus reculés ; aussi l'orge était-elle la principale nourriture de la cavalerie romaine et de celle des Maures. Les chevaux, en Égypte, ne consomment que de l'orge et de la paille hachée.

En France, comme en Angleterre et en Allemagne, l'orge est à la fois nutritive et rafraîchissante, et c'est ordinairement après avoir brisé ses barbes à l'aide d'un *ébarbeur* (fig. 114), appareil qui est muni intérieurement de segments en fer fixés sur un cylindre mobile, ou après l'avoir écrasée à l'aide de l'appareil appelé *aplatisseur* (voir p. 459), ou concassée, ou fait cuire ou tremper, qu'on la fait consommer par les animaux domestiques. On en donne assez souvent aux poulains, après l'avoir associée à de l'avoine et humectée d'eau bouillante. Ce mélange, d'origine anglaise, est connu sous le nom de *mache* ou *mash*.

Le grain de cette céréale, après avoir été réduit en farine, convient très-bien pour les veaux à l'engrais, les jeunes bêtes bovines, et pour les porcs et les volailles qu'on veut engraisser.

La farine d'orge est utilisée en médecine comme résolutif.

Paille. — La paille d'orge est plus dure que les pailles d'avoine et de froment. Celle de l'escourgeon d'hiver est moins souple que la paille des orges de mars.

Nonobstant, cette paille convient très-bien au cheval, et aux bœufs de travail. On doit éviter d'en donner aux bêtes à laine parce que les barbes des épis s'attachent à la laine lorsqu'elles tombent sur les toisons. Le principe amer que la paille d'orge contient communique de l'amertume au lait et au beurre des vaches laitières qui en consomment beaucoup.

La paille d'orge est aussi employée comme litière ; elle est assez absorbante.

CHAPITRE XII

PRIX ET COMMERCE DE L'ORGE

Valeur commerciale moyenne. — L'orge la plus estimée par la brasserie. — Qualité des orges récoltées dans les pays à sols calcaires. — L'orge en vieillissant prend une nuance plus foncée. — Importations.

La valeur commerciale de l'orge est moins élevée que celle du seigle. Voici les chiffres enregistrés par la statistique :

```
En 1840 la valeur moyenne a été de     8 fr. 25 l'hectol.
   1852             —                   8    52   —
   1862             —                  10    52   —
```

L'orge la plus estimée par la brasserie est celle qui se distingue intérieurement et extérieurement par une belle couleur jaune pâle. Les grains doivent être bien remplis et lourds et leur écorce doit être mince et luisante.

Les orges qui ont été récoltées dans les contrées à sols calcaires comme la Champagne, la plaine du Poitou, etc., sont plus recherchées que celles qui proviennent de localités à sols argileux.

L'*orge à deux rangs* est plus appréciée que l'*orge escourgeon*, quoique celle-ci se vende toujours un peu plus chère à cause de son poids qui est ordinairement plus élevé. On reproche à l'escourgeon de s'échauffer très-facilement quand il est réuni en grande masse.

L'orge en vieillissant prend une nuance plus foncée. Les brasseurs acceptent difficilement les orges qui ont plus d'une année et celles qui ont été mouillées, parce que les unes et les autres germent moins bien et plus irrégulièrement pendant le maltage.

Les orges qu'on récolte dans le midi de l'Europe sont toujours plus belles et d'un jaune plus pâle que les orges qu'on cultive dans le nord de la France, en Angleterre et en Allemagne.

Les orges nues qui nous viennent d'Italie ou d'Alger sont remarquables par leur grosseur et surtout par leur nuance claire et uniforme. Ces orges ne présentent pas ces taches brunes qu'offrent si souvent les orges nues qu'on récolte dans la région septentrionale de l'Europe.

La France a importé en moyenne, chaque année, de 1857 à 1866, 216,672 quintaux métriques d'orge. Les plus fortes quantités ont été importées de l'Algérie et de la Belgique. Pendant cette période décennale, elle a exporté annuellement, en moyenne, 851,724 quintaux métriques. Les plus fortes exportations ont été faites en Angleterre.

BIBLIOGRAPHIE.

Seringe . . . . *Monographie des céréales.* 1818, p. 138.
Cordier . . . . . . *Agriculture de la Flandre.* 1823, p. 354.
Parmentier . . . *Cours complet d'agriculture.* 1822, t. XI, p. 55.
Leclerc-Thouin. *Maison rustique* du 19ᵉ siècle, t. I. p.
Bürger . . . . . . *Cours d'agriculture pratique.* 1839, p. 183.
Thaër . . . . . . *Principes d'agriculture.* 1851, t. IV, p. 129.
De Gasparin . . *Cours d'agriculture.* 1847, t. III, p. 691.
Schwerz . . . . . *Plantes à grains farineux.* 1840, p. 200.
De Dombasle . . *Calendrier du cultivateur.* 1860, p. 129.
Duchartre . . . . *Manuel des plantes.* 1857, t. IV, p. 971.

LIVRE IV

AVOINE

Avena sativa

(De *avere*, désirer; c'est-à-dire graine désirée par l'homme ou le bétail.)

Plante monocotylédone de la famille des graminées.

Anglais. — Oat.

Italien. — Vena.

Espagnol. — Avena.

Portugais. — Avea.

Allemand. — Hafer.

Hollandais. — Haver.

Danois. — Havre.

Russe. — Owies.

On ignore la patrie de l'avoine, qui n'est pas mentionnée dans l'Histoire sainte[1].

Adanson a dit avoir trouvé cette céréale à l'état sauvage dans l'île d'Ivan-Fernandez; cette assertion n'a pas été confirmée. En outre, Chesney raconte l'avoir vue croître sur les rives de l'Euphrate, mais le dessin qu'il a donné de la plante qu'il a observée a bien peu de rapports avec l'avoine cultivée.

L'avoine n'a pas été cultivée par les Hébreux, les Égyptiens, les Grecs et les Romains. On a souvent répété que cette céréale était mentionnée par Pline. Cet auteur signale, en parlant du *bromos* (nom par lequel Dioscoride désigne

---

[1] Quelques traducteurs, il est vrai, ont rendu le mot *viciam* du chapitre iv, verset 9, d'Ézéchiel, par *avoine*. De Sacy a été plus exact en le traduisant par *vesce*.

les avoines indigènes), une espèce d'avoine (*avenæ genere*) qui est nuisible au froment et dont les graines sont utilisées en médeçine, mais il ne parle de l'avoine cultivée (*avena sativa*) que pour faire connaître que les Germains préparaient, avec la farine fournie par son grain, une excellente bouillie, et que la graine de cette céréale est utilisée en Italie comme médicament.

On a dit aussi que les Grecs et les Romains donnaient des grains d'avoine à leurs chevaux. Cette version est inexacte, quoique Homère ait dit dans l'*Iliade*, en parlant de Pâris, que son coursier était nourri d'une blanche avoine. Quand Ménélas reçut Télémaque, il fit donner à ses chevaux de la farine de froment et de l'orge; c'est aussi de l'orge ayant une belle couleur jaune, que Caligula donnait à son cheval dans une coupe d'or.

L'avoine à grain nu paraît être la plus ancienne. Cette espèce est cultivée en Chine depuis fort longtemps.

L'avoine de Hongrie et l'avoine de Tartarie ont été introduites d'Europe en Amérique à la fin du siècle dernier.

Suivant Galien, l'avoine n'était donnée aux chevaux que par les habitants de l'Asie au delà de Pergame.

On est porté à croire que l'avoine est originaire du nord de l'Europe. D'après M. Alph. de de Candolle, le mot *avena* paraît venir du mot allemand *hafer*, qui est bien voisin des mots russe et bohême *oves* et *owes*, et du mot polonais *owies*. Ce dernier mot, suivant Moritzi, aurait pour dérivé le mot anglais *oat*. Enfin, selon Bulleyne, l'avoine était autrefois désignée, en Angleterre, sous le nom de *hawer*.

L'avoine est aujourd'hui cultivée annuellement sur de grandes étendues en Allemagne, dans le nord de la Russie, en Angleterre et en France. Sa culture a peu d'importance ēn Espagne, en Italie, en Algérie, en Grèce et en Turquie.

L'avoine est principalement cultivée pour la nourriture des animaux. Elle occupe en France une étendue importante :

En 1842, elle couvrait, ...	5,000,654	hectares.
En 1852, —	5.262,605	—
En 1862, — . . . . . . ,	5,525,875	—

Voici les départements où elle occupe, de nos jours, les plus grandes comme les plus faibles surfaces.

ÉTENDUES MAXIMUM.

Eure-et-Loir.	122,257	hectares.
Marne	121,263	—
Aisne	96,120	—
Somme.	95,944	—
Oise.	90,579	—
Côte-d'Or.	90,436	—
Aube.	89,738	—
Loiret.	88,469	—
Seine-et-Marne	87,184	—
Seine-et-Oise.	86,924	—

ÉTENDUES MINIMUM.

Corse	200	hectares.
Landes.	681	—
Alpes-Maritimes.	682	—
Basses-Pyrénées.	2,571	—
Lot-et-Garonne.	2,900	—
Haute-Vienne.	4,551	—
Hautes-Pyrénées.	5,477	—
Var.	5,578	—
Gironde..	5,933	—
Vaucluse	5,948	—

La production totale de la France s'est élevée, en 1840, à 48,899,785 hectolitres, en 1852, à 61,694,871 hectolitres, et en 1862, à 81,118,645 hectolitres.

CHAPITRE PREMIER

CONDITIONS CLIMATÉRIQUES

L'avoine appartient à l'agriculture de l'Europe septentrionale. — Limites
altitudinales. — L'avoine d'hiver. — Les avoines de printemps.

Si l'orge appartient principalement à l'agriculture du
midi de l'Europe, l'avoine est bien la céréale la plus
importante, après le froment ou le seigle, dans la zone
septentrionale. Non-seulement elle perd promptement ses
qualités dans les contrées équatoriales, mais de toutes les
céréales, c'est elle qui redoute le plus la chaleur et surtout les longues sécheresses du printemps.

L'avoine demande un climat tempéré et un peu brumeux ; elle réussit très-bien en France, dans les contrées
où les pluies sont abondantes pendant le printemps. Le
climat de l'Angleterre lui convient particulièrement.

Sa culture s'arrête dans l'Europe septentrionale au 65°
de latitude. Toutefois, cette céréale est encore cultivée
avec succès sur la côte ouest de Norwége, sous le 69°50
de latitude. En général, dans ce royaume, l'avoine occupe
les 55 centièmes de la surface consacrée annuellement à la
culture des céréales, parce que son grain est surtout utilisé dans la nourriture de l'homme.

En Écosse, elle n'est plus cultivée au delà de 487 mètres au-dessus du niveau de la mer, et dans la Silésie autrichienne au-dessus de 650 mètres d'altitude. En
France, sa limite culturale s'élève, dans les montagnes
de l'Auvergne, des Alpes et des Pyrénées, de 1,000 à
1,500 mètres, suivant les expositions. M. Martin a rencon=

tré des champs d'avoine à 1,360 mètres sur le versant nord du mont Ventoux.

La variété appelée *avoine d'hiver* est plus rustique que les autres ; néanmoins, sa culture n'est possible que dans la zone des arbres à feuilles persistantes : olivier, chêne vert, laurier-tim, arbousier, etc., parce qu'elle redoute les froids un peu intenses. Cette région est limitée par une ligne qui part de Cherbourg, passe au nord d'Angers, à Angoulême et au sud de Cahors pour venir se confondre avec la limite septentrionale de la région des oliviers.

Les avoines d'hiver qu'on cultive dans le Berry, la Sologne et le Bourbonnais ne réussissent bien que quand les hivers sont à la fois secs et tempérés.

Cette variété hivernale est cultivée en Espagne, en Italie et dans la Carinthie ; c'est très-accidentellement qu'on la sème en Angleterre et en Écosse.

Les avoines de printemps sont cultivées dans les plaines du nord et les contrées montagneuses du centre et du midi de la France. Elles ne sont pas assez rustiques pour qu'on puisse les semer dans ces localités pendant l'automne.

Ces avoines réussissent toujours difficilement dans les plaines du Midi, à moins qu'elles ne soient cultivées sur des sols frais.

CHAPITRE II

MODE DE VÉGÉTATION

Germination de l'avoine. — L'avoine d'hiver. — Les avoines de printemps. — Influence exercée par une température à la fois chaude et humide. — Époque de l'épiaison. — Maturité.

L'avoine germe, dans les circonstances ordinaires, du douzième au quinzième jour. Son cotylédon est d'un beau vert, très-large et assez arrondi à son sommet. Le plus ordinairement on remarque à l'œil nu, sur la gaîne des premières feuilles, et aussi sur le limbe de celles-ci, des poils épars qu'on n'observe pas sur les feuilles des autres céréales cultivées.

Les plantes qui proviennent de semis exécutés pendant les mois de septembre et octobre, tallent très-peu avant les froids et elles persistent avec quelques feuilles et quelques tiges à l'état rudimentaire, jusqu'en avril ou mai, suivant les régions. Alors, sous l'action de la chaleur et de l'humidité, elles développent ces mêmes tiges ainsi que leurs feuilles, elles s'élèvent rapidement et ne tardent pas à épier.

Les avoines qui ont été semées en février, mars ou avril accomplissent leur première phase d'existence avec plus ou moins de rapidité selon que le printemps est sec et humide. Les vents d'est et du nord retardent toujours la végétation des avoines tant que ces plantes ne sont pas épiées. Par contre, sous l'influence d'une température à la fois chaude et humide, l'avoine talle aisément, ses feuilles se développent rapidement et elles prennent une nuance très-foncée. Enfin, quand cette plante végète sur des sols

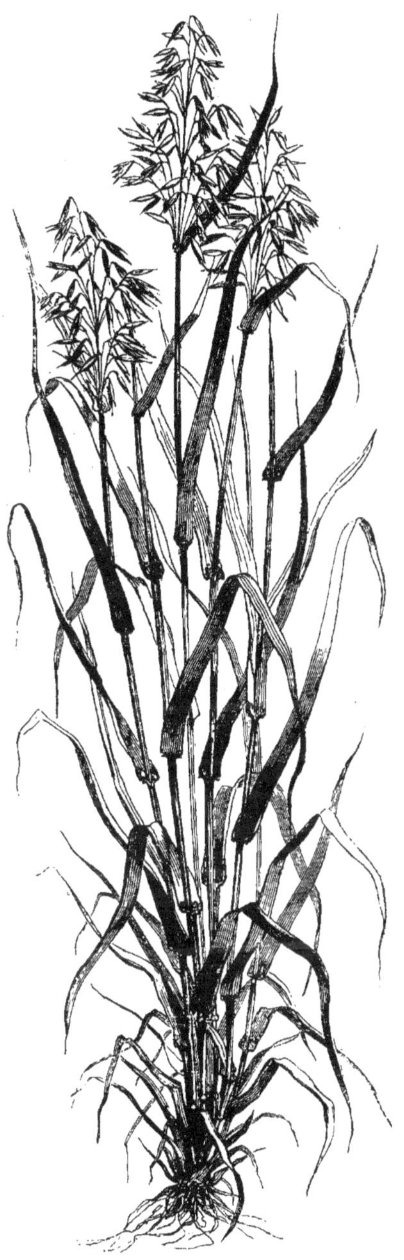

Fig. 115. — Touffe d'avoine.

froids, ses feuilles prennent aisément une nuance jaunâtre
sous l'action des hâles de mars et d'avril. Cet état chlorosé
nuit beaucoup au développement des tiges et des panicules,
s'il se prolonge pendant plusieurs semaines.

L'avoine épie à la fin d'avril ou au commencement de
mai dans les contrées méridionales, et c'est ordinairement pendant la première quinzaine de juin qu'a lieu son
épiaison dans les provinces septentrionales.

Cette céréale exige, pour mûrir, de 1500 à 2000° de
chaleur moyenne selon la précocité des variétés cultivées.
On la récolte en juin dans le midi de la France, pendant
la première quinzaine de juillet dans la région de l'Ouest,
vers la fin de juillet ou au commencement d'août dans le
centre de la France et au commencement de septembre
dans les pays septentrionaux et les contrées montagneuses.

En général l'avoine redoute, après son épiaison, des chaleurs très-fortes et prolongées. Quand elle termine ses
phases d'existence sous une température sèche et chaude,
ses grains restent petits, et ils sont légers et de qualité très-
secondaire.

CHAPITRE III

ESPÈCES ET VARIÉTÉS

Espèces cultivées. — Clef analytique des espèces. — L'*avena sativa* : caractères
des variétés à grains grisâtres, jaunâtres, noirâtres et roussâtres. — L'*avena
orientalis* : variétés à grains jaunâtres et noirâtres. — L'*avena brevis*. —
L'*avena nuda* : variétés à petits et gros grains. — L'*avena trisperma*.

On cultive quatre espèces d'avoine bien différentes les
unes des autres :

1° AVENA SATIVA, Lin.   3° AVENA NUDA, Lin.
2° AVENA ORIENTALIS, Schrer.   4° AVENA BREVIS, Roth.

Le genre avoine offre les caractères suivants.

Racines fibreuses ; plantes gazonnantes ; tiges hautes de 0^m,75 à 1^m,60,
dressées et fistuleuses ; feuilles planes, rudes au toucher et à ligule courte et
tronquée ; panicules étalées de tous les côtés ou étroites, resserrées et uni-
latérales ; épillets à deux ou cinq fleurs, dont la supérieure avorte presque
toujours ; glumes de deux folioles membraneuses, concaves, mutiques et à
plusieurs nervures ; glumelles ou paillettes, l'inférieure bifide au sommet et
portant parfois sur son dos et au-dessus de sa base une arête mince et un
peu tordue, la supérieure à deux carènes et mutique ; ovaire renflé, allongé,
poilu au sommet, et ordinairement sillonné longitudinalement à la face in-
terne, contenu dans une enveloppe ou entièrement nu.

Clef analytique des espèces.

L'*avena sativa* et l'*avena orientalis* sont les espèces les
plus cultivées.

Toutes les espèces et les variétés cultivées sont annuelles. Il en est de même de la *folle avoine* et de l'*avoine stérile* qu'on rencontre dans les moissons.

I

AVENA SATIVA, L.

Avoine commune. — Avoine cultivée.

Tiges ou chaumes dressés, striés, glabres, creux et assez résistants; feuilles rudes au toucher, linéaires, aiguës, à ligule courte et tronquée; panicule pyramidale, étalée en tous sens, rameaux grêles demi-verticilles portant des épillets gros et ouverts; axe glabre; glumelle inférieure glabre, bidentée au sommet, portant au milieu une arête qui manque souvent, surtout dans la fleur supérieure.

PREMIÈRE DIVISION
Grains munis d'une arête.

PREMIER GROUPE
Grains grisâtres ou noirâtres.

PREMIÈRE SECTION
1. — Avoine d'hiver.

AVENA HYEMALIS.

Synonymie : Avoine de Bretagne.   Avoine de Provence.
Avoine grise.   Winter oat.
Avoine brune.   Avoine d'automne.

Cette variété est délicate et ne résiste aux gelées que dans les régions de l'Ouest, du Sud-Ouest et de l'Ouest. C'est sans succès qu'on voudrait la cultiver dans les régions du Nord et de l'Est et en Allemagne. Elle réussit très-bien dans quelques comtés en Angleterre et en Écosse.

Mais il ne suffit pas de cultiver l'avoine d'hiver dans les régions où le chêne vert, l'olivier, le laurier-tim, l'arbousier, etc., végètent bien en pleine terre pour conserver l'espérance d'en obtenir de bons produits; il faut aussi lui réserver des terres saines, car elle résiste mal à une humidité abondante pendant l'hiver. Aussi est-il utile de dispo-

Fig. 116. — Avoine d'hiver.

ser en billons les terres qu'on lui destine, quand ces terrains ne sont pas perméables.

L'avoine d'hiver (fig. 116) est précoce et mûrit son grain
avant les avoines de mars. Quand elle réussit, elle fournit
un grain de bonne qualité et plus de paille que les avoines
de printemps. Son principal mérite est d'avoir des tiges
élevées et très-garnies de feuilles longues un peu étroites,
et des panicules lâches mais productives.

Le grain de cette variété unique varie suivant les terrains et l'époque à laquelle les semis ont lieu, du gris un peu
jaunâtre au gris noirâtre. Quand sa couleur est foncée et
qu'il est bien rempli, il est pesant et très-estimé, quoique
son écorce soit un peu épaisse. C'est bien à tort qu'on a dit
parfois que l'avoine d'hiver donnait aussi des grains blanc
jaunâtre. Ces grains appartiennent à des variétés de printemps qu'on sème quelquefois en automne dans les pays
méridionaux de l'Europe.

L'avoine d'hiver supporte mieux les sécheresses ou les
grandes chaleurs du printemps que les avoines de mars.

DEUXIÈME GROUPE

Grains jaunâtres.

DEUXIÈME SECTION

2 — Avoine jaune du Nord.

AVENA VERNA.

Synonymie : Avoine de Saint-Lô.   Golden oat.
             Avoine blanche de Roville.   Flemish oat.
             Avoine de Barbachlaw.   Dutch oat.
             Avoine dorée.   Sandy oat.

Cette variété est répandue dans la Flandre et l'Artois. Sa
paille est élevée et forte ; sa panicule est grande et lâche ;
ses glumes sont très-allongées ; son grain est assez allongé,
très-renflé et longuement aristé.

L'avoine jaune du Nord est très-productive quand elle
est cultivée sur des terres de bonne qualité. Son grain est

lourd et estimé dans les départements du Nord; ailleurs, on lui reproche avec raison d'avoir une écorce un peu épaisse et d'être par conséquent de qualité secondaire.

DEUXIÈME DIVISION

Grains imberbes ou non barbus.

PREMIER GROUPE

Grains noirâtres.

TROISIÈME SECTION

AVENA NIGRA.

3. — Avoine noire de Brie.

Synonymie : Avoine de Meaux.
Avoine de Coulommiers.
Avoine de Soissons.
Avoine noire de Saint-Lô.
Avoine brune tardive.
Avoine noire de Champagne.
Avoine picarde.
Avoine noire des trois lunes.
Avoine double.
Avoine fourchue.

Cette variété est répandue dans la Brie, la Champagne et la Picardie. Sa panicule est étalée ; son grain est court, renflé, luisant, pesant et à écorce fine ; sa couleur est noire noirâtre ou noir rougeâtre suivant les terrains et surtout leur fertilité.

L'avoine de Brie est productive, mais elle est tardive et s'égrène facilement quand elle est mûre. Dans les sols un peu argileux et de bonne qualité, elle talle beaucoup et son feuillage prend un développement remarquable.

Sa paille est de moyenne grosseur, jaune foncé, mais elle n'est pas très-élevée.

Quoi qu'il en soit, le grain de l'avoine de Brie est très-estimé, parce qu'il est farineux et qu'il a une écorce peu épaisse. Ce grain a d'autant plus de valeur que sa couleur est plus foncée, plus noirâtre.

Cette variété supporte mal les grandes chaleurs et elle est sujette à s'échauder quand elle est cultivée sur des terres un peu légères.

4. — Avoine noire de Beauce.

Synonymie : Avoine de Houdan. Avoine grise de Beauce.
Avoine grise du Perche. Avoine de Pithiviers.

Cette variété est plus précoce que l'avoine de Brie. Sa paille est aussi plus élevée, mais sa panicule est moins étalée ou élargie. Son feuillage est moins foncé en couleur et ses feuilles ne sont pas aussi fortement contournées. Enfin, son grain est gros et très-noir.

L'avoine noire de Beauce est vigoureuse et productive en paille et en grain quand elle est cultivée sur des terres riches et fertiles. Elle convient mieux que l'avoine noire de Brie pour les terrains de qualité ordinaire.

5. — Avoine hâtive d'Étampes.

Synonymie : Avoine hâtive de Beauce. Avoine hâtive d'Angerville.
Avoine hâtive de Normandie. Avoine hâtive d'Outarville.

Cette avoine talle moins que les variétés précédentes, et ses tiges sont moins feuillées et moins vigoureuses. Ses panicules sont lâches et grandes. Son grain est assez renflé.

En somme, cette variété se distingue surtout par sa précocité; elle est moins productive que l'avoine noire de Beauce et l'avoine noire de Brie.

6. — Avoine Joanette.

Synonymie : Avoine de Chenailles. Avoine noire de trois mois.
Avoine d'Orléans. Avoine brune hâtive.

Cette avoine est remarquable par sa grande précocité : elle est plus hâtive que l'avoine hâtive d'Étampes. Sa paille

est assez fine, droite, mais elle n'est pas très-élevée. Sa
panicule est forte. Son grain, qui est très-sujet à s'égrener,
est brun ou noirâtre à la base et un peu rougeâtre à son
extrémité ; il est de bonne qualité.

L'avoine Joanette peut être semée tardivement quand on
doit la cultiver sur des terres froides. Sa végétation est
vigoureuse.

SEPTIÈME SECTION

7. — Avoine noire de Russie.

Synonymie : Avoine noire d'Arabie.

Cette variété est originaire de la Russie méridionale. Sa
panicule est lâche et peu développée. Son grain est allongé,
noir et à écorce épaisse.

Jusqu'à ce jour, quoiqu'elle soit vigoureuse, elle s'est
toujours montrée, en France, inférieure aux autres variétés.

DEUXIÈME GROUPE

Grains roussâtres.

HUITIÈME SECTION

8. — Avoine rousse.

Synonymie : Avoine rougeâtre.   Avoine rouge.

Cette avoine a une panicule un peu courte et serrée. Son
grain est rougeâtre et brillant à l'une de ses extrémités et
presque blond à l'autre ; il est assez bien rempli.

L'avoine rousse, que l'on désigne aussi quelquefois sous
le nom d'*avoine roussâtre*, est tardive et elle verse peu
sur les sols de bonne qualité ou quand les printemps sont
à la fois chauds et humides. Dans la Beauce et le pays de
Caux, on la cultive sur quelques exploitations pour la
donner sans l'égrener aux bêtes à laine pendant l'hiver.

TROISIÈME GROUPE

Grains jaunâtres.

NEUVIÈME SECTION

9. — Avoine de Géorgie.

Synonymie : Avoine du Canada.   Avoine d'Amérique.
Avoine blanche de Russie.   Avoine du Kamchatka.
Avoine de Bannat.

L'avoine de Géorgie est dejà ancienne, et c'est à tort qu'on a répété qu'elle a été introduite en Europe en 1845, puisqu'elle a été cultivée et propagée par Yvart en 1823. Sa paille est haute, productive, très-grosse, finement cannelée; mais elle est peu estimée parce qu'elle est dure. Sa panicule est très-ample et retombante; ses glumes sont blanchâtres et finement cannelées. Son grain est gros, court, renflé, jaunâtre, mais quoique son écorce soit peu dure, il est de bonne qualité.

Cette avoine est remarquable, par sa vigueur, sa précocité, et l'abondance de ses feuilles qui sont larges. Nonobstant, on l'a abandonnée en Angleterre, parce qu'on la regarde comme très-épuisante. En France, où elle réussit assez bien et où elle est peu sujette au charbon, on a reconnu qu'elle pourrait être regardée comme une variété à la fois robuste et productive.

L'avoine hâtive de Sibérie (fig. 117) signalée par Buchoz, en 1775, a une grande analogie avec l'avoine de Géorgie. Cette variété a été introduite en Angleterre en 1839 du nord de l'Europe.

Sa paille est moins élevée, mais plus grosse; sa panicule est plus forte, et son grain est plus développé et plus pesant.

Cette variété peut être semée de bonne heure parce qu'elle est un peu plus hâtive, plus vigoureuse et plus productive que l'avoine de Géorgie. .

Fig. 117. — Avoine hâtive de Sibérie.

10. — Avoine Patate.

Synonymie : Avoine d'Arkangel.　　　　　Avoine blanche des trois lunes.

Cette avoine a été découverte, en 1788, dans le Cumberland (Angleterre), dans un champ de pommes de terre. Sa paille est haute et abondante, mais plus fine que celle de l'avoine de Géorgie. Ses panicules sont plus dressées, moins amples, et de couleur plus pâle. Son grain est renflé, un peu court, pesant, très-farineux, et remarquable par la finesse de son écorce.

Malgré ces diverses qualités et la vigueur avec laquelle elle se développe, l'avoine patate est peu cultivée en France, parce qu'elle est tardive, plus délicate que beaucoup d'autres variétés, et qu'elle est sujette à verser et à être attaquée par le charbon (voir p. 536).

Cette variété a aussi l'inconvénient d'être assez facilement *échaudée* et de perdre aisément ses caractères typiques. Les Anglais l'appellent *potato oat*.

11. — Avoine Hopetoun.

Cette avoine est vigoureuse et demi-hâtive, c'est-à-dire plus hâtive de quelques jours que l'avoine patate. Ses panicules sont fournies, amples et retombantes, et ses glumes sont épaisses, mais très-amincies à leurs extrémités. Son grain est de moyenne grosseur. Sa paille est ordinairement haute et prend une nuance un peu rougeâtre à l'approche de la maturité des grains.

L'avoine Hopetoun est connue, en Angleterre, depuis 1830 ; elle a beaucoup de rapports avec l'avoine patate. Elle est moins sujette à être égrenée par le vent que cette dernière variété.

DOUZIÈME SECTION

12. — Avoine impériale.

Synonymie : Avoine patate jaune.　　　　　Avoine de Russie.
　　　　　Avoine blanche d'Adélaïde.

Cette variété est productive. Sa paille est grosse et peu élevée. Sa panicule est développée. Ses glumes sont amples plus jaunâtres, et terminées par une pointe mince. Son grain est très-beau.

TREIZIÈME SECTION

13. — Avoine de Pologne.

AVENA ANGLICA

Synonymie : Avoine d'Écosse.　　　　　Avoine blanche de Roville.
　　　　　Poland oat.　　　　　Avoine d'Espagne.
　　　　　Barley oat.　　　　　Avoine blanche de Pologne.

Cette avoine est tardive, mais elle est vigoureuse et productive. Sa paille est haute, forte et peu cannelée ; sa panicule est ample, dressée, lâche et étalée ; son grain est renflé et gros, mais son écorce est épaisse et il est de qualité secondaire.

L'avoine blanche de Pologne prend un grand développement quand elle est cultivée sur des terres un peu argileuses et fraîches. Elle a quelques rapports avec l'avoine patate. De nos jours, elle est moins appréciée qu'il y a dix ou quinze années.

On possède en Angleterre une variété appelée *avoine noire de Pologne.*

II

AVENA ORIENTALIS, SCHR.

Avoine d'Orient.

Tiges dressées, glabres, striées, amincies dans le haut ; feuilles linéaires, aiguës, rudes au toucher, à ligule tronquée et courte ; panicule resserrée ;

Fig. 118.
Avoine blanche de Hongrie.

longue, unilatérale ; rameaux courts, grêles ; épillets gros, peu ouverts , glumelle inférieure glabre, bidentée au sommet, portant une arête droite sur le milieu du dos ; grain jaunâtre ou noir.

PREMIÈRE SECTION

14. — Avoine blanche de Hongrie.

Synonymie : Avoine orientale blanche.   Avoine à grappes blanches.
Avoine unilatérale blanche.   Avoine blanche de Tartarie.
Avoine blanche d'Orient.   Avoine blanche de Turquie.
Avoine de Podolie.   Avoine blanche de Russie.

L'avoine de Hongrie a été mentionnée par Buchoz, en 1775.

Cette avoine (fig. 118) est tardive ; elle est vigoureuse et produit une paille qui est forte et élevée. Sa panicule est resserrée et ses épillets retombent tous du même côté. Son grain est moyen, très-effilé, légèrement renflé, et il est de qualité secondaire à cause de l'épaisseur de son écorce.

L'avoine blanche de Hongrie doit être cultivée sur un sol riche, une terre argileuse ou sur des étangs desséchés. Sur de tels sols, elle est très-productive. Elle ne s'égrène pas facilement.

DEUXIÈME SECTION

15. — Avoine noire de Hongrie.

Synonymie : Avoine à grappes noires.   Avoine noire de Turquie.
Avoine noire de Tartarie.   Avoine unilatérale noire.
Avoine noire de Russie.   Avoine orientale noire.
Avoine noire d'Orient.

Cette variété a tous les caractères de l'avoine blanche de Hongrie, mais sa paille est plus élevée. Son grain est assez lourd, quand elle est cultivée sur de bons terrains ; il est léger lorsqu'elle a végété sur des terres légères.

L'avoine noire de Hongrie réussit moins bien que l'avoine blanche de Hongrie dans les terrains de médiocre qualité, mais elle végète avec vigueur sur les sols argileux. Cette variété est un peu plus tardive que la précédente.

III

AVENA BREVIS, ROTH.

Avoine courte.

Tiges élevées; feuilles linéaires; panicule lâche; rameaux grêles et rudes au toucher; épillets courts, peu ouverts, tronqués et biflores; glumelle bidentée portant une arête saillante, brune, persistante; grain petit.

SECTION UNIQUE

16. — Avoine courte.

Synonymie : Avoine pied de mouche.

Cette avoine (fig. 119), qui est très-rustique, est connue depuis un demi-siècle. Ses tiges sont peu élevées, mais elles sont fines. Son grain est très-court, petit, toujours barbu et de qualité très-secondaire.

L'avoine courte est précoce et végète bien dans les mauvais terrains. C'est à cause de ces avantages qu'elle est cultivée quelquefois dans les terrains accidentés du Forez et de l'Auvergne. On la cultive aussi dans les montagnes de l'Espagne septentrionale.

IV

AVENA NUDA, L.

Avoine nue.

Tiges peu élevées; panicules resserrées, plus ou moins penchées au sommet et quelquefois un peu unilatérale; épillets de trois à cinq fleurs; grain nu, se dégageant facilement des balles.

PREMIÈRE SECTION

17. — Avoine nue petite.

Synonymie : Avoine à gruau.   Avoine de Tartarie.
     Avoine chinoise.   Naked oat.

Cette avoine (fig. 120) est déjà ancienne; elle a été men-

Fig. 119. — Avoine courte

tionnée en Angleterre en 1597 et Arduini l'a désignée sous
le nom d'*Avena tartarica*. Ses tiges sont peu élevées et peu

Fig. 120. — Avoine nue petite.

vigoureuses ; sa panicule est presque unilatérale et ses
épillets sont toujours barbus. Son grain est très-petit, lisse
et jaune foncé.

Fig. 121. — Avoine nue grosse.

L'avoine nue petite n'est pas très-productive, mais ses grains constituent un gruau tout préparé. Elle s'égrène aisément. Elle est cultivée dans l'ancien comté de Nice, en Suisse, en Angleterre, dans le comté de Cornwall, en Écosse, en Russie, et dans les parties froides et montagneuses de l'Europe.

DEUXIÈME SECTION

18. — Avoine nue grosse.

Synonymie : Avoine nue de Moldavie.   Avoine nue grande.

Cette avoine à grain nu (fig. 121) est vigoureuse, robuste et plus productive que l'avoine nue petite, mais elle dégénère facilement et produit alors un grain vêtu. Son grain est assez gros et muni d'un épiderme mince.

En résumé, l'avoine nue grosse que Kunth a appelée *Avena sinensis* est plus curieuse qu'utile.

On a proposé souvent de cultiver l'*avoine à trois grains* (AVENA TRISPERMA), mais cette espèce est plus curieuse qu'utile. Chacun de ses épillets contient toujours un grain barbu. Les autres grains qui sont inégaux, ne sont pas très-alimentaires.

Cette avoine est peu productive. Sa panicule est lâche et retombante.

CHAPITRE IV

COMPOSITION DE L'AVOINE

Paille : nature et composition des cendres. — Grain : nature et composition,
— Composition des cendres. — Farine et son.

L'avoine fournit aussi deux produits utiles : la paille et le grain.

A. La *paille d'avoine* est molle et souple; sa couleur est jaune doré; elle est toujours munie d'un plus grand nombre de feuilles que lés pailles de froment et de seigle. Lorsqu'elle est restée longtemps sur la terre après avoir été coupée, elle est toujours plus brune ou moins jaune et elle est mangée avec moins d'avidité par le bétail. Quand elle a été bien récoltée, son odeur est très-agréable. En examinant sa partie supérieure, on la distingue aisément des autres pailles à sa panicule qui est encore très-apparente après le battage.

Cette paille, d'après M. Boussingault, contient :

Amidon, sucre	41,00
Matières grasses	4,80
Matières azotées	2,10
Ligneux et cellulose	35,40
Sels terreux	4,00
Eau	12,70
	100,00

Les cendres ont la composition suivante :

Silice	49,63
Alcalis	28,16
Chaux	7,90
Magnésie	3,72
Fer	1,77
Acide sulfurique	3,18
Acide phosphorique	2,51
Chlore	3,13
	100,00

100 de paille donnent 5,09 de cendres.

B. Le *grain d'avoine* contient une faible proportion de gluten. D'après MM. Boussingault et Veitman, il renferme les éléments ci-après :

	Boussingault.	Veitman.
Gluten et albumine.	11.90	12.10
Amidon et dextrine	61,50	52,00
Matières grasses.	5,50	5,40
Ligneux, cellulose.	4,10	14,50
Substances minérales.	5,00	2,80
Eau	14,00	14.90
	100,00	100,00

La grande quantité de matières cellulaires constatées par M. Veitman tient très-certainement à ce qu'il a analysé une avoine ayant une écorce très-épaisse.

Les cendres ont, suivant M. Boussingault, la composition suivante :

Silice	30,06
Alcalis.	19,66
Chaux.	4,88
Magnésie.	8,91
Fer.	0,86
Acide sulfurique.	5,75
Acide phosphorique.	29,48
Chlore.	0,40
	100,00

L'avoine donne à la mouture :

Farine.	78,00
Son.	22,00
	100,00

Le grain de l'avoine contient un principe aromatique qui excite l'appétit des chevaux. Ce principe, d'après Journel, est soluble dans l'alcool et il est analogue à celui de la vanille. On l'utilise pour aromatiser divers aliments.

CHAPITRE V

Nature : — terres à avoine ; — l'avoine d'hiver et les avoines de printemps.
— Fertilité : — sol pauvre et sol riche. — Préparation.

L'avoine ne réussit bien que lorsqu'elle est cultivée sur des terres qui lui conviennent.

Nature. — *L'avoine d'hiver* demande, dans les contrées où sa culture est possible, des terres de moyenne consistance ou silico-argileuses, granitiques, schisteuses, calcaires-siliceuses ou calcaires-argileuses, perméables ou profondes. Elle végète ou réussit plus difficilement dans ces localités quand on la cultive sur des terres argileuses, froides ou humides. Sur de tels sols, les gels et les dégels la *déchaussent*, ce qui l'expose très-souvent à périr pendant l'hiver.

Enfin, cette variété redoute beaucoup l'humidité stagnante pendant l'hiver ; aussi est-il utile toujours de disposer en petits billons ou en planches étroites et bombées, les terres qu'on lui destine.

L'avoine de printemps, par contre, réussit très-bien sur les terres argileuses, argilo-calcaires ou argilo-siliceuses profondes. Elle végète aussi très-facilement dans les marais desséchés, sur les fonds d'étangs qui ont été bien assainis. Enfin, elle croît aussi avec vigueur sur les sols tourbeux desséchés et qui ont été écobués.

Les sols légers ou sablonneux, graveleux et crayeux ne lui sont pas ordinairement favorables, à moins que des pluies assez abondantes surviennent au moment de l'épiaison. En général, l'avoine s'élève peu et est médiocre-

ment productive quand elle est cultivée sur des sols siliceux peu fertiles et sujets à se dessécher presque complétement pendant les mois de mai et de juin. Les alluvions
légères lui permettent de prendre un bon développement
lorsque ces terrains ont suffisamment de fraîcheur au moment de l'épiaison.

L'avoine de printemps et parfois aussi l'avoine d'hiver
donnent d'excellents produits après un défrichement de
bois ou de landes, parce que l'acidité des débris organiques ou de la couche arable ne nuit en aucune manière à
son développement, surtout lorsque la terre, avant la
semaille, a été convenablement préparée ou divisée.

Les terres très-argileuses ou compactes, ainsi que les sols
très-froids ne sont pas ceux qu'il faut regarder comme les
meilleurs pour l'avoine de mars, parce que ces terrains se
durcissent souvent sous l'influence des hâles d'avril ou des
chaleurs du mois de mai.

Fertilité. — L'avoine n'est pas très-exigeante, et elle
végète assez bien sur les sols un peu argileux qui ont une
certaine fraîcheur depuis le 15 mai jusqu'à la mi-juin,
mais ses produits sont toujours en raison directe de la
richesse initiale de la couche arable et des engrais qu'elle
trouve dans le sol.

Elle est toujours vigoureuse et productive quand elle
suit une prairie naturelle, une luzernière, un pâturage arti-
ficiel ou une plante sarclée ayant été précédée par une
bonne fumure. Son rendement est toujours bien moins considérable quand elle suit un blé ou un seigle cultivé après
une jachère.

En général, la ténacité de la couche arable, les engrais
organiques, les marnages et les chaulages, associés à une
certaine humidité, sont bien les conditions qui assurent

partout la réussite de l'avoine de printemps et de l'avoine d'hiver, quoique cette dernière céréale soit moins exigeante que la première.

Sous toutes les latitudes appartenant à l'Europe septentrionale, l'avoine donne de médiocres produits dans les sols pauvres.

Lorsque la fertilité de la couche arable laisse à désirer, on applique avant la semaille de la poudrette, du noir animal, du guano du Pérou, ou une moyenne fumure. Les engrais calcaires et phosphatés sont ceux qu'on doit utiliser de préférence quand l'avoine suit un défrichement de bois ou de bruyères, ou quand elle est cultivée sur un sol tourbeux.

Préparation. — C'est bien à tort qu'on considère encore dans diverses localités l'*avoine de printemps* comme une céréale peu exigeante sous le rapport de la préparation qu'il convient de donner aux terres qu'on lui destine.

Lorsqu'elle est cultivée après un froment ou un seigle, on doit opérer deux labours : un, aussitôt après les semailles d'automne, et l'autre, en février ou mars, suivant la nature et l'époque pendant laquelle l'avoine peut être semée. Le labour d'hiver doit être regardé comme une excellente opération ; non-seulement il expose la terre aux fécondes influences des gels et des dégels, mais il permet de remplacer le second labour par un scarificateur. Cet instrument, en opérant en février, par exemple, lorsque la terre n'est pas très-humide, divise et régale promptement la superficie du sol. Cette façon a l'avantage, en outre, de permettre d'exécuter les semis beaucoup plus tôt et plus économiquement.

Lorsque l'*avoine de mars* suit une plante sarclée : betterave, choux non pommés, etc., on ne donne ordinairement à la terre qu'un seul labour qu'on exécute, autant que possible, avant la cessation des fortes gelées à glace. On agit de même quand l'avoine doit suivre une luzerne ou une prairie naturelle. Toutefois, dans ce cas, il est très-utile que le labour de défrichement soit bien exécuté et qu'il ait au moins 0^m,20 de profondeur.

Si l'avoine de printemps végète toujours facilement sur les terres de bonne qualité qui ont été très-bien préparées ou profondément ameublies, l'*avoine d'hiver* doit être semée sur un seul labour bien exécuté et un peu motteux à sa surface. Les mottes de moyen volume ne nuisent nullement au développement des plantes ; elles ont même l'avantage de protéger celles-ci pendant l'hiver contre les vents secs et froids du nord et de l'est. Après les gelées, ces mottes se délitent, rechaussent par conséquent les avoines dont les collets sont au-dessus du sol, ce qui favorise particulièrement leur tallement pendant les mois de mars et avril.

Les terres qu'on destine à l'*avoine de mars* sont labourées à plat ou en planches ayant une largeur moyenne. Les terrains qu'on veut ensemencer en *avoine d'hiver* doivent être disposés en petits billons ou en planches très-étroites dirigés autant que possible du nord au sud, afin que les rayons solaires pendant l'hiver exercent la même influence sur chaque côté des gros et des petits billons.

CHAPITRE VI

SEMENCES ET SEMAILLES

Semences. — L'avoine doit être bien nourrie, luisante et de la dernière récolte.

Il est très-utile de la bien nettoyer ou cribler, afin de la débarrasser des graines de plantes indigènes et nuisibles qu'on y rencontre souvent.

On doit, autant que possible, ne pas semer des avoines provenant de champs dans lesquels on avait observé, l'année précédente, un grand nombre de panicules détruites par le *charbon* (voir p. 256).

Un hectolitre contient, en moyenne, 1,200,000 grains.

Époque des semailles. — L'*avoine d'hiver* doit être semée en septembre et octobre. En Bretagne, on commence souvent les semailles le 8 septembre, le jour de la Nativité. Semée plus tard, souvent elle n'a pas la rusticité voulue pour résister aux pluies d'automne ou aux alternatives de gels et de dégels.

Il faut habiter les plaines du haut et du bas Languedoc et celles de la Provence pour pouvoir retarder les semis jusqu'en novembre et décembre. Dans les parties accidentées qui limitent les plaines du Languedoc, on sème l'avoine d'hiver à la fin d'octobre ou au commencement de novembre. Dans les contrées plus montagneuses de la même contrée, les semis se font à la fin de septembre ou au commencement d'octobre.

Quelquefois, dans la région de l'Ouest, on sème encore l'avoine d'hiver dans la deuxième quinzaine de décembre.

Ces *avoines de Noël* réussissent assez bien ordinairement quand elles occupent des terres saines et de bonne qualité. Dans la Provence, on opère quelquefois ces semis tardifs, jusque vers le 15 janvier.

L'*avoine de printemps* se sème le plus tôt possible : en février ou mars, selon la nature des terres et l'état de l'atmosphère. Les semis précoces sont ceux qu'il faut adopter toutes les fois que les circonstances le permettent; car, suivant le proverbe :

Avoine de février remplit le grenier,

ou :

Semaille hâtive, récolte productive.

Les semis précoces, en effet, sont généralement plus avantageux que les semis tardifs. J'ai dit que l'avoine redoutait les hâles de mars et d'avril; je puis ajouter qu'elle se défend toujours très-mal des plantes indigènes qui lui sont nuisibles, parce qu'elles prennent en quelques semaines seulement et plus tôt que l'avoine, un développement très-rapide.

En général, on doit semer les terres perméables et les terrains élevés, les premiers; les sols argileux et les terres basses et fraîches en dernier lieu.

Quand les printemps sont humides et froids, il arrive souvent qu'on ne peut semer l'avoine de printemps sur les terres fortes dans la Brie et les polders de la Flandre, que pendant la seconde quinzaine d'avril et quelquefois même au commencement de mai.

Les avoines qui proviennent de semis exécutés de bonne heure, ont toujours plus de vitalité pour résister aux sécheresses du printemps. Les semailles tardives exécutées sur des terres légères donnent ordinairement de bien faibles résultats.

Quantité de semences. — L'avoine est la céréale qui oblige à répandre, par hectare, le plus de semence. Ce grain germe lentement, n'est pas toujours bien enterré par la herse et il est très-recherché par les alouettes et les autres oiseaux granivores..

On sème l'*avoine d'hiver* à raison de 250 à 300 litres par hectare. Il faut que cette céréale soit cultivée sur des terres bien humides ou qu'on exécute bien tardivement la semaille pour qu'on soit obligé de répandre sur la même surface de 350 à 400 litres.

L'*avoine de printemps* talle toujours moins, ordinairement, que l'avoine d'hiver. On la sème selon la nature et surtout suivant la richesse de la terre, à la dose de 250 à 320 litres par hectare. On a souvent répété que cette avoine devait être semée à raison de 500 à 600 litres. De telles quantités de semences ne sont nécessaires que lorsque les semis ont lieu très-tardivement sur des terres de mauvaise qualité.

Les semis en lignes, exécutés avec le semoir de Smith (voir p. 187) n'exigent pas au delà de 150 à 200 litres par hectare.

En général, sans avoir égard à la nature et à la fertilité du sol, les semis tardifs exécutés sur des terres mal préparées et que les mauvaises herbes envahissent facilement, obligent à répandre une plus forte quantité de graines que les semis hâtifs opérés sur des terrains bien préparés et propres.

Avant de répandre les semences, on doit les chauler ou les sulfater (voir p. 173) dans le but de prévenir le *charbon.*

Jusqu'à ce jour, on a presque toujours négligé d'exécuter cette opération à la fois si simple et si utile.

Pratique des semailles. — On sème l'avoine à la volée ou en lignes.

Le semis à la volée doit être fait à jets doubles ou croisés, afin que la semence, qui est assez légère, soit uniformément répartie sur le terrain. En outre, il est indispensable de *semer avec le vent*. Lorsqu'on *sème contre le vent* la graine revient en partie vers le semeur, le jet est irrégulier et *le champ est souvent barré*.

On enfouit la semence soit avec la charrue, soit à l'aide de la herse. La *semaille sous raie* est très-utile quand l'avoine d'hiver est exposée à être déchaussée à la fin de février ou lorsqu'on la sème par un temps sec sur des terres légères.

L'enfouissement par la charrue n'est réellement nécessaire dans la culture de l'avoine de printemps que lorsque cette céréale est cultivée sur des terres très-sablonneuses ou crayeuses, terrains que les hâles de mars ou d'avril dessèchent facilement.

Les semailles sous raies ont aussi l'avantage, quand elles sont bien exécutées, d'empêcher les oiseaux granivores de commettre autant de ravages dans les champs qu'on vient d'ensemencer.

Dans le département du Nord et surtout dans l'arrondissement de Lille on sème l'avoine sous raies. Les Flamands appellent ce mode de semis *heuler l'avoine ;* ils persistent à le pratiquer.

L'*enfouissement à l'aide de la herse* doit être bien exécuté, le plus tôt possible, afin que l'avoine semée ne soit pas mangée par les oiseaux. On l'opère à l'aide de *deux trains de herse.* Un seul hersage est presque toujours insuffisant.

Quand on exécute un *hersage à deux dents*, on croise les deux trains toutes les fois que la grandeur et la configuration du champ le permettent. On peut, lorsque les terres sont un peu légères, remplacer la herse par le scarificateur.

Quelquefois, lorsque les terres ont été labourées à plat avant l'hiver, on répand la semence sur le labour et on donne un coup de scarificateur en faisant suivre cet instrument par une herse ordinaire.

Enfin, il est important, lorsqu'on sème une avoine de printemps sur un défrichement de luzerne, d'exécuter le premier hersage qui suit la semaille perpendiculairement à la direction du rayage, afin de mieux enfouir les semences.

Les semis en lignes se propagent de plus en plus chaque année dans le nord de la France. Les lignes ensemencées sont espacées les unes des autres de $0^m,16$ en moyenne

Quand les terres sont un peu légères, et lorsqu'elles ne sont pas *battantes*, on termine la semaille faite à la volée ou en lignes par un roulage. Cette opération aplanit et tasse le sol et lui permet de mieux conserver sa fraîcheur pendant les vents desséchants ou les premières fortes chaleurs.

L'avoine germe du douzième au quinzième jour.

CHAPITRE VII

OPÉRATIONS OU CULTURE D'ENTRETIEN

Hersage ou râtelage des avoines d'hiver. — Rehersage des avoines de mars. — Roulage.— Sarclage. — Binages.— Engrais.--Semis dans les avoines d'hiver

L'avoine exige, pendant sa végétation, autant de soins d'entretien que l'orge ou le blé de printemps.

Hersage. — A la fin de l'hiver, c'est-à-dire en février ou en mars, selon l'état des terres, on *herse les avoines d'hiver* qui occupent des terres disposées à plat ou en petites planches. Cette opération, il est vrai, n'est pas toujours exécutée dans les régions du Sud et du Sud-Ouest ; mais c'est bien à tort qu'on la néglige. Non-seulement elle permet d'ameublir le sol et de détruire un grand nombre d'herbes nuisibles, mais elle favorise particulièrement le tallement des plantes qui ont mal végété pendant l'automne ou qui ont souffert durant l'hiver.

Dans la région de l'Ouest, où l'avoine d'automne est ordinairement cultivée sur des terres labourées en petits billons, on remplace souvent le hersage par un *râtelage* (voy. p. 199), opération excellente, quand elle est exécutée par un temps à la fois sec et doux.

On a proposé maintes fois aux agriculteurs de l'Anjou, de la Vendée, de la Bretagne, etc., de renoncer à l'emploi du râteau, et de herser les avoines d'hiver avec de petites herses courbes simples ou accouplées. Ce conseil n'est pas judicieux, parce que ces instruments agissent trop énergiquement et arrachent beaucoup de pieds d'avoine. En général, l'avoine d'automne a rarement, à la fin de l'hiver, cette vitalité, cette fixité que présentent ordinairement les froments et les orges d'automne.

Dans la région septentrionale, on herse presque toujours les avoines de printemps, quand elles ont trois à quatre feuilles. Cette opération est souvent désignée sous le nom de *rehersage*. On doit toujours l'exécuter par une belle journée et lorsque la superficie de la terre est sèche. C'est bien à tort qu'on a conseillé de l'opérer quand le temps présage de la pluie. Pour qu'elle soit réellement efficace, il faut que le beau temps persiste pendant plusieurs jours après qu'elle a été exécutée.

On fait ce rehersage avec des herses à dents de fer ou à dents de bois, suivant la compacité ou la légèreté de la couche arable. On ne doit pas craindre d'agir énergiquement, si la herse a été bien réglée. L'opération est bonne quand la surface du champ a été, pour ainsi dire, bouleversée, et lorsque l'avoine a été presque enterrée par suite de l'émiettement de la couche arable. Ainsi, quand le rehersage a été bien exécuté, on constate que la herse a divisé de nouveau la superficie du sol, qu'elle a détruit les mauvaises herbes qui commençaient à végéter, et on reconnaît, en outre, qu'on aperçoit à peine l'avoine. Suivant la configuration des champs et la pente du sol, on herse en long, de biais ou en travers. On peut, sans inconvénient, opérer un *hersage à deux dents* quand l'avoine occupe des terrains argileux ou argilo-calcaires.

Le rehersage des avoines d'automne et des avoines de printemps est encore inconnu, en France, dans beaucoup de localités. Dans celles où, depuis longtemps, on sait apprécier ses avantages, on ne craint ni la peine, ni les dépenses qu'il occasionne, parce qu'on sait qu'il fait taller les plantes et qu'il accroît la production en paille et en grain.

Dans la Westphalie, on dit que *ces hersages servent à réveiller les avoines.*

J'ai dit qu'il fallait toujours reherser les avoines par une belle journée. Lorsqu'il survient immédiatement après cette opération des pluies violentes et prolongées, la couche arable se tasse, les mauvaises herbes arrachées continuent de végéter au lieu de périr, et, sous l'influence des premières chaleurs ou des vents desséchants qui succèdent à la pluie, la superficie du sol se durcit de nouveau et elle se prend en croûte plus ou moins dure, selon que le terrain est plus ou moins compacte ou argileux. Alors, l'avoine talle difficilement; elle monte lentement et ne présente que des tiges grêles ou sans vigueur.

Roulage. — Les roulages que l'on fait après les hersages doivent être exécutés par un temps sec. Ils contribuent aussi au tallage des plantes.

Ces roulages sont indispensables quand l'avoine est cultivée sur des terres légères et sur des sols pierreux. Dans ce dernier cas, ils enfoncent les cailloux dans la couche arable, ce qui permet au moment de la récolte de faucher les avoines plus aisément et plus ras de terre.

Les agriculteurs qui cultivent des terres un peu fortes, remplacent avec avantage les rouleaux en bois par le rouleau Croskill (voy. p. 202). Le *croskillage des avoines* est souvent pratiqué dans l'Artois et la Flandre.

Sarclage. — L'avoine, par suite de la lenteur avec laquelle elle accomplit ses premières phases de végétation, se défend très-mal contre les mauvaises herbes; c'est pourquoi il est nécessaire d'opérer un ou plusieurs hersages. En outre, comme sa paille est souvent utilisée dans la nourriture du bétail, il est très-utile de détruire les chardons qui se développent sur les terres où elle végète.

Le sarclage est fait par des femmes ou des enfants selon les latitudes, pendant les mois de mars, d'avril ou de mai, c'est-à-dire avant le moment où les tiges s'élèvent.

Les journaliers chargés d'exécuter ce travail doivent réunir en tas les plantes qu'ils ont arrachées ou les sortir du champ et les déposer sur les fourrières ou cheintres.

Les avoines qui végètent sur les terres calcaires ou crayeuses sont souvent envahies par le moutardon ou moutarde sauvage ou par la ravenelle. Lorsque ces plantes sont trop nombreuses pour qu'on puisse les faire arracher par des femmes, on peut, quand elles sont en fleurs et qu'elles transforment le champ en un véritable tapis jaune d'or, les faire faucher par des ouvriers armés de faux de moyenne dimension. En agissant ainsi, on ne détruit pas ces plantes nuisibles, mais on supprime la plupart de leurs sommités florales, on dégage l'avoine d'une plante qui l'arrêtait dans son développement, et on prévient la formation d'un nombre considérable de graines de plantes nuisibles.

Cette fauchaison oblige les ouvriers à maintenir constamment leur faux à 15 ou 20 centimètres au-dessus du sol, afin qu'elle n'endommage pas les tiges qui sont déjà développées et qui vont bientôt s'élever et montrer leurs panicules. Les ouvriers qui ont l'habitude d'un tel travail, ne coupent que les extrémités des feuilles. Les parties des plantes qui ont été ainsi fauchées restent sans inconvénient sur le sol.

Cette opération est payée de 10 à 12 francs par hectare suivant l'élévation des plantes nuisibles.

Binages. — On ne bine pas généralement les avoines disposées en ligne parce que celles qu'on a ainsi semées occupent toujours des terres bien préparées et qui ont porté l'année précédente une culture sarclée ou nettoyante.

Engrais. — On peut, à l'aide du guano du Pérou, répandu de bonne heure, régénérer, pour ainsi dire, les avoines d'automne dont la vigueur laisse beaucoup à désirer à la fin de l'hiver. Cet engrais doit être appliqué avant le hersage ou le râtelage.

On active aussi la végétation des avoines de printemps, en répandant, avant ou immédiatement après le rehersage, soit du guano ou de la poudrette, soit du tourteau bien pulvérisé ou des engrais liquides. Ces divers engrais appliqués trop tardivement, c'est-à-dire quand l'avoine commence à taller, ont l'inconvénient de rendre inégal le développement des tiges et de forcer un grand nombre de plantes à rester vertes très-tardivement (voy. p. 198). Cette végétation irrégulière de l'avoine nuit beaucoup à sa production en grains.

Semis dans les avoines d'hiver. — Lorsque, vers la fin de janvier ou pendant le mois de février, on constate que l'avoine d'hiver a beaucoup souffert des gels et des dégels et que les plantes qui restent sur le sol sont encore assez nombreuses, on peut semer sur les parties les moins fournies de la semence d'une avoine hâtive et l'enterrer soit à l'aide de la herse, soit avec le râteau.

L'avoine d'hiver étant très-hâtive ne doit pas être associée à une avoine tardive.

CHAPITRE VIII

PLANTES NUISIBLES, MALADIES ET ANIMAUX NUISIBLES

Plantes principalement nuisibles aux avoines. — Rouille et charbon. —
Animaux et oiseaux nuisibles.

Plantes nuisibles. — J'ai indiqué page 212 et suivantes, les plantes indigènes qui nuisent au développement du blé. Celles qui sont nuisibles à l'avoine sont moins
nombreuses.

L'avoine d'hiver végète toujours mal quand les champs
qu'elle occupe sont envahis par les plantes suivantes :

La *folle avoine* (Avena fatua L.), p. 218.

Le *ray-grass Pill* (Lolium multiflorum L.), p. 219.

La *petite oseille* (Rumex acetosella L.), p. 215.

La *fougère* (Pteris aquilina L.), p. 213.

L'*avoine à chapelet* (Avena bulbosa L.), p. 211.

La *ravenelle* (Raphanus raphanistrum L.), p. 221.

L'*agrostis traçante* (Agrostis stolonifera L.), p. 211.

La *maronte* (Anthemis cotula L.), p. 211.

L'*avoine de printemps* qui est toujours moins développée
au mois d'avril et de mai, que l'avoine d'hiver, peut être
arrêtée plus ou moins dans son développement par les
plantes ci-après :

Le *moutardon* (Sinapis arvensis L.), p. 220.

Le *chardon penché* (Carduus nutans L.), p. 212.

Le *chardon des champs* (Cnicus arvensis H.), p. 212.

La *ravenelle* (Raphanus raphanistrum L.), p. 221.

L'*agrostis traçante* (Agrostis stolonifera L.), p. 211.

Le *coquelicot* (Papaver rhœas L.), p. 217.

Le *muscari* (Muscari comosum L.), p. 215.

Le moutardon, le coquelicot et le muscari sont souvent très-communs parmi les avoines de mars qui végètent dans les terres calcaires mal cultivées.

Maladies. — L'avoine est, comme le blé et l'orge, sujette à la *rouille* (voy. p. 228). Cette altération apparaît sur les feuilles, les tiges et les glumes, après des pluies continuelles et froides, et lorsque l'avoine végète sur des terrains humides ou quand elle est cultivée dans des vallées étroites où règnent, pendant le printemps, des brouillards intenses.

Le cultivateur n'a aucun moyen de prévenir l'apparition de ce champignon qui nuit toujours au développement des tiges et des panicules et qui altère la qualité de la paille.

Le *charbon* (Ustilago segetum Bauch.) (fig. G.) est aussi un champignon, mais au lieu d'apparaître sur les tiges et sur les feuilles, il se

Fig. 122.
Avoine charbonnée.

développe sur les épillets, alors que la panicule est encore enveloppée par la dernière feuille. Quand la panicule qu'il a envahi apparaît, celle-ci est presque complétement détruite, et elle est enveloppée d'une poussière noire qui lui donne un aspect charbonné (fig. 122).

On ignore encore les causes qui favorisent le développement du charbon, mais on a toujours constaté que ce
champignon exerçait principalement ses ravages dans les
années humides et sur les avoines à grains jaunâtres, qu'on
considère à bon droit comme n'étant pas aussi rustiques
que les anciennes avoines à grains noirâtres. L'avoine patate (10) et l'avoine de Géorgie (9), qui ont des grains jaunâtres, sont très-sujettes au charbon.

Un chaulage bien exécuté a l'avantage de diminuer le
nombre de panicules charbonnées. Bien peu de cultivateurs,
jusqu'à ce jour, ont chaulé les semences d'avoine qu'ils
ont confiées à la terre.

Animaux nuisibles. — L'avoine n'est attaquée par
aucun insecte, soit dans les champs, soit dans les granges
et les greniers.

Par contre les oiseaux, les mulots, les rats et les souris
sont très-friands de ses grains, et souvent ils causent de
grands dégâts dans les gerbes conservées en meules ou
dans les granges.

Les oiseaux et surtout les alouettes s'attaquent parfois
aux champs d'avoine qui viennent d'être ensemencés.
Quand ces oiseaux et les moineaux francs, etc., si utiles à
l'agriculture sous d'autres rapports, sont très-nombreux,
il est souvent utile de faire garder les champs jusqu'à la
levée des semences, en ayant la précaution que les gardiens
y arrivent aussitôt que le soleil apparaît à l'horizon.

CHAPITRE IX

RÉCOLTE

Époque de la récolte de l'avoine d'hiver et des avoines de printemps. — Maturité. — Moisson. — Battage. — Conservation de l'avoine.

Époque de la récolte. — *L'avoine d'hiver* mûrit plus tôt que les avoines de printemps. On la récolte dans la Provence à la fin de mai ou au commencement de juin, dans les plaines du Languedoc à la fin de juin, et dans la Vendée, l'Anjou et la Bretagne, pendant la première quinzaine de juillet. Par contre, dans les parties montagneuses de la région du Sud et du Sud-Ouest, elle n'arrive à maturité que vers la fin d'août ou au commencement de septembre.

Les *avoines de printemps*, selon leur précocité, sont ordinairement récoltées à la fin de juillet ou pendant le mois d'août. Toutefois, dans la Normandie, le Bourbonnais et la Flandre, ces plantes ne mûrissent souvent leurs graines que pendant la première quinzaine de septembre. Il en est de même en Alsace et dans les Vosges.

Maturité. — L'avoine est mûre quand les tiges, les feuilles et l'axe de la panicule ont une couleur jaunâtre et ne présente plus, par conséquent, de parties encore vertes. Le grain se distingue alors par sa nuance caractéristique et parce qu'il a assez de consistance pour être séparé par l'ongle et offrir une section farineuse.

Toutefois, comme l'avoine s'égrène facilement quand elle est bien mûre, il est utile de la couper un peu prématurément, c'est-à-dire lorsque l'axe de la panicule et surtout les pédicelles des épillets présentent encore une nuance verdâtre.

En général, les avoines *récoltées un peu prématurément*
ont toujours une écorce un peu moins épaisse et une
amande plus développée et plus amylacée.

Moisson. — L'avoine est coupée, suivant les localités,
avec la faucille, la sape et la faux.

Le fauchage ne se fait pas partout et toujours de la même
manière. Quand l'avoine est vigoureuse, bien fournie et
élevée, on doit la *faucher en dedans* avec une faux armée
d'un playon ou d'un crochet (voy. p. 246). L'ouvrier qui
opère ainsi est suivi par une femme ; celle-ci est chargée
de débarrasser la piste parcourue par le faucheur et de
disposer l'avoine en javelles plus ou moins volumineuses
selon le degré de maturité des grains et surtout l'état des
mauvaises herbes qui sont alliées aux tiges. Lorsque
l'avoine est peu élevée ou peu vigoureuse, on peut la *faucher en dehors* à l'aide d'une faux à crochet. Dans ce cas,
l'ouvrier doit agir de manière à égrener le moins possible
les panicules, lorsqu'il dépose sur le sol, sous forme de
javelles, les tiges qu'il a coupées et que reçoivent les dents
du crochet.

Lorsque l'avoine est très-mûre, il est utile de commencer
chaque jour la fauchaison aussitôt que possible le matin,
pour suspendre ce travail pendant les fortes chaleurs,
c'est-à-dire de onze heures du matin à deux ou trois heures
de l'après-midi. Les épillets, humectés par la rosée, s'égrènent moins aisément que lorsqu'ils ont subi, pendant plusieurs heures, l'action d'un soleil ardent.

En général, une variété donnée, mûrit plus tôt sous une
latitude déterminée, quand elle végète dans une terre légère
granitique, sablonneuse ou crayeuse, que lorsqu'elle est
cultivée dans un sol argileux ou argilo-calcaire.

L'avoine, après avoir été coupée, reste en javelles sur le

sol pendant un temps qui est variable, selon l'état des panicules au moment du sciage ou du fauchage et suivant aussi l'humidité que contiennent encore les plantes nuisibles qu'on remarque avec les tiges.

Autrefois, alors que l'avoine se vendait à la mesure sans aucune garantie de poids, les avoines de printemps restaient sur le sol en javelles pendant quinze et quelquefois vingt jours. Un javelage aussi prolongé nuisait inévitablement à la qualité de la paille, mais il avait pour avantage de faire grossir les grains au détriment de leur qualité. Alors encore on était souvent forcé, quand il survenait des pluies abondantes ou prolongées, de retourner les javelles pour empêcher la germination ou l'altération des semences.

De nos jours, on opère d'une tout autre manière. Ainsi, lorsque l'avoine est coupée, on la laisse en javelles pendant cinq à six jours ou le temps nécessaire pour qu'elle achève de mûrir et que les mauvaises herbes puissent sécher. Aussitôt qu'elle sèche, on la met en gerbes et celles-ci en dizeaux (voy. p. 286). Les avoines qu'on récolte de cette manière donnent toujours, au battage, un grain plus lourd et de meilleure qualité. En Alsace, on dit que les avoines qui, après avoir été coupées, ont subi l'action de la rosée pendant cinq à six jours, sont plus faciles à battre.

Le javelage est presque inconnu dans les localités des régions du Sud, du Sud-Ouest et de l'Ouest, où l'avoine cultivée appartient presque exclusivement à la variété dite *avoine d'hiver*.

La mise en gerbes se fait ordinairement avec des liens de paille de seigle.

On conserve l'avoine en gerbes dans les granges ou en meules dans les contrées où on n'opère le battage des céréales que pendant l'automne ou l'hiver.

Battage. — L'avoine est la céréale que l'on égrène le plus aisément, soit au fléau, soit à la machine à battre.

Le battage en plein air avec des fléaux et le dépiquage sont des opérations qui perdent, chaque année, de leur importance, parce que les grains des avoines qui ont été ainsi égrenées, sont toujours alliés à de petites pierres ou à des parties terreuses qui diminuent leur valeur sur les marchés.

Un bon batteur en grange bat par jour, avec le fléau, de cinquante-cinq à soixante gerbes d'avoine du poids moyen de 12 à 14 kilogrammes.

Le dépiquage présente tous les inconvénients que possède le battage opéré en plein air sur des aires en terre.

Conservation de l'avoine. — L'avoine battue doit être déposée dans un grenier bien aéré et ayant des ouvertures munies de grillages destinés à empêcher les oiseaux d'avoir accès dans ce local. On doit aussi la pelleter de temps à autre, si elle n'est pas bien sèche, afin qu'elle ne s'échauffe pas. Enfin, il est utile de la tararer quelquefois pour la débarrasser de la poussière qu'elle produit ou qui se dépose à la surface des tas.

L'avoine est souvent attaquée par les rats et les souris, animaux dont les déjections amoindrissent, par leur odeur désagréable, la valeur alimentaire et la valeur commerciale de ce grain.

CHAPITRE X

RENDEMENT

Rendement en grain : produit minimum et maximum. — Rendement en
paille : rapport de la paille au grain. — Poids de l'hectolitre.

L'avoine est très-productive dans les sols riches et de
consistance un peu argileuse, mais son rendement est
presque toujours très-faible quand elle est cultivée sur des
erres légères, sèches et pauvres.

Rendement en grain. — En général, l'avoine cultivée
dans la région septentrionale, donne les récoltes moyennes
suivantes :

Terres pauvres.	8 à 10 hectolitres.
Sols de fertilité moyenne.	20 à 25 —
Terrains de bonne qualité.	35 à 40 —
Sols fertiles.	50 à 70 —

La production moyenne de la France a varié comme il
suit :

En 1840.	16 ^{hect} 30 par hectare.
1852.	18 91 —
1862.	24 40 —

En vingt années, la production moyenne a donc augmenté
d'un tiers.

Voici les noms des départements où la production est le
plus faible et le plus élevée :

RENDEMENTS MINIMUM.

Lozère.	11 ^{hect} 92 par hectare.
Indre-et-Loire	13 59 —
Basses-Alpes.	13 63 —
Hautes-Alpes.	14 57 —
Creuse	14 82 —
Drôme.	15 14 —
Aveyron	15 24 —
Charente.	15 30 —
Indre.	15 56 —
Loire	15 98 —

Nord.	49 hect	52	par hectare.
Seine.	48	81	—
Pas-de-Calais.	37	72	—
Seine-et-Oise.	35	92	—
Aisne.	35	65	—
Oise.	33	65	—
Somme.	33	27	—
Seine-et-Marne	32	33	—
Seine-Inférieure	31	97	—
Bas-Rhin.	29	76	—

Les départements les plus productifs appartiennent donc
aux régions des plaines du Nord, du Nord-Ouest, et du
Nord-Est.

Voici les rendements obtenus à Grignon de 1851 à
1852 :

1re rotation, moyenne.	39 hect	70
2e — —	49	79
3e — —	53	»

Les produits les plus faibles et les plus forts ont été
obtenus pendant les exercices ci-après :

	MINIMUM.		MAXIMUM.
1851-52. . . .	16 hectol.	1847-48. . . .	63 hectol.
1854-35. . . .	29 —	1840-41. . . .	64 —
1845-46. . . .	38 —	1848-49. . . .	72 —
Moyennes . .	27h 60		66h 30

Voici maintenant les produits moyens qu'on a récoltés
par hectare de 1841-42 à 1847-48 :

Gerbes.	614

qui ont donné :

Grain.	53 hect	02
Paille.	3239 kilog.
Menue paille.	38 sacs.

100 gerbes du poids moyen de 12 à 15 kilogrammes ont
donc donné 8 hect,50 de grain. Dans les circonstances ordi-

naires, la récolte est bonne quand le même nombre de gerbes donne, en moyenne, 6 à 7 hectolitres, ou lorsqu'on obtient un hectolitre de grain de 14 à 15 gerbes.

Lorsque l'avoine suit un défrichement de luzerne ou une récolte sarclée, ayant végété sur un sol de bonne qualité et bien fumé, elle donne souvent de 65 à 70 hectolitres par hectare, quand de longues sécheresses n'ont pas nui à son développement pendant son épiaison et sa fructification.

Rendement en paille. — L'avoine produit, par hectare, plus de paille que l'orge, mais elle en fournit moins que le blé et le seigle.

En moyenne, j'ai constaté que 100 kilogrammes de tiges non battues donnent :

Grain.	36 kilog.
Paille	52 —
Balles et paille brisée	12 —

M. Norton a obtenu, en Angleterre, 37 kilogrammes de grain, 56 kilogrammes de paille et 6 kilogrammes de balles.

Ainsi la paille est au grain 100 : 70 et 1 hectolitre d'avoine représente environ 70 kilogrammes de paille.

M. Boussingault a obtenu, par hectare :

45^{hect},27 de grain ;

3,176 kilogrammes de paille ;

680 kilogrammes de menue paille.

Soit 70 kilogrammes de paille et 15 kilogrammes de balles et de débris de paille par hectolitre de grain.

En général, les variétés tardives et celles qui végètent sur des sols un peu argileux et fertiles, produisent toujours beaucoup plus de paille que les variétés hâtives et celles surtout qui sont cultivées sur des terrains sablonneux ou des terres quartzeuses pauvres. Dans ces derniers terrains le produit ne dépasse pas quelquefois 1000 kilogrammes par hectare.

Les *balles* proprement dites varient entre 3 et 5 kilogrammes par hectolitre de grain.

Poids de l'hectolitre. — Un hectolitre d'avoine de printemps de bonne qualité pèse, ordinairement, de 48 à 50 kilogrammes. Le poids des avoines de choix atteint souvent 52 à 54 kilogrammes.

L'avoine d'hiver, cultivée dans la région de l'Ouest, pèse généralement 50 kilogrammes. Celle que l'on récolte dans le Berry, le Bourbonnais et le midi de la France est toujours un peu moins lourde.

Les avoines communes qu'on récolte dans le Limousin, les Marches, la Sologne, etc., ne pèsent souvent que 35 à 45 kilogrammes.

Généralement, le poids de l'avoine va en diminuant à mesure qu'on s'avance du nord vers le sud ou de l'ouest vers l'est.

Le poids des avoines d'hiver, qui sont les plus lourdes, n'a jamais dépassé 56 kilogrammes.

L'*avoine nue petite* pèse de 63 à 65 kilogrammes l'hectolitre. Le poids de l'*avoine nue grosse* varie entre 66 et 68 kilogrammes.

CHAPITRE XI

EMPLOI DES PRODUITS

Grain : caractères de la bonne avoine. — Avoine nouvelle et avoine vieille.
— Altération des avoines. — Emplois. — Farine et gruau d'avoine. —
Pain d'avoine. — Bière. — Emplois de la paille et de la menue paille.

Tous les produits fournis par l'avoine sont utilisés avec avantage.

Grain. — La semence de l'avoine sert à nourrir les chevaux, les bêtes à laine, les volailles et les lapins.

L'avoine est de bonne qualité quand elle est pesante à la main et lorsqu'elle est coulante ou s'échappe facilement des doigts si on la presse dans la main.

Son écorce doit être mince, lisse, sans vides, lustrée ou brillante, de plus, son odeur doit être peu sensible, et elle doit laisser dans la bouche, lorsqu'on l'écrase ou quand on la mâche, une saveur farineuse, agréable, rappelant un peu celle de la noisette ; en outre, son amande doit être blanche, un peu sucrée quelle que soit la couleur de son écorce ; enfin, il est important qu'elle soit exempte de sable, de graviers, de poussière et de graines de plantes indigènes.

Les *avoines nouvelles* ne sont ordinairement données aux chevaux que deux mois environ après qu'elles ont été récoltées. L'armée française, en l'an II, perdit un grand nombre de chevaux, parce qu'on avait fait consommer à ces animaux de l'avoine nouvelle.

Les *vieilles avoines* sont celles qui ont plus de 18 mois. Ces avoines ont presque toujours perdu leur brillant ; elles sont poudreuses et sans odeur agréable ; leur saveur est nauséeuse et laisse un arrière-goût désagréable; enfin, leur farine est jaunâtre ou grisâtre.

Les vieilles avoines, celles surtout qui ont été mal récoltées et mal conservées, nourrissent moins bien les animaux qui les consomment que les avoines nouvelles.

Les avoines éprouvent souvent des *altérations* qui diminuent leur valeur nutritive :

1° L'avoine qui a été *trop javelée* est plus légère qu'elle ne devrait être; son écorce est terne et plus ou moins ridée;

2° Celle qui a *germé* est plus grosse, plus courte; sa saveur est plus douce et sucrée; mais, par le fait de la germination, elle a perdu une partie de ses qualités alimentaires;

3° L'avoine qui a été en contact avec des déjections de chats, rats et souris, a une *odeur désagréable*, et les chevaux la mangent avec répugnance;

4° Celle qui est *couverte de terre* ou de *poussière* ou à laquelle sont mêlés du *sable*, du *gravier* et des *pierres*, est un mauvais aliment. Les *avoines poudreuses* ou *poussiéreuses* déterminent chez le cheval des toux violentes et la pousse; celles auxquelles sont alliés du sable et du gravier usent les dents des jeunes chevaux et altèrent la vitalité des organes intestinaux des animaux auxquels on en donne;

5° L'avoine qui est associée à des graines d'ivraie, de nielle, de vesceron, de moutardon, etc., est aussi nuisible à cause de son action enivrante ou échauffante;

6° Enfin, celle qui a subi un commencement de fermentation dans des bâtiments humides, est aussi un aliment de qualité très-secondaire; elle est ridée, décolorée et très-légère; sa saveur est nauséabonde.

L'avoine ne doit jamais être donnée aux chevaux sans

avoir préalablement subi l'action du crible (fig. 123), opération qui la débarrasse de la poussière, de la terre, du sable qu'elle contient. Souvent on ne l'administre aux pou-

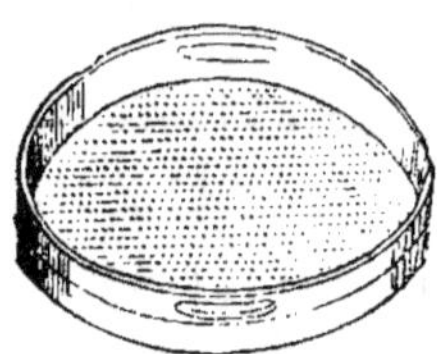

Fig. 123.
Crible à toile métallique.

lains, aux chevaux et aux juments qui restent peu de temps dans les écuries qu'après l'avoir écrasée ou aplatie avec un appareil muni de deux cylindres unis (fig. 124). Ainsi donnée l'avoine nourrit mieux et elle n'échappe pas à la mastication.

En général, les chevaux qui sont maladifs, ceux chez lesquels la trituration des aliments a lieu difficilement, ceux enfin qui digèrent mal des grains aussi coriaces et aussi difficiles à écraser, expulsent, avec leurs excréments, une certaine quantité de grains d'avoine. Ces semences, après avoir traversé le tube intestinal, sans concourir à la nutrition des parties vivantes, sont presque toujours dans un état d'intégrité parfaite, puisqu'elles ont conservé leur faculté germinatrice. De là la nécessité souvent d'aplatir l'avoine avant de la donner aux chevaux et aux bêtes à laine.

L'avoine est l'aliment par excellence du cheval, surtout dans les contrées septentrionales. Par ses propriétés à la fois échauffantes et excitantes, elle donne aux animaux de la force, de l'énergie et de la vigueur ; en outre, elle rend les chairs fermes et n'augmente pas le volume de l'abdomen. C'est par son concours, en effet, qu'on ranime les forces des chevaux exténués de fatigue ou abattus par l'âge ; qu'on accroît la taille et les formes, l'élégance et la bonté des jeunes chevaux.

Toutefois, si l'avoine ranime promptement les forces, excite l'appétit et prévient les suites d'un refroidissement

trop prompt, on doit l'administrer en petite quantité aux
chevaux qui ne travaillent pas, à ceux qui ont un tempéra-
ment sanguin, car elle les prédisposerait aux maladies
inflammatoires et principalement à la fourbure.

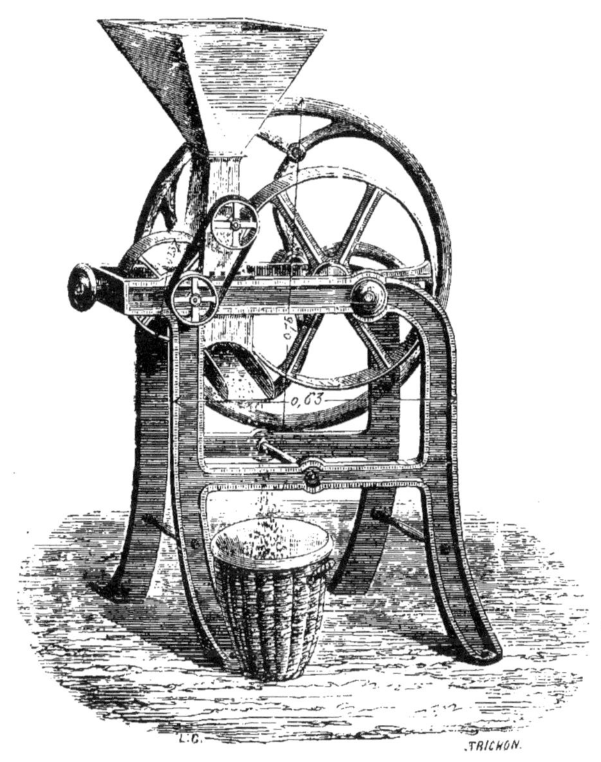

Fig. 124. — Aplatisseur.

On donne aussi de l'avoine aux porcs et aux bœufs de
travail lorsqu'ils sont exténués de fatigue. Ce grain convient
aussi très-bien aux bêtes à laine qu'on élève ou qu'on
engraisse. Enfin, les volailles recherchent l'avoine et sous
son action stimulante, elles pondent davantage.

Farine et pain d'avoine. — L'avoine rend, en moyenne, 65 à 75 pour 100 de *farine*, et 25 à 35 pour 100 de *son*. La farine est plus ou moins blanche ou bise, selon que la mouture a été bien ou mal faite. Suivant MM. Boussingault et Vogel, elle renferme les éléments ci-après :

VOGEL.

Amidon.	59,00
Substance grise	4,30
Gomme.	2,50
Sucre et extrait amer.	8,25
Huile grasse jaune verdâtre.	2,00
Humidité et perte.	23,95
	100,00

BOUSSINGAULT.

Amidon et dextrine	61,5
Matières grasses.	5,5
Ligneux et cellulose.	4,8
Gluten et albumine.	11,9
Substances minérales	3,0
Eau.	14,0
	100,0

Davy a constaté que la farine d'avoine renfermait, en moyenne, 6 pour 100 de gluten.

De Morel-Vindé a fait moudre des grains de trois variétés. Il a obtenu les résultats suivants :

	Avoine de Brie.		Avoine Patate.		Avoine blanche de Hongrie.	
Farine première. . .	54,0		37,0		23,0	
— de gruau. . .	12,0		13,0		10,0	
— troisième. . .	6,0		7,0		4,0	
— quatrième. .	4,0	= 56,0	5,0	= 63,0	3,0	= 40,0
Recoupes.	11,0		6,0		17,0	
Son.	30,0		28,0		41,0	
Déchets..	3,0	= 44,0	3,0	= 37,0	2,0	= 60,0
		100,0		100,0		100,0

L'avoine blanche de Hongrie, à cause de l'épaisseur de son écorce, est donc moins alimentaire que les deux autres variétés.

Le *pain d'avoine* qui est mal fabriqué, qui se fait avec de la farine provenant d'une mauvaise mouture, est très-bis et son odeur n'est pas très-agréable. Par contre, celui qui provient de farine obtenue de grains préalablement décortiqués et très-belle, est savoureux, nutritif et d'une blancheur remarquable. Le pétrissage de la farine d'avoine exige un peu de levûre de bière. Ce pain est encore en usage en Suède et en Norwége.

Madame de Maintenon, pendant le terrible hiver de 1709, s'est trouvée dans la nécessité de manger du pain d'avoine et d'en faire distribuer aux pauvres. Cet aliment; quoi qu'on en dise, n'a nullement altéré sa santé, et celle des habitants qui en ont mangé.

Aux termes des statuts des anciens chartreux, le pain d'avoine était donné, par mortification, aux frères convers depuis la Toussaint jusqu'à Pâques. On ne doit pas oublier qu'à cette époque la mouture n'avait pas fait les progrès que j'ai signalés en parlant de l'emploi des produits du blé.

Gruau d'avoine. — L'avoine décortiquée ou dépouillée de sa pellicule ou de son péricarpe constitue le *gruau d'avoine.*

On connaît deux sortes de gruau : 1° le *gruau en grains* qu'on obtient en écalant simplement l'avoine qu'on a desséchée dans un four ; 2° le *gruau concassé* qui se compose de l'amande desséchée au four ou à l'étuve, puis décortiquée et brisée en partie entre deux meules.

Voici comment on prépare, en Bretagne, le gruau concassé : après la cuisson du pain, on enfourne de l'avoine qu'on laisse dans le four pendant douze heures environ. Quand elle est bien sèche, on la retire et on la vanne, puis on la décortique à l'aide d'un moulin. Alors on la vanne de nouveau pour séparer la pellicule de l'amande, et on utilise celle-ci sous forme de gruau ou on la réduit en farine.

Le grain de l'*avoine nue* est un *gruau naturel*.

Le gruau d'avoine, depuis le quinzième siècle, sert, en France, à faire d'excellentes bouillies. Les *noces* qu'on mange avec tant de plaisir dans la Basse-Bretagne, sont faites avec du gruau concassé. Il en est de même de la bouillie que les Irlandais et les Écossais appellent *porrage* et qu'ils regardent comme très-agréable, très-nourrissante et d'une digestion facile. Pline, du reste, raconte que la *bouillie d'avoine* servait à la nourriture des anciens Germains.

Le gruau d'avoine est émollient et nutritif. On l'emploie en médecine dans les maladies de poitrine ou les affections des organes respiratoires.

Maltage de l'avoine. — L'avoine sert quelquefois à faire de la *bière*.

Voici, d'après M. Mulder, la composition de l'avoine, comparée à celle du malt desséché à l'air.

	Avoine.	Malt d'avoine.
Amidon	47,0	57,3
Sucre. . . . . ;	»	0,4
Dextrine.	5,0	7,1
Matières grasses.	5,4	4,1
Substances albumineuses.	12,1	13,3
Matières celluleuses	14,5	22,6
— minérales.	2,8	3,1
Eau	13,3	12,1
	100,0	100,0

La bière faite avec de l'avoine se trouble aisément et devient aigre. Cependant on utilise quelquefois le malt d'avoine dans la fabrication des bières légères qui doivent être promptement livrées à la consommation. La bière de Brunswick appelée *mum* est faite avec de la drèche de froment, de la farine d'avoine et de la farine de fèves.

Paille. — Tous les animaux domestiques recherchent la paille d'avoine quand elle est nouvelle et qu'elle n'a pas été altérée par les pluies. Les vaches, les bêtes à laine et les chevaux la préfèrent à la paille de froment.

La paille d'avoine étant beaucoup moins dure que les autres sert à fabriquer un excellent fumier.

Les bœufs de travail s'entretiennent très-bien avec de la paille d'avoine, lorsque cette paille est donnée après des racines. Lorsqu'elle est administrée dans des bergeries comme complément de ration, elle exerce sur les animaux une action très-favorable parce qu'elle les maintient dans un bon état d'entretien.

Les pailles d'avoine qui sont anciennes ou qui ont été altérées ne peuvent être utilisées que comme litière.

Menue paille ou **balles**. — Les balles d'avoine, exemptes pour ainsi dire de poussière ou qui ont été nettoyées à l'aide d'un cylindre cribleur, sont utilisées avec avantage dans les vacheries et les bergeries. Ainsi, on les mêle à des betteraves ou des carottes hachées, à de l'avoine concassée ou à des pulpes de distillerie ou de féculerie; administrées de cette manière, elles rendent les racines et les pulpes moins aqueuses et moins froides.

Ces balles, à cause de leur souplesse et de leur douceur servent aussi à remplir des oreillers, des coussins et des paillasses pour les enfants.

CHAPITRE XII

PRIX ET COMMERCE DE L'AVOINE

Valeur commerciale moyenne. — Causes qui font varier les prix. — Caractères des bonnes avoines. — Vente à la mesure et au poids. — Mesurage.
— Fraudes. — Importation et exportation.

Le prix moyen de l'avoine s'est un peu élevé depuis
trente ans. Voici, suivant la statistique, quelle était la valeur moyenne de ce grain en

1840.	6 fr. 20	l'hectolitre.
1852.	5 91	—
1862.	7 52	—

De nos jours, ce grain se vend, le plus ordinairement,
au quintal métrique. A la fin de 1869 on le vendait, en
moyenne, 18 francs les 100 kilogrammes, soit 9 francs
l'hectolitre du poids de 50 kilogrammes. A la même époque
en 1866, 1867 et 1868, les 100 kilogrammes avaient, en
moyenne, une valeur de 20 fr., 24 fr. et 21 fr. 50. En
général, l'avoine a une plus grande valeur dans les régions
du Sud, du Sud-Ouest, de l'Ouest, que dans les régions du
Nord et du Nord-Ouest. Les contrées où elle se vend aux
prix les moins élevées, sont les régions du Centre et surtout celle de l'Est.

La rareté ou l'abondance des foins font élever ou abaisser
les prix. Il en est de même des sécheresses ou des pluies
abondantes qui surviennent pendant les mois de mai et de
juin.

Partout, les grains les plus farineux, ceux qui sont à
écorces minces, lourds et luisants et qui n'ont pas d'odeur
sont ceux qu'on recherche principalement. Le plus généra-

lement on accorde la préférence aux belles avoines grises, puis aux bonnes avoines noires. Les avoines blanches sont les moins estimées.

Lorsqu'on vendait l'avoine à la mesure et non au poids, certains marchands avaient l'habitude, dans la région septentrionale, dans le but de faire renfler le grain ou, comme ils le disaient, pour *le faire fournir au boisseau*, d'humecter légèrement l'avoine en tas et à diverses reprises avec un peu d'eau tiède. Alors le grain s'imprégnait d'une certaine quantité d'humidité, gonflait ou augmentait de volume. Toutefois, comme par cette opération le grain était exposé à fermenter et à moisir, on le remuait souvent et on le jetait avec force par pelletées contre un mur. Par ce pelletage on prévenait l'apparition de productions crypto-gamiques à la surface des grains. Malheureusement pour les marchands, ce procédé détachait presque toujours l'arête du grain et il refoulait la barbe supérieure, ce qui permettait aux acheteurs expérimentés de reconnaître aisément la fraude.

Un mesureur habile peut, en versant l'avoine dans la mesure, ou en faisant glisser le rouleau, ou en inclinant plus ou moins la règle qui servent à la niveler, augmenter la quantité de 5 à 6 pour 100.

Le *gruau d'avoine* se vend de 40 à 50 francs les 100 kilogrammes.

La France importe annuellement plus ou moins d'avoine selon ses besoins. Voici le nombre de quintaux métriques qu'elle a reçus de 1857 à 1866 :

1857	193,147 qx.	1862	280,827 qx.
1858	568,410	1863	59,669
1859	538,443	1864	69,010
1860	86,597	1865	318,526
1861	578,428	1866	1,152,529

Les plus fortes quantités ont été importées de la Russie, de la mer Noire, de la Belgique et de l'Allemagne.

Pendant la même période, la France a importé les quantités ci-après :

1857	30,252 qx.	1862	67,317 qx.
1858	103,426	1863	274,197
1859	119,127	1864	370.315
1860	99,286	1865	214,195
1861	73,891	1866	110,089

C'est en Belgique, en Angleterre, en Allemagne et en Suisse que la France exporte principalement de l'avoine.

BIBLIOGRAPHIE

Tessier. . . . . *Cours d'agriculture*, 1822, t. II, p. 249.
Thaër. . . . . *Principes d'agriculture*, t. IV, p. 142.
Bürger. . . . . *Cours d'agriculture*, 1859, p. 188.
Leclere-Thouin . . . *Maison rustique du XIXᵉ siècle*. t. I, p. 393.
Schwerz. . . . . *Plantes à grains farineux*, 1840, p. 252.
De Gasparin. . . . *Cours d'agriculture*. 1847, t. III, p. 708.
De Dombasle.. . . . *Calendrier du cultivateur*, 1860, p. 60.
Duchartre. . . . . . *Manuel des plantes*, 1857, t. IV, p. 938.

FIN DU TOME PREMIER.

ADDENDA

Page 55. — **Blé Hickling**, n° 5.

Le *ble roseau*, si productif dans le nord de la France,
est bien le blé Hickling un peu modifié. Sa paille est
forte ; son grain est très-beau, mais comme les épis il
perd assez aisément ses caractères et ses qualités.

Page 56. — **Blé de Saumur**, n° 6.

Le *blé de Saumur* d'automne est bien le même que le blé
de Saumur ordinaire.

Page 59. — **Blé Hunter**, n° 10.

Le *blé Hallett*, en dégénérant, se rapproche assez souvent
du blé Hunter.

Page 64. — **Blé Witthington**, n° 12.

Le blé *Haigh's Wath prolific* a une grande analogie avec
le Witthington ; il est productif dans les sols riches. Il a
donné le *blé Hallett rouge*.

Le blé Victoria est aussi un beau blé d'automne.

Page 67. — **Blé Talavera de Bellevue**, n° 18.

Le *blé du Cap sans barbe* peut aussi être semé en février
dans la région septentrionale, mais il demande des terres
douces, saines et de bonne qualité.

Page 69. — **Blé bleu de Noé**, n° 21.

Le blé de Noé, à cause de sa précocité, convient très-bien pour être associé au seigle quand on veut cultiver du méteil.

Page 77. — **Blé rouge d'Écosse**, n° 30.

Le *blé red chaff Dantzick* peut être semé à la fin de l'hiver si on le cultive dans des terres de bonne fertilité.

Page 91. — **Blé poulard**.

Les blés poulards sont souvent désignés sous le nom de *gros blés*.

Page 95. — **Blé poulard blanc à barbes caduques**, n° 50.

Le blé appelé *blé Galand* a quelquefois beaucoup de rapport avec le *blé pétanielle blanche*, n° 51, mais le plus généralement il présente les caractères qui distinguent le *blé poulard blanc à barbes caduques*.

Page 106. — **Blé pétanielle noire**, n° 72.

Cette variété a aussi des barbes caduques.

Page 133. — **Engrain commun**, n° 115.

On a donné à la variété dite *engrais double* le nom de *Triticum diococum*.

Cette variété dégénère facilement.

Page 154. — **Farine et sons de froment**.

M. Payen a donné l'analyse comparée de *la farine et des sons*, ci-après :

	Farine.	Son.	Gros son.
Amidon et dextrine . .	68,43	62,5	60,4
Substances azotées. . .	14.45	12,5	13.0
Matières grasses	1,25	4,3	5,6
Cellulose	0,05	3,0	4,0
Substances minérales. .	1.60	2,5	3,0
Eau.	14,22	15,5	14,0
	100,00	100,0	100 0

Le son contient donc beaucoup plus de matières grasses et de matières minérales et un peu moins de substances azotées que la farine.

Page 399. — Seigle.

J'ai dit, en esquissant l'histoire du seigle, que les premiers peuples n'avaient point connu cette céréale. M. de Genoude a traduit le verset 9 du chapitre IV d'Ézéchiel de la manière suivante : « Prends encore du froment, de l'orge, des fèves, du millet et du *seigle*. » Cette traduction est incorrecte. Le texte dit : *Et tu, sume tibi frumentum, et hordeum, et fabam, et lentem, et milium*, et VICIAM. Le Maistre de Sacy a eu raison de traduire le mot viciam par *vesce*.

Page 486. — Bière d'orge.

Les brasseurs de Strasbourg préfèrent l'orge récoltée dans la plaine à l'orge récoltée dans la montagne. Ils ne font germer les orges nouvelles qu'un mois après la récolte.

Il faut à Strasbourg de 25 à 30 kilogrammes de malt et 500 grammes de houblon pour fabriquer un hectolitre de *bière jeune*, et 25 à 30 kilogrammes d'orge et 1 kilogramme de houblon pour obtenir un hectolitre de *bière de garde* dite *bière de mars*.

TABLE DES MATIÈRES

LIVRE II.

LIVRE III.

LIVRE IV.

FIN DE LA TABLE DES MATIÈRES

TABLE ALPHABÉTIQUE

DES ESPÈCES ET VARIÉTÉS MENTIONNÉES
DANS CE VOLUME

Les noms latins sont en *italiques ;* les noms des plantes formant des variétés types sont en **normandes**.

FIN DE LA TABLE ALPHABÉTIQUE.